U0323580

中华人民共和国国家标准

《石油库设计规范》GB 50074—2014
宣贯辅导教材

《石油库设计规范》编制组 编

中国计划出版社

图书在版编目（CIP）数据

　《石油库设计规范》GB 50074-2014宣贯辅导教材 /
《石油库设计规范》编制组编. -- 北京：中国计划出版
社，2017.6
　ISBN 978-7-5182-0573-8

　Ⅰ．①石… Ⅱ．①石… Ⅲ．①油库－设计规范－中国
－学习参考资料 Ⅳ．①TE972-65

　中国版本图书馆CIP数据核字(2017)第030287号

《石油库设计规范》**GB 50074—2014 宣贯辅导教材**
《石油库设计规范》编制组　编

中国计划出版社出版发行
网址：www.jhpress.com
地址：北京市西城区木樨地北里甲 11 号国宏大厦 C 座 3 层
邮政编码：100038　电话：(010) 63906433（发行部）
北京天宇星印刷厂印刷

787mm×1092mm　1/16　28.5 印张　680 千字　1 插页
2017 年 6 月第 1 版　2017 年 6 月第 1 次印刷
印数 1—5000 册

ISBN 978-7-5182-0573-8
定价：86.00 元

本教材编写人员名单

主　　编：韩　钧

编写人员：第一篇　韩　钧　周家祥　马庚宇　吴文革　张建民

　　　　　武铜柱　许文忠　杨进峰　江　建　陈世清

　　　　　张东明　于晓颖　王道庆　周东兴　余晓花

　　　　第二篇　考察报告　韩　钧　董继军　王发兵　吴文革

　　　　专题报告一　韩　钧

　　　　专题报告二　韩　钧

　　　　专题报告三　韩　钧

　　　　专题报告四　韩　钧

　　　　专题报告五　韩　钧　余晓花

　　　　专题报告六　韩　钧　马庚宇　吴文革

　　　　第三篇　韩　钧

　　　　第四篇　韩　钧　许文忠　吴文革　魏红彤　吕东风

　　　　贾学志

内 容 提 要

为配合《石油库设计规范》GB 50074—2002 宣贯，编制组与中国计划出版社合作，于 2003 年 10 月出版了《石油库设计规范》宣贯辅导教材第一版。新修订的《石油库设计规范》GB 50074—2014 自 2015 年 5 月 1 日起实施，为配合新版《石油库设计规范》宣贯，编制组再度与中国计划出版社合作，出版《石油库设计规范》宣贯辅导教材第二版。

本教材第二版沿用第一版的格式，仍由四篇内容组成，即第一篇《宣贯讲义》、第二篇《专题报告》、第三篇《石油库安全与消防基本知识》、第四篇《石油库设计指南》。本教材第二版相比第一版，内容有很大幅度的更新。

第一篇《宣贯讲义》就规范修订编制的目的、依据、理由、注意事项、新老规范对比等逐条进行了解释和说明，详细介绍了本规范的修改情况。

第二篇《专题报告》是为修订本规范提供技术支持的七篇专题报告。介绍了编制组赴国外考察了解到的国外石油库建设情况和有关法规标准；对本规范安全设防标准进行了详细说明；介绍了本规范专门针对有毒的易燃和可燃液体设施，所采取的特殊安全防护措施；通过实际案例，论述了储油罐区重大火灾风险，并提出了适当可行的防范措施；详细分析了大连"7·16"油库火灾事故教训，并介绍本规范所采取的有针对性的防范措施；对 3 号喷气燃料采用固定顶储罐进行了专项论证；介绍了编制组对国家有关部门、石油库建设和运营单位、设计和研究等单位普遍关注的若干问题和对本规范的重点修订意见的答复。

第三篇《石油库安全与消防基本知识》介绍了设计和管理石油库需了解的最新的安全和消防基本知识。

第四篇《石油库设计指南》集作者多年从事石油库设计的经验，结合《石油库设计规范》，详细介绍了石油库设计需要掌握的总图布置、工艺设计、配管设计、器材选用、油库自动化、含油污水处理等方面的知识和资料。相比第一版，介绍了更多的新技术、新设备、新理念及有关设计资料，谨供读者参考。

为了便于与广大读者沟通，敬请读者将使用过程中遇到的疑问、发现的错误，以及建议与意见及时发邮件给作者（hanjun@ sei. com. cn），作者将及时解答并万分感谢。

目　　次

第一篇　宣　贯　讲　义

第二篇　考察报告和专题报告

第四篇 石油库设计指南

第一篇 宣贯讲义

导　言

本规范是根据住房城乡建设部《关于印发〈2007年工程建设标准制订、修订计划（第二批）〉的通知》（建标〔2007〕126号）的要求，对原国家标准《石油库设计规范》GB 50074—2002进行修订而成。

本规范在修订过程中，规范编制组进行了广泛的调查研究，总结了我国石油库几十年来的设计、建设、管理经验，借鉴了发达工业国家的相关标准，广泛征求了有关设计、施工、科研、管理等方面的意见，对其中主要问题进行了多次讨论、反复修改，最后经审查定稿。

住房城乡建设部2014年7月13日发布第492号公告（住房城乡建设部关于发布国家标准《石油库设计规范》的公告），批准《石油库设计规范》GB 50074—2014自2015年5月1日起实施。其中，第4.0.3、4.0.4、4.0.10、4.0.11、4.0.12、4.0.15、5.1.3、5.1.7、5.1.8、6.1.1、6.1.15、6.2.2、6.4.7、6.4.9、8.1.2、8.1.9、8.2.8、8.3.3、8.3.4、8.3.5、8.3.6、12.1.5（1）、12.2.6、12.2.8、12.2.15、12.4.1、14.2.1、14.3.14条（款）为强制性条文，必须严格执行。

本规范共分16章和2个附录。主要内容包括：总则、术语、基本规定、库址选择、库区布置、储罐区、易燃和可燃液体泵站、易燃和可燃液体装卸设施、工艺及热力管道、易燃和可燃液体灌桶设施、车间供油站、消防设施、给水排水及污水处理、电气、自动控制和电信、采暖通风等。

与原国家标准《石油库设计规范》GB 50074—2002相比，本次修订主要内容是：

1. 扩大了适用范围，将液体化工品纳入到本规范适用范围之中，解决了以往液体化工品库没有适用规范的问题。

说明：原国家标准《石油库设计规范》GB 50074—2002只适用于原油和燃料类的易燃可燃液体产品（通常称为成品油），不适用于非燃料类的易燃和可燃液体（通常称为液体化工品）；现行国家标准《石油化工企业设计防火规范》GB 50160适用范围涵盖液体化工品，但不适用独立的液体产品储存库，且只有防火规定，没有防毒措施。本规范本次修订，将液体化工品纳入到适用范围中来，填补了液体化工品库没有适用标准的空白。对有毒的液体化工品采取严格的防火和防毒措施，是本次修订工作的重点之一。

2. 在石油库的等级划分上，对石油库的储罐总容量，按储存不同火灾危险性的液体给出了相应的计算系数。

说明：相对于甲B类和乙A类液体，甲A类液体危险性大得多，丙A类液体危险性小一些，丙B类液体危险性很小。根据石油库火灾事故统计资料，80%以上是甲B类和乙A类油品事故，剩下的是乙B类和丙A类油品事故，丙B类油品基本没有发生过火灾事故。因此，对不同危险性的易燃和可燃液体，在储罐容量方面区别对待是合理的。

3. 限制一级石油库储罐计算总容量，增加了特级石油库的内容。

4

说明：随着国民经济的快速发展，单个石油库的规模有越来越大的趋势，相应地发生重大火灾事故的风险也在增加，为控制火灾风险，本次修订增加了对一级石油库储罐总容量的限制要求。为适应原油与其他易燃和可燃液体共存于一个石油库且规模巨大这种需求，本次修订增加了特级石油库的内容。

4. 增加了有关库外管道的规定。

说明：有的石油库的储罐区、装卸区分布比较远，敷设于储罐区和装卸区之间的管道需要通过公共区域；石油库与炼化企业或其他企业之间的管道，往往也需要通过公共区域。目前这样的库外管道设计存在执行规范困难的问题，现行国家标准《输油管道工程设计规范》GB 50253 主要针对埋地长输管道，并不适用石油库的库外管道。因此，根据实际需要，本次修订增加了"库外管道"内容。

5. 增加了有关自动控制和电信系统的规定。

说明：原国家标准《石油库设计规范》GB 50074—2002 在生产和安全监控方面的要求较少。相对十年前，国家经济实力已有很大提高，技术水平也有很大进步，本规范本次修订根据实际调研，大幅度增加了石油库自动控制和安全监控要求，意在促进石油库建设和管理水平的提高。

6. 取消了有关人工洞库的内容。

说明：因为在人工开挖的山洞内建设石油库成本很高，目前只有军队系统出于战备需要还在建设人工洞库，军队油库可执行军队专用油库建设标准，故本次修订取消了有关人工洞库的内容。

7. 提高了石油库安全防护标准。

说明：近十年来，政府和公众的安全和环保意识日益提高，对石油库的安全和环保影响更加关注，规范应该根据社会需要、技术进步、经济实力，逐步提高危险性设施的安全防范水平。本次修订，提高了对危险性大的设备的防护要求，增大了危险性设备或设施与人员集中场所、重要设施的防火间距，加强了漏油防范措施和油气收集处理措施。

8. 总结 2002 版发布实施以来的经验教训，解决规范使用过程中遇到和反映的问题；与相关规范协调、统一。

说明：《石油库设计规范》GB 50074—2002 实施十年来，经常接到咨询函，这些函件反映出《石油库设计规范》还有不尽合理之处，需要修改完善；相关国家标准也纷纷推出新的修订版，在相同问题上需要与相关国家标准范协调、统一。

本规范由住房城乡建设部下达编写任务，由中国石化集团公司组织编写，参编单位来自各行业各部门，参与意见的行业、部门和专家众多，可以说本规范反映了石油库设计、经营领域和有关管理部门的主流意见，切合石油库的实际情况，具有很高的权威性。当然，缺陷和不足也在所难免，尤其是随着时间的推移，会不断有新的问题反映出来。欢迎所有关心本规范的业内人士多提意见和建议，以便我们将这本规范不断完善和提高。

本规范主编单位、参编单位、参加单位、主要起草人和主要审查人：

主 编 单 位：中国石化工程建设有限公司

参 编 单 位：解放军总后勤部建筑工程规划设计研究院

铁道第三勘察设计院

解放军总装备部工程设计研究总院

中国石油天然气管道工程有限公司

参 加 单 位：中国航空油料集团公司

主要起草人：韩　钧　周家祥　马庚宇　吴文革　张建民　武铜柱　许文忠　杨进峰
　　　　　　江　建　陈世清　张东明　于晓颖　王道庆　周东兴　余晓花

主要审查人：何龙辉　路世昌　张　唐　潘海涛　葛春玉　张晓鹏　王铭坤　赵广明
　　　　　　叶向东　段　瑞　张晋武　徐斌华　何跃生　张付卿　张海山　周红儿
　　　　　　杨莉娜　王军防　许淳涛

说明：下面按本规范正文的章、节、条、款顺序，对本规范新增、修改的主要内容做出条文制定或修订的目的、依据、理由和注意事项的说明。为便于读者了解本规范的变更情况，条文中未画线的黑体字为保留原规范的内容，画线的黑体字为对原规范的修改内容或2014年版新增内容，括号内画线的宋体字为原规范的内容，宋体字为对条文的解释。

1 总   则

1.0.1 为在石油库设计中贯彻执行国家有关方针政策，统一技术要求，做到安全<u>适用</u>（原为：<u>可靠</u>）、技术先进、经济合理，制定本规范。

本条规定了石油库设计应遵循的原则要求。

石油库属于爆炸和火灾危险性设施，所以安全措施是本规范的重要内容。技术先进是安全的有效保证，在保证安全的前提下也要兼顾经济效益。本条提出的各项要求是对石油库设计提出的原则要求，设计单位和具体设计人员在设计石油库时，还要严格执行本规范的具体规定，采取各种有效措施，达到条文中提出的要求。

1.0.2 本规范适用于新建、扩建和改建石油库的设计。

本规范不适用于下列易燃和可燃液体储运设施：

1 石油化工企业厂区内的易燃和可燃液体储运设施（原为：油品储运设施）；

2 油气田的油品站场（库）（原为：油品储运设施）；

3 附属于输油管道的输油站场（原为：长距离输油管道的油品储运设施）；

4 地下水封石洞油库、地下盐穴石油库、自然洞石油库、人工开挖的储油洞库；

5（新增） 独立的液化烃储存库（包括常温液化石油气储存库、低温液化烃储存库）；

6（新增） 液化天然气储存库；

7（新增） 储罐总容量大于或等于1200000m³，仅储存原油的石油储备库。

本条规定了本规范的适用范围和不适用范围。

本规范是指导石油库设计的标准，规定"本规范适用于新建、扩建和改建石油库的设计"，意即本规范最新版本原则上对按本规范以前版本设计、审批、建设及验收的石油库工程没有约束力。在对按本规范以前版本建设的现存石油库进行安全评审等工作时，完全以本规范最新版本为依据是不合适的。规范是需要根据技术进步、经济发展水平和社会需求不断改进的，以此来促进石油库建设水平的逐步提高。为了与国家现阶段的社会发展水平相适应，本规范本次修订相比原规范提高了石油库的安全防护要求，但这并不意味着按原规范建设的石油库就不安全了。提高安全防护要求的目的是提高安全度，对按原规范建设的石油库，可以借其更新改建或扩建的机会逐步提高其安全度。需要特别说明的是，对现有石油库的扩建和改建工程的设计，只有扩建和改建部分的设计应执行规范最新版本，对已有部分可以不按新规范要求进行整改。

根据住房城乡建设部2008年出台的《工程建设标准编写规定》的要求，本标准的适用范围应与其他标准的适用范围划清界限，不应相互交叉或重叠。故本条规定的目的是使本规范与其他相关规范之间有一个清晰的执行范围界限，避免石油储运设施工程设计时采用标准出现混乱现象。

本条列出的不适用范围，国家或行业都有专项的标准规范，如《石油化工企业设计防火规范》GB 50160、《石油天然气工程设计防火规范》GB 50183、《地下水封石洞油库设计规范》GB 50455、《石油储备库设计规范》GB 50737、《输油管道工程设计规范》GB 50253 等。

1.0.3 石油库设计除应执行本规范外，尚应符合国家现行有关<u>标准</u>（原为：强制性标准）**的规定。**

这一条的规定有两方面的含义：

其一，本规范是专业性技术规范，其适用范围和规定的技术内容，就是针对石油库设计而制订的，因此设计石油库应该执行本规范的规定。在设计石油库时，如遇到其他标准与本规范在同一问题上规定不一致的，应执行本规范的规定。

其二，石油库设计涉及专业较多，接触面也广，本规范只能规定石油库特有的问题。对于其他专业性较强且已有国家或行业标准规范做出规定的问题，本规范不便再做规定，以免产生矛盾，造成混乱。本规范明确规定者，按本规范执行；本规范未作规定者，可执行国家现行有关标准的规定，比如本规范条文中就引用了大量其他标准（见本规范引用标准名录）。

2 术　　语

2.0.1　石油库　　oil depot

收发、储存原油、成品油及其他易燃和可燃液体化学品的独立设施。（原为：收发和储存原油、汽油、煤油、柴油、喷气燃料、溶剂油、润滑油和重油等整装、散装油品的独立或企业附属的仓库或设施。）

本条将"石油库"的定义修改为"收发、储存原油、成品油及其他易燃和可燃液体化学品的独立设施"，相比本规范 2002 年版扩大了适用范围，将液体化工品纳入到本规范适用范围之中，解决了以往液体化工品库没有适用规范的问题。

2.0.2（新增）　特级石油库　　super oil depot

既储存原油，也储存非原油类易燃和可燃液体，且储罐计算总容量大于或等于 $1200000m^3$ 的石油库。

特级石油库有两个特点，一是原油与非原油类易燃和可燃液体共存于同一个石油库，二是储罐计算总容量大于或等于 $1200000m^3$。

2.0.3　企业附属石油库　　oil depot attached to an enterprise

设置在非石油化工企业界区内并为本企业生产或运行服务的石油库。（原为：专供本企业用于生产而在厂区内设置的石油库。）

2.0.4（新增）　储罐　　tank

储存易燃和可燃液体的设备。

2.0.5（新增）　固定顶储罐　　fixed roof tank

罐顶周边与罐壁顶部固定连接的储罐。

2.0.6　外浮顶储罐（原为：浮顶油罐）　　external floating roof tank

顶盖漂浮在液（原为：油）面上的储罐。

2.0.7　内浮顶储（原为：油）罐　　internal floating roof tank

在固定顶储罐内装有浮盘的储罐（原为：在油罐内设有浮盘的固定顶油罐）。

2.0.8（新增）　立式储罐　　vertical tank

固定顶储罐、外浮顶储罐和内浮顶储罐的统称。

2.0.9（新增）　地上储罐　　above ground tank

在地面以上，露天建设的立式储罐和卧式储罐的统称。

2.0.10　埋地卧式储（原为：油）罐　　underground storage oil tank

采用直接覆土或罐池充沙（细土）方式埋设在地下，且罐内最高液面低于罐外 4m 范围内地面的最低标高 0.2m 的卧式储（原为：油）罐。

2.0.11（新增）　覆土立式油罐　　buried vertical oil tank

独立设置在用土掩埋的罐室或护体内的立式油品储罐。

2.0.12（新增）　覆土卧式油罐　　buried horizontal oil tank

采用直接覆土或埋地方式设置的卧式油罐，包括埋地卧式油罐。

2.0.13 覆土油罐 buried oil tank

覆土立式油罐和覆土卧式油罐的统称。（原为：置于被土覆盖的罐室中的油罐，且罐室顶部和周围的覆土厚度不小于0.5m。）

2.0.14 浅盘式内浮顶储罐 pan internal floating roof tank

浮顶无隔舱、浮筒或其他浮子，仅靠盆形浮顶直接与液体接触的内浮顶储罐。（原为：钢制浮盘不设浮仓且边缘板高度不大于0.5m的内浮顶油罐。）

2.0.15（新增） 敞口隔舱式内浮顶 open-top bulk-headed internal floating roof

浮顶周圈设置环形敞口隔舱，中间仅为单层盘板的内浮顶。

2.0.16（新增） 压力储罐 pressurized tank

设计压力大于或等于0.1MPa（罐顶表压）的储罐。

2.0.17（新增） 低压储罐 low-pressure tank

设计压力大于6.0kPa且小于0.1MPa（罐顶表压）的储罐。

2.0.18（新增） 单盘式浮顶 single-deck floating roof

浮顶周圈设环形密封舱，中间仅为单层盘板的浮顶。

2.0.19（新增） 双盘式浮顶 double-deck floating roof

整个浮顶均由隔舱构成的浮顶。

2.0.20 罐组（原为：油罐组） a group of tanks

布置在同一个防火堤内的一组地上储罐（原为：用一组闭合连接的防火堤围起来的一组油罐）。

2.0.21 储（原为：油）罐区 tank farm

由一个或多个罐组或覆土储罐构成的区域（原为：由一个或若干个油罐组构成的区域）。

2.0.22（新增） 防火堤 dike

用于储罐发生泄漏时，防止易燃、可燃液体漫流和火灾蔓延的构筑物。

2.0.23（新增） 隔堤 dividing dike

用于防火堤内储罐发生少量泄漏事故时，为了减少易燃、可燃液体漫流的影响范围，而将一个储罐组分隔成多个区域的构筑物。

2.0.24 储（原为：油）罐容量 nominal volume of tank

经计算并圆整后的储（原为：油）罐公称容量。

2.0.25（新增） 储罐计算总容量 calculate nominal volume of tank

按照储存液体火灾危险性的不同，将储罐容量乘以一定系数折算后的储罐总容量。

2.0.26 储（原为：油）罐操作间 operating room for tank

覆土油罐进出口阀门经常操作的地点（原为：人工洞石油库油罐阀组的操作间）。

2.0.27 易燃液体（原为：油品） flammable liquid

闪点低于45℃的液体（原为：闪点低于或等于45℃的油品）。

2.0.28 可燃液体（原为：油品） combustible liquid

闪点高于或等于45℃的液体（原为：闪点高于45℃的油品）。

2.0.29（新增） 液化烃　　**liquefied hydrocarbon**

在 15℃时，蒸气压大于 0.1MPa 的烃类液体及其他类似的液体，包括液化石油气。

2.0.30（新增） 沸溢性液体　　**boil - over liquid**

因具有热波特性，在燃烧时会发生沸溢现象的含水黏性油品（如原油、重油、渣油等）。

沸溢性液体是含有多种组分的烃类混合物（主要是油品），当罐内油品储存液体温度升高时，由于热传递作用，使罐底水层急速汽化，而会发生沸溢现象。其沸溢性与含水量、黏度、油品密度和温度变化有关。沸溢性液体有以下几个特征：

（1）多种组分的烃类混合物。在液体表面发生燃烧时，轻组分首先被燃烧，重组分带着热量下沉，将热量传递到罐底，使罐底水层汽化，水汽上升，导致油品沸腾溢出。

（2）油品含水。罐底水层汽化，导致油品沸溢，所以油品含水是沸溢的必要条件。油品含水多少会有沸溢现象，目前缺少此方面的研究数据。简单判断，只要罐底有水层就可能有沸溢的风险。

（3）具有一定黏度。众所周知，煮粥也可能沸溢，但粥过稀的话就不会沸溢，沸溢性油品也是这样。黏度低于多少就不会沸溢，现在还没有这方面的研究数据。目前，公认原油和重油是黏性油品，柴油不是黏性油品，也不属于重油。所以，可以把原油和密度大于柴油的油品认定为沸溢性油品，柴油和密度小于柴油的油品认定为非沸溢性油品。

（4）油品温度由低于 100℃ 上升到高于 100℃。水的沸点是 100℃，含水的黏性油品温度由低于 100℃ 上升到高于 100℃ 时，水会汽化，从而产生沸溢现象。油品温度由低于 100℃ 上升到高于 100℃，除了燃烧工况，还有就是高于 100℃ 的油品混入低于 100℃ 的油品，使水层温度高于 100℃ 而汽化。

2.0.31（新增） 工艺管道　　**process pipeline**

输送易燃液体、可燃液体、可燃气体和液化烃的管道。

2.0.32（新增） 操作温度　　**operating temperature**

易燃和可燃液体在正常储存或输送时的温度。

2.0.33 铁路罐车（原为：油品）装卸线　　**railway for oil loading and unloading**

用于易燃和可燃液体（原为：油品）装卸作业的铁路线段。

2.0.34（新增） 油气回收装置　　**vapor recovery device**

通过吸附、吸收、冷凝、膜分离、焚烧等方法，将收集来的可燃气体进行回收处理至达标浓度排放的装置。

2.0.35（新增） 明火地点　　**open flame site**

室内外有外露火焰或赤热表面的固定地点（民用建筑内的灶具、电磁炉等除外）。

此术语是参照《建筑设计防火规范》GB 50016—2014 制订的。

2.0.36（新增） 散发火花地点　　**sparking site**

有飞火的烟囱或室外的砂轮、电焊、气焊（割）等固定地点。

此术语是参照《建筑设计防火规范》GB 50016—2014 制订的。

2.0.37（新增） 库外管道　　**external pipeline**

敷设在石油库围墙外，在同一个石油库的不同区域的储罐区之间、储罐区与易燃和可燃液体装卸区之间的管道，以及两个毗邻石油库之间的管道。

2.0.38（新增）　有毒液体　　toxic liquid

按现行国家标准《职业性接触毒物危害程度分级》GBZ 230 的规定，毒性程度划分为极度危害（Ⅰ级）、高度危害（Ⅱ级）、中度危害（Ⅲ级）和轻度危害（Ⅳ级）的液体。

附：

《石油库设计规范》GB 50074—2014 取消了 2002 年版中的下列术语：

2.0.2　人工洞石油库　　man – made cave oil depot

油罐等主要设备设置在人工开挖洞内的石油库。

2.0.6　浅盘式内浮顶油罐　　internal floating roof tank with shallow plate

钢制浮盘不设浮仓且边缘板高度不大于 0.5m 的内浮顶油罐。

2.0.10　储油区　　oil storage area

由一个或若干个油罐区和为其服务的油泵站、变配电间以及必要的消防设施构成的区域。

2.0.16　安全距离　　safe distance

满足防火、环保等要求的距离。

2.0.18　液化石油气　　liquefied petroleum gas

在常温常压下为气态，经压缩或冷却后为液态的 C_3、C_4 及其混合物。

3 基 本 规 定

3.0.1 石油库的等级划分应符合表 3.0.1 的规定。

表 3.0.1　石油库的等级划分

等　　级	石油库储罐计算总容量 TV（m³）
特级（新增）	$1200000 \leqslant TV \leqslant 3600000$（新增）
一级	$100000 \leqslant TV < 1200000$（原为：$10000 \leqslant TV$）
二级	$30000 \leqslant TV < 100000$
三级	$10000 \leqslant TV < 30000$
四级	$1000 \leqslant TV < 10000$
五级	$TV < 1000$

注：1　表中 TV 不包括零位罐、中继罐和放空罐的容量（原为：表中总容量 TV 系指油罐容量和桶装油品设计存放量之总和，不包括零位罐和放空罐的容量）。

2　甲 A 类液体储罐容量、Ⅰ级和Ⅱ级毒性液体储罐容量应乘以系数 2 计入储罐计算总容量，丙 A 类液体储罐容量可乘以系数 0.5 计入储罐计算总容量，丙 B 类液体储罐容量可乘以系数 0.25 计入储罐计算总容量。（原为：当石油库储存液化石油气时，液化石油气罐的容量应计入石油库总容量。）

关于石油库的等级划分，本次修订增加了特级石油库，限制一级石油库的库容小于 1200000m³，对其他级别石油库的规模未做调整。本条根据石油库储罐计算总容量，将石油库划分为六个等级，是为了便于对不同库容的石油库提出不同的技术和安全要求。例如，本规范对特级石油库、一级石油库和单罐容量在 50000m³ 及以上的石油库提出了更为严格的安全要求。

相对于甲 B 类和乙 A 类液体，甲 A 类液体危险性大得多，丙 A 类液体危险性小一些，丙 B 类液体危险性很小。根据石油库火灾事故统计资料，80% 以上是甲 B 类和乙 A 类油品事故，剩下的是乙 B 类和丙 A 类油品事故，丙 B 类油品基本没有发生过火灾事故。因此，对不同危险性的易燃和可燃液体，在储罐容量方面区别对待是合理的。储存成品油的石油库一般既有汽油这样的甲 B 类油品，也有柴油这样的丙 A 类油品，新规范储罐计算总容量划分石油库级别，相比 2002 年版的划分方式，实际上扩大了各级别石油库的实际库容，为石油库扩容创造了有利条件。

3.0.2（新增） 特级石油库的设计应符合下列规定：

1 非原油类易燃和可燃液体的储罐计算总容量应小于 **1200000m³**，其设施的设计应符合本规范一级石油库的有关规定。非原油类易燃和可燃液体设施与库外居住区、公共建筑物、工矿企业、交通线的安全距离，应符合本规范第 **4.0.10** 条注 5 的规定。

2 原油设施的设计应符合现行国家标准《石油储备库设计规范》**GB 50737** 的有关规定。

3 原油与非原油类易燃和可燃液体共用设施或其他共用部分的设计，应执行本规范与现行国家标准《石油储备库设计规范》**GB 50737** 要求较高者的规定。

4 特级石油库的储罐计算总容量大于或等于 **2400000m³** 时，应按消防设置要求最高的一个原油储罐和消防设置要求最高的一个非原油储罐同时发生火灾进行消防系统设计。

特级石油库有两个特征：一是原油与非原油类易燃和可燃液体共存于同一个石油库；二是储罐计算总容量大于或等于 1200000m³。特级石油库一般都是商业石油库，商业石油库往往需要成品油（燃料类易燃和可燃液体）、液体化工品（非燃料类易燃和可燃液体）和原油多品种经营，且这样的混存石油库规模往往比较大，发生火灾的概率和同时发生火灾的概率也比较大，需要采取更严格的安全措施，故对于混存石油库储罐计算总容量大于或等于 2400000m³ 时，需要按两处储罐同时发生火灾设置消防系统。

3.0.3 石油库储存液化烃、易燃和可燃液体（原为：油品）的火灾危险性分类，应符合表 3.0.3 的规定。

表 3.0.3 石油库储存液化烃、易燃和可燃液体（原为：油品）的火灾危险性分类

类	别	特征或液体闪点 F_t（℃）
甲	A	15℃时的蒸气压力大于 0.1MPa 的烃类液体及其他类似的液体
	B	甲A类以外，$F_t < 28$
乙	A	$28 \leqslant F_t < 45$（原为：$28 \leqslant F_t \leqslant 45$）
	B	$45 \leqslant F_t < 60$（原为：$45 \leqslant F_t < 60$）
丙	A	$60 \leqslant F_t \leqslant 120$
	B	$F_t > 120$

本次修订参照现行国家标准《石油化工企业设计防火规范》GB 50160—2008，对石油库储存的易燃和可燃液体的火灾危险性进行了新的分类，分类的目的是针对不同火灾危险性的易燃和可燃液体，采取不同的安全措施。易燃和可燃液体的火灾危险性分类举例见表 1。

表 1 易燃和可燃液体的火灾危险性分类举例

类	别	名 称
甲	A	液化氯甲烷，液化顺式 –2 丁烯，液化乙烯，液化乙烷，液化反式 –2 丁烯，液化环丙烷，液化丙烯，液化丙烷，液化环丁烷，液化新戊烷，液化丁烯，液化丁烷，液化氯乙烯，液化环氧乙烷，液化丁二烯，液化异丁烷，液化异丁烯，液化石油气，二甲胺，三甲胺，二甲基亚硫，液化甲醚（二甲醚）
	B	原油，石脑油，汽油，戊烷，异戊烷，异戊二烯，己烷，异己烷，环己烷，庚烷，异庚烷，辛烷，异辛烷，苯，甲苯，乙苯，邻二甲苯，间、对二甲苯，甲醇、乙醇、丙醇、异丙醇、异丁醇，石油醚，乙醚，乙醛，环氧丙烷，二氯乙烷，乙胺、二乙胺，丙酮，丁醛，三乙胺，醋酸乙烯，二氯乙烯，甲乙酮，丙烯腈，甲酸甲酯，醋酸乙酯，醋酸异丙酯，醋酸丙酯，醋酸异丁酯，甲酸丁酯，醋酸丁酯，醋酸异戊酯，甲酸戊酯，丙烯酸甲酯，甲基叔丁基醚，吡啶，液态有机过氧化物，二硫化碳

续表1

类 别		名　称
乙	A	煤油，喷气燃料，丙苯，异丙苯，环氧氯丙烷，苯乙烯，丁醇，戊醇，异戊醇，氯苯，乙二胺，环己酮，冰醋酸，液氨
	B	轻柴油，环戊烷，硅酸乙酯，氯乙醇，氯丙醇，二甲基甲酰胺，二乙基苯，液硫
丙	A	重柴油，20号重油，苯胺，锭子油，酚，甲酚，甲醛，糠醛，苯甲醛，环己醇，甲基丙烯酸，甲酸，乙二醇丁醚，糖醇，乙二醇，丙二醇，辛醇，单乙醇胺，二甲基乙酰胺
	B	蜡油，100号重油，渣油，变压器油，润滑油，液体沥青，二乙二醇醚，三乙二醇醚，邻苯二甲酸二丁酯，甘油，联苯－联苯醚混合物，二氯甲烷，二乙醇胺，三乙醇胺，二乙二醇，三乙二醇

注： 1　本表摘自现行国家标准《石油化工企业设计防火规范》GB 50160—2008。
　　 2　闪点小于60℃且大于或等于55℃的轻柴油，如果储罐操作温度小于或等于40℃，根据本规范第3.0.4条的规定，其火灾危险性划为丙A类。

3.0.4（新增） 石油库储存易燃和可燃液体的火灾危险性分类除应符合本规范表3.0.3的规定外，尚应符合下列规定：

1 操作温度超过其闪点的乙类液体应视为甲B类液体；

2 操作温度超过其闪点的丙A类液体应视为乙A类液体；

3 操作温度超过其沸点的丙B类液体应视为乙A类液体；

4 操作温度超过其闪点的丙B类液体应视为乙B类液体；

5 闪点低于60℃但不低于55℃的轻柴油，其储运设施的操作温度低于或等于40℃时，可视为丙A类液体。

易燃和可燃液体的火灾危险性与储存温度有关，储存温度越高，挥发性越强，危险性也就越高。储存温度超过闪点，意味着挥发出的烃类气体在空气中的浓度达到或超过了该种液体的爆炸下限，遇明火或火花极易发生爆炸事故。因此，对操作温度超过其闪点的易燃和可燃液体应提高其危险级别，以便采取更严格的安全措施。

为增加柴油供应量，国家标准《车用柴油》GB 19147—2003将使用量最大的5号、0号和–10号柴油的闪点指标，由不低于65℃改为不低于55℃，这样按照国家标准《建筑设计防火规范》GB 50016、《石油化工企业设计防火规范》GB 50160、《石油天然气工程设计防火规范》GB 50183和2002年版《石油库设计规范》GB 50074易燃和可燃液体的火灾危险性分类规定，5号、0号和–10号柴油由原来的丙A类液体变成了乙B类液体，这将大大提高柴油储运设施的防范标准，尤其会给已有柴油储运设施在安全评估方面带来很大麻烦。中国石化青岛安全工程研究院联合公安部天津消防研究所，在2003年就柴油闪点指标的变化所带来的火灾危险性和危害性变化进行了专项研究，研究结论是，只要5号、0号和–10号柴油储运设施的操作温度低于或等于40℃，其火灾危险性和危害性没有明显变化，仍可视为丙A类液体。于是之后陆续出台的《石油天然气工程设计防火规范》GB 50183—2004、《石油化工企业设计防火规范》GB 50160—2008和《石油库设计规范》GB 50074—2014 均采纳了这一结论。

3.0.5 石油库内生产性建（构）筑物的最低耐火等级应符合表 3.0.5 的规定。其中，建（构）筑物构件的燃烧性能和耐火极限应符合现行国家标准《建筑设计防火规范》**GB 50016** 的有关规定；三级耐火等级建（构）筑物的构件不得采用可燃材料；敞棚顶承重构件及顶面的耐火极限可不限，但不得采用可燃材料。（新增）

表 3.0.5　石油库内生产性建（构）筑物的最低耐火等级

序号	建（构）筑物	液体类别	耐火等级
1	易燃和可燃液体泵房（原为：油泵房）、阀门室、灌油间（亭）、铁路液体（原为：油品）装卸暖库、消防泵房（新增）	二	二级
2	桶装液体库房及敞棚	甲、乙	二级
		丙	三级
3	化验室、计量间、控制室、机柜间、锅炉房、变配电间、修洗桶间、润滑油再生间、柴油发电机间、空气压缩机间、储罐支座（架）	—	二级
4	机修间、器材库、水泵房、铁路罐车装卸栈桥及罩棚、汽车罐车装卸站台及罩棚、液体码头栈桥、泵棚、阀门棚	—	三级

铁路罐车装卸设施的栈桥和汽车罐车装卸设施灌装棚等采用钢结构轻便美观，易于制作，但达不到二级耐火等级的要求，另外液体装卸栈桥（或站台）发生火灾造成严重损失的情况很少，故这一类建筑的耐火等级为三级是合理的。

3.0.6　石油库内液化烃等甲 A 类易燃液体（原为：液化石油气）设施的防火设计，应（原为：可）按现行国家标准《石油化工企业设计防火规范》**GB 50160** 的有关规定执行。

在现行国家标准《石油化工企业设计防火规范》GB 50160 中，对液化烃等甲 A 类易燃液体设施的防火要求有详细规定，且适用于石油库储存甲 A 类液体这种情况，故本规范要求按该标准执行。

3.0.7（新增）　除本规范条文中另有规定外，建（构）筑物、设备、设施计算间距的起讫点，应符合本规范附录 **A** 的规定。

3.0.8（新增）　石油库易燃液体设备、设施的爆炸危险区域划分，应符合本规范附录 **B** 的规定。

附：

《石油库设计规范》GB 50074—2014 第 3 章取消了 2002 版中的下列条文：

3.0.4　石油库储存液化石油气时，液化石油气罐的总容量不应大于油罐总容量的 10%，且不应大于 1300m³。

4 库 址 选 择

本章规定了石油库与周围居住区、工矿企业、交通线的安全距离。规定石油库与周围居住区、工矿企业、交通线的安全距离，须考虑以下几个方面的因素：

（1）不能让周围可能存在的明火或火花引起石油库火灾；

（2）石油库发生火灾时，不对周围居住区、工矿企业、交通线等构成威胁；

（3）周围建筑物等发生火灾时，不波及石油库；

（4）尽量减少石油库散发的有害气体对周围居住区大气环境的污染。

在满足安全需求的前提下，尽量为石油库建设创造有利条件。

4.0.1　石油库的库址选择应根据建设规模、地域环境、油库各区的功能及作业性质、重要程度，以及可能与邻近建（构）筑物、设施之间的相互影响等，综合考虑库址的具体位置，并应符合城镇规划、环境保护、防火安全和职业卫生的要求，且交通运输应方便。

（原为：石油库库址选择应符合城镇规划、环境保护和防火安全要求，且交通方便。）

本条原则性规定了石油库库址选择的要求。

由于有的石油库是位于或靠近城镇，所以石油库建设应符合当地城镇的总体规划，包括地区交通运输规划及公用工程设施的规划等要求。

考虑到石油库的易燃和可燃液体在储运及装卸作业中对大气的环境污染以及可能产生渗漏、污水排放等对地下水源的污染，所以本条规定了石油库库址应符合环境保护的要求。

4.0.2　企业附属石油库的库址，应结合该企业主体建（构）筑物及设备、设施统一考虑，并应符合城镇或工业区规划、环境保护和防火安全的要求。

由于过去有些企业未经城市规划的同意，在企业内部任意扩大库容或新建油库，因不注意防火，发生重大火灾，不但损失严重，而且危及相邻企业和居住区的安全。为此本条规定了企业附属石油库，应结合该企业主体工程统一考虑，并应符合城镇或工业规划、环境保护与防火安全的要求。

4.0.3　石油库的库址应具备良好的地质条件，不得选择在有土崩、断层、滑坡、沼泽、流沙及泥石流的地区和地下矿藏开采后有可能塌陷的地区。

本条从地质条件方面规定了不适合石油库选址的地区，主要是考虑在这类地质不良、条件不好的地区建库发生地质灾害的可能性大，对油库的安全威胁大，应避免。

4.0.4　一、二、三级石油库的库址，不得选在抗震设防烈度为 9 度及以上的地区。

在地震烈度 9 度及以上的地区不得建造一、二、三级石油库，主要是考虑在这类地区建库如发生强烈地震，储罐破裂的可能性大，对附近工矿企业的安全威胁大，经济损失严重。

4.0.5（新增）　一级石油库不宜建在抗震设防烈度为 8 度的Ⅳ类场地地区。

一级石油库规模可能比二、三级石油库大得多，一旦发生地质灾害，危害性影响也大得多。故本条提高对一级石油库的选址要求。

4.0.6（新增） 覆土立式油罐区宜在山区或建成后能与周围地形环境相协调的地带选址。

4.0.7（新增） 石油库应选在不受洪水、潮水或内涝威胁的地带，当不可避免时，应采取可靠的防洪、排涝措施。

4.0.8 一级石油库防洪标准应按重现期不小于 **100** 年设计，二、三级石油库防洪标准应按重现期不小于 **50** 年设计，四、五级石油库防洪标准应按重现期不小于 **25** 年设计。（原为：一、二、三级石油库洪水重现期应为 50 年；四、五级石油库洪水重现期应为 25 年。）

国家标准《防洪标准》GB 50201—94 中第 4.0.1 条，关于工矿企业的等级和防洪标准是这样规定的：大型规模工矿企业的防洪标准（重现期）为 50 年～100 年，中型规模工矿企业的防洪标准（重现期）为 20 年～50 年，小型规模的工矿企业的防洪标准（重现期）为 10 年～20 年。因此本条规定一级石油库防洪标准应按重现期不小于 100 年设计，二、三级石油库防洪标准应按重现期不小于 50 年设计，四、五级石油库防洪标准应按重现期不小于 25 年设计。

4.0.9 石油库的库址应具备满足生产、消防、生活所需的水源和电源的条件，还应具备污水排放的条件。

4.0.10 石油库与库外（原为：周围）居住区、公共建筑物（新增）、工矿企业、交通线的安全距离，不得小于表 **4.0.10** 的规定。

表 4.0.10 石油库与库外（原为：周围）居住区、公共建筑物（新增）、
工矿企业、交通线的安全距离（m）

序号	石油库设施名称	石油库等级	库外建（构）筑物和设施名称				
			居住区和公共建筑物	工矿企业	国家铁路线	工业企业铁路线	道路
1	甲B、乙类液体地上罐组；甲B、乙类覆土立式油罐；无油气回收设施的甲B、乙A类液体装卸码头	一	100（75）	60	60	35	25
		二	90（45）	50	55	30	20
		三	80（40）	40	50	25	15
		四	70（35）	35	50	25	15
		五	50（35）	30	50	25	15
2	丙类液体地上罐组；丙类覆土立式油罐；乙B、丙类和采用油气回收设施的甲B、乙A类液体装卸码头；无油气回收设施的甲B、乙A类液体铁路或公路罐车装车设施；其他甲B、乙类液体设施	一	75（50）	45	45	26	20
		二	68（45）	38	40	23	15
		三	60（40）	30	38	20	15
		四	53（35）	26	38	20	15
		五	38（35）	23	38	20	15

续表 4.0.10

序号	石油库设施名称	石油库等级	库外建（构）筑物和设施名称				
			居住区和公共建筑物	工矿企业	国家铁路线	工业企业铁路线	道路
3	覆土卧式油罐；乙B、丙类和采用油气回收设施的甲B、乙A类液体铁路或公路罐车装车设施；仅有卸车作业的铁路或公路罐车卸车设施；其他丙类液体设施	一	50（50）	30	30	18	18
		二	45（45）	25	28	15	15
		三	40（40）	20	25	15	15
		四	35（35）	18	25	15	15
		五	25（25）	15	25	15	15

注：1 表中的工矿企业指除石油化工企业、石油库、油气田的油品站场和长距离输油管道的站场以外的企业。其他设施指油气回收设施、泵站、灌桶设施等设置有易燃和可燃液体、气体设备的设施。

2 表中的安全距离，库内设施有防火堤的储罐区应从防火堤中心线算起，无防火堤的覆土立式油罐应从罐室出入口等孔口算起（原为：从罐室内壁算起），无防火堤的覆土卧式油罐应从储罐外壁算起；装卸设施应（原为：油品装卸区）从装卸车（船）时鹤管口的位置（原为：鹤管口的位置或泵房）算起；其他设备布置在房间内的，应从房间外墙轴线算起；设备露天布置的（包括设在棚内），应从设备外缘算起。

3 表中括号内数字为石油库与少于100人或30户居住区的安全距离。居住区包括石油库的生活区。

4 Ⅰ、Ⅱ级毒性液体的储罐等设施与库外居住区、公共建筑物、工矿企业、交通线的最小安全距离，应按相应火灾危险性类别和所在石油库的等级在本表规定的基础上增加30%（新增）。

5 特级石油库中，非原油类易燃和可燃液体的储罐等设施与库外居住区、公共建筑物、工矿企业、交通线的最小安全距离，应在本表规定的基础上增加20%（新增）。

6 铁路附属石油库与国家铁路线及工业企业铁路线的距离，应按本规范表5.1.3铁路机车走行线的规定执行。

为了减少石油库与库外居住区、公共建筑物、工矿企业、交通线在火灾事故中的相互影响，防止油气扩散损害人身健康，节约用地等，本条对石油库与库外居住区、公共建筑物、工矿企业、交通线的安全距离作了规定。表4.0.10中所列安全距离与本规范2002年版的相关规定基本相同，但减少了乙B、丙类液体设施和有油气回收装置的甲B、乙A类液体装卸设施对外安全距离（减少幅度约为25%）。多年的石油库建设与运营实践经验表明，本规范制订的石油库与库外居住区、公共建筑物、工矿企业、交通线的安全距离能够满足安全需要。对表4.0.10说明如下：

（1）不同的火灾危险类别和不同的储存规模，其风险也会有所不同。因此，表4.0.10对不同性质和规模的设施予以区别对待。其中，序号1所列设施火灾风险最大，故对其安全距离要求也最大；序号3所列设施火灾风险最小，故对其安全距离要求也最小。

（2）居住区的规模有大有小，当居住区规模小到一定程度，其与石油库的相互影响就很有限了，所以制订了各级石油库与小规模居住区之间的安全距离可以折减的规定。

（3）石油库与工矿企业的安全距离，因各企业生产特点和火灾危险性千差万别，不可能分别规定。本条所作规定，与同级国家标准对比协调，大致相同或相近。

（4）采用油气回收装置的液体装卸区，装车（船）作业时基本没有油气排放，相对无油气回收装置的液体装卸区安全性得到改善，安全距离有所减少是合理可行的。

4.0.11 石油库的储罐区、水运装卸码头与架空通信线路（或通信发射塔）、架空电力线路的安全距离，不应小于 1.5 倍杆（塔）高；石油库的铁路罐车和汽车罐车装卸设施、其他易燃可燃液体设施与架空通信线路（或通信发射塔）、架空电力线路的安全距离，不应小于 1.0 倍杆（塔）高（原为：石油库的油罐区、装卸区与架空通信线路、架空电力线路的安全距离，不应小于 1.5 倍杆高）；以上各设施与电压不小于 35kV 的架空电力线路的安全距离，且不应小于 30m。

注：以上石油库各设施的起算点与表 4.0.10 注 2 相同。

对于石油库与架空通信线路和架空电力线路的安全距离，主要是考虑倒杆事故影响。据 15 次倒杆事故统计，倒杆后偏移距离在 1m 以内的 6 起，偏移距离在 2m～3m 的 4 起，偏移距离为半杆高的 2 起，偏移距离为一杆高的 2 起，偏移距离大于一倍半杆高的 1 起。故规定石油库与架空通信线路的安全距离不应小于"1.5 倍杆（塔）高"。

4.0.12 石油库的围墙与爆破作业场地（如采石场）的安全距离，不应小于 300m。

对于石油库与爆破作业场地安全距离，主要考虑因素是爆破石块飞行的距离。

4.0.13 非石油库用的库外埋地电缆与石油库围墙的距离不应小于 3m。

4.0.14（新增） 石油库与石油化工企业之间的距离，应符合现行国家标准《石油化工企业设计防火规范》GB 50160 的有关规定；石油库与石油储备库之间的距离，应符合现行国家标准《石油储备库设计规范》GB 50737 的有关规定；石油库与石油天然气站场、长距离输油管道站场之间的距离，应符合现行国家标准《石油天然气工程设计防火规范》GB 50183 的有关规定。

4.0.15 相邻两个石油库之间的安全距离应符合下列规定：

1 当两个石油库的相邻储罐中较大罐直径大于 53m 时，两个石油库的相邻储罐之间的安全距离不应小于相邻储罐中较大罐直径，且不应小于 80m。

2 当两个石油库的相邻储罐直径小于或等于 53m 时，两个石油库的任意两个储罐之间的安全距离不应小于其中较大罐直径的 1.5 倍，对覆土罐且不应小于 60m，对储存 I 、II 级毒性液体的储罐且不应小于 50m，对储存其他易燃和可燃液体的储罐且不应小于 30m。

3 两个石油库除储罐之外的建（构）筑物、设施之间的安全距离应按本规范表 5.1.3 的规定增加 50%。

（原为：当两个石油库或油库与工矿企业的油罐区相毗邻建设时，其相邻油罐之间的防火距离可取相邻油罐中较大罐直径的 1.5 倍，但不应小于 30m；其他建筑物、构筑物之间的防火距离应按本规范表 5.0.3 的规定增加 50% 。）

对本条各款说明如下：

1 本款是按照一级石油库的甲 B、乙类液体地上罐组与工矿企业的安全距离，确定

20 两个石油库的相邻大型储罐最小间距的。

2 因为两个相邻石油库储存、输送的油品均为易燃或可燃液体，性质相同或相近，且各自均有独立的消防系统，经过专门的消防培训，发生事故时还可相互支援，故当两个石油库相毗邻建设时，它们之间的安全距离可比石油库与工矿企业的安全距离适当减小。"两个石油库其他相邻储罐之间的安全距离不应小于相邻储罐中较大罐直径的1.5倍"的规定，是根据本规范第12.2.7条第1款的规定制订的。

3 "两个石油库除储罐之外的建（构）筑物、设施之间的安全距离应按本规范表5.1.3的规定增加50%"是可行的。这样做可减少不必要的占地，为石油库选址提供有利条件。

4.0.16 企业附属石油库与本企业建（构）筑物、交通线等的安全距离，不得小于表4.0.16的规定。

表4.0.16 企业附属石油库与本企业建（构）筑物、交通线等的安全距离（m）

库内建（构）筑物和设施	液体类别	企业建（构）筑物等								
		甲类生产厂房	甲类物品库房	乙、丙、丁、戊类生产厂房及物品库房耐火等级			明火或散发火花的地点	厂内铁路	厂内道路	
				一、二	三	四			主要	次要
储罐（TV为罐区总容量，m^3）	甲B、乙									
$TV \leq 50$		25	25	12	15	20	25	25	15	10
$50 < TV \leq 200$		25	25	15	20	25	30	25	15	10
$200 < TV \leq 1000$		25	25	20	25	30	35	25	15	10
$1000 < TV \leq 5000$		30	30	25	30	40	40	25	15	10
$TV \leq 250$	丙	15	15	12	15	20	20	20	10	5
$250 < TV \leq 1000$		20	20	15	20	25	25	20	10	5
$1000 < TV \leq 5000$		25	25	20	25	30	30	20	15	10
$5000 < TV \leq 25000$		30	30	25	30	40	40	25	15	10
油泵房、灌油间	甲B、乙	12	15	12	14	16	30	20	10	5
	丙	12	12	10	12	14	15	12	8	5

续表 4.0.16

库内建（构）筑物和设施	液体类别	企业建（构）筑物等								
		甲类生产厂房	甲类物品库房	乙、丙、丁、戊类生产厂房及物品库房耐火等级			明火或散发火花的地点	厂内铁路	厂内道路	
				一、二	三	四			主要	次要
桶装液体库房	甲B、乙	15	20	15	20	25	30	30	10	5
	丙	12	15	10	12	14	20	15	8	5
汽车罐车装卸设施	甲B、乙	14	14	15	16	18	30	20	15	15
	丙	10	10	10	12	14	20	10	8	5
其他生产性建筑物	甲B、乙	12	12	10	12	14	25	10	3	3
	丙	9	9	8	9	10	15	8	3	3

注：1 当甲B、乙类易燃和可燃液体与丙类可燃液体混存时，丙A类可燃液体可按其容量的 50%
折算计入储罐区总容量，丙B类可燃液体可按其容量的 25% 折算计入储罐区总容量。

2 对于埋地卧式储罐和储存丙B类可燃液体的储罐，本表距离（与厂内次要道路的距离除外）
可减少 50%，但不得小于 10m。

3 表中未注明的企业建（构）筑物与库内建（构）筑物的安全距离，应按现行国家标准《建
筑设计防火规范》GB 50016 规定的防火距离执行。

4 企业附属石油库的甲B、乙类易燃和可燃液体储罐总容量大于 5000m³，丙A类可燃液体储
罐总容量大于 25000m³ 时，企业附属石油库与本企业建（构）筑物、交通线等的安全距离，
应符合本规范第 4.0.10 条的规定。

5 企业附属石油库仅储存丙B类可燃液体时，可不受本表限制。

本条部分参考了国家标准《建筑设计防火规范》GB 50016—2006 及原来小型石油库
设计规范，并做了适当补充。

**4.0.17 当重要物品仓库（或堆场）、军事设施、飞机场等，对与石油库的安全距离有特
殊要求时，应按有关规定执行或协商解决。**（原为：石油库与飞机场的距离，应符合国家
现行有关标准和规范的规定。）

附：

《石油库设计规范》GB 50074—2014 第 4 章取消了 2002 版中的下列条文：

表 4.0.7 注④：少于 100 人或 30 户的居住区与一级石油库的安全距离可减少 25%，
与二、三、四、五级石油库的距离可减少 50%，但不得小于 35m。

5 库区布置

5.1 总平面布置

5.1.1 石油库的总平面布置，宜按储罐区、易燃和可燃液体装卸区、辅助作业区和行政管理区分区布置（原为：石油库内的设施宜分区布置）。石油库各区内的主要建（构）筑物或设施，宜按表 5.1.1 的规定布置。

表 5.1.1 石油库各区内的主要建（构）筑物或设施

序号	分区		区内主要建（构）筑物或设施
1	储罐（原为：油）区		储罐组、易燃和可燃液体泵站、变配电间、现场机柜间等（原为：油罐、防火堤、油泵站、变配电间等）
2	易燃和可燃液体装卸区（原为：油品装卸区）	铁路装卸区	铁路罐车装卸栈桥、易燃和可燃液体泵站、桶装易燃和可燃液体库房、零位罐、变配电间、油气回收处理装置等（原为：铁路油品装卸栈桥、站台、油泵站、桶装油品库房、零位罐、变配电间等）
		水运装卸区	易燃和可燃液体装卸码头、易燃和可燃液体泵站、灌桶间、桶装液体库房、变配电间、油气回收处理装置等（原为：油品装卸码头、油泵站、灌油间、桶装油品库房、变配电间等）
		公路装卸区	灌桶间、易燃和可燃液体泵站、变配电间、汽车罐车装卸设施、桶装液体库房、控制室、油气回收处理装置等（原为：高架罐、罐油间、油泵站、变配电间、汽车油品装卸设施、桶装油品库房、控制室等）
3	辅助作业（原为：生产）区		修洗桶间、消防泵房、消防车库、变配电间、机修间、器材库、锅炉房、化验室、污水处理设施、计量室、柴油发电机间（新增）、空气压缩机间（新增）、车库（原为：油罐车库）等
4	行政管理区		办公用房、控制室（新增）、传达室、汽车库、警卫及消防人员宿舍、倒班宿舍、浴室、食堂等

注：企业附属石油库的分区，尚宜结合该企业的总体布置统一考虑。

石油库内各种建（构）筑物和设施的火灾危险程度、散发油气量的多少、生产操作的方式等差别较大，有必要按生产操作、火灾危险程度、经营管理等特点进行分区布置。把特殊的区域加以隔离，限制一定人员的出入，有利于安全管理，并便于采取有效的消防措施。

5.1.2 行政管理区和辅助作业区内（原为：石油库内），使用性质相近的建（构）筑物，在符合生产使用和安全防火的要求前提下，可（原为：宜）合并建设。

石油库建（构）筑物的面积都不大，在符合生产使用和安全条件下，将石油库行政管理区和辅助作业区内使用性质相近的建（构）筑物合并建造，既可减少油库用地，节约投资，又便于生产操作和管理，这是石油库总图设计的一个主要原则。

5.1.3　石油库内建（构）筑物、设施（新增）之间的防火距离（储罐与储罐之间的距离除外），不应小于表 5.1.3 的规定。

石油库内各建（构）筑物、设施之间防火距离的确定，主要是考虑到发生火灾时，它们之间的相互影响及所造成的损失大小。石油库内经常散发有害气体的储罐和铁路、公路、水运等易燃、可燃液体装卸设施同其他建（构）筑物之间的距离应该大些。

（1）储罐与其他建（构）筑物、设施之间的防火距离的确定：

1）确定防火距离的原则：

①避免或减少发生火灾的可能性。火灾的发生必须具备可燃物质、空气和火源等三个条件。因此，散发可燃气体的储罐与明火的距离应大于在正常生产情况下可燃气体扩散所能达到的最大距离；

②尽量减少火灾可能造成的影响和损失。对于散发可燃气体、容易着火、一经着火即不易扑灭且影响油库生产的建（构）筑物，其与储罐的距离应大些，其他的可以小些；

③按储罐容量及易燃和可燃危险性的大小规定不同的防火距离；

④在相互不影响的情况下，尽量缩小建（构）筑物、设施之间的防火距离；

⑤在确定防火距离时，应考虑操作安全和管理方便。

2）储罐火灾情况：

根据调查材料统计，大部分火灾是由明火引起的，而以外来明火引起的较多。如易燃和可燃液体经排水沟流至库外水沟，库外点火，火势回窜引起火灾。这种情况以商业库为多，其他原因则有雷击、静电等引发的火灾。

3）储罐散发可燃气体的扩散距离：

①清洗储罐时可燃气体扩散的水平距离，一般为 18m～30m；

②油罐进油时排放的油气扩散范围：水平距离约 11m；垂直距离约 1.3m。

4）储罐的火灾特点：

①储罐火灾概率低；

②起火原因多为操作、管理不当；

③如有防火堤，其影响范围可以控制。

5）储罐与各建（构）筑物的防火距离：

决定易燃和可燃液体储罐与各建（构）筑物、设施的防火距离，首先应考虑储罐扩散的可燃气体不被明火引燃，以及储罐失火后不致影响其他建（构）筑物和设施。英国石油学会《销售安全规范》规定，易燃、可燃液体与明火和散发火花的建（构）筑物距离为 15m。日本丸善石油公司的油库管理手册，是以油罐内油品的静止状态和使用状态分别规定油罐区内动火的安全距离，其最大距离为 20m。储罐着火后对附近建（构）筑物和设施的影响，扑灭火灾的难易，随罐容的大小，储罐的型式及所储液体性质的不同而有所区别。为了适应新的安全需要，更好体现以人为本的原则，本次修订相对 2002 年版适当增加了储罐与办公用房、中心控制室、宿舍、食堂等人员集中场所和露天变配电所变压器、柴油发电机间、消防车库、消防泵房等重要设施的防火间距。

表5.1.3 石油库内建（构）筑物、

序号	建（构）筑物和设施名称		易燃和可燃液体泵房		灌桶间		汽车罐车装卸设施		铁路罐车装卸设施		液体装卸码头	
			甲B、乙类液体	丙类液体	甲B、乙类液体	丙类液体	甲B、乙类液体	丙类液体	甲B、乙类液体	丙类液体	甲B、乙类液体	丙类液体
			10	11	12	13	14	15	16	17	18	19
1	外浮顶储罐、内浮顶储罐、覆土立式油罐、储存丙类液体的立式固定顶储罐	$V \geq 50000$	20	15	30	25	30/23	23	30/23	23	50	35
2		$5000 < V < 50000$	15	11	19	15	20/15	15	20/15	15	35	25
3		$1000 < V \leq 5000$	11	9	15	11	15/11	11	15/11	11	30	23
4		$V \leq 1000$	9	7.5	11	9	11/9	9	11	11	26	23
5	储存甲B、乙类液体的立式固定顶储罐	$V > 5000$	20	15	25	20	25/20	20	25/20	20	50	35
6		$1000 < V \leq 5000$	15	11	20	15	20/15	15	20/15	15	40	30
7		$V \leq 1000$	12	10	15	11	15/11	11	15/11	11	35	30
8	甲B、乙类液体地上卧式储罐		9	7.5	11	8	11/8	8	11/8	8	25	20
9	覆土卧式油罐、丙类液体地上卧式储罐		7	6	8	6	8/6	6	8/6	6	20	15
10	易燃和可燃液体泵房	甲B、乙类液体	12	12	12	12	15/15	11	8/8	6	15	15
11		丙类液体	12	9	12	9	15/11	8	8/6	6	15	11
12	灌桶间	甲B、乙类液体	12	12	12	12	15/11	11	15/11	11	15	15
13		丙类液体	12	9	12	9	15/11	8	15/11	11	15	11
14	汽车罐车装卸设施	甲B、乙类液体	15/15	15/11	15/11	15/11	—	—	15/11	15/11	15	15
15		丙类液体	11	8	11	8	—	—	15/11	11	15	11

设施之间的防火距离（m）

桶装液体库房		隔油池		消防车库、消防泵房	露天变配电所变压器、柴油发电机间		独立变配电间	办公用房、中心控制室、宿舍、食堂等人员集中场所	铁路机车走行线	有明火及散发火花的建(构)筑物及地点	油罐车库	库区围墙	其他建(构)筑物	河(海)岸边
甲B、乙类液体	丙类液体	150m³及以下	150m³以上		10kV及以下	10kV以上								
20	21	22	23	24	25	26	27	28	29	30	31	32	33	34
30	25	25	30	40	40	50	40	60	35	35	28	25	25	30
20	15	19	23	26	25	30	25	38	19	26	23	11	19	30
15	11	15	19	23	19	23	19	30	19	26	19	7.5	15	30
11	9	11	15	19	15	23	11	23	19	26	15	6	11	20
25	20	25	30	35	32	39	32	50	25	35	30	15	25	30
20	15	20	25	30	25	30	25	40	25	35	25	10	20	30
15	11	15	20	25	20	30	25	30	25	35	20	8	15	20
11	8	11	15	19	15	23	11	23	19	25	15	6	11	20
8	6	8	11	15	11	15	8	18	15	20	11	4.5	8	20
12	12	15/7.5	20/10	30	15	20	15	30	15	20	15	10	12	10
12	9	10/5	15/7.5	15	10	15	10	20	12	15	12	5	10	10
12	12	20/10	25/12.5	12	20	30	15	40	20	30	15	10	12	10
12	9	15/7.5	20/10	10	10	20	10	25	15	20	12	5	10	10
15/11	15/11	20/15	25/19	15/15	20/15	30/23	15/11	30/23	20/15	30/23	20	15/11	15/11	10
11	8	15/7.5	20/10	12	10	20	10	20	15	20	15	5	11	10

序号	建（构）筑物和设施名称		易燃和可燃液体泵房		灌桶间		汽车罐车装卸设施		铁路罐车装卸设施		液体装卸码头	
			甲B、乙类液体	丙类液体	甲B、乙类液体	丙类液体	甲B、乙类液体	丙类液体	甲B、乙类液体	丙类液体	甲B、乙类液体	丙类液体
			10	11	12	13	14	15	16	17	18	19
16	铁路罐车装卸设施	甲B、乙类液体	8/8	8/6	15/11	15/11	15/11	15/11	见本规范第8.1节		20/20	20/15
17		丙类液体	6	6	11	11	15/11	11			20	15
18	液体装卸码头	甲B、乙类液体	15	15	15	15	15	15	20/20	20	见本规范第8.3节	
19		丙类液体	15	11	15	11	15	11	20/15	15		
20	桶装液体库房	甲B、乙类液体	12	12	12	12	15/11	11	8/8	8	15	15
21		丙类液体	12	9	12	10	15/11	8	8/8	8	15	11
22	隔油池	150m³及以下	15/7.5	10/5	20/10	15/7.5	20/15	15/7.5	25/19	20/10	25/19	20/10
23		150m³以上	20/10	15/7.5	25/12.5	20/10	25/19	20/10	30/23	25/12.5	30/23	25/12.5

注：1（新增）　表中 V 指储罐单罐容量，单位为 m³。

2（新增）　序号 14 中，分子数字为未采用油气回收设施的汽车罐车装卸设施与建（构）筑物或

3（新增）　序号 16 中，分子数字为用于装车作业的铁路线与建（构）筑物或设施的防火距离。

4（新增）　序号 14 与序号 16 相交数字的分母，仅适用于相邻装车设施均采用油气回收设施的

5（新增）　序号 22、23 中的隔油池，系指设置在罐组防火堤外的隔油池。其中分母数字为有
　　　　　设施的防火距离。

6（新增）　罐组专用变配电间和机柜间与石油库内各建（构）筑物或设施的防火距离，应与易

7（新增）　焚烧式可燃气体回收装置应按有明火及散发火花的建（构）筑物及地点执行，其他

8（新增）　Ⅰ、Ⅱ级毒性液体的储罐、设备和设施与石油库内其他建（构）筑物、设施之间的

9（新增）　"—"表示没有防火距离要求。

5.1.3

桶装液体库房		隔油池		消防车库、消防泵房	露天变配电所变压器、柴油发电机间		独立变配电间	办公用房、中心控制室、宿舍、食堂等人员集中场所	铁路机车走行线	有明火及散发火花的建（构）筑物及地点	油罐车库	库区围墙	其他建（构）筑物	河（海）岸边
甲B、乙类液体	丙类液体	150m³及以下	150m³以上		10kV及以下	10kV以上								
20	21	22	23	24	25	26	27	28	29	30	31	32	33	34
8/8	8/8	25/19	30/23	15/15	20/15	30/23	15/11	30/23	20/15	30/23	20	15/11	15/11	10
8	8	20/10	25/12.5	12	10	20	10	20	15	20	15	5	10	10
15	15	25/19	30/23	25	20	30	10	45	20	40	20	—	15	—
15	11	20/10	25/12.5	20	10	20	10	30	15	30	15	—	12	—
12	12	15/7.5	20/10	20	15	20	12	40	15	30	15	5	12	10
12	10	10/5	15/7.5	15	10	20	10	25	15	20	10	5	10	10
15/7.5	10/5	—	—	20/15	15/11	20/15	15/11	30/23	15/7.5	30/23	15/11	10/5	15/7.5	10
20/10	15/7.5	—	—	25/19	20/15	30/23	20/15	40/30	20/10	40/30	20/15	10/5	15/7.5	10

设施的防火距离，分母数字为采用油气回收设施的汽车罐车装卸设施与建（构）筑物或设施的防火距离。

分母数字为采用油气回收设施的铁路罐车装卸设施或仅用于卸车作业的铁路线与建（构）筑物的防火距离。

情况。

盖板的密闭式隔油池与建（构）筑物或设施的防火距离，分子数字为无盖板的隔油池与建（构）筑物或

燃和可燃液体泵房相同，但变配电间和机柜间的门窗应位于易燃液体设备的爆炸危险区域之外。

形式的可燃气体回收处理装置应按甲、乙类液体泵房执行。

防火距离，应按相应火灾危险性类别在本表规定的基础上增加30%。

①储罐与易燃和可燃液体泵房（泵）的距离

储罐与易燃和可燃液体泵房（泵）的距离，主要考虑储罐着火时对易燃和可燃液体泵房（泵）的影响，防止泵损坏，影响生产。泵房内没有明火，对储罐影响很小。从泵的操作需要考虑，应减少泵吸入管道的摩阻损失，保证两者之间的距离尽可能小。

②储罐与灌桶间、汽车罐车装卸设施、铁路罐车装卸设施的距离，三者任一处发生火灾，火势都较易控制，对储罐的影响不大，但应考虑储罐着火后对它们的影响，故其距离较储罐与易燃和可燃液体泵房（泵）之间的距离要适当增大些。

③储罐与液体装卸码头的距离

储罐或油船着火后，彼此之间影响较大，油船着火后往往更难以扑灭，影响范围更大。加之，油码头所临水域，来往船只较多，明火不易控制，故对储罐与码头的距离进行了适当加大。

④储罐与桶装液体库房、隔油池的距离

桶装油品库房着火概率较小，但库房或油桶一经着火难以扑灭，影响范围也很大，故应与灌桶间等同对待。隔油池（特别是无盖的隔油池）着火概率相对桶装液体库房要大，隔油池的容量越大，着火后的火焰影响范围越大，故大于 $150m^3$ 的隔油池与储罐的距离应较桶装液体库房与储罐的距离要大。

⑤储罐与消防泵房、消防车库的距离

消防泵房和消防车库为石油库中的主要消防设施，一旦储罐发生火灾，消防泵和消防车应立即发挥作用且不受火灾威胁。它们与储罐的距离应保证储罐发生火灾时不影响其运转和出车，且储罐散发的油气不致蔓延到消防泵房和消防车库。

⑥储罐与有明火或散发火花的地点的距离

主要考虑油气不致蔓延到有明火或散发火花的地点引起爆炸或燃烧；也考虑明火设施产生的飞火，不致落到储罐附近。

（2）其他各种建（筑）物、设施之间的防火距离：

1）油气扩散的情况

①据英国有关资料介绍，装车时的油气扩散范围不大，在 7.6m 以外，可安装非防爆电气设备。

②向油船装汽油，当泵流量为 $250m^3/h$ 时，在人孔下风侧 6.1m 处测得油气。

2）从上述情况看，装车、装船和灌桶作业时，油气扩散的范围不大，考虑到建（构）筑物之间车辆运行、操作要求，以及建（构）筑物着火时相互之间的影响、灭火操作的要求等因素，相互间应有适当的距离。

（3）Ⅰ、Ⅱ级毒性液体与库内其他设施的距离：

Ⅰ、Ⅱ级毒性液体通常不仅是易燃、可燃液体，也是具有极度或高度毒性的液体，在防护上不但要有防火要求，也要有安全卫生防护要求，而卫生防护距离一般要比防火距离大，故规定"Ⅰ、Ⅱ级毒性液体的储罐、设备和设施与石油库内其他建（构）筑物、设施之间的防火距离，应按相应火灾危险性类别在本表规定的基础上增加30%。"

（4）表中的宿舍包括员工宿舍、消防人员宿舍、武警营房等。

5.1.4　储罐应集中布置。当储罐区地面高于邻近居民点、工业企业或铁路线时，应加

强防止事故状态下库内易燃和可燃液体外流的安全防护措施（原为：当地形条件允许时，油罐宜布置在比卸油地点低、比灌油地点高的位置，但当油罐区地面标高高于邻近居民点、工业企业或铁路线时，必须采取加固防火堤等防止库内油品外流的安全防护措施）。

5.1.5（新增）　石油库的储罐应地上露天设置。山区和丘陵地区或有特殊要求的可采用覆土等非露天方式设置，但储存甲B和乙类液体的卧式储罐不得采用罐室方式设置。地上储罐、覆土储罐应分别设置储罐区。

储罐地上露天设置具有施工速度快、施工方便、土方工程量小，因而可以降低工程造价。另外，与之相配套的管道、泵站等也便于建成地上式，从而也降低了配套建设费，管理也较方便。但由于地上储罐目标暴露、防护能力差、受温度影响的呼吸损耗大，故允许山区和丘陵地区或有战略储备等有特殊要求的油库储罐采用覆土等非露天方式设置。对于采用罐室方式设置的甲B和乙类液体的卧式储罐，因其过去发生的着火爆炸事故较多，故予以限制。

5.1.6（新增）　储存Ⅰ、Ⅱ级毒性液体的储罐应单独设置储罐区。储罐计算总容量大于600000m³的石油库，应设置两个或多个储罐区，每个储罐区的储罐计算总容量不应大于600000m³。特级石油库中，原油储罐与非原油储罐应分别集中设在不同的储罐区内。

本条限制储罐区的储罐总容量，这样规定是为了避免储罐过于密集布置，适当降低储罐区火灾事故风险。

5.1.7（新增）　相邻储罐区储罐之间的防火距离，应符合下列规定：

1　地上储罐区与覆土立式油罐相邻储罐之间的防火距离不应小于60m。

2　储存Ⅰ、Ⅱ级毒性液体的储罐与其他储罐区相邻储罐之间的防火距离，不应小于相邻储罐中较大罐直径的1.5倍，且不应小于50m。

3　其他易燃、可燃液体储罐区相邻储罐之间的防火距离，不应小于相邻储罐中较大罐直径的1.0倍，且不应小于30m。

本条加大了相邻储罐区储罐之间的防火距离，这样规定是为了避免储罐过于密集布置，适当降低储罐区火灾事故风险。

5.1.8（新增）　同一个地上储罐区内，相邻罐组储罐之间的防火距离，应符合下列规定：

1　储存甲B、乙类液体的固定顶储罐和浮顶采用易熔材料制作的内浮顶储罐与其他罐组相邻储罐之间的防火距离，不应小于相邻储罐中较大罐直径的1.0倍。

2　外浮顶储罐、采用钢制浮顶的内浮顶储罐、储存丙类液体的固定顶储罐与其他罐组储罐之间的防火距离，不应小于相邻储罐中较大罐直径的0.8倍。

注：储存不同液体的储罐、不同型式的储罐之间的防火距离，应采用上述计算值的较大值。

本条加大了相邻罐组储罐之间的防火距离，这样规定是为了避免储罐过于密集布置，适当降低储罐区火灾事故风险。

5.1.9（新增）　同一储罐区内，火灾危险性类别相同或相近的储罐宜相对集中布置。储存Ⅰ、Ⅱ级毒性液体的储罐罐组宜远离人员集中的场所布置。

5.1.10　铁路装卸区宜布置在石油库的边缘地带，铁路线不宜与石油库出入口的道路相交叉。

铁路装卸区布置在石油库的边缘地带，不致因铁路罐车进出而影响其他各区的操作管理，也减少铁路与库区道路的交叉，有利于安全和消防。

铁路线如与石油库出入口处的道路相交叉，常因铁路调车作业影响石油库正常车辆出入，平时也易发生事故，尤其在发生火灾时，还可能妨碍外来救护车辆的顺利通过。

5.1.11 **公路装卸区应布置在石油库临近库外道路的一侧，并宜设围墙与其他各区隔开**（删除：并应设单独出入口）。

石油库的公路装卸区是外来人员和车辆往来较多的区域，将该区布置在面向公路的一侧，设单独的出入口，方便出入。若设围墙与其他各区隔开，可避免外来人员和车辆进入其他各区，更有利于油库安全管理。

5.1.12（新增） **消防车库、办公室、控制室等场所，宜布置在储罐区全年最小频率风向的下风侧。**

5.1.13（新增） **储罐区泡沫站应布置在罐组防火堤外的非防爆区，与储罐的防火间距不应小于20m。**

5.1.14（新增） **储罐区易燃和可燃液体泵站布置，应符合下列规定：**

1 甲、乙、丙A类液体泵站应布置在地上立式储罐的防火堤外；

2 丙B类液体泵、抽底油泵、卧式储罐输送泵和储罐油品检测用泵，可与储罐露天布置在同一防火堤内；

3 当易燃和可燃液体泵站采用棚式或露天式时，其与储罐的间距可不受限制，与其他建（构）筑物或设施的间距，应以泵外缘按本规范表5.1.3中易燃和可燃液体泵房与其他建（构）筑物、设施的间距确定。

5.1.15（新增） **与储罐区无关的管道、埋地输电线不得穿越防火堤。**

5.2 库区道路

5.2.1 石油库储罐区应设环行消防车道。位于山区或丘陵地带设置环形消防车道有困难的下列罐区或罐组，可设尽头式消防车道：

1 覆土油罐区；

2 储罐单排布置，且储罐单罐容量不大于5000m³的地上罐组；

3 四、五级石油库储罐区。

（原为：石油库油罐区应设环行消防道路。四、五（原为：三、四）级石油库、山区或丘陵地带的石油库油罐区亦可设有回车场的尽头式消防道路。）

石油库内的储罐区是火灾危险性最大的场所，储罐区设环行消防车道，有利于消防作业。有回车场的尽头式道路，车辆行驶及调动均不如环行道路灵活，且尽头式道路只有一个对外路口，不方便消防车进出，一般不宜采用。在山区的储罐区和小型石油库的储罐区火灾风险相对较小，因地形或面积的限制，建环行消防车道确有困难时，允许设有回车场的尽头式消防车道是可行的。

5.2.2（新增） **地上储罐组消防车道的设置，应符合下列规定：**

1 储罐总容量大于或等于120000m³的单个罐组应设环行消防车道。

2 多个罐组共用一个环行消防车道时，环行消防车道内的罐组储罐总容量不应大于120000m³。

3 同一个环行消防车道内相邻罐组防火堤外堤脚线之间应留有宽度不小于7m的消防空地。

4 总容量大于或等于120000m³的罐组，至少应有两个路口能使消防车辆进入环形消防车道，并宜在不同的方位上。

5.2.3 除丙B类液体储罐和单罐容量小于或等于100m³的储罐外，储罐至少应与一条消防车道相邻。储罐中心与至少两条消防车道的距离均不应大于120m；条件受限时，储罐中心与最近一条消防车道之间的距离不应大于80m。（原为：油罐中心与最近的消防道路之间的距离，不应大于80m；相邻油罐组防火堤外堤脚线之间应留有宽度不小于7m的消防通道。）

"储罐至少应与一条消防车道相邻"的意思是，在储罐与消防车道之间无其他储罐。

5.2.4 铁路装卸区应设消防车道，并应平行于铁路装卸线，且宜与库内道路构成环行道路。消防车道与铁路罐车装卸线的距离不应大于80m（原为：铁路装卸区应设消防道路）。

铁路装卸区着火的概率虽小，着火后也较易扑灭，但仍需要及时扑救，故规定应设消防车道，并宜与库内道路相连形成环行道路，以利于消防车的通行和调动。考虑到有些石油库受地形或面积的限制，故本条规定也隐含着允许设有回车场的尽头式消防车道。

5.2.5 汽车罐车装卸设施和灌桶设施，应（原为：必须）设置能保证消防车辆顺利接近火灾场地的消防车道。

5.2.6（新增） 储罐组周边的消防车道路面标高，宜高于防火堤外侧地面的设计标高0.5m及以上。位于地势较高处的消防车道的路堤高度可适当降低，但不宜小于0.3m。

5.2.7 消防车道与防火堤外堤脚线之间的距离，不应小于3m。

5.2.8 一级石油库的储罐区和装卸区消防车道的宽度不应小于9m，其中路面宽度不应小于7m；覆土立式油罐和其他级别石油库的储罐区、装卸区消防车道的宽度不应小于6m，其中路面宽度不应小于4m；单罐容积大于或等于100000m³的储罐区消防车道应按现行国家标准《石油储备库设计规范》GB 50737 的有关规定执行。（原为：一级石油库的油罐区和装卸区消防道路的路面宽度不应小于6m，其他级别石油库的油罐区和装卸区消防道路的路面宽度不应小于4m。）

5.2.9 消防车道的净空高度不应小于5.0m，转弯半径不宜小于12m。（原为：一级石油库的油罐区和装卸区消防道路的转弯半径不宜小于12m。）

5.2.10（新增） 尽头式消防车道应设置回车场。两个路口间的消防车道长度大于300m时，应在该消防车道的中段设置回车场。

5.2.11 石油库通向公路的库外道路和车辆出入口的设计，应符合下列规定：

1 石油库应设与公路连接的库外道路，其路面宽度不应小于相应级别石油库储罐区的消防车道。

2 石油库通向库外道路的车辆出入口不应少于两处，且宜位于不同的方位。受地域、地形等条件限制时，覆土油罐区和四、五级石油库可只设一处车辆出入口。

3 储罐区的车辆出入口不应少于两处，且应位于不同的方位。受地域、地形等条件限制时，覆土油罐区和四、五级石油库的储罐区可只设一处车辆出入口。储罐区的车辆出入口宜直接通向库外道路，也可通向行政管理区或公路装卸区。

4 行政管理区、公路装卸区应设直接通往库外道路的车辆出入口。

［原为：石油库通向公路的车辆出入口（公路装卸区的单独出入口除外），一、二、三级石油库不宜少于两处，四、五级石油库可设一处。］

石油库的出入口如只有一个，在发生事故或进行维护时就可能阻碍交通。尤以库内发生火灾时，外界支援的消防车、救护车、消防器材及人员的进出较多，设两个出入口就比较方便。石油库通向库外道路的车辆出入口，包括行政管理区和公路装卸区直接对外的车辆出入口。

5.2.12（新增）　运输易燃、可燃液体等危险品的道路，其纵坡不应大于 **6%**。其他道路纵坡设计应符合现行国家标准《厂矿道路设计规范》**GBJ 22** 的有关规定。

5.3　竖向布置及其他

5.3.1　石油库场地设计标高，应符合下列规定：

1 库区场地应避免洪水、潮水及内涝水的淹没。

2 对于受洪水、潮水及内涝水威胁的场地，当靠近江河、湖泊等地段时，库区场地的最低设计标高，应比设计频率计算水位高 **0.5m** 及以上；当在海岛、沿海地段或潮汐作用明显的河口段时，库区场地的最低设计标高，应比设计频率计算水位高 **1m** 及以上。当有波浪侵袭或壅水现象时，尚应加上最大波浪或壅水高度。

3 当有可靠的防洪排涝措施，且技术经济合理时，库区场地也可低于计算水位。

（原为：当库址选定在靠近江河、湖泊等地段时，库区场地的最低设计标高，应高于计算洪水位 0.5m 及以上；当库址选定在海岛、沿海地段或潮汐作用明显的河口段时，库区场地的最低设计标高，应高于计算水位 1m 及以上。在无掩护海岸，还应考虑波浪超高。计算水位应采用高潮累积频率 10% 的潮位；当有防止石油库受淹的可靠措施，且技术经济合理时，库址亦可选在低于计算水位的地段。）

本条规定了沿海等地段石油库库区场地最低设计标准。我国沿海各港因潮型和潮差特点不同，南北方港口遭受台风涌水程度差异较大，南方港口特别是汕头、珠江、湛江和海南岛地区直接遭受台风，壅水增高显著，壅水高度在设计水位以上 1.5m～2.0m，而北方沿海港口受台风风力影响较弱，涌水高度较弱。一般壅水高度在设计水位以上 1.0m 左右，不超过 1.3m。所以，库区场地的最低设计标高要结合当地情况，综合考虑防洪、防潮、防浪及内涝水等因素来确定。

可靠的防洪排涝措施，系指设置了满足防洪标准设防要求的防洪堤、防浪堤、截（排）洪沟、强排设施等。

5.3.2（新增）　行政管理区、消防泵房、专用消防站、总变电所宜位于地势相对较高的场地处，或有防止事故状况下流淌火流向该场地的措施。

行政管理区、消防泵房、专用消防站、总变电所是保证石油库安全运转的重要设施，规定其位于地势相对较高的场地上，是为了保证储罐等易燃、可燃液体设施发生火灾时能够自保并具备扑救的能力和条件，避免可能发生的流淌火灾威胁。

5.3.3　石油库的围墙设置，应符合下列规定：

1 石油库四周应设高度不低于 2.5m 的实体围墙。企业附属石油库与本企业毗邻一侧的围墙高度可不低于 1.8m。

2 山区或丘陵地带的石油库，四周均设实体围墙有困难时，可只在漏油可能流经的低洼处设实体围墙，在地势较高处可设置镀锌铁丝网等非实体围墙。

3 石油库临海、邻水侧的围墙，其 1m 高度以上可为铁栅栏围墙。

4 行政管理区与储罐区、易燃和可燃液体装卸区之间应设围墙。当采用非实体围墙时，围墙下部 0.5m 高度以下范围内应为实体墙。

5 围墙不得采用燃烧材料建造。围墙实体部分的下部不应留有孔洞（集中排水口除外）。

（原为：石油库应设高度不低于 2.5m 的非燃烧材料的实体围墙。山区或丘陵地带的石油库，可设置镀锌铁丝网围墙。企业附属石油库与本企业毗邻一侧的围墙高度不宜低于 1.8m。）

对本条各款说明如下：

1 石油库应尽可能与一般火种隔绝，禁止无关人员进入库内，建造一定高度的围墙有利于安全管理，特别是实体围墙对防火更有好处。根据多年的实际经验，石油库的界区围墙高度不低于 2.5m 比较合理。企业附属石油库与本企业毗邻的一侧的安全问题能够受本企业自身的管理与控制，故允许其毗邻一侧的围墙高度不低于 1.8m。

2 由于建在山区的石油库占地面积较大，地形复杂，都要求建实体围墙难度较大，且无必要，故允许"可只在漏油可能流经的低洼处设实体围墙，在地势较高处可设置镀锌铁丝网等非实体围墙"。但对于装卸区、行政管理区等有条件的部位最好还是设实体围墙，以尽可能地实现有利于安全与管理。

4 本款规定"行政管理区与储罐区、易燃和可燃液体装卸区之间应设围墙"，主要目的是防止和减少外来人员进入或通过生产作业区，以利于安全和管理。规定其"围墙下部 0.5m 高度以下范围内应为实体墙"是为了阻止漏油漫延到行政管理区。

5 要求"围墙下部不应留有孔洞"是阻止漏油流出库区的最后一道措施。

5.3.4　石油库的绿化应符合下列规定：

1 防火堤内不应植树。

2 消防车道与防火堤之间不宜种树。

3 绿化不应妨碍消防作业。

（原为：石油库内应进行绿化，除行政管理区外不应栽植油性大的树种。防火堤内严禁植树，但在气温适宜地区可铺设高度不超过 0.15m 的四季常绿草皮。消防道路与防火堤之间，不宜种树。石油库内绿化，不应妨碍消防操作。）

石油库内进行绿化，可以美化和改善库内环境。油性大的树种易燃烧，与易燃和可燃液体设备需保持一定距离。防火堤内如栽树，万一着火对储罐威胁较大，也不利于消防，故规定不应栽树。

34 附:

《石油库设计规范》GB 50074—2014 第 5 章取消了 2002 年版中的下列条文:

5.0.5 人工洞石油库储油区的布置,应符合下列规定:

1 油罐室的布置,应最大限度地利用岩石覆盖层的厚度。油罐室岩石覆盖层的厚度,应满足防护要求。

2 变配电间、空气压缩机间、发电间等,不应与油罐室布置在同一主巷道内。当布置在单独洞室内或洞外时,其洞口或建筑物、构筑物至油罐室主巷道洞口、油罐室的排风管或油罐的通气管管口的距离,不应小于 15m。

3 油泵间、通风机室与油罐室布置在同一主巷道内时,与油罐室的距离不应小于 15m。

4 每条主巷道的出入口,不宜少于两处(尽头式巷道除外),洞口宜选择在岩石较完整的陡坡上。

6 储罐区

6.1 地上储罐

6.1.1 地上储罐应采用钢制储罐（原为：石油库的油罐应采用钢制油罐）。

钢制储罐与非金属储罐比较具有防火性能好、造价低、施工快、防渗防漏性好、检修容易等优点，故要求地上储罐采用钢制储罐。

6.1.2（新增） 储存沸点低于45℃或37.8℃的饱和蒸气压大于88kPa的甲B类液体，应采用压力储罐、低压储罐或低温常压储罐，并应符合下列规定：

1 选用压力储罐或低压储罐时，应采取防止空气进入罐内的措施，并应密闭回收处理罐内排出的气体。

2 选用低温常压储罐时，应采取下列措施之一：

1）选用内浮顶储罐，应设置氮气密封保护系统，并应控制储存温度使液体蒸气压不大于88kPa；

2）选用固定顶储罐，应设置氮气密封保护系统，并应控制储存温度低于液体闪点5℃及以下。

沸点低于45℃或在37.8℃时的饱和蒸气压大于88kPa的甲B类液体在常温常压下极易挥发，所以需要采用压力储罐、低压储罐或低温常压储罐来抑制其挥发。对第1、第2款具体要求说明如下：

1 用压力储罐或低压储罐储存甲B类液体，罐内易燃气体浓度较高，要求"防止空气进入罐"是为了消除储罐爆炸危险，常见的措施是向储罐内充氮，保持储罐在一定正压范围内；要求"密闭回收处理罐内排出的气体"是为了避免有害气体污染大气环境。

2 对沸点小于45℃或在37.8℃时的饱和蒸气压大于88kPa的甲B类液体，采取低温储存方式也是一种可以抑制挥发的有效措施。"控制储存温度使液体蒸气压不大于88kPa"，可以避免沸腾性挥发，但仍有较强的挥发性，所以要求"选用内浮顶储罐"来抑制其挥发。"控制储存温度低于液体闪点5℃及以下"，气体挥发量就很少了，基本处于安全区域。要求"设置氮封保护系统"，是为了防止控制措施不到位或失效的安全保护措施。

6.1.3（新增） 储存沸点不低于45℃或在37.8℃时的饱和蒸气压不大于88kPa的甲B、乙A类液体化工品和轻石脑油，应采用外浮顶储罐或内浮顶储罐。有特殊储存需要时，可采用容量小于或等于10000m³的固定顶储罐、低压储罐或容量不大于100m³的卧式储罐，但应采取下列措施之一：

1 应设置氮气密封保护系统，并应密闭回收处理罐内排出的气体；

2 应设置氮气密封保护系统，并应控制储存温度低于液体闪点5℃及以下。

36

对本条规定说明如下：

储存沸点大于或等于45℃或37.8℃的饱和蒸气压不大于88kPa的甲B、乙A类液体可以常温常压下储存，但仍有较强的挥发性，所以规定"应选用外浮顶储罐或内浮顶储罐"来抑制其挥发。采用浮顶或内浮顶储罐储存甲B类和乙A易燃液体可以减少易燃液体蒸发损耗90%以上，从而减少烃类气体对空气的污染，还减少了空气对物料的氧化，保证物料质量，此外对保证安全也非常有利。

有些甲B、乙A类液体化工品有防聚合等特殊储存需要，不适宜采用内浮顶储罐。所以，本条规定允许这些甲B、乙A类液体化工品选用固定顶储罐、低压储罐和容量小于或等于50m³的卧式储罐，但需采取氮封、密闭回收处理罐内排出的气体、控制储存温度低于液体闪点5℃及以下等必要的安全保护措施。

6.1.4　储存甲B、乙A类原油和成品油，应采用外浮顶储罐、内浮顶储罐和卧式储罐。3号喷气燃料的最高储存温度低于油品闪点5℃及以下时，可采用容量小于或等于10000m³的固定顶储罐。当采用卧式储罐储存甲B、乙A类油品时，储存甲B类油品卧式储罐的单罐容量不应大于100m³，储存乙A类油品卧式储罐的单罐容量不应大于200m³。

（原为：1　储存甲类和乙A类油品的地上立式油罐，应选用浮顶油罐或内浮顶油罐，浮顶油罐应采用二次密封装置。2　储存甲类油品的覆土油罐和人工洞油罐，以及储存其他油品的油罐，宜选用固定顶油罐。3　容量小于或等于100m³的地上油罐，可选用卧式油罐。）

甲B和乙A类油品是易挥发性液体，选用外浮顶储罐或内浮顶储罐可以抑制其挥发。本条的"成品油"不包括在37.8℃时的饱和蒸气压大于或等于88kPa的轻石脑油。

为保证3号喷气燃料的质量，机场油库3号喷气燃料储罐内需安装浮动发油装置，从油位上部发油，安装了浮动发油装置的3号喷气燃料储罐采用内浮顶罐有诸多不便。根据中国航空油料集团提供的实测数据，全国绝大多数民用机场油库3号喷气燃料储罐最高储存温度低于油品闪点5℃以下，罐内气体浓度达不到爆炸下限（1.1%Ｖ），基本处于安全状态，在这种情况下，3号喷气燃料采用固定顶储罐是可行的。机场油库如采用固定顶储罐，则在采购3号喷气燃料时，需要求闪点指标高于机场所在地油品的最高储存温度5℃及以上。由于全国各地机场气温差异较大，如不能保证最高储存温度低于油品闪点5℃及以下，为了安全，还得采用内浮顶罐。

6.1.5（新增）　储存乙B和丙类液体，可采用固定顶储罐和卧式储罐。

乙B和丙类液体危险性较低，可以根据实际需要任意选用外浮顶储罐、内浮顶储罐、固定顶储罐和卧式储罐。

6.1.6（新增）　外浮顶储罐应采用钢制单盘式或钢制双盘式浮顶。

钢制单盘式或双盘式浮顶由钢板焊接而成，相比其他类型的浮顶，有结构强度高、密封效果好、耐火性能强的优点，外浮顶储罐一般都是大型储罐，所以，安全起见，本条规定"外浮顶储罐应选用钢制单盘式或双盘式浮顶"。

6.1.7（新增）　内浮顶储罐的内浮顶选用，应符合下列规定：

1　内浮顶应采用金属内浮顶，且不得采用浅盘式或敞口隔舱式内浮顶。

2　储存Ⅰ、Ⅱ级毒性液体的内浮顶储罐和直径大于40m的储存甲B、乙A类液体内

浮顶储罐，不得采用易熔材料制作的内浮顶。

3 直径大于 **48m** 的内浮顶储罐，应选用钢制单盘式或双盘式内浮顶。

4 新结构内浮顶的采用应通过安全性评估。

对本条各款规定说明如下：

1 非金属内浮顶，浅盘式或敞口隔舱式内浮顶安全性能差，所以限制其使用。

2 甲 B、乙 A 类液体火灾危险性较大，所发生的储罐火灾事故绝大多数也是这类液体储罐，加强其安全可靠性是必要的；目前广泛采用的组装式铝质内浮顶属于"用易熔材料制作的内浮顶"，其安全性相对钢质内浮顶要差，储罐一旦发生火灾，容易形成储罐全截面积着火，且直径越大越难以扑救，造成的火灾损失也越大，所以本款对直径大于 40m 的甲 B、乙 A 类液体内浮顶储罐，限制使用"用易熔材料制作的内浮顶"是必要的。Ⅰ、Ⅱ级毒性的液体储罐一旦发生火灾事故，将造成比油品储罐火灾更严重的危害，故对Ⅰ级和Ⅱ级毒性的甲 B、乙 A 类液体储罐应有更高的要求。

3 根据《泡沫灭火系统设计规范》GB 50151—2010 第 4.4.1 条的规定，采用钢制单盘式或双盘式的内浮顶储罐，泡沫的保护面积应按罐壁与泡沫堰板间的环形面积确定；其他内浮顶储罐应按固定顶储罐对待（即泡沫需要覆盖全部液面）。安装在储罐罐壁上的泡沫发生器发生的泡沫最大流淌长度为 25m，为保证泡沫能够有效覆盖保护面积，故规定"直径大于 48m 的内浮顶储罐，应选用钢制单盘式或双盘式内浮顶"。

4 "新结构内浮顶"是指国家或行业标准没有对其进行技术要求的内浮顶。

6.1.8（新增） 储存Ⅰ、Ⅱ级毒性的甲 **B**、乙 **A** 类液体储罐的单罐容量不应大于 **5000m³**，且应设置氮封保护系统。

限制Ⅰ、Ⅱ级毒性的甲 B、乙 A 类液体储罐容量是为了降低其事故危害性，氮封保护系统可有效防止储罐发生爆炸起火事故，进一步加强有毒液体储罐的安全可靠性。常见易燃和可燃有毒液体毒性程度举例见表 2。

表 2　常见易燃和可燃有毒液体毒性程度举例

序号	名　称	英文名称	分子式	毒性程度	闪点（℃）
1	乙撑亚胺（乙烯胺）	Ethylenimine	$NHCH_2CH_2$	极（Ⅰ）	−11.11
2	氯乙烯	Vinyl chloride	CH_2CHCl	极（Ⅰ）	−78 沸点 −13.4
3	羰基镍	Nickel carbonyl	$Ni(CO)_4$	极（Ⅰ）	−18
4	四乙基铅	Tetraethyl lead	$Pb(C_2H_5)_4$	极（Ⅰ）	80
5	氰化氢（氢氰酸）	Hydrogen cyanide	HCN	极（Ⅰ）	−17.78 沸点 25.7
6	苯	Benzene	C_6H_6	高（Ⅱ）	−11
7	丙烯腈	Acrylonitrile	$CH_2=CH—CN$	高（Ⅱ）	−1.11
8	丙烯醛	Acrolein	$CH_2=CHCHO$	高（Ⅱ）	−26

续表2

序号	名 称	英文名称	分子式	毒性程度	闪点（℃）
9	甲醛	Formaldehyde	HCHO	高（Ⅱ）	沸点 −19.44
10	甲酸（蚁酸）	Formic acid	HCOOH	高（Ⅱ）	68.89
11	苯胺	Aniline	$C_6H_5NH_2$	高（Ⅱ）	70
12	环氧乙烷	Ethylene oxide	$\overset{O}{\underset{H_2C-CH_2}{\triangle}}$	高（Ⅱ）	< −17.78
13	环氧氯丙烷	Epichlorohydrin	$\overset{O}{\underset{H_2C-CHCH_2Cl}{\triangle}}$	高（Ⅱ）	32.22
14	氯乙醇	Ehtylene chlorhydrine	CH_2ClCH_2OH	高（Ⅱ）	60
15	丙烯醇	Allylalcohol	$CH_2=CHCH_2OH$	中（Ⅲ）	21.11
16	乙胺	Ethylamine	$C_2H_5NH_2$	中（Ⅲ）	< −17.78
17	乙硫醇	Ethyl mercaptan	CH_3CH_2SH	中（Ⅲ）	<26.67
18	乙腈（甲基腈）	Acetonitrile	CH_3CN	中（Ⅲ）	<6
19	乙酸（醋酸）	Ethanoic acid	CH_3COOH	中（Ⅲ）	42.78
20	2.6−二乙基苯胺	2.6−Diethylaniline	$C_6H_5N(C_2H_5)_2$	中（Ⅲ）	< −17.78
21	1，1−二氯乙烯	1，1−Dichloroethylene	CH_2CCl_2	中（Ⅲ）	−15
22	1，2−二氯乙烷	1，2−Dichloroethane	$(CH_2Cl)_2$	中（Ⅲ）	13
23	丁胺	Buthylamine	$C_4H_9NH_2$	中（Ⅲ）	−12.22
24	丁烯醛	Crotonaldehyde	$CH_3CHCHCHO$	中（Ⅲ）	12.78
25	1，1，2−三氯乙烷	Trichloroethane	$CH_2ClCHCl_2$	中（Ⅲ）	沸点114
26	1，1，2−三氯乙烯	Trichloroethylene	$CHClCCl_2$	中（Ⅲ）	沸点87.1
27	甲硫醇	Methyl mercaptan	CH_3SH	中（Ⅲ）	−17.78
28	甲醇	Methanol	CH_3OH	中（Ⅲ）	7
29	苯酚	Phenol	C_6H_5OH	中（Ⅲ）	79.5
30	苯醛	Benzaldehyde	C_6H_5CHO	中（Ⅲ）	64.44
31	苯乙烯	Styrene	$C_6H_5CH=CH_2$	中（Ⅲ）	31.1
32	硝基苯	Nitrobenzene	$C_6H_5NO_2$	中（Ⅲ）	87.8
33	丁烯醛	Crotonaldehyde	$CH_3CHCHCHO$	中（Ⅲ）	12.78
34	氨	Ammonia	NH_3	中（Ⅲ）	沸点 −33
35	甲苯	Toluene	$CH_3C_6H_5$	中（Ⅲ）	4.44
36	对二甲苯	p-Xylene	$1，4−C_6H_4(CH_3)_2$	中（Ⅲ）	25

续表 2

序号	名 称	英文名称	分子式	毒性程度	闪点（℃）
37	邻二甲苯	o-Xylene	$1,2-C_6H_4(CH_3)_2$	中（Ⅲ）	17
38	间二甲苯	m-Xylene	$1,3-C_6H_4(CH_3)_2$	中（Ⅲ）	25
39	丙酮	Acetone	C_3H_6O	低（Ⅳ）	−20
40	溶剂汽油	solvent gasolines	$C_5H_{12}\sim C_{12}H_{26}$	低（Ⅳ）	−50

注：序号 1~34 摘自现行行业标准《压力容器中化学介质毒性危害和爆炸危险程度分类》HG 20660—
2000，序号 35~40 摘自现行行业标准《石油化工有毒、可燃介质钢制管道工程施工及验收规
范》SH 3501—2011。

6.1.9（新增）　固定顶储罐的直径不应大于 48m。

因为安装在储罐罐壁上的泡沫发生器发生的泡沫最大流淌长度为 25m，为保证泡沫能
够有效覆盖保护面积，故规定"固定顶储罐的直径不应大于 48m"。

6.1.10　地上储罐应按下列规定成组布置：

**1　甲 B 类、乙类和丙 A 类液体储罐可布置在同一罐组内；丙 B 类液体储罐宜独立设
置罐组。**（原为：甲、乙和丙 A 类油品储罐可布置在同一油罐组内；甲、乙和丙 A 类油品
储罐不宜与丙 B 类油品储罐布置在同一油罐组内。）

2　沸溢性液体（原为：油品）**储罐不应与非沸溢性液体**（原为：油品）**储罐同组布
置。**

3　立式储罐不宜与卧式储罐布置在同一个储罐组内（原为：地上立式油罐、高架油
罐、卧式油罐、覆土油罐不宜布置在同一个油罐组内）。

**4（新增）　储存 Ⅰ、Ⅱ 级毒性液体的储罐不应与其他易燃和可燃液体储罐布置在同
一个罐组内。**

对本条各款说明如下：

1　甲 B、乙和丙 A 类液体储罐布置在同一个防火堤内，有利于储罐之间互相调配和
统一考虑消防设施，既可节省输油管道和消防管道，也便于管理。而丙 B 类液体基本都
是燃料油和润滑油，相对于甲 B、乙和丙 A 类液体黏度较大，火灾危险性较小，在消防要
求上也不同（见本规范第 12.1.4 条、第 12.1.5 条），所以不宜建在一个储罐组内。

2　沸溢性油品在发生火灾等事故时容易从储罐中溢出，导致火灾流散，影响非沸溢
性油品安全，故规定沸溢性油品储罐不应与非沸溢性油品储罐布置在同一储罐组内。

3　地上储罐与卧式储罐的罐底标高、管道标高等各不相同，消防要求也不相同，布
置在一起对操作、管理、设计和施工等均不方便。故地上储罐不宜与卧式储罐布置在同一
储罐组内。

4　本款规定目的是降低其他储罐火灾事故时，对 Ⅰ、Ⅱ 级毒性的易燃和可燃液体储
罐的影响。

6.1.11　同一个罐组内储罐（原为：油罐）**的总容量应符合下列规定：**

**1　固定顶储罐组及固定顶储罐和外浮顶、内浮顶储罐的混合罐组的容量不应大于
120000m³，其中浮顶用钢质材料制作的外浮顶储罐、内浮顶储罐的容量可按 50%计入混**

40 合罐组的总容量。（原为：固定顶油罐组及固定顶油罐和浮顶、内浮顶油罐的混合罐组不应大于 120000m³。）

2（新增） 浮顶用钢质材料制作的内浮顶储罐组的容量不应大于 **360000m³**。浮顶用易熔材料制作的内浮顶储罐组的容量不应大于 **240000m³**。

3 外浮顶储罐组的容量不应大于 **600000m³**。（原为：浮顶、内浮顶油罐组不应大于 600000m³。）

本条是根据不同类型储罐的抗风险能力，确定同一个罐组内储罐的总容量的。

固定顶储罐一旦发生火灾很容易形成全液面火灾，火灾规模大，扑救难度也大，其防火性能在常压储罐中是最差的。所以，本条规定固定顶储罐组总容量最小。

浮顶用易熔材料制作的内浮顶储罐，其防火性能好于固定顶储罐。所以，本条规定浮顶用易熔材料制作的内浮顶储罐组的总容量，大于固定顶储罐组的总容量。

钢质材料的耐火性能好于易熔材料。所以，本条规定浮顶用钢质材料制作的内浮顶储罐组的总容量，大于浮顶用易熔材料制作的内浮顶储罐组的总容量。

外浮顶的浮顶完全覆盖在油面上，极大程度抑制了油气挥发，仅在密封圈的一、二次密封结构之间存在一个环形封闭空间，该封闭空间易积聚油气并有很大可能形成爆炸性混合气体，密封圈处因遭受雷击而爆炸起火的事故已发生多起，但火灾规模较小，易于扑灭，发生全液面火灾的概率很低。国内自从 20 世纪 80 年代初开始建造 10 万立方米大型外浮顶储罐以来，还没有发生过全液面火灾，着火的外浮顶储罐也从未引燃临近的外浮顶储罐。虽然外浮顶储罐一般容量巨大，但其防火性能在常压储罐中是最好的。所以，本条允许外浮顶储罐组总容量最大。

6.1.12 同一个罐组内的储罐数量应符合下列规定：

1 当最大单罐容量大于或等于 **10000m³** 时，储罐数量不应多于 **12** 座。

2 当最大单罐容量大于或等于 **1000m³** 时，储罐数量不应多于 **16** 座。

3 单罐容量小于 **1000m³** 或仅储存丙 **B** 类液体的罐组，可不限储罐数量。

（原为：当单罐容量等于或大于 1000m³ 时，不应多于 12 座；单罐容量小于 1000m³ 的油罐组和储存丙 B 类油品的油罐组内的油罐数量不限。）

一个储罐组内储罐数量越多，发生火灾事故的机会就越多，单体储罐容量越大，火灾损失及危害就越大，为了控制一定的火灾范围和火灾损失，故根据储罐容量大小规定了最多储罐数量。由于丙 B 类油品储罐不易发生火灾，而储罐容量小于 1000m³ 时，发生火灾容易扑救，故对这两种情况不加限制。

6.1.13 地上储罐组内，单罐容量小于 **1000m³** 的储存丙 **B** 类液体的储罐（原为：油品的油罐）**不应超过四排**；其他储罐（原为：油罐）**不应超过两排**。

储罐布置不允许超过两排，主要是考虑储罐失火时便于扑救。如果布置超过两排，当中间一排储罐发生火灾时，因四周都有储罐会给扑救工作带来一些困难，也可能会导致火灾的扩大。

储存丙 B 类油品的储罐（尤其是储存润滑油的储罐），发生火灾事故的概率极小，至今没有发生过过火事故。所以规定这种储罐可以布置成四排，这样有利于节约用地和投资。

6.1.14 地上立式储罐（原为：油罐）的基础面标高，应（原为：宜）高于储罐（原为：

（油罐）周围设计地坪 **0.5m** 及以上。

6.1.15 地上储罐组内相邻储罐（原为：油罐）之间的防火距离不应小于表 **6.1.15** 的规定。

表 6.1.15 地上储罐组内相邻储罐之间的防火距离

储存液体类别	单罐容量不大于 300m³，且总容量不大于 1500m³ 的立式储罐组	固定顶储罐（单罐容量）			外浮顶、内浮顶储罐	卧式储罐
		≤1000m³	>1000m³	≥5000m³		
甲B、乙类	2m	0.75D	0.6D		0.4D	0.8m
丙A类	2m	0.4D			0.4D	0.8m
丙B类	2m	2m	5m	0.4D	0.4D 与 15m 的较小值	0.8m

注：1 表中 **D** 为相邻储罐中较大储罐的直径。

　　2 储存不同类别液体的储罐（原为油罐）、不同型式的储罐（原为油罐）之间的防火距离，应采用较大值。

储罐间距是关乎储罐区安全的一个重要因素，也是影响油库占地面积的一个重要因素。节约用地是我国的基本国策之一，因此在保证操作方便和生产安全的前提下应尽量减少储罐间距，以达到减少占地和减少工程投资的目的。本条关于储罐间距的规定，是参照国外标准，并根据火灾模拟计算和实践经验制定的。分别说明如下：

1 国外相关标准的规定：

（1）美国国家防火协会安全防火标准《易燃和可燃液体规范》（NFPA30 2003 年版）规定：直径大于 150 英尺（45m）的浮顶储罐间距取相邻罐径之和的 1/4（对同规格储罐即为 0.5D）。浮顶罐一般不需采取保护措施（指固定式消防冷却保护系统和固定泡沫灭火系统）。

（2）英国石油学会《石油工业安全操作标准规范》第二部分《销售安全规范》（第三版）关于储存闪点低于 21℃ 的油品和储存温度高于油品闪点的浮顶储罐的间距是这样规定的：对直径小于和等于 45m 的罐，建议罐间距为 10m；对直径大于 45m 的罐，建议罐间距为 15m。该规范要求，浮顶储罐灭火采用移动式泡沫灭火系统和移动式消防冷却水系统。

（3）法国石油企业安全委员会编制的石油库管理规则关于储存闪点低于 55℃ 的油品浮顶储罐的间距是这样规定的：两座浮顶储罐中，其中一座的直径大于 40m 时，最小间距可为 20m。

（4）日本东京消防厅 1976 年颁布的消防法规，关于闪点低于 70℃ 的危险品储罐的间距是这样规定的：最大直径或其最大高度，取其中较大值。储罐可不设固定式消防冷却水系统。

与国外大多数规范比较，我们规定的储罐间距是适中的。

2 火灾模拟计算

为了解着火储罐火焰辐射热对邻近罐的影响，我们运用国际上比较权威的 DNV

42 Technical 公司的安全计算软件（PHAST Professional 5.2 版），对储罐火灾辐射热影响做模拟计算，计算结果见下表3。

表3　储罐不同距离处辐射热计算表

序号	罐容积 V (m³)	罐径 D (m)	罐高 H (m)	L=0.4D		L=0.6D		L=0.75D		L=1.0D		L=20m	
				L (m)	R (kW/m²)	L (m)	R (kW/m²)	L (m)	R (kW/m²)	L (m)	R (kW/m²)	L (m)	R (kW/m²)
1	100000	80	20	32	6.05	48	5.51	60	3.64	80	2.57	20	7.685
2	50000	60	20	24	6.38	36	4.85	45	3.97	60	2.33	20	7.044
3	10000	28	17	11.2	8.72	16.8	6.74	21	5.70	28	4.28	20	5.944
4	5000	20	16	8	11.76	12	9.2	15	7.8	20	5.94	22	5.308
5	5000									22.86*	4.92*	—	—
6	1000	11	12	4.4	20.25	6.6	17.25	8.25	14.23	11	11.69	20	4.751
7	100	5	5.6	2	39.68	3	31.74	3.75	28.37	5	20.47	20	7.363
8	100									5.42*	12.8*		

注：1　表中的火灾辐射热强度是按储罐发生全面积火灾计算出来的。

2　带 * 号数据为天津消防科研所的火灾试验实测数据。

3　L 为储罐间距。

根据国外资料，易燃和可燃液体储罐可以长时间承受的火焰辐射热强度是 24kW/m²。表3 中的绝大多数储罐，即使发生全液面火灾，其 0.4D 远处的火焰辐射热强度也小于 24kW/m²；表3 中的 3000m³ 及以上储罐，如果是固定顶罐或浮盘用易熔材料制作的内浮顶罐，着火罐的邻近罐需采取冷却措施。所以，本条关于储罐之间防火距离的规定是合理的。

3　实践经验

总结国内炼油厂和油库发生过的储罐火灾事故（非流淌火事故）案例可以发现，有固定顶储罐着火引燃临近固定顶储罐的案例（都是甲 B、乙 A 类易燃液体），但没有外浮顶罐和内浮顶罐引燃临近浮顶罐和内浮顶罐的案例，也没有乙 B 和丙类可燃液体储罐被邻近着火罐引燃的案例。这是因为外浮顶储罐和内浮顶储罐的浮盘直接浮在油面上，抑制了油气挥发，很少发生火灾，也不易被邻近的着火罐引燃；外浮顶罐即使发生火灾，基本上只在浮盘周围密封圈处燃烧，比较易于扑灭，也不需要冷却相邻储罐；乙 B 和丙类可燃液体闪点较高，且一般远高于其储存温度，不易被引燃。所以，外浮顶罐和内浮顶罐可以比固定顶罐的罐间距小一些，丙类可燃液体储罐可以比甲 B、乙类易燃液体储罐的罐间距小一些。

6.2　覆土立式油罐

6.2.1　覆土立式油罐应（原为：宜）采用固定顶储罐，其设计应根据储罐的容量及地形条件等合理地确定其直径和高度，使覆土立式油罐建成后与周围地形和环境相协调。

6.2.2 (新增) 覆土立式油罐应采用独立的罐室及出入通道。与管沟连接处必须设置防火、防渗密闭隔离墙。

覆土立式储罐多建于山区，交通不便，远离城市，借助外部消防力量较难，一旦着火爆炸扑救难度大。本条规定意在使覆土立式储罐相互隔离，目的是尽量避免一座储罐着火牵连相邻储罐。

6.2.3 覆土立式油罐之间的防火距离，应符合下列规定：

1 甲 B、乙、丙 A 类油品覆土立式油罐之间的防火距离，不应小于相邻两罐罐室直径之和的 1/2。当按相邻两罐罐室直径之和的 1/2 计算超过 30m 时，可取 30m。（原为：甲 B、乙类油品覆土立式油罐之间的防火距离，不应小于 0.4D。丙 A 油品覆土立式油罐之间的防火距离不限。）

本款规定"当按相邻两罐罐室直径之和的 1/2 计算超过 30m 时，可取 30m"，是参照多数规范对易燃、可燃液体设备设施与有明火地点的防火距离一般为 30m 而规定的。

2 丙 B 类油品覆土立式油罐之间的防火距离，不应小于相邻较大罐室直径的 0.4 倍（原为：不限）。

3 （新增）当丙 B 类油品覆土立式油罐与甲 B、乙、丙 A 类油品覆土立式油罐相邻时，两者之间的防火距离应按本条第 1 款执行。

6.2.4 （新增） 覆土立式油罐的基础应设在稳定的岩石层或满足地基承载力的均匀土层上。

6.2.5 覆土立式油罐的罐室设计应符合下列规定：

1 罐室应采用圆筒形直墙与钢筋混凝土球壳顶的结构形式。罐室及出入通道的墙体，应采用密实性材料构筑，并应保证在油罐出现泄漏事故时不泄漏。（原为：覆土油罐利用罐室墙作围护结构时，罐室墙应采用砖石或混凝土块浆砌，罐室墙应严密不渗漏。罐室应有排水阻油措施。）

"采用密实性材料构筑"主要是指用现浇混凝土浇筑或混凝土预制块砌筑。用这些材料构筑不仅墙体规整美观，而且能够达到良好的防水效果。

2 （新增）罐室球壳顶内表面与金属油罐顶的距离不应小于 1.2m，罐室壁与金属罐壁之间的环形走道宽度不应小于 0.8m。

本款规定是为满足储罐制安和使用与维修的基本空间要求。

3 （新增）罐室顶部周边应均布设置采光通风孔。直径小于或等于 12m 的罐室，采光通风孔不应少于 2 个；直径大于 12m 的罐室，至少应设 4 个采光通风孔。采光通风孔的直径或任意边长不应小于 0.6m，其口部高出覆土面层不宜小于 0.3m，并应装设带锁的孔盖。

4 （新增）罐室出入通道宽度不宜小于 1.5m，高度不宜小于 2.2m。

5 （新增）储存甲 B、乙、丙 A 类油品的覆土立式油罐，其罐室通道出入口高于罐室地坪不应小于 2.0m。

6 罐室的出入通道口，应设向外开启的并满足口部紧急时刻封堵强度要求的防火密闭门，其耐火极限不得低于 1.5h。通道口部的设计，应有利于在紧急时刻采取封堵措施。（原为：覆土油罐的水平通道应设密闭门。覆土油罐的竖直通道可不设密闭门。）

5、6两款规定的目的是尽量利用罐室自身拦油，防备储罐发生跑油或着火事故时，不使油品或流淌火灾很快漫出罐室，为紧急时刻采取口部封堵和外输等抢救措施留有一定的时间余地。这也是我国近十几年来在油库改、扩建中摸索出来的实践经验。不过，通道的口部也不是越高越好，设置高一点，固然对利用罐室自身拦油有利，但同时也带来了通道两侧墙体的加高加厚、土方量加大、外观比例失调，以及罐室自然通风困难和人员进出作业不便等问题。特别是部分地带建罐还要受到地形等条件的限制，实际操作很困难，势必还会造成外部道路等辅助工程投资的相对增高。因此，设计上不仅要满足规范的基本要求，还要根据地形等实际情况，经济合理地综合考虑其口部的设置高度。

7（新增） 罐室及出入通道应有防水措施。阀门操作间应设积水坑。

6.2.6 覆土立式油罐应按下列要求设置事故外输管道：

1（新增） 事故外输管道的公称直径，宜与油罐进出油管道一致，且不得小于100mm。

2（新增） 事故外输管道应由罐室阀门操作间处的积水坑处引出罐室外，并宜满足在事故时能与输油干管相连通。

3（新增） 事故外输管道应设控制阀门和隔离装置。控制阀门和隔离装置不应设在罐室内和事故时容易遭受危及的部位。

设置事故外输管道的目的是为了在覆土立式储罐出现跑油事故时，能够及时将跑在罐室的油品外输，以避免油品自罐室出入通道口漫出或发生流淌火灾。

6.2.7（新增） 覆土立式油罐的基本附件和通气管的设置，应符合本规范第6.4节的有关规定。

6.2.8（新增） 罐室顶部的覆土厚度不应小于0.5m，周围覆土坡度应满足回填土的稳固要求。

6.2.9（新增） 储存甲B类、乙类和丙A类液体的覆土立式油罐区，应按不小于区内储罐可能发生油品泄漏事故时，油品漫出罐室部分最多一个油罐的泄漏油品设置区域导流沟及事故存油坑（池）。

6.2.10（新增） 覆土立式油罐与罐区主管道连接的支管道敷设深度大于2.5m时，可采用非充沙封闭管沟方式敷设。

对于覆土立式油罐，为了预防油罐发生泄漏事故时罐室要有一定的封围作用，为紧急时刻采取口部封堵和外输等抢救措施留有一定的时间余地，本规范第6.2.5条规定了"罐室通道出入口高于罐室地坪不应小于2.0m"，有的部门还规定罐室要满足半拦油或全拦油要求，这样由罐室引出的局部管道往往敷设都较深，有的甚至达到十几米。如果采用直埋方式，管线安全无保障，一旦出现渗漏或断裂，检修就会连同局部通道"开肠破肚"，不仅检修代价很高，而且动火更是难免的，不小心还会引发油罐火灾。因此允许覆土立式油罐与罐区主管道连接的支管道敷设深度大于2.5m时，可采用非充沙封闭管沟方式敷设。

6.3 覆土卧式储罐（新增）

6.3.1 覆土卧式储罐的设计应满足其设置条件下的强度要求，当采用钢制储罐时，其罐壁所用钢板的公称厚度应满足下列要求：

1 直径小于或等于 **2500mm** 的油罐，其壁厚不得小于 **6mm**。

2 直径为 **2501mm ~ 3000mm** 的油罐，其壁厚不得小于 **7mm**。

3 直径大于 **3000mm** 的油罐，其壁厚不得小于 **8mm**。

本条是参照国家现行行业标准《钢制常压储罐 第一部分：储存对水有污染的易燃和不易燃液体的埋地卧式圆筒形单层和双层储罐》AQ3020 制定的。

6.3.2 储存对水和土壤有污染液体的覆土卧式储罐，应按国家有关环境保护标准或政府有关环境保护法令、法规要求采取防渗漏措施，并应具备检漏功能。

6.3.3 有防渗漏要求的覆土卧式储罐，储罐应采用双层油罐或单层钢油罐设置防渗罐池的方式；单罐容量大于 **100m³** 的覆土卧式油罐和既有单层覆土卧式油罐的防渗，可采用油罐内衬防渗层的方式。

双层储罐从罐体材料上分，主要有双层钢罐、内钢外玻璃纤维增强塑料双层储罐和双层玻璃纤维增强塑料储罐。玻璃纤维增强塑料通常也称为玻璃钢。由于双层储罐有两层罐壁，在防止储罐出现渗（泄）漏方面具有双保险作用，无论是内层罐发生渗漏还是外层罐发生渗漏，都能从贯通间隙内发现渗漏，如果设置渗漏在线监测系统，还能及时发现渗漏，从而可有效地防止渗漏液体进入环境。因此，采用双层储罐是最理想的防渗措施，已成为各国加油站等地下储罐的主推产品。由于双层储罐一般都在工厂制作，受控于运输条件限制，单罐容量很难做到超过 50m³，故本规范允许单罐容量大于 50m³ 的覆土卧式储罐采用单层钢储罐设置防渗罐池方式，或单罐容量大于 100m³ 的和既有单层覆土卧式储罐的防渗采用储罐内衬防渗层的方式。

6.3.4 采用双层油罐时，双层油罐的结构及检漏要求，应符合现行国家标准《汽车加油加气站设计与施工规范》**GB 50156** 的有关规定。

6.3.5 采用单层储罐设置防渗罐池时，应符合下列规定：

1 防渗罐池应采用防渗钢筋混凝土整体浇注，池底表面及低于储罐直径 2/3 以下的内墙面应做防渗处理。

2 埋地油罐的防渗罐池设计，应符合现行国家标准《汽车加油加气站设计与施工规范》**GB 50156** 有关规定。

3 罐顶高于周围地坪的油罐，防渗罐池的池顶应高于周围地坪 0.2m 以上。

4 罐底低于周围地坪的油罐，应按现行国家标准《汽车加油加气站设计与施工规范》**GB 50156** 的有关规定设置检漏立管。检漏立管宜沿油罐纵向合理布置，每罐至少应设 2 根检漏立管。相邻油罐可共用检漏立管。

5 罐底高于周围地坪的油罐可设检漏横管。检漏横管的直径不得小于 50mm，每罐至少应设 1 根检漏横管，且防渗罐池的池底或油罐基础应有不小于 5‰ 的坡度坡向检漏横管。

6 储罐基础和罐体周围的回填料，应保证储罐任何部位的渗漏均能在检漏管处被发现。

7 防渗罐池以上的覆土，应有防止雨水、地表水渗入池内的措施。

6.3.6 采用单层钢罐内衬防渗层时，内衬层应采用短纤维喷射技术做玻璃纤维增强塑料防渗层，其厚度不应小于 **0.8mm**，并应通过相应电压等级的电火花检测合格。

6.3.7 卧式储罐应设带有高液位报警功能的液位监测系统。单层储罐的液位检测系统尚应具备渗漏检测功能。

6.3.8　覆土卧式储罐的间距不应小于 0.5m，覆土厚度不应小于 0.5m。

6.3.9　当埋地油罐受地下水或雨水作用有上浮的可能时，应对油罐采取抗浮措施。

6.3.10　与土壤接触的钢制油罐外表面，其防腐设计应符合现行行业标准《石油化工设备和管道涂料防腐蚀设计规范》SH/T 3022 的有关规定，且防腐等级不应低于加强级。覆土不应损坏防腐层。

本节是参照国家标准《汽车加油加气站设计与施工规范》GB 50156—2012 的有关规定制订的。

6.4　储 罐 附 件

6.4.1　立式储罐应设上罐的梯子、平台和栏杆。高度大于 5m 的立式储罐，应采用盘梯。覆土立式油罐高于罐室环形通道地面 2.2m 以下的高度应采用活动斜梯，并应有防止磕碰发生火花的措施。（原为：地上油罐应设梯子和栏杆，高度大于 5m 的立式油罐，应采用盘梯或斜梯。）

6.4.2　储罐罐顶上经常走人的地方，应设防滑踏步和护栏；测量孔处应设测量平台。（原为：拱顶油罐罐顶上经常走人的地方，应设防滑踏步。）

6.4.3（新增）　立式储罐的量油孔、罐壁人孔、排污孔（或清扫孔）及放水管等的设置，宜按现行行业标准《石油化工储运系统罐区设计规范》SH/T 3007 的有关规定执行。覆土立式油罐应有一个罐壁人孔朝向阀门操作间。

对各种配件的作用说明如下：

1　量油孔：量油孔主要用来测量油罐内油品的液面高度，以便计算出罐内油品的储存量，同时也可以通过此孔进行取样，供化验分析使用。随着液面计量自动化水平不断地提高，以及取样器不断地完善，量油孔的作用越来越小。

2　人孔：人孔的主要作用是供安装工人施工、操作人员进出储罐时使用，同时也兼有对罐内进行通风及采光的作用。人孔的直径一般取 600mm，孔中心距罐底板的距离取 750mm。

3　排污孔：排污孔主要用于清扫油罐时，清除沉积于罐底的杂质，它适于设置在含杂物较少的储罐上。

4　清扫孔：清扫孔主要是用来清除罐内的沉积杂物，兼有对罐内进行通风及采光作用。

5　放水管（阀）：放水管设置在油罐壁的下部或底部，用以排除油罐底部的积水和部分杂物。常用放水管分为固定式放水管和安装在排污孔上（或清扫孔上）的排水管。

6　采光孔：设在罐顶上的采光孔，主要供施工安装、储罐清洗以及检修时采光和通风使用，透光孔的直径一般为 500mm。

7　通气管：通气管装在储存重质石油化工产品储罐的罐顶上，其主要作用是使罐内的气体空间与大气连通，当进行接收及发送产品作业或外界气温变化时，通气管将成为罐内气体呼吸的重要通道。

6.4.4　下列储罐通向大气的通气管管口应装设呼吸阀：

1　储存甲 B、乙类液体的固定顶储罐和地上卧式储罐；

2（新增） 储存甲 B 类液体的覆土卧式油罐；

3（新增） 采用氮气密封保护系统的储罐。

储罐通向大气的通气管上装设呼吸阀是为了减少储罐排气量，进而减少油气损耗。储存丙类液体的储罐因呼吸损耗很小，故可以不设呼吸阀。呼吸阀由压力阀和真空阀两部分组成，通过这两个阀使储罐平时保持密闭状态，并可以控制罐内的最大正、负工作压力。当罐内的压力达到储罐设计的允许压力时，压力阀开启，气体从罐内排至大气；当罐内的压力降至允许的真空度时，真空阀开启，外界空气进入储罐内。

呼吸阀分为一般型和防冻型（全天候）两种。

6.4.5（新增） 呼吸阀的排气压力应小于储罐的设计正压力，呼吸阀的进气压力应大于储罐的设计负压力。当呼吸阀所处的环境温度可能小于或等于 0℃时，应选用全天候式呼吸阀。

6.4.6（新增） 采用氮气密封保护系统的储罐应设事故泄压设备，并应符合下列规定：

1 事故泄压设备的开启压力应大于呼吸阀的排气压力，并应小于或等于储罐的设计正压力。

2 事故泄压设备的吸气压力应小于呼吸阀的进气压力，并应大于或等于储罐的设计负压力。

3 事故泄压设备应满足氮气管道系统和呼吸阀出现故障时保障储罐安全通气的需要。

4 事故泄压设备可直接通向大气。

5 事故泄压设备宜选用公称直径不小于 500mm 的呼吸人孔。如储罐设置有备用呼吸阀，事故泄压设备也可选用公称直径不小于 500mm 的紧急放空人孔盖。

本条规定是在氮气密封保护系统或呼吸阀出现故障情况下，保护储罐安全的措施。

6.4.7 下列储罐的通气管上必须装设阻火器：

1 储存甲 B 类、乙类、丙 A 类液体的固定顶储罐和地上卧式储罐；

2 储存甲 B 类和乙类液体的覆土卧式储罐；

3（新增） 储存甲 B 类、乙类、丙 A 类液体并采用氮气密封保护系统的内浮顶储罐。

本条所列储罐，其气相空间有可能存在爆炸性气体，所以规定这些储罐"通气管上必须装设阻火器"。阻火器能阻止火焰由外部向储罐内未燃烧混合气体的传播，从而保证储罐的安全。储存丙 B 类油品的储罐气相空间内油气浓度远远低于爆炸下限，故可不设阻火器。

6.4.8（新增） 覆土立式油罐的通气管管口应引出罐室外，管口宜高出覆土面 1.0m ～ 1.5m。

覆土立式油罐引出罐室外的通气管管口太低会影响油气扩散，太高容易引发雷击，根据多年的实践经验，管口高出覆土面 1.0m～1.5m 比较合适。

6.4.9 储罐进液不得采用喷溅方式。甲 B、乙、丙 A 类液体储罐的进液管从储罐上部接入时，进液管应延伸到储罐的底部。（原为：立式油罐的进油管，应从油罐下部接入；如确需从上部接入时，甲、乙、丙 A 类油品的进油管应延伸到油罐的底部。卧式油罐的进油管从上部接入时，甲、乙、丙 A 类油品的进油管应延伸到油罐底部。）

甲 B、乙、丙类液体的进液管从储罐上部进入储罐，如不采取有效措施，就会使液体

48

喷溅,这样除增加液体大呼吸损耗外,同时还增加了液体因摩擦产生大量静电,达到一定电位,就会在气相空间放电而引发爆炸的危险。当工艺安装需要从上部接入时,就应将其延伸到储罐下部,使出油口浸没在液面以下。丙 B 类液体采取沿罐壁导流进罐的方式,也是一种可选择的非喷溅方式。

6.4.10 有脱水操作要求的储罐宜装设自动脱水器。

6.4.11(新增) 储存Ⅰ、Ⅱ级毒性液体的储罐,应采用密闭采样器。储罐的凝液或残液应密闭排入专用收集系统或设备。

本条要求采取的措施可以改善工作环境,避免有毒气体损害操作人员健康。

6.4.12(新增) 常压卧式储罐的基本附件设置,应符合下列规定:

1 卧式储罐的人孔公称直径不应小于 600mm。筒体长度大于 6m 的卧式储罐,至少应设 2 个人孔。

2 卧式储罐的接合管及人孔盖应采用钢质材料。

3 液位测量装置和测量孔的检尺槽,应位于储罐正顶部的纵向轴线上,并宜设在人孔盖上。

4 储罐排水管的公称直径不应小于 40mm。排水管上的阀门应采用钢制闸阀或球阀。

6.4.13(新增) 常压卧式储罐的通气管设置,应符合下列规定:

1 卧式储罐通气管的公称直径应按储罐的最大进出流量确定,但不应小于 50mm;当同种液体的多个储罐共用一根通气干管时,其通气干管的公称直径不应小于 80mm。

2 通气管横管应坡向储罐,坡度应大于或等于 5‰。

3 通气管管口的最小设置高度,应符合表 6.4.13 的规定。

表 6.4.13 卧式储罐通气管管口的最小设置高度

储罐设置形式	通气管管口最小设置高度	
	甲、乙类液体	丙类液体
地上露天式	高于储罐周围地面 4m,且高于罐顶 1.5m	高于罐顶 0.5m
覆土式	高于储罐周围地面 4m,且高于覆土面层 1.5m	高于覆土面层 1.5m

6.5 防 火 堤

6.5.1 地上储罐组应设防火堤。防火堤内的有效容量,不应小于罐组内一个最大储罐的容量。(原为:防火堤内的有效容量,应符合下列规定:对于固定顶油罐,不应小于油罐组内一个最大油罐的容量;对于浮顶油罐或内浮顶油罐,不应小于油罐组内一个最大油罐容量的一半。)

地上储罐进料时冒罐或储罐发生爆炸破裂事故,液体会流出储罐外,如果没有防火堤,液体就会到处流淌,如果发生火灾还会形成大面积流淌火。为避免此类事故,特规定地上储罐应设防火堤。对防火堤内有效容量的规定,主要考虑下述各种类型储罐发生泄漏的可能性:

1 装满半罐以上油品的固定顶储罐如果发生爆炸，大部分只是炸开罐顶。如1981年上海某厂一个固定顶储罐在满罐时爆炸，只把罐顶炸开2m长的一个裂口。1978年大连某厂一个固定顶储罐爆炸，也是罐顶被炸开，油品未流出储罐。

2 固定顶储罐低液位时发生爆炸，有的将罐底炸裂，如2008年内蒙某煤液化厂一个污油储罐发生爆炸起火事故，事故时罐内油位不到2m，爆炸把罐底撕开两个200mm～300mm的裂口。

3 火灾案例显示，内浮顶储罐如果发生爆炸，无论液位高低均只是炸开罐顶。如2009年上海某厂一个5000m³内浮顶罐发生爆炸时，罐内液位只有5m～6m，爆炸把罐顶掀开约1/4，罐底未破裂。2007年镇海某厂一个5000m³内浮顶罐爆炸，当时罐内液位在2/3高度处，也是罐顶被炸开，罐底未破裂。

4 对于外浮顶储罐，因为是敞口形式，不易发生整体爆炸。即使爆炸，也只是发生在密封圈局部处，不会炸破储罐下部，所以油品流出储罐的可能性很小。

5 储罐冒罐或漏失的液体量都不会大于一个罐的容量。

为防范罐体在特殊情况下破裂，造成满罐液体全部流出这种极端事故，参照国外标准，本条规定防火堤内有效容量不应小于最大储罐的容量。

6.5.2 地上立式储罐（原为：油罐）的罐壁至防火堤内堤脚线的距离，不应小于罐壁高度的一半。卧式储罐（原为：油罐）的罐壁至防火堤内堤脚线的距离，不应小于3m。依山建设的储罐（原为：油罐），可利用山体兼作防火堤，储罐（原为：油罐）的罐壁至山体的距离最小可为1.5m。

根据国外资料，储罐罐壁中间部位穿孔漏油时呈45°抛物线喷射状且喷射距离最远。为防止漏油喷射到防火堤外，故本条规定"地上立式储罐的罐壁至防火堤内堤脚线的距离，不应小于罐壁高度的一半"。需要特别说明的是，罐壁高度不含基础高度。因为储罐最高液位一般低于罐壁顶1m左右，而储罐基础高度很少超过1m，为简化计算，故规定"不应小于罐壁高度的一半"。

6.5.3 地上储罐组的防火堤实高应高于计算高度0.2m，防火堤高于堤内设计地坪不应小于1.0m，高于堤外设计地坪或消防车道路面（按较低者计）不应大于3.2m。地上卧式储罐的防火堤应高于堤内设计地坪不小于0.5m。[原为：立式油罐防火堤的计算高度应保证堤内有效容积需要。防火堤的实高应比计算高度高出0.2m。防火堤的实高不应低于1m（以防火堤内侧设计地坪计），且不宜高于2.2m（以防火堤外侧道路路面计）。卧式油罐的防火堤实高不应低于0.5m（以防火堤内侧设计地坪计）。]

防火堤内有效容积对应的防火堤高度刚好容易使油品漫溢，故防火堤实际高度应高出计算高度0.2m；规定防火堤高于堤内设计地坪不应小于1.0m，主要是防止防火堤内油品着火时用泡沫枪灭火易冲击造成喷洒；本次修订将防火堤的堤外高度提高至不超过3.2m，主要是针对受地形、场地等条件限制或标准限制，而堤内储罐数量少，单罐容量又很大的情况提出的，目的是在满足消防车辆实施灭火的前提下，尽量节约用地。最低高度限制主要是为了防范泡沫喷洒，故从防火堤内侧设计地坪起算；最高高度限制主要是为了方便消防操作，故从防火堤外侧地坪或消防道路路面起算。

6.5.4 防火堤宜采用土筑防火堤，其堤顶宽度不应小于0.5m。不具备采用土筑防火堤条

50

件的地区，可选用其他结构形式的防火堤。（原为：如采用土质防火堤，堤顶宽度不应小于 0.5m。）

6.5.5 防火堤应能承受在计算高度范围内所容纳液体的静压力且不应泄漏；防火堤的耐火极限不应低于 5.5h。（原为：防火堤应采用非燃烧材料建造，并应能承受所容纳油品的静压力且不应泄漏。）

本条规定的防火堤耐火极限是考虑了火灾持续时间和设计方便等因素确定的，根据《建筑设计防火规范》GB 50016—2006 的有关规定，结构厚度为 240mm 的普通黏土砖、钢筋混凝土等实体墙的耐火极限即可达到 5.5h。只要防火堤自身结构能满足此要求，不需要再采取在堤内侧培土或喷涂隔热防火涂料等保护措施。

6.5.6 管道穿越防火堤处应采用不燃烧材料严密填实。在雨水沟（管）穿越防火堤处，应采取排水控制（原为：阻油）**措施。**

管道穿越防火堤需要保证严密，以防事故状态下易燃和可燃液体到处散流。防火堤内雨水可以排出堤外，但事故溢出的易燃和可燃液体不可以排走，故要采取排水控制措施。可以采用安装有切断阀的排水井，也可采用自动排水阻油装置。

6.5.7 防火堤每一个隔堤区域内均应设置对外人行台阶或坡道，相邻台阶或坡道之间的距离不宜大于 60m。（原为：油罐组防火堤的人行踏步不应少于两处，且应处于不同的方位上。）

防火堤内人行台阶和坡道供工作人员和检修车辆进出防火堤之用，考虑平时工作方便和事故时及时逃生，故规定每一个隔堤区域内均应设置对外人行台阶或坡道，相邻台阶或坡道之间的距离不宜大于 60m。

6.5.8 立式储罐罐组内应按下列规定设置隔堤：

1（新增） 多品种的罐组内下列储罐之间应设置隔堤：

1）甲 B、乙 A 类液体储罐与其他类可燃液体储罐之间；

2）水溶性可燃液体储罐与非水溶性可燃液体储罐之间；

3）相互接触能引起化学反应的可燃液体储罐之间；

4）助燃剂、强氧化剂及具有腐蚀性液体储罐与可燃液体储罐之间。

2 非沸溢性甲 B、乙、丙 A 类储罐组隔堤内的储罐数量，不应超过表 6.5.8 的规定。

表 6.5.8 非沸溢性甲 B、乙、丙 A 类储罐组隔堤内的储罐数量

单罐公称容量 V（m^3）	一个隔堤内的储罐数量（座）
$V < 5000$	6
$5000 \leq V < 20000$	4
$20000 \leq V < 50000$	2
$V \geq 50000$（新增）	1（新增）

注：当隔堤内的储罐公称容量不等时，隔堤内的储罐数量按其中一个较大储罐公称容量计。

3 隔堤内沸溢性液体储罐的数量不应多于 2 座。

4 非沸溢性的丙 B 类液体储罐之间，可不设置隔堤。

5 隔堤应是采用不燃烧材料建造的实体墙,隔堤高度宜为 0.5m ~ 0.8m。(原为:隔堤应采用非燃烧材料建造,并应能承受所容纳油品的静压力且不应泄漏。隔堤顶面标高,应比防火堤顶面标高低 0.2m ~ 0.3m。)

储罐在使用过程中冒罐、漏油等事故时有发生。为了把储罐事故控制在最小的范围内,把一定数量的储罐用隔堤分开是非常必要的。为了防止泄漏的水溶性液体、相互接触能起化学反应的液体或腐蚀性液体流入其他储罐附近而发生意外事故,故要求设置隔堤。沸溢性油品储罐在着火时容易溢出泡沫状的油品,为了限制其影响范围,不管储罐容量大小,规定其两个罐一隔。非沸溢性的丙 B 类液体储罐,着火的概率很小,即使着火也不易出现沸溢现象,故可不设隔堤。

附:

《石油库设计规范》GB 50074—2014 第 6 章取消了 2002 版中的下列条文:

6.0.1 石油库的油罐设置应采用地上式,有特殊要求时可采用覆土式、人工洞式或埋地式。

6.0.17 人工洞石油库油罐总容量和座数应根据巷道形式确定。同一个贯通式巷道内的油罐总容量不应大于 100000m³,油罐不宜多于 15 座;同一个尽头式巷道内的油罐总容量不应大于 40000m³,油罐不宜多于 6 座。储存丙 B 类油品的油罐座数,可不受此限制。

6.0.18 人工洞内罐室之间的距离,不宜小于相邻较大罐室毛洞的直径。

6.0.19 人工洞内油罐顶与罐室顶内表面的距离,不应小于 1.2m。罐壁与罐室壁内表面的距离,不应小于 0.8m。

6.0.20 人工洞石油库主巷道衬砌后的净宽,不应小于 3m;边墙的高度,不应小于 2.2m。主巷道的纵向坡度,不宜小于 5‰。

6.0.21 人工洞石油库主巷道的口部,应根据抗爆等级设相应的防护门和密闭门。罐室防爆墙上应设密闭门。

6.0.22 人工洞式油罐的通气管管口必须设在洞外。通气管应采用钢管。各种油品应分别设置通气管,其直径应经计算确定并不得小于出油管直径。通气管在油罐操作间处应安装管道式呼吸阀、放液阀;通气管管口处应安装阻火器。

7 易燃和可燃液体泵站

7.0.1 易燃和可燃液体（原为：油）泵站宜采用地上式。其建筑形式应根据输送介质的特点、运行工况及当地气象条件等综合考虑确定，可采用房间式（泵房）、棚式（泵棚）或露天式。

20 世纪 80 年代以前，对于铁路卸油由于没有其他方法解决卸车泵的吸上高度问题，在设计上往往都采用地下式或半地下式泵房，这样不仅增加了土方工程量，而且还要解决泵房地下部分的防排水问题，给建筑施工、设备安装、操作使用，特别是安全管理带来很多问题，同时也容易积聚油气，国内还曾发生过多起地下式或半地下式泵房的油气爆炸事故。近十几年来，随着带潜液泵式鹤管等技术的出现与应用，卸车泵的吸上高度问题已得到了解决，完全可以不建半地下式或地下式泵房，所以推荐采用地上式泵站。从建筑形式看，地上泵房虽有利于设备安装、保养和操作，但相对于地上露天泵站或泵棚仍存在着建房、通风等方面的投资较高和油气容易积聚等不利问题；露天泵站造价低、设备简单、油气不容易积聚，但设备和操作人员易受环境气候影响；泵棚则介于泵房与露天泵站之间，应当说是一种较好的泵站形式。因此，建何种形式的泵站，要根据输送介质的特点、运行工况、当地气象条件以及管理等因素综合考虑确定。

7.0.2 易燃和可燃液体泵站的建筑设计［原为：泵房（棚）的设置］，应符合下列规定：

1 泵房或泵棚的净空应满足设备安装、检修和操作的要求，且不应低于 **3.5m**（原为：泵房和泵棚的净空不应低于 3.5m）。

泵房和泵棚净空不低于 3.5m，主要考虑设备竖向布置和有利于有害气体扩散。

2 泵房的门应向外开，且不应少于两个，其中一个应能满足泵房内最大设备的进出需要。建筑面积小于**100m²**（原为：60m²）时可只设一个外开门。

规定油泵房设两个向外开的门，主要是考虑发生火灾、爆炸事故时便于操作人员安全疏散。小于 100m² 的泵房，因面积较小，泵的台数少，发生事故的机会也少，进出路线较短，发生事故易于逃离，故允许设一个外开门。

3（新增） 泵房（间）的门、窗采光面积，不宜小于其建筑面积的 **15%**。

4（新增） 泵棚或露天泵站的设备平台，应高于其周围地坪不少于 **0.15m**。

5（新增） 与甲 B、乙类液体泵房（间）相毗邻建设的变配电间的设置，应符合本规范第 **14.1.4** 条的规定。

6（新增） 腐蚀性介质泵站的地面、泵基础等其他可能接触到腐蚀性液体的部位，应采取防腐措施。

7（新增） 输送液化石油气等甲 A 类液体的泵站，应采用不发生火花的地面。

7.0.3（新增） 输送 I、II 级毒性液体的泵，宜独立设置泵站。

7.0.4（新增） 输送加热液体的泵，不应与输送闪点低于 **45℃** 液体的泵设在同一个房间内。

7.0.5（新增） 输送液化烃等甲A类液体的泵，不应与输送其他易燃和可燃液体的泵设在同一个房间内。

7.0.6（新增） Ⅰ、Ⅱ级毒性液体的输送泵应采用屏蔽泵或磁力泵。

屏蔽泵和磁力泵属于无泄漏泵，可有效防止有毒液体泄漏。

7.0.7 易燃和可燃液体输送泵的设置，应符合下列规定：

1 输送有特殊要求的液体，应设专用泵和备用泵。

为保证特殊油品（如航空喷气燃料等）的质量，规定了专泵专用，且专设备用泵，不得与其他油品油泵共用。

2 连续输送同一种液体的泵，当同时操作的泵不多于3台时，宜设1台备用泵；当同时操作的泵多于3台时，备用泵不宜（原为：不应）多于2台。

连续输送同一种液体的泵是指生产装置或工厂开工周期内不能停用的泵，如长距离输油管道的输油泵，发电厂锅炉的供油泵等。这些油泵在发生故障时，如没有备用泵，则无法保证连续供油，必然造成各种事故或较大的经济损失。所以规定连续输送同一种液体的泵宜设备用泵。

3 经常操作但不连续运转的泵不宜单独设置备用泵，可与输送性质相近液体的泵互为备用或共设一台备用泵。

经常操作但不连续运转的泵，根据生产需要时开时停，作业时间长短不一，石油库的输油泵大多属于此类，如油品装卸和输转等作业所用的泵。这些油泵发生故障时，一般不致造成重大的损失，客观上也有一定检修时间，各种类型的油泵采用互为备用或共设一台备用油泵是可以满足生产需要的。

4 不经常操作的泵，不宜（原为：不应）设置备用油泵。

不经常操作的泵是指平时操作次数很少且不属于关键性生产的泵，如油泵房的排污泵，抽罐底残油的泵等。这种泵停运的时间比较长，有足够的时间进行检修，即使在运行时损坏，对生产影响也不大。

7.0.8 泵的布置应满足操作、安装及检修的要求，并应排列有序。〔原为：油泵机组的布置应符合下列规定：1 油泵机组单排布置时，原动机端部至墙（柱）的净距，不宜小于1.5m。2 相邻油泵机组机座之间的净距，不应小于较大油泵机组机座宽度的1.5倍。〕

布置泵时，如果间距过大，占地面积大，不经济；间距过小，既不安全，又影响操作。所以"**应满足操作、安装及检修的要求**"。推荐做法：

1 电动机端部至墙壁（柱）这一地带，一般应满足行人、泵和电动机的搬运和安装以及电动机在检修时抽芯的要求。此距离不宜小于1.5m。

2 相邻泵机组（含管道、阀门、过滤器等配件）之间的净距，不宜小于0.8m。

7.0.9（新增） 离心泵水平进口管需要变径时，应采用异径偏心接头。异径偏心接头应靠近泵入口安装，当泵的进口管道内的液体从下向上或水平进泵时，应采用顶平安装；当泵的进口管道内的液体从上向下进泵时，应采用底平安装。

7.0.10（新增） 输送在操作温度下容易处于泡点（或平衡）状态下的液体，泵的进口管道宜步步低的坡向机泵。

7.0.11（新增） 泵的进口管道上应设过滤器。磁力泵进口管道应设磁性复合过滤器。过

54 滤器的选用应符合现行行业标准《石油化工泵用过滤器选用、检验及验收》SH/T3411 的规定。过滤器应安装在泵进口管道的阀门与泵入口法兰之间的管段上。

7.0.12（新增） 泵的出口管道宜设止回阀。止回阀应安装在泵出口管道的阀门与泵出口法兰之间的管段上。

7.0.13（新增） 液化石油气进泵管道宜采用隔热措施。

7.0.14（新增） 在泵进出口之间的管道上宜设高点排气阀。当输送液化烃、液氨、有毒液体时，排气阀出口应接至密闭放空系统。

7.0.15 易燃和可燃气体（原为：油泵站的油气）排放管口的设置，应符合下列规定：

1 排放管口应设在泵房（棚）外，并应高出周围地坪4m及以上。

2 排放管口设在泵房（棚）顶面上方时，应高出泵房（棚）顶面1.5m及以上。

3 排放管口与泵房门、窗等孔洞的水平路径不应小于3.5m；与配电间门、窗及非防爆电气设备的水平路径不应小于5m。（原为：管口与配电间门、窗的水平路径不应小于5m。）

4 排放管口应装设阻火器。

7.0.16（新增） 当选用容积泵作为离心泵灌泵和抽吸油罐车底油的泵时，该泵的排出口应就近接至相应的管道放空设施。

7.0.17 无内置安全阀的容积泵的出口管道上应设安全阀。

调查的16起油泵房事故中，有5起是容积泵引起的，占油泵房事故的31%，主要是由于没有安装安全阀，当油泵出口管道堵塞或在操作时没有打开油泵出口管道上的阀门时，泵的出口压力超过了泵体或管道所能承受的压力，把泵盖或管件崩开而喷油，有的遇到明火还发生火灾、爆炸事故，造成人身伤亡及经济损失。为避免这种事故的发生，故做本条规定。

7.0.18 易燃和可燃液体（原为：油品）装卸区不设集中泵站时，泵可设置于铁路罐车装卸栈桥或汽车罐车装卸站台之下，但应满足自然通风条件，且泵基础顶面应高于周围地坪和可能出现的最大积水高度（原为：但油泵四周应是开敞的，且油泵基础顶面不应低于周围地坪）。

泵站可实行集中布置，但由于集中泵站造成管道多、阀门多、吸入阻力大等问题，许多油品装卸区将铁路罐车装卸栈桥或汽车罐车装卸站台当作泵棚，直接将泵分散布置在栈桥或站台下，以节省建站费用，同时减小了泵吸程，实践证明某些情况下是可行的。规定"泵基础顶面应高于周围地坪和可能出现的最大积水高度"，主要是为了防止下雨等积水不浸泡装卸泵，增强安全可靠性。需要注意的是，设置在栈桥或站台下的泵要满足防爆、防雨和铁路装卸区安全限界的要求。

8 易燃和可燃液体装卸设施

8.1 铁路罐车装卸设施

8.1.1 铁路罐车（原为：油品）**装卸线设置，应符合下列规定：**

1 铁路罐车（原为：油品）**装卸线的车位数，应按液体**（原为：油品）**运输量确定。**

按照运输量确定装卸线的车位数，是为了使装卸设施的能力与石油库的周转、储存能力相匹配，从而提高装卸设施的利用率，发挥其效益。

2 铁路罐车（原为：油品）**装卸线应为尽头式。**

由于易燃和可燃液体装卸区属于爆炸和火灾危险场所，为了安全防火，送取罐车的机车采取推车进库、拉车出库的作业方式，即机车一般不需进入装卸区内。因此，无须将装卸线建成贯通式。

在调查中发现，有部分石油库将油品装卸线建成贯通式。虽然采取了安全防范措施，增加了严格的油品装卸安全规定和操作规程。但是，装卸设施工程和送取机车走行距离的增加，使石油库的建设资金和日常运营费用均有所增加。而且，油品装卸操作的复杂化，也增加了不安全因素。

3 铁路罐车（原为：油品）**装卸线应为平直线，股道直线段的始端至装卸栈桥第一鹤管的距离，不应小于进库罐车长度的1/2。装卸线设在平直线上确有困难时，可设在半径不小于600m的曲线上。**

罐车装卸线为平直线，既便于装卸栈桥的修建和工艺管道的敷设与维修，又便于罐车的安全停靠，防止溜车事故的发生，同时也有利于对罐车内的液体准确计量和装满卸空。

装卸线设在平直线上确有困难时，设在半径不小于600m的曲线上也能进行作业。但这样设置，由于车辆距栈桥的空隙较大，装卸作业不方便，同时，罐车列相邻的车钩中心线相互错开，车辆的摘挂作业也较困难。而且，也不便于装卸栈桥的修建和输油管道的敷设与维修。因此，只有万不得已的情况下，才允许设在曲线上。

如果装卸线直线段始端至栈桥第一鹤位的距离小于采用储罐车长度的1/2时，由于第一鹤位的储罐车部分停在曲线上，不利于此储罐车的对位和插取鹤管操作。

4 装卸线上罐车车列的始端车位车钩中心线至前方铁路道岔警冲标的安全距离，不应小于31m；终端车位车钩中心线至装卸线车挡的安全距离不应小于20m。

每条油品装卸线的有效长度可按下式计算：

$$L = L_1 + L_2 + L_3 + L_4$$

式中：L——装卸线有效长度（m）；

L_1——机车至警冲标的距离（m），取 $L_1 = 9m$；

L_2——机车长度（m），取常用大型调车机车长度值为22m；

L_3——储罐车列的总长度（m）；

L_4——装卸线终端安全距离（m），取 $L_4 = 20m$。

对于有一条以上装卸线的油库装卸区，机车在送取、摘挂罐车后，其前端至前方警冲标应留有供机车司机向前方及邻线瞭望的 9m 距离，以保证机车安全地退出。

终端车位钩中心线至装卸线车挡间 20m 的安全距离，是考虑在装卸过程中发生罐车着火时，为规避着火罐车，将其后部的罐车后移所必需的安全距离。同时有此段缓冲距离，也利于罐车列的调车对位，以及避免发生罐车冲出车挡的事故。

8.1.2　罐车（原为：油品）**装卸线中心线至石油库内非罐车铁路装卸线中心线的安全距离，应符合下列规定：**

1　装甲 B、乙类液体（原为：油品）**的不应小于 20m。**

装甲、乙类油品的股道中心线两侧各 15m 范围内为爆炸危险区域 2 区，一切可能产生火花的操作均不得侵入该区域。所以，规定其距非罐车装卸中心线不应小于 20m。

2　卸甲 B、乙类液体（原为：油品）**的不应小于 15m。**

卸甲、乙类油品的股道中心线两侧各 3m 范围内为爆炸和火灾危险区域 2 区，一切可能产生火花的操作均不得侵入该区域。所以，规定其距非罐车装卸中心线不应小于 15m。

3　装卸丙类液体（原为：油品）**的不应小于 10m。**

丙类油品的火灾危险性等级较低，而且在常温下无爆炸危险。所以，规定其装卸线中心线距非罐车装卸线不应小于 10m。

8.1.3　下列易燃和可燃液体宜单独设置铁路罐车装卸线：

1　甲 A 类液体；（新增）

2　甲 B 类液体（原为：油品）**、乙类液体**（原为：油品）**、丙 A 类液体**（原为：油品）**；**

3　丙 B 类液体（原为：油品）**。**

当以上液体（原为：油品）合用一条装卸线，且同时作业时，两类液体（原为：油品）鹤管之间的距离，不应小于 24m；不同时作业时，鹤管间距可不限制。

8.1.4　桶装液体装卸车与罐车装卸车合用一条装卸线时，桶装液体（原为：油品）**车位至相邻罐车车位的净距，不应小于 10m。不同时作业时可不限制（新增）。**

8.1.5　罐车（原为：油品）**装卸线中心线与无装卸栈桥一侧其他建（构）筑物的距离，在露天场所不应小于 3.5m，在非露天场所不应小于 2.44m。**

8.1.6　铁路中心线至石油库铁路大门边缘的距离，有附挂调车作业时，不应小于 3.2m；无附挂调车作业时不应小于 2.44m。

8.1.7　铁路中心线至装卸暖库大门边缘的距离，不应小于 2m。暖库大门的净空高度（自轨面算起）不应小于 5m。

8.1.8　桶装液体（原为：油品）**装卸站台的顶面应高于轨面，其高差不应小于 1.1m。站台边缘至装卸线中心线的距离应符合下列规定：**

1　当装卸站台的顶面距轨面高差等于 1.1m 时，不应小于 1.75m。

2　当装卸站台的顶面距轨面高差大于 1.1m 时，不应小于 1.85m。

本条的规定是与现行国家标准《铁路车站及枢纽设计规范》GB 50091—2006 相协调的，该规范规定：普通货物站台应高出轨面 1.10m，其边缘至线路中心线的距离应为 1.75m；高出轨面距离大于 1.10m 且小于或等于 4.80m 的货物高站台，其边缘至线路中心线的距离应为 1.85m。

8.1.9 从下部接卸铁路罐车的卸油系统，应采用密闭管道系统。从上部向铁路罐车灌装甲 **B**、乙、丙 **A** 类液体时，应采用插到罐车底部的鹤管。鹤管内的液体流速，在鹤管浸没于**液体**（原为：油品）之前不应大于 **1m/s**，浸没于**液体**（原为：油品）之后不应大于 **4.5m/s**。

规定从下部接卸铁路罐车的卸油系统应采用密闭管道系统，既防止接卸过程中的油品泄漏，污染环境，又防止油品蒸发气体的外泄，确保接卸操作安全。

现行国家标准《防止静电事故通用导则》GB 12158—2006 规定：灌装铁路罐车时，液体在鹤管内的容许流速按下式计算：

$$V \cdot D \leqslant 0.8$$

式中　V——油品流速（m/s）；

　　　D——鹤管直径（m）。

该规范还规定：大鹤管装车出口流速可以超过按上式所得计算值，但不得大于 5m/s。

现在灌装铁路油罐车普遍采用 $DN100$ 的小鹤管，按上式计算，$DN100$ 的鹤管允许最大装油流速为 8.0m/s，这是防止静电危害的限制流速。考虑到便于装车量的控制，减少油气挥发，减少管道振动和减少水击力等因素，本条规定装卸车流速不应大于 4.5m/s。

国外有关标准对易燃和可燃液体灌装流速也有严格限制。例如，美国 API 标准规定，不论管径如何流速限值为 4.5m/s ~ 6.0m/s；美国 Mobil 公司标准规定，$DN100$ 鹤管最大装车流量不应大于 125m³/h，折算流速为 4.4m/s。

8.1.10 不应在同一装卸线的两侧同时设置罐车装卸栈桥。铁路装卸线为单股道时，装卸栈桥宜与装卸泵站同侧布置。（原为：油品装卸栈桥应在装卸线的一侧设置。）

"不应在同一装卸线的两侧同时设置罐车装卸栈桥"，是指两座栈桥不能共用一条铁路罐车装卸线，否则会给调车和装卸作业带来很多不安全问题，而且更不利用消防。铁路装卸线为单股道时，装卸栈桥设在与装卸泵站的相邻侧，可减少管道穿越铁路，便于栈桥与泵站之间的指挥与联系。

8.1.11 **罐车**（原为：油品）装卸栈桥的桥面，宜高于轨面 **3.5m**。栈桥上应设安全栏杆。在栈桥的两端和沿栈桥每 **60m ~ 80m** 处，应设上、下栈桥的梯子。

规定"在栈桥的两端和沿栈桥每 60m ~ 80m 处，应设上、下栈桥的梯子"，是为了在罐车一旦发生着火事故时，栈桥上的作业人员能够就近逃离。

8.1.12 **罐车**（原为：新建和扩建的油品）装卸栈桥边缘与**罐车**（原为：油品）装卸线中心线的距离，应符合下列规定：

1 自轨面算起 **3m** 及以下，其距离不应小于 **2m**。

2 自轨面算起 **3m** 以上，其距离不应小于 **1.85m**。

对本条规定说明如下：

对罐车装卸栈桥边缘与铁路罐车装卸线的中心线的距离，本规范 1984 年版是这样规定的：自轨面算起 3m 以下不应小于 2m，3m 以上不应小于 1.75m。此规定与铁路的标准和规程（如《标准轨距铁路机车车辆限界》GB 146.1—83、《标准轨距铁路建筑限界》GB 146.2—83、《铁路车站及枢纽设计规范》GB 50091—2006、《中华人民共和国铁路技

58

术管理规程》）的有关规定有所不同，在实际执行中铁路部门往往要求执行上述铁路的标准和规程的规定，这样一来会给建设单位造成不必要的麻烦。为避免在执行标准上的矛盾，2002 年版修订时我们就此问题与原铁道部建设管理司进行了协调，"罐车装卸栈桥边缘与罐车装卸线的中心线的距离，自轨面算起 3m 及以下不应小于 2m，3m 以上不应小于 1.85m"的规定是协调的结果。我们认为这样修改对铁路罐车装卸车作业影响不大，且能解决与铁路部门的矛盾。经多年来的实际检验，这样的规定是可行的，因此本次修订对此未作改动，与 2002 年版《石油库设计规范》规定相同。

8.1.13 罐车（原为：油品）装卸鹤管至石油库围墙的铁路大门的距离，不应小于 **20m**。

8.1.14 相邻两座罐车（原为：油品）装卸栈桥的相邻两条罐车（原为：油品）装卸线中心线的距离，应符合下列规定：

1 当二者或其中之一用于装卸甲 B、乙类液体（原为：油品）时，其距离不应小于 **10m**。

2 当二者都用于装卸丙类液体（原为：油品）时，其距离不应小于 **6m**。

8.1.15（新增） 在保证装卸液体质量的情况下，性质相近的液体可共享鹤管，但航空油料的鹤管应专管专用。

8.1.16（新增） 向铁路罐车灌装甲 B、乙 A 类液体和 I、II 级毒性液体应采用密闭装车方式，并应按现行国家标准《油品装卸系统油气回收设施设计规范》GB 50759 的有关规定设置油气回收设施。

8.2 汽车罐车装卸设施

8.2.1 向汽车罐车灌装甲 B、乙、丙 A 类液体（原为：油品）宜在装车棚（亭）内进行。甲 B、乙、丙 A 类液体（原为：油品）可共用一个装车棚（亭）。

甲 B、乙、丙 A 类液体在室内灌装容易积聚有害气体，有形成爆炸气体的危险，在露天场地灌装又受雨雪和日晒的影响，故宜在装车棚（亭）内灌装。装车棚（亭）具备半露天条件，进行灌装作业时有通风良好、油气不易积聚的优点，比较安全，故允许甲 B、乙、丙 A 液体在同一座装车棚（亭）内灌装。

8.2.2（新增） 汽车灌装棚的建筑设计，应符合下列规定：

1 灌装棚应为单层建筑，并宜采用通过式。

2 灌装棚的耐火等级，应符合本规范第 **3.0.5** 条的规定。

3 灌装棚罩棚至地面的净空高度，应满足罐车灌装作业要求，且不得低于 **5.0m**。

4 灌装棚内的灌装通道宽度，应满足灌装作业要求，其地面应高于周围地面。

5 当灌装设备设置在灌装台下时，台下的空间不得封闭。

8.2.3 汽车罐车的液体（原为：油品）灌装宜采用泵送装车方式。有地形高差可供利用时，宜采用储罐直接自流装车方式。采用泵送灌装时，灌装泵可设置在灌装台下，并宜按一泵供一鹤位设置。（新增）

石油库的易燃和可燃液体装车利用自然地形高差从储储罐中直接自流灌装作业，可以节省能耗。采用泵送装车方式，可省去高架罐这一中间环节，这样既可节省建设高架罐的用地和费用、简化工艺流程和操作工序、便于安全管理，又可消除通过高架罐灌装时的大呼吸损耗。灌装泵按一泵供一鹤位设置便于自动控制。

8.2.4 汽车罐车的**液体**（原为：油品）装卸应有计量措施，计量精度应符合国家有关规定。

8.2.5 汽车罐车的**液体**（原为：油品）灌装宜采用定量装车控制方式。

"定量装车控制方式"是一种先进的装车工艺，对防止装车溢流，保障装车安全大有好处，故推荐采用这种装车控制方式。

8.2.6 汽车罐车向卧式储罐卸甲 B、乙、丙 A 类**液体**（原为：油品）时，应采用密闭管道系统。

由于卧式储罐没有内浮盘，罐车向其卸甲 B、乙、丙 A 类液体时会挥发出大量有害气体，如果采用敞口方式卸车，有害气体将从进油口向周围扩散，这样即损害操作工的健康，又不利于安全，特别是甲 B 类液体危害更大，不小心还会发生火灾爆炸事故。因此，规定"汽车罐车向卧式容器卸甲 B、乙、丙 A 类液体时，应采用密闭管道系统"。采用密闭管道系统的作用是，将油气等有害气体引至安全地点集中排放或回收再利用。

8.2.7（新增） 灌装汽车罐车宜采用底部装车方式。

"底部装车"是一种密闭装车方式，罐车的进液口装设在罐车底部，通过快速接头与装车鹤管密闭连接，也称为下装方式。底部装车可减少静电产生和放电，并有利于减少油气挥发，便于油气回收。

8.2.8 当采用上装鹤管向汽车罐车灌装甲 B、乙、丙 A 类**液体**（原为：油品）时，应采用能插到罐车底部的装车鹤管。鹤管内的液体流速，在鹤管口浸没于液体之前不应大于 **1m/s，浸没于液体之后不应大于 4.5m/s**（原为：油品装车流量不宜小于 $30m^3/h$，但装卸车流速不得大于 $4.5m/s$）。

据实际检测，采用将鹤管插到储罐车底部的浸没式灌装方式，比采用喷溅式灌装方式灌装轻质油品，可减少油气损失 50% 以上。此外，采用喷溅灌装方式鹤管出口处易于积聚静电，一旦静电放电，则极易引发火灾事故。将灌装鹤管插到储罐车底部，既可减少油气损失，还可防止静电危害。

8.2.9 向汽车罐车灌装甲 B、乙 A 类液体和 I、II 级毒性液体应采用密闭装车方式，并应按现行国家标准《油品装卸系统油气回收设施设计规范》GB 50759 的有关规定设置油气回收设施。〔原为：汽油总装车量（包括铁路装车量）大于 20 万吨/年的油库，宜设置油气回收设施。〕

8.3 易燃和可燃液体装卸码头

8.3.1 易燃和可燃液体（原为：油品）装卸码头宜布置在港口的边缘地区和下游。

从安全角度考虑，易燃和可燃液体码头需远离其他码头和建筑物，最好在同一城市其他码头的下游。

8.3.2 易燃和可燃液体装卸码头（原为：油品装卸码头和作业区）宜独立设置。

易燃和可燃液体装卸码头独立设置，可避免与其他货物装卸船在同一码头和作业区混

60 杂作业，有利于安全管理。

8.3.3 易燃和可燃液体（原为：油品）装卸码头与公路桥梁、铁路桥梁等的安全距离，不应小于表 8.3.3 的规定。

表 8.3.3 易燃和可燃液体（原为：油品）装卸码头与公路桥梁、铁路桥梁等的安全距离

易燃和可燃液体（原为：油品）装卸码头位置	液体（原为：油品）类别	安全距离（m）
公路桥梁、铁路桥梁的下游	甲B、乙	150（75）
	丙	100（50）
公路桥梁、铁路桥梁的上游	甲B、乙	300（150）
	丙	200（100）
内河大型船队锚地、固定停泊所、城市水源取水口的上游	甲B、乙、丙	1000（500）

注：表中括号内数字为停靠小于 500t 船舶码头的安全距离。

公路桥梁和铁路桥梁是关系国计民生的重要构筑物，石油码头与公路桥梁和铁路桥梁的安全距离应该比石油库与一般公共建筑物的安全距离大。为减小油船失火时流淌火对桥梁的影响，增加了油品码头位于公路桥梁和铁路桥梁上游时的安全距离。

内河大型船队锚地、固定停泊所、城市水源取水口是河道中的重要场所，石油码头位于这些场所上游时，需远离这些场所。

500 吨位以下的油船绝大多数为中、高速柴油机船，船身小，操纵比较灵活，所载油品数量不多，其危险性相对较小，故其与桥梁等的安全距离可以适当减少。

本条延续了 2002 年版《石油库设计规范》的规定。实践证明，这一规定是安全的、合理的。

8.3.4 易燃和可燃液体（原为：油品）装卸码头之间或易燃和可燃液体（原为：油品）码头相邻两泊位的船舶安全距离，不应小于表 8.3.4 的规定。

表 8.3.4 易燃和可燃液体（原为：油品）装卸码头之间或易燃和可燃液体（原为：油品）码头相邻两泊位的船舶安全距离

停靠船舶吨级	船长 L（m）	安全距离（m）
>1000t 级	L≤110	25
	110<L≤150	35
	150<L≤182	40
	182<L≤235	50
	L>235	55
≤1000t 级	L	0.3L

注：1 船舶安全距离系指相邻液体泊位设计船型首尾间的净距。

    2 当相邻泊位设计船型不同时，其间距应按吨级较大者计算。

    3 当突堤或栈桥码头两侧靠船时，对于装卸甲类液体泊位，船舷之间的安全距离不应小于 25m。

本条规定与行业标准《装卸油品码头防火设计规范》JTJ 237—99 的有关规定一致。

8.3.5 易燃和可燃液体（原为：油品）装卸码头与相邻货运码头的安全距离，不应小于表 8.3.5 的规定。

表 8.3.5 易燃和可燃液体（原为：油品）装卸码头与相邻货运码头的安全距离

液体（原为：油品）装卸码头位置	液体（原为：油品）类别	安全距离（m）
内河货运码头下游	甲B、乙	75
	丙	50
沿海、河口 内河货运码头上游	甲B、乙	150
	丙	100

注：表中安全距离系指相邻两码头所停靠设计船型首尾间的净距。

本条规定是参照《装卸油品码头防火设计规范》JTJ 237—99 的有关内容制定的。

8.3.6 易燃和可燃液体（原为：油品）装卸码头与相邻港口客运站码头的安全距离不应小于表 8.3.6 的规定。

表 8.3.6 易燃和可燃液体（原为：油品）装卸码头与相邻港口客运站码头的安全距离

液体装卸码头位置	客运站级别	液体类别	安全距离（m）
沿海	一、二、三、四	甲B、乙	300（150）
		丙	200（100）
内河客运站码头的下游	一、二	甲B、乙	300（150）
		丙	200（100）
	三、四	甲B、乙	150（75）
		丙	100（50）
内河客运站码头的上游	一	甲B、乙	3000（1500）
		丙	2000（1000）
	二	甲B、乙	2000（1000）
		丙	1500（750）
	三、四	甲B、乙	1000（500）
		丙	700（350）

注：1 易燃和可燃液体（原为：油品）装卸码头与相邻客运站码头的安全距离，系指相邻两码头所停靠设计船型首尾间的净距。

2 括号内数据为停靠小于 500t 级船舶码头的安全距离。

3 客运站级别划分见现行国家标准《河港工程设计规范》GB 50192。

随着社会的进步，人身安全越来越受到重视，本着以人为本的原则，本次修订加大了易燃和可燃液体装卸码头与客运码头的安全距离。国家标准《河港工程设计规范》GB 50192—93 将国内港口客运站按规模划分四个等级，见表 4。

表4　客运站等级划分

等 级 划 分	设计旅客聚集量（人）
一级站	≥2500
二级站	1500～2499
三级站	500～1499
四级站	100～499

客运站级别不同，说明其重要性不同，易燃和可燃液体装卸码头与各级客运站的安全距离也应有所不同。据调查，内河港口客运站一般设在城市中心区，而易燃和可燃液体装卸码头一般布置于城区之外，且大多数位于客运码头下游。表5列举了我们调查的一些内河城市港口客运码头与石油公司油品码头相对关系的情况。

表5　内河城市港口客运码头与石油公司油品码头相对关系

城市	油 品 码 头	油品码头位置	两者之间距离（km）
重庆	黄花园水上加油站（停靠小于100t油船）	客运码头上游	2
	伏牛溪油库码头	客运码头上游	>10
涪陵	石油公司码头	客运码头下游	8～10
万州	石油公司码头	客运码头下游	5～6
宜昌	石油公司码头	客运码头下游	>3
武汉	石油公司码头1	客运码头下游	8～9
	石油公司码头2	客运码头上游	>10
巴东	石油公司码头	客运码头上游	3
九江	石油公司码头	客运码头下游	>3
安庆	石油公司码头	客运码头下游	1～2
铜陵	石油公司码头	客运码头上游	2～3
芜湖	石油公司码头	客运码头下游	2～3
南京	石油公司码头	客运码头下游	>3
镇江	石油公司码头	客运码头下游	>3
上海	石油公司码头	客运码头下游	>3
南昌	石油公司码头	客运码头下游	5

由于油船发生火灾事故往往形成流淌火，为保证客运码头的安全，本规范鼓励易燃和可燃液体装卸码头建于客运码头下游，对油品码头建于客运码头上游的情况则大幅度提高了安全距离限制。根据实际调查，本条规定是不难实现的。

8.3.7（新增）　装卸甲B、乙、丙A类液体和Ⅰ、Ⅱ级毒性液体的船舶应采用密闭接口

形式。

8.3.8 停靠需要排放压舱水或洗舱水船舶的码头，应设置接受压舱水或洗舱水的设施。

根据国家有关环保法规，达不到国家污水排放标准的污水不能对外排放。因此含有易燃和可燃液体的压舱水和洗舱水需上岸处理。

8.3.9（新增） 易燃和可燃液体装卸码头的建造材料，应采用不燃材料（护舷设施除外）。

8.3.10 在易燃和可燃液体（原为：输油）管道位于岸边的适当位置，应设用于紧急状况下的切断阀（原为：紧急关闭阀）。

规定易燃和可燃液体管道在岸边适当位置设紧急切断阀，是为了及时制止管道可能出现的渗漏和爆管泄漏事故，避免事故扩大。

8.3.11 易燃液体码头敷设管道（原为：栈桥式油品码头）的引桥宜独立设置。

易燃和可燃液体为火灾危险品，为保证安全，易燃和可燃液体引桥与其他引桥分开设置引桥是必要的。

8.3.12（新增） 向船舶灌装甲B、乙A类液体和Ⅰ、Ⅱ级毒性液体，宜按现行国家标准《油品装卸系统油气回收设施设计规范》**GB 50759** 的有关规定设置油气回收设施。

附：

《石油库设计规范》GB 50074—2014 第8章取消了2002版中的下列条文：

8.1.15 两条油品装卸线共用一座栈桥时，两条油品装卸线中心线的距离，应符合下列规定：

1　当采用小鹤管时，不宜大于6m。

2　当采用大鹤管时，不宜大于7.5m。

9 工艺及热力管道

9.1 库内管道

9.1.1 石油库内工艺及热力管道宜地上敷设或采用敞口管沟敷设；根据需要局部地段可埋地敷设或采用充沙封闭管沟敷设。（原为：石油库围墙以内的输油管道，宜地上敷设；热力管道，宜地上或管沟敷设。）

　　相对埋地敷设方式，输油管道地上敷设或采用敞口管沟敷设方式有不易腐蚀，便于检查维修，施工简便，有利于安全生产等优点。管道埋地敷设易于腐蚀，不便维修；输油管道如果采用封闭管沟敷设，管沟内易积聚油气，安全性差，是发生爆炸着火和人员中毒事故的隐患之一，且造价较高。石油库建设应重点考虑安全和便于维护，因此，本条推荐石油库库区内的输油管道采用地上敷设或敞口管沟敷设方式。"局部地段可埋地敷设或采用充沙封闭管沟敷设"，主要是针对穿越道路、铁路等有特殊要求的地段。

9.1.2（新增）　地上管道不应环绕罐组布置，且不应妨碍消防车的通行。设置在防火堤与消防车道之间的管道不应妨碍消防人员通行及作业。

9.1.3（新增）　Ⅰ、Ⅱ级毒性液体管道不应埋地敷设，并应有明显区别于其他管道的标志；必须埋地敷设时应设防护套管，并应具备检漏条件。

9.1.4（新增）　地上工艺管道不宜靠近消防泵房、专用消防站、变电所和独立变配电间、办公室、控制室以及宿舍、食堂等人员集中场所敷设。当地上工艺管道与这些建筑物之间的距离小于15m时，朝向工艺管道一侧的外墙应采用无门窗的不燃烧体实体墙。

　　工艺管道存在泄漏并引发火灾的风险，如2010年发生的大连"7·16"油库管道爆炸事故。为减少消防泵房、专用消防站、变电所和独立变配电间等重要设施和办公室、控制室以及宿舍、食堂等人员集中场所受管道漏油的影响，本次规范修订针对大连"7·16"油库管道爆炸事故的教训，特制订此条规定。

9.1.5　管道穿越铁路和道路时，应符合下列规定：

　　1　管道穿越铁路和道路的交角不宜小于60°，穿越管段应敷设在涵洞或套管内，或采取其他防护措施。管道桥涵应充沙（土）填实。（新增）

　　2　套管端部应超出坡脚或路基至少0.6m；穿越排水沟的，应超出排水沟边缘至少0.9m。（原为：套管的端部伸出路基边坡不应小于2m，路边有排水沟时，伸出水沟边不应小于1m。）

　　3　液化烃管道套管顶低于铁路轨面不应小于1.4m，低于道路路面不应小于1.0m（新增）；其他管道套管顶低于铁路轨面不应小于0.8m，低于道路路面不应小于0.6m。套管应满足承压强度要求（新增）。

9.1.6　管道跨越道路和铁路时，应符合下列规定：

　　1　管道跨越电气化铁路时，轨面以上的净空高度不应小于6.6m。

"管道跨越电气化铁路时，轨面以上的净空高度不应小于6.6m"的规定，是根据国标《工业金属管道设计规范》GB 50316—2000的有关规定制定的。

2 管道跨越非电气化铁路时，轨面以上的净空高度不应小于5.5m。

"管道跨越非电气化铁路时，轨面以上的净空高度不应小于5.5m"的规定，是根据国标《标准轨距铁路建筑限界》GB 146.2—83的有关规定制定的。

3 管道跨越消防车道时，路面以上的净空高度不应小于5m。

考虑到现在的大型消防车高度已超过4m，故规定"管道跨越消防道时，路面以上的净空高度不应小于5m"。

4 管道跨越其他车行道路时，路面以上的净空高度不应小于4.5m。

"管道跨越其他车行道路时，路面以上的净空高度不应小于4.5m"，是参照国标《厂矿道路设计规范》GBJ 22—87制定的。

5 管架立柱边缘距铁路不应小于3.5m（原为：3m），距道路不应小于1m。

"管架立柱边缘距铁路不应小于3.5m"的规定，是参照《工业企业标准轨距铁路设计规范》GBJ 12—87制定的；管架立柱边缘"距道路不小于1m"，是为了充分利用路肩，节约用地。

6 管道在跨越铁路、道路上方的管段上不得装设阀门、法兰、螺纹接头、波纹管及带有填料的补偿器等可能出现渗漏的组成件。

要求管道穿、跨越段上，不应安装阀门和其他附件，既是为了避免这些附件渗漏而影响铁路或道路的正常使用，也是为了便于检修和维护这些附件。

9.1.7 地上管道与铁路平行布置时，其与铁路的距离不应小于3.8m（铁路罐车装卸栈桥下面的管道除外）。

管道与铁路平行布置时，距离大了要多占地；距离小了，不利于安全生产。考虑到管道与铁路和道路平行布置时是"线接触"，因而互相影响的机会更多一些，所以比9.1.6条第5款规定的距离适当大些。

9.1.8 地上管道沿道路平行布置时，与路边的距离不应小于1m。埋地管道沿道路平行布置时，不得敷设在路面之下。（新增）

9.1.9 金属工艺管道连接应符合下列规定：

1 管道之间及管道与管件之间应采用焊接连接。

2 管道与设备、阀门、仪表之间宜采用法兰连接，采用螺纹连接时应确保连接强度和严密性要求。（原为：有特殊需要的部位可采用法兰连接。）

易燃、可燃液体管道采取焊接方式可节省材料，严密性好，而采用法兰等活动部件连接则费用较高，容易出现渗漏，多一对法兰，就多一处渗漏点，多一处安全隐患，而且维护费用也较高，如果是埋地管道出现渗漏还会污染土壤和地下水，故"管道之间及管道与管件之间应采用焊接连接"。

9.1.10 与储罐等设备连接的管道，应使其管系具有足够的柔性，并应满足设备管口的允许受力要求。（原为：油品储罐的主要进出口管道宜采用挠性或柔性连接方式。）

管道与储罐等设备的连接采用柔性连接，对预防地震作用和不均匀沉降等所带来的不安全问题有好处，对动力设备还有减少振动和降低噪声的作用。对于储罐来说，在地震作

66

用下，罐壁发生翘离、倾斜、基础不均匀沉降，使储罐和配管连接处遭到破坏是常见的震害之一。例如，1989 年 10 月 17 日美国加州 Loma Prieta 地震，位于地震区域的炼油厂所有遭到破坏的储罐的破坏原因都与罐壁的翘离有关。此外，由于罐基础处理不当，有一些储罐在投入使用后其基础仍会发生较大幅度的沉降，致使管道和罐壁遭到破坏。为防止上述破坏情况的发生，采取增加储罐配管的柔性（如设金属软管、弹簧支吊架等）来消除相对位移的影响是必要的，而且也有利于罐前阀门的安装与拆卸和消除局部管道的热应力。

9.1.11（新增） 在输送腐蚀性液体和Ⅰ、Ⅱ级毒性液体管道上，不宜设放空和排空装置。如必须设放空和排空装置时，应有密闭收集凝液的措施。

9.1.12 **工艺**（原为：输油）**管道上的阀门，应选用钢制阀门。选用的电动阀门或气动阀门应具有手动操作功能。公称直径小于或等于 600mm 的阀门，手动关闭阀门的时间不宜超过 15min；公称直径大于 600mm 的阀门，手动关闭阀门的时间不宜超过 20min。（新增）**

钢阀的抗拉强度、韧性等性能均优于铸铁阀。采用钢阀在防止阀门冻裂、拉裂、水击及其他外来机械损伤等方面比采用铸铁阀安全得多。为保证安全，目前在石油化工行业，易燃和可燃液体管道已普遍采用钢阀。在价格上，钢阀并不比铸铁阀贵很多。有鉴于此，本条规定"工艺管道上的阀门，应选用钢制阀门"。2010 年发生的某油库火灾事故教训之一是，供电系统被毁坏后，储罐进出油管道上设置的电动阀不能快速人工关闭，致使事故规模扩大，本条对手动关闭阀门的时间规定意在避免类似情况发生。

9.1.13 管道的防护，应符合下列规定：

1 钢管及其附件的外表面，应涂刷防腐涂层，埋地钢管尚应采取防腐绝缘或其他防护措施。

2 管道内液体压力有超过管道设计压力可能的工艺（原为：不放空、不保温的地上输油）**管道，应在适当位置设置泄压装置。**

规定采取泄压措施，是为了地上不放空、不保温的管道中的液体受热膨胀后能及时泄压，不致使管子或配件因油品受热膨胀，压力升高而破裂，发生跑油事故。

3 输送易凝液体或易自聚液体的管道，应分别采取防凝或防自聚措施。（原为：输送易凝油品的管道，应采取防凝措施。管道的保温层外，应设良好的防水层。）

所谓防凝措施，系指保温、伴热、扫线和自流放空等，设计时可根据实际情况采取一种或几种措施。

9.1.14 输送有特殊要求的液体，应设专用管道。

"有特殊要求的液体"是指必须保证质量和应用安全，而绝对不能与其他液体混输、储存、收发或接触的液体（如喷气燃料），因此，输送这样的液体应专管专用。

9.1.15（新增） 热力管道不得与甲、乙、丙 A 类液体管道敷设在同一条管沟内。

9.1.16（新增） 埋地敷设的热力管道与埋地敷设的甲、乙类工艺管道平行敷设时，两者之间的净距不应小于 1m；与埋地敷设的甲、乙类工艺管道交叉敷设时，两者之间的净距不应小于 0.25m，且工艺管道宜在其他管道和沟渠的下方。

9.1.17（新增） 管道宜沿库区道路布置。工艺管道不得穿越或跨越与其无关的易燃和可燃液体的储罐组、装卸设施及泵站等建（构）筑物。

9.1.18（新增） 自采样及管道低点排出的有毒液体应密闭排入专用收集系统或其他收集设施，不得就地排放或直接排入排水系统。

9.1.19（新增） 有毒液体管道上的阀门，其阀杆方向不应朝下或向下倾斜。

9.1.20（新增） 酚和其他少量与皮肤接触即会产生严重生理反应或致命危险的液体，其管道和设备的法兰垫片周围宜设置安全防护罩。

本条要求酚和其他类似化学液体，少量与皮肤接触即会产生严重生理反应或致命危险，本条规定是为了防止这种液体一旦泄漏时伤人。

9.1.21（新增） 对储存和输送酚等腐蚀性液体和有毒液体的设备和阀门，在人工操作区域内，应在人员容易接近的地方设置淋浴喷头和洗眼器等急救设施。

9.1.22（新增） 当管道采用管沟方式敷设时，管沟与泵房、灌桶间、罐组防火堤、覆土油罐室的结合处，应设置密闭隔离墙。

9.1.23（新增） 当管道采用充沙封闭管沟或非充沙封闭管沟方式敷设时，除应符合本规范第 9.1.22 条规定外，尚应符合下列规定：

　　1 热力管道、加温输送的工艺管道，不得与输送甲、乙类液体的工艺管道敷设在同一条管沟内。

　　2 管沟内的管道布置应方便检修及更换管道组成件。

　　3 非充沙封闭管沟的净空高度不宜小于 1.8m。沟内检修通道净宽不宜小于 0.7m。

　　4 非充沙封闭管沟应设安全出入口，每隔 100m 宜设满足人员进出的人孔或通风口。

9.1.24（新增） 当管道采用埋地方式敷设时，应符合下列规定：

　　1 管道的埋设深度宜位于最大冻土深度以下。埋设在冻土层时，应有防冻胀措施。

　　2 管顶距地面不应小于 0.5m；在室内或室外有混凝土地面的区域，管顶埋深应低于混凝土结构层不小于 0.3m；穿越铁路和道路时，应符合本规范第 9.1.5 条的规定。

　　3 输送易燃和可燃介质的埋地管道不宜穿越电缆沟，如不可避免时应设防护套管；当管道液体温度超过 60℃时，在套管内应充填隔热材料，使套管外壁温度不超过 60℃。

　　4 埋地管道不得平行重叠敷设。

　　5 埋地管道不应布置在邻近建（筑）物的基础压力影响范围内，并应避免其施工和检修开挖影响邻近设备及建（筑）物基础的稳固性。

管道的埋设深度应根据管材的强度、外部负荷、土壤的冰冻深度以及地下水位等情况，并结合当地埋管经验确定。在生产方面有特殊要求的地方，还要从技术经济方面确定合理的埋深。由于情况比较复杂，本条规定仅从防止管道遭受地面上机械破坏所需要的最小埋深考虑。国内有关规范对管道埋地最小深度的规定，分不同情况，一般都在 0.5m ~ 1.0m 之间。

9.2　库外管道（新增）

9.2.1 库外管道宜沿库外道路敷设。库外工艺管道不应穿过村庄、居民区、公共设施，并宜远离人员集中的建筑物和明火设施。

9.2.2 库外管道应避开滑坡、崩塌、沉陷、泥石流等不良的工程地质区。当受条件限制必须通过时，应选择合适的位置，缩小通过距离，并应加强防护措施。

9.2.3 库外管道与相邻建（构）筑物或设施之间的距离不应小于表9.2.3的规定。

表9.2.3 库外管道与相邻建（构）筑物或设施之间的距离 （m）

序号	相邻建（构）筑物		液化烃等甲A类液体管道		其他易燃和可燃液体管道	
			埋地敷设	地上架空	埋地敷设	地上架空
1	城镇居民点或独立的人群密集的房屋、工矿企业人员集中场所		30	40	15	25
2	工矿企业厂内生产设施		20	30	10	15
3	库外铁路线	国家铁路线	15	25	10	15
		企业铁路线	10	15	10	10
4	库外公路	高速公路、一级公路	7.5	12	5	7.5
		其他公路	5	7.5	5	7.5
5	工业园区内道路	主要道路	5	5	5	5
		一般道路	3	3	3	3
6	架空电力、通信线路		5	1倍杆高，且不小于5m	5	1倍杆高，且不小于5m

注：1 对于城镇居民点或独立的人群密集的房屋、工矿企业人员集中场所，由边缘建（构）筑物的外墙算起；对于学校、医院、工矿企业厂内生产设施等，由区域边界线算起。

2 表中库外管道与库外铁路线、库外公路、工业园区内道路之间的距离系指两者平行敷设时的间距。

3 当情况特殊或受地形及其他条件限制时，在采取加强安全保护措施后，序号1和2的距离可减少50%。对处于地形特殊困难地段与公路平行的局部管段，在采取加强安全保护措施后，可埋设在公路路肩边线以外的公路用地范围以内。

4 库外管道尚应位于铁路用地范围边线和公路用地范围边线外。

5 库外管道尚不应穿越与其无关的工矿企业，确有困难需要穿越时，应进行安全评估。

本条是参照国家标准《石油天然气工程设计防火规范》GB 50183—2004、《城镇燃气设计规范》GB 50028—2006的有关规定制定的。表9.2.3注3中的"加强安全保护措施"主要是提高局部管道的设计强度等措施。

9.2.4 库外管道采用埋地敷设方式时，在地面上应设置明显的永久标志，管道的敷设设计应符合现行国家标准《输油管道工程设计规范》GB 50253的有关规定。

9.2.5 易燃、可燃、有毒液体库外管道沿江、河、湖、海敷设时，应有预防管道泄漏污染水域的措施。

9.2.6 架空敷设的库外管道经过人员密集区域时，宜设防止人员侵入的防护栏。

9.2.7 沿库外公路架空敷设的厂际管道距库外公路路边的距离小于 **10m** 时，宜沿库外公路边设防撞设施。

9.2.8 埋地敷设的库外工艺管道不宜与市政管道、暗沟（渠）交叉或相邻布置，如确需交叉或相邻布置，则应符合下列规定：

 1 与市政管道和暗沟（渠）交叉时，库外工艺管道应位于市政管道和暗沟（渠）的下方，库外工艺管道的管顶与市政管道的管底、暗沟（渠）的沟底的垂直净距不应小于 **0.5m**。

 2 沿道路布置时，不宜与市政管道和暗沟（渠）相邻布置在道路的相同侧。

 3 工艺管道与市政管道和暗沟（渠）平行敷设时，两者之间的净距不应小于 **1m**，且工艺管道应位于市政热力管道热力影响范围外。

 4 应进行安全风险分析，根据具体情况，采取有效可行措施，防止泄漏的易燃和可燃液体、气体进入市政管道和暗沟（渠）。

 埋地敷设的库外工艺管道通过公共区域时，有时与市政管道、暗沟（渠）相邻平行或交叉敷设的情况难以避免，有可能面临的风险是，泄漏的易燃和可燃液体流入市政自流管道、暗沟（渠），并在其内部空间形成爆炸性气体，一旦遇到点火源即可发生爆炸。对这种风险需要特别注意，并严加防范，故作此条规定。

9.2.9 库外管道穿越工程的设计，应符合现行国家标准《油气输送管道穿越工程设计规范》GB 50423 的有关规定。

9.2.10 库外管道跨越工程的设计，应符合现行国家标准《油气输送管道跨越工程设计规范》GB 50459 的有关规定。

9.2.11 库外管道应在进出储罐区和库外装卸区的便于操作处设置截断阀门。

9.2.12 库外埋地管道与电气化铁路平行敷设时，应采取防止交流电干扰的措施。

9.2.13 当重要物品仓库（或堆场）、军事设施、飞机场等，对与库外管道的安全距离有特殊要求时，应按有关规定执行或协商解决。

9.2.14 库外管道的设计除应符合本节上述规定外，尚应符合本规范第 **9.1.3** 条、第 **9.1.9** 条、第 **9.1.11** 条 ~ 第 **9.1.13** 条的规定。

10 易燃和可燃液体灌桶设施

10.1 灌桶设施组成和平面布置

10.1.1 灌桶（原为：油桶灌装）设施可由灌装储罐、灌装泵房、灌桶间、计量室、空桶堆放场、重桶库房（棚）、装卸车站台以及必要的辅助生产设施和行政、生活设施组成，设计可根据需要设置。

10.1.2 灌桶（原为：油桶灌装）设施的平面布置，应符合下列规定：

　　1 空桶堆放场、重桶库房（棚）的布置，应避免运桶作业交叉进行和往返运输。

　　2 灌装储（原为：油）罐、灌桶场地、收发桶场地等应分区布置，且应方便操作、互不干扰。

10.1.3 灌装泵房、灌桶间、重桶库房可合并设在同一建筑物内。

10.1.4 甲B、乙类液体的灌桶泵与灌桶栓之间应设防火墙。甲B、乙类液体的灌桶间与重桶库房合建时，两者之间应设无门、窗、孔洞的防火墙。（原为：对于甲、乙类油品，油泵与灌油栓之间应设防火墙。甲、乙类油品的灌桶间与重桶库房之间应设无门、窗、孔洞的防火墙。）

　　甲类和乙A类液体属易挥发性液体，且甲、乙类液体又同属轻质液体，在设计上常将这两类液体作为一个灌桶场所。而对于灌桶间和灌桶泵间，一个是操作频繁、油气挥发较大，一个是电器控制设备较多，将两者之间用防火墙隔开，有利于防止火灾发生。灌桶间操作较为频繁，灌桶时会挥发油气，为保证重桶安全，在重桶库房与灌桶间之间有必要设置无门、窗、孔洞的隔墙。

10.1.5 灌桶（原为：油桶灌装）设施的辅助生产和行政、生活设施，可与邻近车间联合设置。

10.2 灌 桶 场 所

10.2.1 灌桶（原为：油桶灌装）宜采用泵送灌装方式。有地形高差可供利用时，宜采用储罐直接自流灌装方式。

10.2.2 灌桶（原为：油桶灌装）场所的设计，应符合下列规定：

　　1 甲B、乙、丙A类液体宜在棚（亭）内灌装，并可在同一座棚（亭）内灌装。

　　甲B、乙、丙A类液体在室内灌装容易积聚有害气体，有形成爆炸气体的危险，在露天场地灌装又受雨雪和日晒的影响，故宜在棚（亭）内灌装。棚（亭）具备半露天条件，进行灌装作业时有通风良好、油气不易积聚的优点，比较安全，故允许甲B、乙、丙A液体在同一座棚（亭）内灌装。

　　2 润滑油等丙B类液体（原为：润滑油）宜在室内灌装，其灌桶间宜单独设置。

润滑油属于不易蒸发、不易着火的油品，其灌桶场所的电气设备不需防爆，故允许在室内灌装。在室内灌装对保证润滑油品质量，防止风沙、雨、雪等杂质污染油品也有利。为避免其与甲、乙类液体在一起灌装处于爆炸危险环境，故宜单独设置灌桶间。

10.2.3 灌油枪出口流速不得大于 4.5m/s。

控制灌油枪出口流速不得大于 4.5m/s，主要是为了防静电。

10.2.4（新增） 有毒液体灌桶应采用密闭灌装方式。

10.3 桶装液体库房

10.3.1 空、重桶的堆放，应满足灌装作业及空、重桶（原为：油桶）收发作业的要求。空桶的堆放量宜为 1d 的灌装量，重桶的堆放量宜为 3d 的灌装量。

空桶可以随时来随时灌装，其堆放量为 1 天的灌装量较适宜。根据实际调查，为便于及时向用户供油，重桶堆放量宜为 3 天的灌装量。

10.3.2 空桶可露天堆放。

10.3.3 重桶应堆放在库房（棚）内。桶装液体（原为：重桶）库房（棚）的设计，应符合下列规定：

为防止重桶遭受人为损坏，以及防止因日晒而升温，故重桶需堆放在室内或棚内。

1 甲 B、乙类液体（原为：油品）重桶与丙类液体（原为：油品）重桶储存在同一栋库房内时，两者之间宜（原为：应）设防火墙。

甲、乙类液体重桶如与丙类液体重桶储存在同一栋库房内，整个库房都得采取防爆措施，从安全和经济两方面考虑，有必要用防火隔墙将两者隔开。

2（新增） Ⅰ、Ⅱ级毒性液体重桶与其他液体重桶储存在同一栋库房内时，两者之间应设防火墙。

Ⅰ、Ⅱ级毒性液体在防护上，不仅要考虑可能发生的火灾问题，还要考虑毒性对人员的危害问题，故与其他液体重桶储存在同一栋库房内时，两者之间应设防火墙。

3 甲 B、乙类液体的桶装液体（原为：油品的重桶）库房，不得建地下或半地下式。

甲、乙类液体重桶库房若建成地下或半地下式，重桶密闭不严或一旦渗漏，房间内容易积存可燃气体，存在发生火灾、爆炸的不安全因素。

4 桶装液体（原为：重桶）库房应为单层建筑。当丙类液体的桶装液体（原为：油品的重桶）库房采用一、二级耐火等级时，可为两层建筑。

甲、乙类液体安全防火要求严格，为避免摔、撞甲、乙类液体重桶，其重桶库房需单层建造。丙类液体火灾危险性较小，为节省占地，其重桶库房可为两层建筑，但需满足二级耐火等级要求。

5 桶装液体（原为：油品的重桶）库房应设外开门。丙类液体桶装液体（原为：油品的重桶）库房，可在墙外侧设推拉门。建筑面积大于或等于 100m² 的重桶堆放间，门的数量不应少于 2 个，门宽不应小于 2m。桶装液体库房应设置斜坡式门槛，门槛应选用非燃烧材料，且应高出室内地坪 0.15m。

重桶库房设外开门，有利于发生火灾事故时人员和重桶疏散。根据国标《建筑设计防火规范》GB 50016 的要求，规定建筑面积大于或等于100m²的重桶堆放间，门的数量不得少于 2 个；门宽要求不应小于 2m，是为了满足用叉车搬运或堆放重桶；对重桶堆放间要求设置高于室内地坪 0.15m 的非燃烧材料建造的斜坡式门槛，主要是预防重桶堆放间发生液体流淌或着火、爆炸事故时，尽量使液体或流淌火灾控制在门的以里，缩小事故波及范围。斜坡式门槛也不宜过高，过高将给平时作业造成不便。

6 **桶装液体**（原为：油品的重桶）**库房的单栋建筑面积不应大于表 10.3.3 的规定。**

表 10.3.3　桶装液体库房的单栋建筑面积

液体类别	耐火等级	建筑面积（m²）	防火墙隔间面积（m²）
甲 B	一、二级	750	250
乙	一、二级	2000	500
丙	一、二级	4000	1000
	三级	1200	400

本款重桶库房的单栋建筑面积的规定，与国标《建筑设计防火规范》GB 50016 的相关规定是一致的。

10.3.4　桶的堆码应符合下列规定：

1 空桶宜卧式堆码。堆码层数宜为 3 层，但不得超过 6 层。

2 重桶应立式堆码。机械堆码时，甲 B 类液体和有毒液体（原为：油品）不得超过 **2 层**，乙类和丙 A 类液体（原为：油品）不得超过 3 层，丙 B 类液体（原为：油品）不得超过 4 层。人工堆码时，各类液体（原为：油品）的重桶均不得超过 2 层。

3 运输桶的主要通道宽度，不应小于 1.8m。桶垛之间的辅助通道宽度，不应小于1.0m。桶垛与墙柱之间的距离不宜小于 0.25m（原为：应为 0.25～0.5m）。

4 单层的桶装液体（原为：油品的重桶）库房净空高度不得小于 3.5m。桶多层堆码时，最上层桶与屋顶构件的净距不得小于 1m。

为方便对桶的检查、取样、搬运和堆码安全，根据空桶、重桶和火灾危险性类别，本条规定了堆码层数和有关通道宽度。这一规定是在调查研究的基础上给出的。

附：

《石油库设计规范》GB 50074—2014 第 10 章取消了 2002 年版中的下列条文：

10.2.3 灌装 200L 油桶的时间应符合下列规定：

1 甲、乙、丙 A 类油品宜为 1min。

2 润滑油宜为 3min。

11　车间供油站

11.0.1　设置在企业厂房内的车间供油站，应符合下列规定：

1　甲 B、乙类油品的储存量，不应大于车间两昼夜的需用量，且不应大于 **2m³**。

2　丙类油品的储存量不宜大于 **10m³**。

1、2 此两款是参照《建筑设计防火规范》GB 50016—2006 等标准并结合国内大、中、小型企业厂房内车间供油站的具体现状制定的。在建筑物内存放油品是有一定风险的，所以，在满足基本生产要求的基础上，按不同油品的火灾危险性，对车间供油站储存油品的体积加以限制是必要的，以免发生火灾事故时造成大的损失。

3　车间供油站应靠厂房外墙布置，并应设耐火极限不低于 **3h** 的非燃烧体墙和耐火极限不低于 **1.5h** 的非燃烧体屋顶。

本款规定是参照《建筑设计防火规范》GB 50016—2006 的有关规定制定的，是为了预防车间供油站在一旦发生着火或爆炸事故时，尽量减少对厂房其他生产部分的破坏范围，减少人员伤亡。

4　储存甲 B、乙类油品的车间供油站，应为单层建筑，并应设有直接向外的出入口和防止液体流散的设施。

本款的规定，主要是考虑桶或罐装油操作时如发生跑、冒、滴、漏或起火爆炸时，要防止油品流散到站外，以控制火势蔓延，便于火灾扑救和人员疏散，减少损失。可考虑在门口设置高于供油站地坪的斜坡式门槛来防止油品流散。

5　存油量不大于 **5m³** 的丙类油品储罐（箱），可直接设置在丁、戊类生产**厂房内**（原为：厂房内的固定地点）。

与甲、乙类油品相比，丙类油品的危险性要小得多，故允许不大于 5m³ 的丙类油品储罐（箱）直接设置在丁、戊类生产厂房内。

6　储罐（箱）的通气管管口应设在室外，甲 B、乙类油品储罐（箱）的通气管管口，应高出屋面 **1.5m**，与厂房门、窗之间的距离不应小于 **4m**。

出于符合工业卫生标准的要求，房间内的储罐（箱）通气管管口都需引出室外。特别对容易挥发的甲、乙类油品，如果其储罐（箱）内的油气直接排在室内，还会存在发生爆炸和火灾的危险。据调查，曾经就有不少单位由此而引发了这样的火灾事故和人员中毒事故。因此，规定"储罐（箱）的通气管管口应设在室外"，并与厂房屋面和门、窗之间要有一定的距离，以免油气返流室内。规定"甲 B、乙类油品储罐（箱）的通气管管口，应高出屋面 1.5m，与厂房门、窗之间的距离不应小于 4m"，是按照爆炸危险场所的划分范围给出的。

7　储罐（箱）与油泵的距离可不受限制。

厂房内车间供油站的设备简单，储罐（箱）容量较小，油泵功率也不大，数量一般仅有一两台，为了便于操作，集中管理，尽量减少占用面积，故允许储罐（箱）与油泵

74 设在一起，不受距离限制。

11.0.2 设置在企业厂房外的车间供油站，应符合下列规定：

有些企业的厂房距离企业油库较远，或企业无油库。当设置在厂房内的供油站的储油量和设施不满足生产要求时，本规范允许在厂房外设置车间供油站。

1 车间供油站与本企业建（构）筑物、交通线等的安全距离，应符合本规范第**4.0.16**条的规定；站内布置应符合本规范第**5.1.3**条的规定。

本款规定是由于设置在厂房外的车间供油站，其性质等同于企业附属油库。

2 甲B、乙类油品储罐的总容量不大于**20m³**且储罐为埋地卧式储罐或丙类油品储罐的总容量不大于**100m³**时，站内储罐、油泵站与本车间厂房、厂内道路等的防火距离以及站内储罐、油泵站之间的防火距离可适当减小，但应符合下列规定：

1）站内储罐、油泵站与本车间厂房、厂内道路等的防火距离，不应小于表**11.0.2**的规定；

表11.0.2 站内储罐、油泵站与本车间厂房、厂内道路等的防火距离（m）

名 称		液体类别	一、二级耐火等级的厂房	厂房内明火或散发火花地点	站区围墙	厂内道路
储罐	埋地卧式	甲B、乙	3	18.5	3	5
		丙	3	8		
	地上式	丙	6	17.5		
油泵站		甲B、乙	3	15		
		丙	3	8		

2）油泵房与地上储罐的防火距离不应小于**5m**；

3）油泵房与埋地卧式储罐的防火距离不应小于**3m**；

4）布置在露天或棚内的油泵与储罐的距离可不受限制。

车间供油站与燃油设备或零星用油点有密切的关系，在满足防火距离要求的前提下，总图布置需尽量靠近厂房，以使系统简单，操作管理方便。因此，本款对企业厂房外的车间供油站，当甲B、乙类油品的储存量不大于**20m³**且储罐为埋地卧式储罐或丙类油品的储存量不大于**100m³**时，其储罐、油泵站与本车间厂房、厂房内明火或散发火花地点、站区围墙、厂内道路等的距离，放宽了要求。

3 车间供油站应设高度不低于**1.6m**的站区围墙。当厂房外墙兼作站区围墙时，厂房外墙地坪以上**6m**高度范围内，不应有门、窗、孔洞。工厂围墙兼作站区围墙时，储罐、油泵站与工厂围墙的距离应符合本规范第**5.1.3**条的规定。

4 当油泵房与厂房毗邻建设时，油泵房应采用耐火极限不低于**3h**的非燃烧体墙和不低于**1.5h**非燃烧体屋顶。对于甲B、乙类油品的泵房，尚应设有直接向外的出入口。

厂房外的车间供油站，与本厂的关系十分密切，其油泵房在厂房外布置受到限制时，可以与厂房毗邻建设。但由于油泵房属火灾危险场所，故对油泵房的建筑构造提出了一定的耐火极限要求，以免发出火灾事故时尽量不破坏厂房主体建筑。特别是甲、乙类油品的油泵房，还存在爆炸危险性，规定其出入口直接向外，有利于泵房内的操作人员在事故时及时逃离。·

5 埋地卧式储罐的设置，应符合本规范第 **6.3** 节和 **6.4** 节的有关规定（原为：甲、乙类油品埋地卧式油罐的通气管管口应高出地面 4m 及以上）。

12 消防设施

12.1 一般规定

12.1.1 石油库应设消防设施。石油库的消防设施设置，应根据石油库等级、储罐型式、液体（原为：油品）火灾危险性及与邻近单位的消防协作条件等因素综合考虑确定。

石油库储存的是易燃和可燃液体，有可能发生较严重的爆炸和火灾。所以，石油库设消防设施是必要的。

12.1.2 石油库的易燃和可燃液体储罐灭火设施设置，应符合下列规定：

1（新增） 覆土卧式油罐和储存丙 B 类油品的覆土立式油罐，可不设泡沫灭火系统，但应按本规范第 12.4.2 条的规定配置灭火器材。

覆土卧式油罐和储存丙类油品的覆土立式油罐不易着火，即使着火规模也不大，用灭火毯和灭火沙即可扑灭，故规定可不设泡沫灭火系统。

2 设置泡沫灭火系统有困难，且无消防协作条件的四、五级石油库，当立式储罐不多于 5 座，甲 B 类和乙 A 类液体储罐单罐容量不大于 700m³，乙 B 和丙类液体储罐单罐容量不大于 2000m³ 时，可采用烟雾灭火方式；当甲 B 类和乙 A 类液体储罐单罐容量不大于 500m³，乙 B 和丙类液体储罐单罐容量不大于 1000m³ 时，也可采用超细干粉等灭火方式。（原为：缺水少电及偏远地区的四、五级石油库中，当设置泡沫灭火设施较困难时，亦可采用烟雾灭火设施。）

烟雾灭火技术也称气溶胶灭火技术，是我国自己研制发展起来的新型灭火技术。它适用于储罐的初期火灾，但不能用于流淌火灾，且不能阻止火灾的复燃。这项技术在我国已有二十余年的实践经验，在石油公司、金属机械加工厂、列车机务段等单位得到推广应用。安装烟雾装置的轻柴储罐容量最大到 5000m³，汽储罐容量最大到 1000m³，并已有四次自动扑灭储罐初期火灾成功案例。由于它有不能抗复燃的致命弱点，故本规范只允许其在设置泡沫灭火系统有困难，且无消防协作条件的四、五级石油库的储罐上使用。当油库储罐的数量较多，水源方便时，使用烟雾灭火装置，在安全和经济上都是不合算的。超细干粉灭火技术目前只适用于容量不大于 1000m³ 的储罐。

3 其他易燃和可燃液体储罐应设置泡沫灭火系统。（原为：石油库的油罐应设置泡沫灭火设施。）

对易燃和可燃液体储罐火灾，最有效的灭火手段是用泡沫液产生空气泡沫进行灭火，空气泡沫可扑救各种形式的油品火灾。

12.1.3 储罐泡沫灭火系统的设置类型，应符合下列规定：

1 地上固定顶储罐、内浮顶储罐和地上卧式储罐应设低倍数泡沫灭火系统或中倍数泡沫灭火系统。（原为：地上式固定顶油罐、内浮顶油罐应设低倍数泡沫灭火系统或中倍数泡沫灭火系统。）

2　外浮顶储罐、储存甲 B、乙类和丙 A 类油品的覆土立式油罐，应设低倍数泡沫灭火系统。（原为：浮顶油罐宜设低倍数泡沫灭火系统，当采用中心软管配置泡沫混合液的方式时，亦可设中倍数泡沫灭火系统。覆土油罐可设高倍数泡沫灭火系统。）

目前，我国有蛋白型和合成型两种型式泡沫液，蛋白型泡沫液和合成型泡沫液各有自身的优势和不足。蛋白型泡沫液售价低，泡沫的抗烧性强，但泡沫液易变质，储存时间短；合成型泡沫液泡沫的流动性好，泡沫液抗氧化性能强，储存时间较长，但泡沫的抗烧性欠佳，泡沫液的售价较贵。蛋白型泡沫液有中倍数、低倍数泡沫液两种类型；合成型泡沫液有高倍数、中倍数、低倍数泡沫液三种类型。所以灭火系统也相应有高倍数、中倍数、低倍数泡沫灭火系统。

高倍数泡沫灭火系统是能产生 200 倍以上泡沫的发泡灭火系统，这种灭火系统一般用于扑救密闭空间的火灾，如电缆沟、管沟等建（构）筑物内的火灾。

中倍数泡沫灭火系统是能产生 21~200 倍泡沫的发泡灭火系统，这种灭火系统分为两种情况，50 倍以下（30 倍~40 倍最好）的中倍数泡沫适用于地上储罐的液上灭火；50 倍以上的中倍数泡沫适用于流淌火灾的扑救，如建（构）筑物内的泡沫喷淋。

低倍数泡沫灭火系统是能产生 20 倍以下的泡沫发泡灭火系统，这种灭火系统适用于开放性的火灾灭火。

中倍数泡沫灭火系统和低倍数泡沫灭火系统由于自身的特性各有自己的优点和缺点：

低倍数泡沫灭火系统是常用的泡沫灭火系统，使用范围广，泡沫可以远距离喷射，抗风干扰比中倍数泡沫强，在浮顶储罐的液上泡沫喷放中，由于比重大，具有较大的优越性，在扑救浮顶储罐的实际火灾中，已有很多成功案例。

中倍数泡沫灭火系统是我国 70 年代研究开发的用于储罐液上喷放的新型灭火系统，由于蛋白型中倍数泡沫液性能的改进和中倍数泡沫质量比低倍数泡沫质量轻，在储罐的液上喷放灭火时，比低倍数泡沫灭火系统有一定的优势，表现为油面上流动速度快，可直接喷放在油面上，受油品污染少，抗烧性好，所以灭火速度快，这已经被实验室研究和现场灭火试验所证实。据《低倍数泡沫灭火系统设计规范》专题报告汇编（1989 年 9 月编制）和 1992 年 10 月原商业部设计院编制的中倍数泡沫灭火系统资料介绍：

低倍数泡沫混合液供给强度为 5L/（min·m²）~7L/（min·m²）、混合液中泡沫液占比为 3%~6%、予燃时间 60s~120s 的情况下，灭火时间为 3min~5min；中倍数泡沫混合液供给强度为 4L/（min·m²）~4.4L/（min·m²）、混合液中泡沫液占比为 8%、予燃时间 60s~90s 的情况下，灭火时间为 1min~2min。在供给强度同为 4L/（min·m²）时，中倍数蛋白泡沫混合液灭火时间为 124s；低倍数蛋白泡沫混合液灭火时间为 459s；低倍数氟蛋白泡沫混合液灭火时间为 270s。

12.1.4　储罐的泡沫灭火系统设置方式，应符合下列规定：

1　容量大于 500m³ 的水溶性液体地上立式储罐和容量大于 1000m³ 的其他甲 B、乙、丙 A 类易燃、可燃液体地上立式储罐（原为：单罐容量大于 1000m³ 的油罐），**应采用固定式泡沫灭火系统。**

2　容量小于或等于 500m³ 的水溶性液体地上立式储罐和容量小于或等于 1000m³ 的其他易燃、可燃液体地上立式储罐（原为：单罐容量小于或等于 1000m³ 的油罐），**可采用**

78 半固定式泡沫灭火系统。

对1、2说明如下：石油库的储罐一般比较集中，消防管道数量不多，采用固定式灭火方式，整个系统可常处于战备状态、启动快、操作简单、节省人力。由于大于500m³的水溶性液体地上储罐和大于1000m³的其他易燃、可燃液体地上储罐，着火时采用移动式或半固定式泡沫灭火系统难以扑灭或不能及时扑灭，故规定应采用固定式泡沫灭火系统。对于不大于上述容量的地上储罐，由于储罐较小，着火时造成的损失也相对较小，采用半固定式泡沫灭火系统也能扑灭，还可节省消防设备投资，故允许采用半固定式泡沫灭火系统。

3 地上卧式储罐、覆土立式油罐、丙 B 类液体（原为：润滑油）立式储罐和容量不大于 200m³ 的地上储罐，可采用移动式泡沫灭火系统。

移动式泡沫灭火系统，具有机动灵活、维护管理方便、不需在储罐上安装泡沫发生器等设备的特点。

卧式储罐和离壁式覆土立式储罐，安装空气泡沫发生器比较困难。卧式储罐的着火一般只发生在面积很小的人孔处，容易处理，采用移动式泡沫灭火系统较好。

覆土立式储罐即使在罐壁上设置空气泡沫发生器，储罐着火时也可能被烧坏；储罐或罐室发生爆炸时，上部混凝土壳顶崩塌还可能砸毁泡沫发生器或使油罐发生流淌火灾。因此，覆土立式储罐只能采用移动式泡沫灭火系统。

丙 B 类可燃液体储罐火灾概率很小，且储罐容量不很大，没有必要在消防设备上大量投资，发生火灾时，可依靠泡沫钩管或泡沫泡车扑救，初期火灾采用灭火毯、灭火器也能扑救。

单罐容量不大于 200m³ 的地上储罐，罐壁高度矮，燃烧面积小，灭火需要的泡沫量少，用泡沫钩管等移动设备就可扑救。

12.1.5 储罐应设消防冷却水系统。消防冷却水系统的设置应符合下列规定：

消防冷却水在扑救储罐火灾中，占有特别重要的地位。水的供应能否充足和及时，决定着灭火的成败，这已为大量的火灾案例所证实。所以，保证充足的水源是灭火成功的关键。

1 容量大于或等于3000m³（原为：5000m³）或罐壁高度大于或等于15m（原为：17m）的地上立式储罐，应设固定式消防冷却水系统。

单罐容量的大于或等于3000m³的储罐若采用移动式冷却水系统，所需要的水枪和人员很多。对于罐壁高度不小于15m的储罐冷却，移动水枪要满足灭火充实水柱的要求，水枪后坐力很大，操作人员不易控制，所以应采用固定式冷却水系统。

2 容量小于3000m³且罐壁高度小于15m的地上立式储罐以及其他储罐，可设移动式消防冷却水系统。（原为：单罐容量小于5000m³且罐壁高度小于17m的油罐，可设移动式消防冷却水系统或固定式水枪与移动式水枪相结合的消防冷却水系统。）

容量小于3000m³且罐壁高度小于15m的储罐以及其他储罐，使用移动冷却水枪数量相对较少，所需人员也较少，操作水枪较为容易。与用固定冷却水系统相比，采用移动式冷却水系统可节省工程投资。

3 五级石油库的立式储罐采用烟雾灭火或超细干粉等灭火设施时，可不设消防给水系统。（原为：缺水少电的山区五级石油库的立式油罐可只设烟雾灭火设施，不设消防给水系统。）

12.1.6（新增）　火灾时需要操作的消防阀门不应设在防火堤内。消防阀门与对应的着火储罐罐壁的距离不应小于15m，如果有可靠的接近消防阀门的保护措施，可不受此限制。

本条规定是为了在储罐着火时，人员能够安全接近和开启着火罐上的消防控制阀门。其中"消防阀门与对应的着火储罐罐壁的距离不应小于15m"是按照《建筑设计防火规范》GB 50016—2005和本规范第12.2.15条有关消火栓与储罐的距离制定的；本条中"接近消防阀门的保护措施"，是指储罐着火时人员可以利用防火堤等墙体做掩护能够接近控制阀门的情况。

12.2　消　防　给　水

12.2.1　一、二、三、四级石油库应设独立消防给水系统。

要求一、二、三、四级石油库的消防给水系统与生产、生活给水系统分开设置的理由如下：

一是一、二、三、四级石油库的储罐多为地上立式储罐，消防用水量较大且不常使用，消防与生产、生活给水合用一条管道，平时只供生产、生活用水，会造成大管道输送很小流量，水质易变坏。

二是石油库的消防给水对水质无特殊要求，一般的江、河、池塘水都能满足要求，而生活给水对水质要求严格，用量较少，两者合用势必要按生活水质要求选择水源，很多地方很难具备这样的水质、水量条件。

三是石油库的消防给水要求压力较大，而生产、生活给水压力较低，两者压合用一条管道，对生产、生活给水来说，不仅需要采取降压措施，而且合用部分的管道尚需按满足消防管道的压力进行设计，很不经济。

12.2.2　五级石油库的消防给水可与生产、生活给水系统合并设置。

五级石油库的储罐等设备设施都很小，储罐也多为卧式储罐或小型立式储罐，消防用水量较小，水压要求不高，一般情况较容易找到满足其合用要求的水源，靠近城镇还可利用城镇给水管网，故允许消防给水与生产、生活给水系统合并设置。

12.2.3　当石油库采用高压消防给水系统时，给水压力不应小于在达到设计消防水量时最不利点灭火所需要的压力；当石油库采用低压消防给水系统时，应保证每个消火栓出口处在达到设计消防水量时，给水压力不应小于0.15MPa。

关于消防给水系统压力的规定，说明如下：

石油库高压消防给水系统的压力是根据最不利点的保护对象及消防给水设备的类型等因素确定的。当采用移动式水枪冷却储罐时，则消防给水管道最不利点的压力是根据系统达到设计消防水量时，由储罐高度、水枪喷嘴处所要求的压力及水带压力损失综合确定的。

石油库低压消防给水系统主要用于为消防车供水。消防车从消火栓取水有两种方式，一种是用水带从消火栓向消防车的水罐里注水，另一种是消防车的水泵吸水管直接接在消

80

火栓上吸水（包括手抬机动泵从管网上取水）。前一种取水方式较为普遍，消火栓出水量最少为10L/s。直径为65mm、长度为20m的帆布水带，在流量为10L/s时的压力损失为8.6m，本规范1984年版规定消火栓最低压力为0.1MPa，消防车实际操作供水不畅，故2002年版修订改为应保证每个消火栓的给水压力不小于0.15MPa。

12.2.4　消防给水系统应保持充水状态。严寒地区的消防给水管道，冬季可不充水。

消防给水系统应保持充水状态，是为了减少消防水到火场的时间。油库消防给水系统最好维持在低压状态，以便发生小规模火灾时能随时取水，将消防给水系统与生产、生活给水系统连通可较方便地做到这一点。

处于严寒地区的消防给水管道，由于受地质和经济等条件的限值，一般较难做到将消防给水管道埋设到极端冻土深度以下，故允许其冬季可不充水。

12.2.5　一、二、三级石油库地上储罐（原为：油罐）区的消防给水管道应环状敷设；覆土油罐区（新增）和四、五级石油库储罐（原为：油罐）区的消防给水管道可枝状敷设；山区石油库的单罐容量小于或等于5000m³且储罐单排布置的储罐（原为：油罐）区，其消防给水管道可枝状敷设。一、二、三级石油库地上储罐（原为：油罐）区的消防水环形管道的进水管道不应少于2条，每条管道应能通过全部消防用水量。

储罐区的消防给水管道应采用环状敷设，主要考虑储罐区是油库的防火重点，环状管网可以从两侧向用水点供水，较为可靠。

覆土立式油罐最大单罐容量不超过10000m³，油罐间距要求较大，用水量较小，即使着火一般也不会影响周边储罐，加上这种类型的储罐多数处于山区，管线难以做到环状布置，故允许其罐区的消防管线枝状敷设。

四、五级石油库储罐容量较小，油库区面积不大，发生火灾时影响范围亦较小，消防用水量也有限，故其消防给水管道可枝状敷设。

建在山区或丘陵地带的石油库，地形复杂，环状敷设管网比较困难，因此本规范规定：山区石油库的单罐容量小于或等于5000m³且储罐单排布置的储罐区，其消防给水管道可枝状敷设。

12.2.6（新增）　特级石油库的储罐计算总容量大于或等于2400000m³时，其消防用水量应为同时扑救消防设置要求最高的一个原油储罐和扑救消防设置要求最高的一个非原油储罐火灾所需配置泡沫用水量和冷却储罐最大用水量的总和。其他级别石油库储罐区的消防用水量，应为扑救消防设置要求最高的一个储罐火灾配置泡沫用水量和冷却储罐所需最大用水量的总和。

本条说明同3.0.2条说明。值得注意的是：油库的消防水量除了满足储罐的喷淋和配置泡沫混合液用水之外，还需适当考虑移动式冷却的需要，即储罐着火时到现场的消防车的用水需求。由于油库的消防水储备是一定的，油库火灾时消防水的使用应严格控制，不能随意从消防水管网上取用消防水，以防止油库的消防水储备被提早用完。储罐的喷淋应利用罐上的固定式系统，局部位置可以使用移动式冷却。消防车应主要用于扑灭小规模的流散火灾以及泡沫灭火部分的补充。

12.2.7　储罐（原为：油罐）的消防冷却水供应范围，应符合下列规定：

1　着火的地上固定顶储罐（原为：油罐）以及距该储罐（原为：油罐）罐壁不大于 **1.5D**（*D* 为着火储罐（原为：油罐）直径）范围内相邻的地上储罐（原为：油罐），均应冷却。当相邻的地上储罐（原为：油罐）超过 **3** 座时，可按其中较大的 **3** 座相邻储罐（原为：油罐）计算冷却水量。

2　着火的外浮顶（原为：浮顶）、内浮顶储罐（原为：油罐）应冷却，其相邻储罐（原为：油罐）可不冷却。当着火的内浮顶储罐（原为：浮顶油罐、内浮顶油罐）浮盘用易熔材料制作时，其相邻储罐（原为：油罐）也应冷却。

3　着火的地上卧式储罐（原为：油罐）应冷却，距着火罐直径与长度之和 1/2 范围内的相邻罐也应冷却。

4　着火的覆土储罐（原为：油罐）及其相邻的覆土储罐（原为：油罐）可不冷却，但应考虑灭火时的保护用水量［指人身掩护和冷却地面及储罐（原为：油罐）附件的水量］。

储罐冷却范围规定的理由如下：

1　地上固定顶着火储罐的罐壁直接接触火焰，需要在短时间内加以冷却。为了保护罐体，控制火灾蔓延，减少辐射热影响，保障邻近罐的安全，地上固定顶着火储罐需进行冷却。

关于固定顶储罐着火时，相邻储罐冷却范围的规定依据是：

1）天津消防研究所 1974 年对 5000m³ 汽储罐低液面敞口储罐着火后的辐射热进行了测定。在距着火储罐罐壁 1.5D（*D* 为着火储罐直径）处，当测点高度等于着火储罐罐壁高时，辐射热强度平均值为 7817kJ/（m²·h），四个方向平均最大值为 8637kJ/（m²·h），绝对最大值为 16010kJ/（m²·h）。

1976 年 5000m³ 汽储罐氟蛋白泡沫液下喷射灭火试验中，当液面高为 11.3m，在距着火储罐罐壁 1.5D 处，测点高度等于着火储罐罐壁高时，辐射热强度四个方向平均最大值为 17794kJ/（m²·h），绝对最大值为 20934kJ/（m²·h）。

由上述试验可知，在距着火储罐罐壁 1.5D 范围内，火焰辐射热强度是比较大的。为确保相邻储罐的安全，应对距着火储罐罐壁 1.5D 范围内的相邻储罐予以冷却。

2）在火场上，着火储罐下风向的相邻储罐接受辐射热最大，其次是侧风向，上风向最小，所以本条规定当冷却范围内的储罐超过三座时，按三座较大相邻储罐计算冷却水量。

2　采用钢制浮盘的外浮顶储罐、内浮顶储罐着火时，基本上只在浮盘周边燃烧，火势较小，容易扑灭，故着火的浮顶储罐、内浮顶储罐的相邻储罐可不冷却。浮盘用易熔材料制作的内浮顶，由于其浮盘材料熔点较低（如铝制浮盘），容易发生储罐全截面积着火，故其相邻罐也需冷却。

3　卧式罐是圆筒形结构常压罐，结构稳定性好，发生火灾一般在罐人孔口燃烧，根据调查资料，火灾容易扑救。一般用石棉被就能扑灭发生的火灾，在有流淌火灾时，仍需考虑着火罐和邻近罐的冷却水量。

4　覆土储罐都是地下隐蔽罐，覆土厚度至少有 0.5m，着火的和相邻的覆土储罐可均不冷却。但火灾时，辐射热较强，四周地面温度较高，消防人员必须在喷雾（开花）水枪掩护下进行灭火。故应考虑灭火时的人身掩护和冷却四周地面及储罐附件的用水量。

12.2.8 储罐（原为：油罐）的消防冷却水供水范围和供给强度应符合下列规定：

1 地上立式储罐（原为：油罐）消防冷却水供水范围和供给强度，不应小于表 12.2.8 的规定：

表 12.2.8 地上立式储罐（原为：油罐）消防冷却水供水范围和供给强度

储罐及消防冷却型式		供水范围	供给强度	附 注
移动式水枪冷却	着火罐 固定顶罐	罐周全长	0.6 (0.8) L/ (s·m)	—
	着火罐 外浮顶罐 内浮顶罐	罐周全长	0.45 (0.6) L/ (s·m)	浮顶用易熔材料制作的内浮顶罐按固定顶罐计算
	相邻罐 不保温	罐周半长	0.35 (0.5) L/ (s·m)	—
	相邻罐 保温		0.2L/ (s·m)	
固定式冷却	着火罐 固定顶罐	罐壁外表面积	2.5L/ (min·m²)	—
	着火罐 外浮顶罐 内浮顶罐	罐壁外表面积	2.0L/ (min·m²)	浮顶用易熔材料制作的内浮顶罐按固定顶罐计算
	相邻罐	罐壁外表面积的1/2	2.0L/ (min·m²)	按实际冷却面积计算，但不得小于罐壁表面积的1/2

注：**1** 移动式水枪冷却栏中，供给强度是按使用 $\phi16mm$ 口径水枪确定的，括号内数据为使用 $\phi19mm$ 口径水枪时的数据。

2 着火罐单支水枪保护范围：$\phi16mm$ 口径为 8m~10m，$\phi19mm$ 口径为 9m~11m；邻近罐单支水枪保护范围：$\phi16mm$ 口径为 14m~20m，$\phi19mm$ 口径为 15m~25m。

2 覆土立式储罐（原为：油罐）的保护用水供给强度不应小于 0.3L/s.m，用水量计算长度应为最大储罐（原为：油罐）的周长。当计算用水量小于 15L/s 时，应按不小于 15L/s 计。（新增）

3 着火的地上卧式储罐（原为：油罐）的消防冷却水供给强度不应小于 6L/(min·m²)，其相邻储罐（原为：油罐）的消防冷却水供给强度不应小于 3L/(min·m²)。冷却面积应按储罐（原为：油罐）投影面积计算。

4 覆土卧式储罐（原为：油罐）的保护用水供给强度，应按同时使用不少于 2 支移动水枪计，且不应小于 15L/s。

5 储罐（原为：油罐）的消防冷却水供给强度应根据设计所选用的设备进行校核。

储罐消防冷却水和保护用水的供给强度规定的依据如下：

（1）移动冷却方式。

移动冷却方式采用直流水枪冷却，受风向、消防队员操作水平影响，冷却水不可能完全喷淋到罐壁上。故移动式冷却水供给强度比固定冷却方式大。

1）固定顶储罐着火时，水枪冷却水供给强度的依据为：

1962 年公安部、石油部、商业部在天津消防研究所进行泡沫灭火试验时，曾对 400m³ 固定顶储罐进行了冷却水量的测定。第一次试验结果为罐壁周长耗水量为 0.635L/（s·m），未发现罐壁有冷却不到的空白点；第二次试验结果为罐壁周长耗水量为 0.478L/（s·m），发现罐壁有冷却不到的空白点，感到水量不足。

试验组根据两次测定，建议用 $\phi16mm$ 水枪冷却时，冷却水供给强度不应小于 0.6L/（s·m）；用 $\phi19mm$ 水枪冷却时，冷却水供给强度不应小于 0.8L/（s·m）。

2）浮顶储罐、内浮顶储罐着火时，火势不大，且不是罐壁四周都着火，冷却水供给强度可小些。故规定用 $\phi16mm$ 水枪冷却时，冷却水供给强度不应小于 0.45L/（s·m）；用 $\phi19mm$ 水枪冷却时，冷却水供给强度不应小于 0.6L/（s·m）。

3）着火储罐的相邻不保温储罐水枪冷却水供给强度的依据为：

据《5000m³ 汽储罐氟蛋白泡沫液下喷射灭火系统试验报告》介绍，距着火储罐壁 0.5 倍着火储罐直径处辐射热强度绝对最大值为 85829kJ/（m²·h）。在这种辐射热强度下，相邻的储罐会挥发出来大量油气，有可能被引燃。因此，相邻储罐需要冷却罐壁和呼吸阀、量油孔所在的罐顶部位。

相邻储罐的冷却水供给强度，没有做过试验，是根据测定的辐射热强度进行推算确定的：

条件为实测辐射热强度 85829kJ/（m²·h），用 20℃ 水冷却时，水的汽化率按 50% 计算（考虑储罐在着火储罐辐射热影响下，有时会超过 100℃ 也有不超过 100℃ 的）；20℃ 的水 50% 水汽化时吸收的热量为 1465kJ/L。

按此条件计算冷却水供给强度为：$q = 20500 \div 350 \div 60 = 0.98$L/（min·m²）。

按罐壁周长计算的冷却水供给强度为 0.177L/（s·m）。考虑各种不利因素和富裕量，故推荐冷却水供给强度：$\phi16mm$ 水枪不小于 0.35L/（s·m）；$\phi19mm$ 水枪不小于 0.5L/（s·m）。

4）着火储罐的相邻储罐如为保温储罐，保温层有隔热作用，冷却水供给强度可适当减小。

5）地上卧式储罐的冷却水供给强度是和相关规范协调后制定的。

（2）固定冷却方式。

固定冷却方式冷却水供给强度是根据过去天津消防科研所在 5000m³ 固定顶储罐所做灭火试验得出的数据反算推出的。试验中冷却水供给强度以周长计算为 0.5L/（s·m），此时单位罐壁表面积的冷却水供给强度为 2.3L/（min·m²），条文中取 2.5L/（min·m²）。试验表明这一冷却水供给强度可以保证罐壁在火灾中不变形。对相邻储罐计算出来的冷却水供给强度为 0.92L/（min·m²），由于冷却水喷头的工作压力不能低于 0.1MPa，按此压力计算出来的冷却水供给强度接近 2.0L/（min·m²），故本规范规定邻近罐冷却水供给强度为 2.0L/（min·m²）。

在设计时，为节省水量，可将固定冷却环管分成两个圆弧形管或四个圆弧形管。着火时由阀门控制罐的冷却范围，对着火储罐整圈圆形喷淋管全开，而相邻储罐仅开靠近着火储罐的一个圆弧形喷水管或两个圆弧形喷淋管，这样虽增加阀门，但设计用水量可大大减少。

（3）移动式冷却选用水枪要注意的问题。

本条规定的移动式冷却水供给强度是根据试验数据和理论计算再附加一个安全系数得出的。设计时，还要根据我国当前可供使用的消防设备（按水枪、水喷淋头的实际数量和水量）加以复核。

表 12.2.8 注中的水枪保护范围是按水枪压力为 0.35MPa 确定的，在此压力下 $\phi16mm$ 水枪的流量为 5.3L/s，$\phi19mm$ 水枪的流量为 7.5L/s。若实际设计水枪压力与 0.35MPa 相差较大，水枪保护范围需做适当调整。计算水枪数量时，不保温相邻储罐水枪保护范围用低值，保温相邻储罐水枪保护范围用高值，并与规定的冷却水强度计算的水量进行比较，复核水枪数量。

12.2.9（新增） 单股道铁路罐车装卸设施的消防水量不应小于 **30L/s**；双股道铁路罐车装卸设施的消防水量不应小于 **60L/s**。汽车罐车装卸设施的消防水量不应小于 **30L/s**；当汽车装卸车位不超过 **2** 个时，消防水量可按 **15L/s** 设计。

12.2.10 地上立式储罐（原为：油罐）采用固定消防冷却方式时，其冷却水管的安装应符合下列规定：

1 储罐（原为：油罐）抗风圈或加强圈不具备冷却水导流功能时，其下面应设冷却喷水环管。

2 冷却喷水环管上应（原为：宜）设置水幕式（原为：膜式）喷头，喷头布置间距不宜大于 **2m**，喷头的出水压力不应小于 **0.1MPa**。

3 储罐（原为：油罐）冷却水的进水立管下端应设清扫口。清扫口下端应高于储罐基础顶面不小于 **0.3m**。

4 消防冷却水管道上应设控制阀和放空阀。（删除：控制阀应设在防火堤外，放空阀宜设在防火堤外。）消防冷却水以地面水为水源时，消防冷却水管道上宜设置过滤器。

对本条各款规定说明如下：

1 储罐抗风圈或加强圈若没有设置导流设施，冷却水便不能均匀地覆盖整个罐壁，所以要求储罐抗风圈或加强圈不具备冷却水导流功能时，其下面应设冷却喷水环管。

2 国内的固定喷淋方式的罐上环管，以前都是采用穿孔管，穿孔管易锈蚀堵塞，达不到应有的效果。膜式水幕式喷头一般是用耐腐蚀材料制作的，喷射均匀，且能方便地拆下检修，所以本规范推荐采用水幕式喷头。

3、4 设置锈渣清扫口、控制阀、放空阀，是为了清扫管道和定期检查。在用地面水作为水源时，因水质变化较大，管道最好加设过滤器，以免杂质堵塞喷头。

12.2.11 消防冷却水最小供给时间应符合下列规定：

1 直径大于 **20m** 的地上固定顶储罐（原为：油罐）和直径大于 **20m** 的浮盘用易熔材料制作的内浮顶储罐（原为：油罐）不应少于**9h**（原为：6h），其他地上立式储罐不应少于 **6h**（原为：油罐可为 4h）。

2（新增） 覆土立式油罐不应少于 **4h**。

3 卧式储罐、铁路罐车和汽车罐车装卸设施不应少于 **2h**（原为：地上卧式油罐应为 1h）。

关于冷却水供给时间的确定，说明如下：

1　储罐冷却水供给时间系指从储罐着火开始进行冷却，直至储罐火焰被扑灭，并使储罐罐壁的温度下降到不致引起复燃为止的一段时间。一般来说，储罐直径越小，火场组织简单，扑灭时间短，相应的冷却时间也短。冷却水供给时间与燃烧时间有直接关系，从11个地上钢储罐火灾扑救记录分析，燃烧时间最长的一般为4.5h，见表6。

表6　部分地上钢储罐火灾扑救记录

序号	容量（m³）	油品	扑救时间（min）	燃烧时间（min）	扑救手段	备　注
1	200	汽油	8	9	水和灭火器	某石化厂外部明火引燃，罐未破坏
2	200	原油	30	40	黄河炮车	某石化厂外部明火引燃，顶盖掀掉
3	400	汽油	1	5	泡沫钩管	某厂外部明火引燃，周边炸开1/6
4	100	原油	—	25	泡沫	某油田雷击引燃，罐未破坏
5	5000	渣油	10	30	蒸汽	某石化厂超温自燃，罐炸开1/6
6	5000	轻柴油		270	烧光	某石化厂装仪表发生火花，罐炸开
7	400	原油	15	25	泡沫	某石化厂罐顶全开
8	1000	汽油	1	5	泡沫枪	某石化厂取样口静电，罐未破坏
9	500	污油	—	30	泡沫	某石化厂焊保温灯，3个通风孔着火，罐底裂开
10	5000	渣油	3	8	泡沫	某石化厂超温自燃罐顶裂开1/3，泡沫管道完好
11	1000	0#柴油	3	101	黄河泡沫车	某县公司雷击，掀顶着火

根据火场实际经验并参考有关规范，本规范2002年版规定了直径大于20m的地上固定顶储罐（包括直径大于20m的浮盘为浅盘和浮舱用易熔材料制作的内浮顶储罐）冷却水供给时间应为6h。鉴于实际火灾扑救案例中，消防水往往被无序使用，浪费现象比较严重，为保证扑救火灾时有充足的消防水，本规范本次修订根据国家公安部消防部门的意见，在本规范2002年版规定的基础上，对地上储罐的消防冷却水最小供给时间增加了50%，也相当于冷却水储存量增加了50%。

部分覆土立式储罐火灾扑救记录分析见表7。一般燃烧时间在1h～2h，个别长达85h。时间长的原因，多是本身不具有控制火灾的基本消防力量，个别油库虽有控制火灾的基本消防力量，但储罐破裂，火灾蔓延，致使时间延长。本次修订对覆土立式储罐不仅在安全间距方面，还是在储罐自身防护上都提高了标准（见本规范6.2节），故仍规定其供水最小时间为4h，并与相关标准规定相一致。

表7　覆土立式油罐火灾扑救记录表

序号	容量（m³）	油品	扑救时间（min）	燃烧时间（min）	扑救手段	备　　注
1	15000	原油	20	63	泡沫钩管	某炼厂雷击引燃，罐顶全部塌入
2	3000	原油	20	60	泡沫	某厂外部明火引燃，罐顶全部塌入
3	3000	原油	15	120	泡沫	某厂外部明火引燃，罐顶全部塌入
4	4000	原油		2200	泡沫	某电厂外部明火引燃，罐顶全部塌入，罐壁破裂
5	2100	汽油	—	5100	泡沫	某油库雷击，罐顶全塌，罐壁破裂
6	15000	原油	40	300	泡沫	某炼厂雷击，罐顶全塌，罐壁破裂
7	5000	原油	80	360	化学泡沫	某炼厂电焊切割着火
8	4000	原油		960	泡沫	某机械厂打火机看液面着火，罐顶全部塌入，蔓延其他储罐
9	600	原油	5	60	蒸汽、泡沫	某石化厂检修动火，油罐着火，罐顶全部塌入
10	200	原油	15	25	泡沫	某石化厂1961年火灾，罐顶塌入

　　2　卧式储罐、铁路罐车和汽车罐车装卸设施，所应对的灭火同属卧式类储罐，着火多在储罐人孔或罐车口处燃烧，储罐本体不易发生爆炸，扑救较容易，灭火用水较少，所以只要求有不小于2h的供水时间。

12.2.12　石油库消防水泵的设置，应符合下列规定：

　　1　一级石油库的消防冷却水泵和泡沫消防水泵应至少各设置1台备用泵。二、三级石油库的消防冷却水泵和泡沫消防水泵应设置备用泵，当两者的压力、流量接近时，可共用1台备用泵。四、五级石油库的消防冷却水泵和泡沫消防水泵可不设备用泵。备用泵的流量、扬程不应小于最大主泵的工作能力。

　　2　当一、二、三级石油库的消防水泵有**2**个独立电源供电时，主泵应采用电动泵，备用泵可采用电动泵，也可采用柴油机泵；只有**1**个电源供电时，消防水泵应采用下列方式之一：

　　1）　主泵和备用泵全部采用柴油机泵；

　　2）　主泵采用电动泵，配备规格（流量、扬程）和数量不小于主泵的柴油机泵作备用泵；

　　3）　主泵采用柴油机泵，备用泵采用电动泵。

　　（1、2款原为：一、二、三级石油库的消防泵应设两个动力源。消防冷却水泵、泡沫混合液泵应各设1台备用泵。消防冷却水泵与泡沫混合液泵的压力、流量接近时，可共用1台备用泵。备用泵的流量、扬程不应小于最大工作泵的能力。四、五级石油库可不设备用泵。）

　　3　消防水泵（原为：消防冷却水泵、泡沫混合液泵）应采用正压启动或自吸启动。当采用自吸启动时，自吸时间不宜大于**45s**。

对本条各款规定说明如下：

1　设置备用泵是为了在某台消防水泵出现故障时，仍能保证消防水供水能力。一级油库的规模较大，泡沫消防水泵和消防冷却水泵在流量、扬程方面有较大的差别，冷却水泵和泡沫消防水泵分别设置备用泵较好。二、三级石油库的泡沫消防水泵和消防冷却水泵在流量、扬程方面可能比较接近，可以考虑共用备用泵，以节省一台水泵。四、五级石油库容量较小，火灾危害性较低，其冷却水泵和泡沫消防水泵的扬程与流量基本都能接近，加上这些油库一般距城镇较近，社会力量支援方便，故对这类油库的消防泵适当放宽了要求，可不设备用泵。

2　本款规定是要求消防水泵组具有二个动力源，以保证消防水泵供水能力可靠。当电源条件符合二个独立电源的要求时，消防水泵可以全部采用电动泵，即使一路电源出现问题，还有另一路电源可用；当然，在这种情况下备用泵采用柴油机泵也是可行的。当电源条件只是一路电源时，为了保证在停电时消防水泵还能提供足够的水量，消防水泵全部采用柴油机泵是合适的选择；如果考虑柴油机泵的使用保养维护不如电泵方便，采用了电动泵作为消防主泵，则需采用同等能力的柴油机泵作为备用泵，以保证在供电系统出现故障的情况下，柴油机泵仍能提供配置泡沫混合液和冷却储罐所需的消防水。

3　本款要求的自吸启动，系指消防水泵本身具有自吸的功能。利用外置的真空泵灌泵的设计，不属于自吸启动。外置的真空泵的方式可靠度太低。

12.2.13　当多台消防水泵的吸水管共用 1 根泵前主管道时，该管道应有 2 条支管道接入消防水池（罐）（原为：池），且每条支管道应能通过全部用水量。

多台消防水泵共用一条泵前吸水主管时，如只用一条支管道通入水池，则消防水管网供水的可靠性不高，所以做出本条规定。

12.2.14　石油库设有消防水池（罐）（原为：池）时，其补水时间不应超过 96h。需要储存的消防总水量大于 1000m³ 时，应设 2 个消防水池（罐），2 个消防水池（罐）应用带阀门的连通管连通（原为：水池容量大于 1000m³ 时，应分隔为两个池，并应用带阀门的连通管连通）。**消防水池（罐）应设供消防车取水用的取水口。（新增）**

石油库着火概率小，发生一次火灾后，会特别注意安全防火，一般不会在四天内（96h）又发生火灾，实际情况也是如此。参照《建筑设计防火规范》GB 50016—2006，本规范规定消防水池（罐）的补水时间不应超过 96h。

当水池容量超过 1000m³ 时，由于其容量大，检修和清扫一次时间长，在此期间，为了保证消防用水安全，所以规定将池子分隔成两个，以便一个水池检修时，另一个水池能保存必要的应急用水。

12.2.15　消防冷却水系统应设置消火栓。消火栓的设置应符合下列规定：

1　移动式消防冷却水系统的消火栓设置数量，应按储罐冷却灭火所需消防水量及消火栓保护半径确定。消火栓的保护半径不应大于 120m，且距着火罐罐壁 15m 内的消火栓不应计算在内。

2　储罐固定式消防冷却水系统所设置的消火栓间距不应大于 60m。

3　寒冷地区消防水管道上设置的消火栓应有防冻、放空措施。

消火栓在固定冷却和移动冷却水系统中都需要设置。

1 移动冷却水系统中，消火栓设置总数根据消防水的计算用水量计算确定，一定要保证设计水枪数量有足够出水量。

2 固定冷却水系统中，按60m间距布置消火栓，可保证消防时的人员掩护，消防车的补水，移动消防设施的供水。

3 寒冷地区的消火栓需考虑冬天容易冻坏问题，可采取放空措施或采用防冻消火栓。

12.2.16（新增） 石油库的消防给水主管道宜与临近同类企业的消防给水主管道连通。

12.3 储罐（原为：油罐）泡沫灭火系统

12.3.1 储罐（原为：油罐）的泡沫灭火系统设计，除应执行本规范规定外，尚应符合现行国家标准《泡沫灭火系统设计规范》GB 50151 的有关规定。

12.3.2 泡沫混合装置宜采用平衡比例泡沫混合或压力比例泡沫混合等流程。

我国20世纪90年代以前设计的石油库，对泡沫灭火系统常采用环泵式泡沫比例混合流程，它本身具有一些缺点，如系统要求严格，不容易实现自动化，最大的问题是由于管网的压力、流量变化、取水水池的水位变化，使需要的混合比难以得到保证。而平衡比例混合和压力比例混合流程可以适应几何高差、压力、流量的变化，输送混合液的混合比比较稳定。所以本规范推荐采用平衡比例混合或压力比例混合流程。

压力比例泡沫混合装置具有操作简单，泵可以采用高位自灌启动，泵发生事故不能运转时，也可靠外来消防车送入消防水为泡沫混合装置提供水源产生合格的泡沫混合液，提高了泡沫系统消防的可靠度。

12.3.3 容量大于或等于50000m³的外浮顶储罐的泡沫灭火系统，应采用自动控制方式。（原为：单罐容量等于或大于50000m³的浮顶油罐泡沫灭火系统可采用手动操作或遥控方式；单罐容量等于或大于100000m³的浮顶油罐，泡沫灭火系统应采用自动控制方式。）

12.3.4（新增） 储存甲B、乙和丙A类油品的覆土立式油罐，应配备带泡沫枪的泡沫灭火系统，并应符合下列规定：

1 油罐直径小于或等于20m的覆土立式油罐，同时使用的泡沫枪数不应少于3支。

2 油罐直径大于20m的覆土立式油罐，同时使用的泡沫枪数不应少于4支。

3 每支泡沫枪的泡沫混合液流量不应小于240L/min，连续供给时间不应小于1h。

12.3.5（新增） 固定式泡沫灭火系统泡沫液的选择、泡沫混合液流量、压力应满足泡沫站服务范围内所有储罐的灭火要求。

12.3.6 当储罐（原为：油库）采用固定式泡沫灭火系统时，尚应配置泡沫钩管、泡沫枪和消防水带等移动泡沫灭火用具（新增）。

12.3.7（新增） 泡沫液储备量应在计算的基础上增加不少于100%的富余量。

12.4 灭火器材配置

12.4.1 石油库应配置灭火器材。

灭火器材对于油库的零星火灾和卧式储罐等某些设备、设施的初期火灾扑救是很有效的，所以本条要求"石油库应配置灭火器材"。

12.4.2 灭火器材配置应符合现行国家标准《建筑灭火器配置设计规范》GB 50140 的有关规定，并应符合下列规定：

1 储罐组按防火堤内面积每 **400m²** 应配置 **1** 具 **8kg** 手提式干粉灭火器，当计算数量超过 **6** 具时，可按 **6** 具配置。

2（新增） 铁路装车台每间隔 **12m** 应配置 **2** 具 **8kg** 干粉灭火器；每个公路装车台应配置 **2** 具 **8kg** 干粉灭火器。

3 石油库主要场所灭火毯、灭火沙配置数量不应少于表 **12.4.2** 的规定。

表 12.4.2 石油库主要场所灭火毯、灭火沙配置数量

场　　所	灭火毯（块）		灭火沙（m³）
	四级及以上石油库	五级石油库	
罐组	4~6	2	2
覆土储罐出入口（新增）	2~4	2~4	1
桶装液体库房	4~6	2	1
易燃和可燃液体泵站	—	—	2
灌油间	4~6	3	1
铁路罐车易燃和可燃液体装卸栈桥	4~6	2	—
汽车罐车易燃和可燃液体装卸场地	4~6	2	1
易燃和可燃液体装卸码头	4~6	—	2
消防泵房（新增）	—	—	2
变配电间（新增）	—	—	2
管道桥涵（新增）	—	—	2
雨水支沟接主沟处（新增）	—	—	2

注：埋地卧式储罐可不配置灭火沙。

灭火毯和沙子使用方便，取材容易，价格便宜。根据不同的场所，配置一定数量的灭火器材，有利于保障油库的安全。

12.5 消防车配备

12.5.1 当采用水罐消防车对储罐（原为：油罐）进行冷却时，水罐消防车的台数应按储罐（原为：油罐）最大需要水量进行配备。

12.5.2 当采用泡沫消防车对储罐（原为：油罐）进行灭火时，泡沫消防车的台数应按一个最大着火储罐所需（原为：着火油罐最大需要）的泡沫液量进行配备。

12.5.3 设有固定式消防系统的石油库，其消防车配备应符合下列规定：

1（新增） 特级石油库应配备 **3** 辆泡沫消防车；当特级石油库中储罐单罐容量大于

或等于 100000m³ 时，还应配备 1 辆举高喷射消防车。

2 一级石油库中，当固定顶罐、浮盘用易熔材料制作的内浮顶储罐单罐容量不小于 10000m³ 或外浮顶储罐、浮盘用钢质材料制作的内浮顶储罐单罐容量不小于 20000m³ 时，应配备 2 辆泡沫消防车；当一级石油库中储罐单罐容量大于或等于 100000m³ 时，还应配备 1 辆举高喷射消防车。（原为：设有固定消防系统的一级石油库中，固定顶罐单罐容量不小于 10000m³ 或浮顶油罐单罐容量不小于 20000m³ 时，应配备两辆泡沫消防车或二台泡沫液储量不小于 7000L 的机动泡沫设备。）

3 储罐总容量大于或等于 50000m³ 的二级石油库，当固定顶罐、浮盘用易熔材料制作的内浮顶储罐单罐容量不小于 10000m³ 或外浮顶储罐、浮盘用钢质材料制作的内浮顶储罐单罐容量不小于 20000m³ 时，应配备 1 辆泡沫消防车。（原为：设有固定消防系统、油库总容量等于或大于 50000m³ 的二级石油库中，固定顶罐单罐容量不小于 10000m³ 或浮顶油罐单罐容量不小于 20000m³ 时，应配备一辆泡沫消防车或 1 台泡沫液储量不小于 7000L 的机动泡沫设备。）

设有固定消防系统时，机动消防力量只是固定系统的补充，对于库容大的一级石油库，配备一定数量的泡沫消防车或机动泡沫设备，加强消防力量是非常必要的。

12.5.4 石油库应与邻近企业或城镇消防站协商组成联防。联防企业或城镇消防站的消防车辆符合下列要求时，可作为油库的消防车辆：

1 在接到火灾报警后 5min 内能对着火罐进行冷却的消防车辆；

2 在接到火灾报警后 10min 内能对相邻储罐（原为：油罐）进行冷却的消防车辆；

3 在接到火灾报警后 20min 内能对着火储罐（原为：油罐）提供泡沫的消防车辆。

消防车的数量可考虑协作单位可供使用的车辆。关于协作单位可供使用的消防车辆，是指能够适用于冷却和扑灭储罐火灾的消防车辆。具备协作条件的单位，首先要保证本单位应有最基本的消防力量，援外车辆具体能出多少消防车，需协商解决。

为了有效利用协作条件，对于协作单位可供使用的车辆到达火场的时间分不同情况做出规定的理由如下：

1）协作单位的消防车辆在接到火灾报警后 5min 内到达着火储罐现场，就可及时对着火储罐进行冷却，保证着火储罐不会由于燃烧时间过长而发生严重变形或破裂，或对邻近储罐造成威胁；

2）协作单位的消防车辆在接到火灾报警后 10min 内到达相邻储罐现场，对相邻储罐进行冷却，可以保证相邻储罐不被着火储罐烘烤时间过长而也发生爆炸和着火事故；

3）着火储罐和相邻储罐的冷却得到保证时，就可以控制火势，协作单位的泡沫消防车辆在接到火灾报警后 20min 内到达火场进行灭火是合适的。

12.5.5 消防车库的位置，应满足接到火灾报警后，消防车到达最远着火的地上储罐的时间不超过 5min；到达最远着火覆土油罐的时间不宜超过 10min。（新增）

消防车的主要消防对象是储罐区。因为储罐一旦着火，蔓延很快，扑救困难，辐射热对邻近储罐的威胁大，地上钢储罐被火烧 5min 就可使罐壁温度升到 500℃，钢板强度降低一半；10min 可使罐壁温度升到 700℃，钢板强度降低 80% 以上，此时储罐将严重变形乃至破坏，所以储罐一旦发生火灾，必须在短时间内进行冷却和灭火。为此，规定了消防车至储罐区的行车时间不得超过 5min，以保证消防车辆到达火场扑救火灾。

据调查，消防车在油库内的行车速度一般为 30km/h，这样在 5min 内，其最远点可达 2.5km。实际上石油库内消防车至储罐区的行车距离大都可以满足 5min 到达火场的要求。

对于覆土油罐，消防车主要用于扑救油罐可能发生的流淌火灾及对救火人员的辅助掩护。基于本规范第 6.2.5 条对覆土立式油罐的建筑要求，考虑到流淌火灾不会马上流出罐室外，加上覆土立式油罐大多都建于山区，消防车很难在 5min 内到达火场，故规定其"到达最远着火覆土油罐的时间不宜超过 10min"。

12.6 其 他

12.6.1 石油库内应设消防值班室。消防值班室内应设专用受警录音电话。

12.6.2 一、二、三级石油库的消防值班室应与消防泵房控制室或消防车库合并设置，四、五级石油库的消防值班室可与油库值班室合并设置。消防值班室与油库值班调度室、城镇消防站之间应设直通电话。储罐总容量大于或等于 50000m³ 的石油库的报警信号应在消防值班室显示。

12.6.1 和 12.6.2 条规定是为了及时将火警传达给有关部门，以便迅速组织灭火战斗。

12.6.3 储罐区、装卸区和辅助作业区的值班室内，应设火灾报警电话。

12.6.4 储罐区和装卸区内，宜在四周道路设置户外手动报警设施，其间距不宜大于 100m。容量大于或等于 50000m³ 的外浮顶储罐应设火灾自动报警系统。（原为：储油区和装卸区内，宜设置户外手动报警设施。单罐容量等于或大于 50000m³ 的浮顶油罐应设火灾自动报警系统。）

12.6.3 和 12.6.4 说明：石油库的火灾报警如果采用库区集中的警笛和电话报警，这对于油库的安全是很不够的，油库内的安全巡回检查不能做到随时发现火情随时报警，所以本条规定在储罐区、装卸区、辅助生产区的值班室内应设火灾报警电话；在储油区、装卸区的四周道路设手动报警设施（手动按钮），以增加报警速度，减少火灾损失。

12.6.5（新增） 储存甲 B 和乙 A 类液体且容量大于或等于 50000m³ 的外浮顶罐，应在储罐上设置火灾自动探测装置，并应根据消防灭火系统联动控制要求划分火灾探测器的探测区域。当采用光纤型感温探测器时，光纤感温探测器应设置在储罐浮盘二次密封圈的上面。当采用光纤光栅感温探测器时，光栅探测器的间距不应大于 3m。

浮顶储罐初期火灾不大，尤其是低液面时难以及时发现，所以要求储存甲 B 和乙 A 类易燃液体的浮顶罐，应在储罐上应设置火灾自动探测装置，以便能尽快探知火情。国内工程中，大型储罐大部分采用光纤感温探测器，其中又以采用光纤光栅型感温探测器居多。光纤感温探测器是一种无电检测技术，与其他类型探测装置相比，在安全性、可靠性和精确性等方面，具有明显的技术优势。

12.6.6 石油库火灾自动报警系统设计，应符合现行国家标准《火灾自动报警系统设计规范》GB 50116 的规定。

92

12.6.7 采用烟雾或超细干粉灭火设施的四、五级石油库，其烟雾或超细干粉灭火设施的设置应符合下列规定：

1 当 1 座储罐（原为：油罐）安装多个发烟器或超细干粉喷射口（新增）时，发烟器、超细干粉喷射口（新增）应联动，且宜对称布置。

2 烟雾灭火的药剂强度及安装方式，应符合有关产品的使用要求和规定。

3 药剂及超细干粉（新增）的损失系数宜为 1.1~1.2。

对本条各款规定说明如下：

1 多个发烟器或超细干粉喷射口安装在一个罐上时，如不同时工作，直接影响灭火效果，所以规定必须联动，保证同时启动。

2 烟雾灭火的设备选用、安装方式，建议在产家推荐的基础上进行。长沙消防器材厂和天津消防研究所在进行多次烟雾灭火试验的基础上，结合全国的烟雾灭火装置应用情况推荐了下面的可供参考的药剂供应强度：

1）当发烟器安装在罐外时，汽储罐不小于 $0.95 kg/m^2$，柴储罐不小于 $0.70 kg/m^2$；

2）当发烟器安装在罐内时，汽储罐不小于 $0.75 kg/m^2$，柴储罐不小于 $0.55 kg/m^2$。

3 药剂损失系数是考虑工程使用和试验之间的差距，根据一般气体灭火所用系数规定的。

12.6.8 石油库内的集中控制室、变配电间、电缆夹层等场所采用气溶胶灭火装置时，气溶胶喷放出口温度不得大于 80℃。

气溶胶是一种液体或固体微粒悬浮于气体介质中所组成的稳定或准稳定物质系统，目前是替代卤代烷的理想产品，使用中可以自动喷放，也可人工控制喷放，在气体灭火的场所比二氧化碳便宜得多，其喷放方式比二氧化碳装置也安全简单得多。气溶胶装置生产厂家很多，在选用时一定要了解产品性能，有的产品由于喷放温度高，误喷后发生过烧死人的事故，所以本条规定气溶胶喷放出口温度不得大于 80℃。

附：

《石油库设计规范》GB 50074—2014 第 12 章取消了 2002 年版中的下列条文：

12.3.2 内浮顶油罐泡沫发生器的数量不应少于 2 个，且宜对称布置。

12.3.5 油罐的中倍数泡沫灭火系统设计应执行现行国家标准《高倍数、中倍数泡沫灭火系统设计规范》GB 50196，并应符合下列规定：

1 泡沫液储备量不应小于油罐灭火设备在规定时间内的泡沫液用量、扑救该油罐流散液体火灾所需泡沫枪在规定时间内的泡沫液用量以及充满泡沫混合液管道的泡沫液用量之和。

2 着火的固定顶油罐及浮盘为浅盘或浮舱用易熔材料制作的内浮顶油罐，中倍数泡沫混合液供给强度和连续供给时间不应小于表 12.3.5-1 的规定。

表 12.3.5-1 中倍数泡沫混合液供给强度和连续供给时间

油品类别	泡沫混合液供给强度 [L/(min·m³)]		连续供给时间 (min)
	固定式、半固定式	移动式	
甲、乙、丙	4	5	15

3 着火的浮顶、内浮顶油罐的中倍数泡沫混合液流量，应按罐壁与堰板之间的环形面积计算。中倍数泡沫混合液供给强度、泡沫产生器保护周长和连续供给时间不应小于表12.3.5-2的规定。

表12.3.5-2 中倍数泡沫混合液供给强度、泡沫产生器保护周长和连续供给时间

泡沫产生器 混合液流量（L/s）	泡沫混合液供给强度 [L/（min·m²）]	保护周长 （m）	连续供给时间 （min）
1.5	4	15	15
3	4	30	15

4 扑救油品流散火灾用的中倍数泡沫枪数量，连续供给时间，不应小于表12.3.5-3的规定。

表12.3.5-3 中倍数泡沫枪数量和连续供给时间

油罐直径（m）	泡沫枪流量（L/s）	泡沫枪数量（支）	连续供给时间（min）
≤15	3	1	15
>15	3	2	15

12.3.6 内浮顶油罐和直径大于20m的固定顶油罐的中倍数泡沫产生器宜均匀布置。当数量大于或等于3个时，可两个共用1根管道引至防火堤外。

12.3.7 覆土油罐灭火药剂宜采用合成型高倍数泡沫液；地上式油罐的中倍数泡沫灭火药剂宜采用蛋白型中倍数泡沫液。

12.3.8 当覆土油罐采用高倍数泡沫灭火系统时，应符合下列规定：

1 出入口和通风口的泡沫封堵宜采用2台高倍数泡沫发生器。

2 无消防车的石油库宜配备1台500L推车式压力比例泡沫混合装置、1台25马力手抬机动泵，以及不小于50m³的消防储备水量。

3 单罐容量等于或大于5000m³油罐的高倍数泡沫液储备量不宜小于1m³；单罐容量小于5000m³油罐的高倍数泡沫液储备量不宜小于0.5m³；

4 每个出入口应备有灭火毯和砂袋。灭火毯的数量不应少于5条，砂袋的数量不应少于0.5m³/m²。

13　给排水及污水处理

13.1　给　　水

13.1.1　石油库的水源应就近选用地下水、地表水或城镇自来水。水源的水质应分别符合生活用水、生产用水和消防用水的水质标准。企业附属石油库的给水，应由该企业统一考虑。石油库选用城镇自来水做水源时，水管进入石油库处的压力不应低于 **0.12MPa**。

13.1.2　石油库的生产和生活用水水源，宜合并建设。合并建设在技术经济上不合理时，亦可分别设置。

石油库的生产用水量不大，一般石油库的生活用水量也不大，两者合建可以节约建设资金，也便于操作和管理。

特殊情况也可以分别建设，例如沿海地区，用量很大的消防用水可采用海水做水源。

13.1.3　石油库水源工程供水量的确定，应符合下列规定：

1　石油库的生产用水量和生活用水量应按最大小时用水量计算。

2　石油库的生产用水量应根据生产过程和用水设备确定。

3　石油库的生活用水宜按 25L／（人·班）～35L／（人·班）、用水时间为 8h、时间变化系数为 2.5～3.0 计算。洗浴用水宜按40L／（人·班）～60L／（人·班）、用水时间为 1h 计算。由石油库供水的附属居民区的生活用水量，宜按当地用水定额计算。

4　消防、生产及生活用水采用同一水源时，水源工程的供水量应按最大消防用水量的 1.2 倍计算确定。当采用消防水池（罐）时，应按消防水池（罐）的补充水量、生产用水量及生活用水量总和的 1.2 倍计算确定。

5　当消防与生产采用同一水源，生活用水采用另一水源时，消防与生产用水的水源工程的供水量应按最大消防用水量的 1.2 倍计算确定。采用消防水池（罐）时，应按消防水池（罐）的补充水量与生产用水量总和的 1.2 倍计算确定。生活用水水源工程的供水量应按生活用水量的 1.2 倍计算确定。

6　当消防用水采用单独水源、生产与生活用水合用另一水源时，消防用水水源工程的供水量，应按最大消防用水量的 1.2 倍计算确定。设消防水池（罐）时，应按消防水池补充水量的 1.2 倍计算确定。生产与生活用水水源工程的供水量，应按生产用水量与生活用水量之和的 1.2 倍计算确定。

在石油库的各项用水量中，消防用水量远大于生产用水量和生活用水量，所以当消防用水与生产生活用水使用同一水源时，按 1.2 倍消防用水量作为水源工程的供水量是可行的。

13.1.4（新增）　石油库附近有江、河、湖、海等合适的地面水源时，地面水源宜设置为石油库的应急消防水源。

在有条件的情况下，利用储备库附近的江、河、湖、海等作为储备库的应急消防水源，可满足在发生极端火灾事故时对大量消防水的需求。

13.2　排　　水

13.2.1　石油库的含油与不含油污水，应采用分流制排放。含油污水应采用管道排放。未被易燃和可燃液体污染的地面雨水和生产废水可采用明沟排放，**并宜在石油库围墙处集中设置排放口（新增）**。

为了防止污染，保护环境，石油库排水有必要清、污分流，这样可以减少含油污水的处理量。

含油污水若明渠排放时，一处发生火灾，很可能蔓延全系统，因此规定含油污水应采用管道排放。未被油品污染的雨水和生产废水采用明渠排放，可减少基建费用。

13.2.2　储罐区防火堤内的含油污水管道引出防火堤时，应在堤外采取防止泄漏的**易燃和可燃液体**（原为：油品）流出罐区的切断措施。

13.2.3　含油污水管道应在储罐组防火堤处、其他建（构）筑物的排水管出口处、支管与干管连接处、干管每隔300m处设置水封井。

本条规定设置水封井的位置，是考虑一旦发生火灾时，互相间予以隔绝，使火灾不致蔓延。

13.2.4　**石油库通向库外的排水管道和明沟，应在石油库围墙里侧设置水封井和截断装置。水封井与围墙之间的排水通道应采用暗沟或暗管。**（原为：石油库的污水管道在通过石油库围墙处应设置水封井。水封装置与围墙之间的排水通道必须采用暗渠或暗管。）

为防止事故时油气外逸或库外火源蔓延到墙内，在围墙处设水封井、暗沟或暗管是必要的。

13.2.5　水封井的水封高度不应小于0.25m。水封井应设沉泥段，沉泥段自最低的管底算起，其深度不应小于0.25m。

13.3　污水处理

13.3.1　石油库的含油污水和**化工污水（新增）**（包括接受油船上的压舱水和洗舱水），应经过处理，达到现行的国家排放标准后才能排放。

13.3.2　处理含油污水和**化工污水（新增）**的构筑物或设备，宜采用密闭式或加设盖板。

本条的规定是为了安全防火，减少大气污染，保护工人健康，减少气温和雨雪的影响，提高处理效果。

13.3.3　含油污水和**化工污水（新增）**处理，应根据污水的水质和水量，选用相应的调节、隔油过滤等设施。对于间断排放的含油污水和**化工污水（新增）**，宜设调节池。调节、隔油等设施宜结合总平面及地形条件集中布置。（删除：当含油污水中含有其他有毒物质时，尚应采用其他相应的处理措施。）

石油库的含油污水情况比较复杂。有些油库由于有压舱水需要处理，含油污水处理的流程较长，从隔油、粗粒化、浮选一直到生化，直至污水处理合格后排放；有的油库含油污水极少，甚至有的油库除了储罐清洗时有一些污泥外，平时就没有含油污水的产生，这样的污水处理仅隔油、沉淀之后就可以达标排放。储罐的切水情况也是各不相同，有的油库的储罐需要经常切水，以保证油品的质量，有的油库，特别是一些成品油储备库，几年也不会切一次水。因此，对于石油库的含油污水处理，只能原则性规定达到排放标准后再排放的要求，至于如何处理，应根据具体情况，具体进行设计。

当油库经常有少量含油污水排放时，可采用连续的隔油、浮选等处理方法进行处理；也可以设一个池子集中一段时间的污水进行间断的处理。当油库的污水排放不均匀，如有压舱水的处理，可设置调节池（罐），污水处理的设计流量可以降低，以达到较好地处理效果。

当油库的污水排放量极少，甚至可以集中起来送至相关的污水处理场进行处理，油库本身可不设污水处理设施。

处理含油污水的池子或设备应有盖或密闭式，以减少油气的散发。现在用于油库含油污水处理的设备较多，在条件许可时可优先选用。使用含油污水处理设备可以减少污水处理的占地面积，也可以改善污水处理的环境。

13.3.4（新增）　有毒液体设备和管道排放的有毒化工污水，应设置专用收集设施。

有毒污水与含油污水处理要求不同，所以应设置专用收集设施。

13.3.5（新增）　含 I、II 级毒性液体的污水处理宜依托有相应处理能力的污水处理厂进行处理。

含 I 级和 II 级毒性液体污水的处理要求很高，石油库自建污水处理设施往往是不经济的，最好依托有相应处理能力的污水处理厂进行处理。

13.3.6（新增）　石油库需自建有毒污水处理设施时，应符合现行国家标准《石油化工污水处理设计规范》GB 50747 的有关规定。

13.3.7　在石油库污水排放处，应设置取样点或检测水质和测量水量的设施。

处理后的污水在排出库外处设置取样点和计量设施，是为了有利于油库自己检测和环保部门的检查和监测。

13.3.8（新增）　某个罐组的专用隔油池需要布置在该罐组防火堤内，其容量不应大于 150m³，与储罐的距离可不受限制。

13.4　漏油及事故污水收集（新增）

13.4.1　库区内应设置漏油及事故污水收集系统。收集系统可由罐组防火堤、罐组周围路堤式消防车道与防火堤之间的低洼地带、雨水收集系统、漏油及事故污水收集池组成。

本条规定是为了将事故漏油、被污染的雨水和火灾时消防用过的冷却水收集起来，防止漏油及含油污水四处漫延，避免漏油及含油污水流到库外。当漏油及含油污水量比较大，收集池容纳不下时，需要排放部分消防水，要求收集池采取隔油措施可以防止油品流出收集池。

13.4.2　一、二、三、四级石油库的漏油及事故污水收集池容量，分别不应小于 1000m³、750m³、500m³、300m³；五级石油库可不设漏油及事故污水收集池。漏油及事故污水收

集池宜布置在库区地势较低处。漏油及事故污水收集池应采取隔油措施。

漏油及事故污水收集池主要收集出现在防火堤外的少量漏油及含油污水，经测算，规定"一、二、三、四级石油库的漏油及事故污水收集池容量，分别不应小于 1000m³、750m³、500m³、300m³"可以满足需求。

规定"漏油及事故污水收集池宜布置在库区地势较低处"，是为了便于漏油及事故污水能自流进入池内。

万一发生小概率的极端漏油事故，在收集池容纳不下大量漏油及含油污水时，需要排放部分污水，如果收集池设置有隔油结构，可以做到让水先流出收集池，尽可能多地把油留在收集池内。

13.4.3　在防火堤外有易燃和可燃液体管道的地方，地面应就近坡向雨水收集系统。当雨水收集系统干道采用暗管时，暗管宜采用金属管道。

利用雨水收集系统收集漏油是简便易行的方式。要求雨水收集系统主干道采用金属暗管，是为了使雨水收集系统主干道具有一定强度的抗爆性能。

13.4.4　雨水暗管或雨水沟支线进入雨水主管或主沟处，应设水封井。

水封隔断设施可以阻断火焰传播路径，本条规定是为了避免火情蔓延。

附：

《石油库设计规范》GB 50074—2014 第 13 章取消了 2002 年版中的下列条文：

13.2.2　覆土油罐罐室和人工洞油罐罐室应设排水管，并应在罐室外设置阀门等封闭装置。

14 电 气

14.1 供 配 电

14.1.1 石油库生产（原为：输油）作业的供电负荷等级宜为三级，不能中断生产（原为：输油）作业的石油库供电负荷等级应为二级。<u>一、二、三级石油库应设置供信息系统使用的应急电源。设置有电动阀门（易燃和可燃液体定量装车控制阀除外）的一、二级石油库宜配置可移动式应急动力电源装置。应急动力电源装置的专用切换电源装置宜设置在配电间处或罐组防火堤外</u>。（新增）

石油库的电力负荷多为装卸油作业用电，中断供电，一般不会造成较大经济损失，根据电力负荷分类标准，定为三级负荷。不能中断生产作业的石油库（如兼作长输管道首、末站或中转库的石油库），是指中断供电会造成较大经济损失的石油库，故这样的石油库其供电负荷定为二级负荷。

目前国内石油库自动化水平越来越高，火灾自动报警、温度和液位自动检测等信息系统，在一、二、三级石油库应用较为广泛，若油库突然停电，这些系统就不能正常工作，还可能会损坏系统或丢失信息。因此信息系统供电应设应急电源。

石油库发生火灾事故时，供电设备可能被毁坏，配置可移动式应急动力电源装置，在紧急情况下，能保证必要的电力供应。一、二级石油库是比较大的油库，所以对其要求高一些。可移动式应急动力电源装置主要是为电动阀门提供应急动力，可以采用可移动式应急动力蓄电池，也可以采用车载柴油发电机组。

14.1.2 石油库的供电宜采用外接电源。当采用外接电源有困难或不经济时，可采用自备电源。

石油库采用外接电源供电，具有建设投资少、经营费用低、维护管理方便等优点，故最好采用外接电源。但有些石油库位于偏僻的山区，距外电源太远，采用外接电源在技术和经济方面均不合理，在此情况下，采用自备电源也是合理可行的。

14.1.3 一、二、三级石油库的消防泵站和泡沫站应设应急照明（原为：消防泵站应设事故照明电源），<u>应急照明</u>（原为：事故照明）可采用蓄电池作备用电源，其连续供电时间不应少于**6h**（原为：20min）。

一、二、三级石油库的消防泵站和泡沫站是比较重要的场所，如不设应急照明电源，照明电源突然停电，会给消防泵的操作带来困难。

14.1.4 10kV 以上的变配电装置应独立设置。10kV 及以下的变配电装置的变配电间与易燃液体泵房（棚）相毗邻时，应符合下列规定：

1 隔墙应为<u>不燃材料</u>（原为：非燃烧材料）建造的实体墙。与变配电间无关的管道，不得穿过隔墙。所有穿墙的孔洞，应用<u>不燃材料</u>（原为：非燃烧材料）严密填实。

2 变配电间的门窗应向外开，其门应设在泵房的爆炸危险区域以外。变配电间的窗宜设在泵房的爆炸危险区域以外；如窗设在爆炸危险区以内，应设密闭固定窗和警示标志。

3　变配电间的地坪应高于油泵房室外地坪至少 0.6m。

10KV 以上的变配电装置一般均设在露天，独立设置较为安全。机泵是石油库的主要用电设备，电压为 10KV 及以下的变配装置的变配电间与易燃液体泵房（棚）相毗邻布置于机泵配电较为方便、经济。由于变配电间的电器设备是非防爆型的，操作时容易产生电弧，而易燃液体泵房又属于爆炸和火灾危险场所，故它们相毗邻时，应符合一定的安全要求。

1　本款规定是为了防止易燃液体泵房（棚）的油气通过隔墙孔洞、沟道窜入变配电间而发生爆炸火灾事故，且当油泵发生火灾时，也可防止其蔓延到变配电间。

2　本款规定变配电间的门窗应向外开，是为了当发生事故时便于工作人员撤离现场。要求变配电间的门窗设在爆炸危险区以外或在爆炸危险区以内采用密闭固定窗，是为了防止易燃液体泵房的可燃气体通过门窗进入变配电间。

3　石油库的可燃气体一般比空气重，易于在低洼处流动和积聚，按照可燃气体在室外地面的迂回范围和高度，故规定变配电间的地坪应高于油泵房的室外地坪 0.6m。

14.1.5　石油库主要生产作业场所的配电电缆应采用铜芯电缆，并应（原为：宜）采用直埋或电缆沟充砂敷设，局部地段确需在地面敷设的电缆应采用阻燃电缆（新增）。（删除：直埋电缆的埋设深度，一般地段不应小于 0.7m，在耕种地段不宜小于 1m，在岩石非耕地段不应小于 0.5m。电缆与地上输油管道同架敷设时，该电缆应采用阻燃或耐火型电缆，且电缆与管道之间的净距，不应小于 0.2m。）

本条要求"石油库主要生产作业场所的配电电缆应埋地敷设"，是为了保护电缆在火灾事故中免受损坏。要求地面敷设的电缆采用阻燃电缆，是为了使电缆具有一定的耐火性，尽量保证在发生火灾事故时不被烧毁。

14.1.6　电缆不得与易燃和可燃液体（原为：输油）管道、热力管道同沟敷设。

电缆若与热力管道同沟敷设，会受到热力管道的温度影响，对电缆散热不利，会使电缆温度升高，缩短电缆的使用寿命。易燃、可燃液体管道管沟容易积聚可燃气体或泄漏的液体，电缆若敷设在里面，一旦电缆破坏，产生短路电弧火花，就可能引起爆炸。故规定电缆不得与输油管道、热力管道敷设在同一管沟内。

14.1.7　石油库内易燃液体设备、设施（原为：建筑物、构筑物）爆炸危险区域的等级及电气设备选型，应按现行国家标准《爆炸和火灾危险环境电力装置设计规范》GB 50058 执行，其爆炸危险区域划分应符合本规范附录 B 的规定。

国标《爆炸和火灾危险环境电力装置设计规范》GB 50058—92 第 2.3.2 条明确指出，该规范不包含石油库的爆炸危险区域范围的确定。本规范附录 B 给出的"石油库内易燃液体设备、设施的爆炸危险区域划分"，是参照 GB 50058 等国内外标准，并结合石油库内各场所易燃液体蒸发与可燃气体排放的特点制定的。

14.1.8（新增）　石油库的低压配电系统接地型式应采用 TN－S 系统，道路照明可采用 TT 系统。

14.2　防　雷

14.2.1　钢储罐必须做防雷接地，接地点不应少于 2 处。

在钢储罐的防雷措施中，储罐良好接地很重要，它可以降低雷击点的电位、反击电位和跨步电压。规定"接地点不应少于两处"主要是为了保证接地的可靠性。

14.2.2　钢储罐（原为：油罐）接地点沿储罐周长的间距，不宜大于 30m，接地电阻不宜大于 10Ω。

规定储罐的防雷接地装置的接地电阻不宜大于 10Ω，是根据国内各部规程的推荐值给出的。经调查，多年来这样的接地电阻运行情况良好。

14.2.3　储存易燃液体（原为：油品）的储罐（原为：油罐）防雷设计，应符合下列规定：

1　装有阻火器的地上卧式储罐（原为：油罐）的壁厚和地上固定顶钢储罐（原为：油罐）的顶板厚度大于或等于 4mm 时，不应装设接闪杆（网）（原为：避雷针）。铝顶储罐（原为：油罐）和顶板厚度小于 4mm 的钢储罐（原为：油罐），应装设接闪杆（原为：避雷针）（网）。接闪杆（原为：避雷针）（网）应保护整个储罐。

2　外浮顶储罐或内浮顶储罐不应装设接闪杆（网），但应采用两根导线将浮顶与罐体做电气连接。外浮顶储罐的连接导线应选用截面积不小于 50mm² 的扁平镀锡软铜复绞线或绝缘阻燃护套软铜复绞线；内浮顶储罐的连接导线应选用直径不小于 5mm 的不锈钢钢丝绳。（原为：浮顶油罐或内浮顶油罐不应装设避雷针，但应将浮顶与罐体用两根导线做电气连接。浮顶油罐连接导线应选用横截面不小于 25mm² 的软铜复绞线。对于内浮顶油罐，钢质浮盘油罐连接导线应选用横截面不小于 16mm² 的软铜复绞线；铝质浮盘油罐连接导线应选用直径不小于 1.8mm 的不锈钢钢丝绳。）

3　外浮顶储罐应利用浮顶排水管将罐体与浮顶做电气连接，每条排水管的跨接导线应采用一根横截面不小于 50mm² 扁平镀锡软铜复绞线。（新增）

4　外浮顶储罐的转动浮梯两侧，应分别与罐体和浮顶各做两处电气连接。（新增）

5　覆土储罐的呼吸阀、量油孔等法兰连接处（原为：金属构件以及呼吸阀、量油孔等金属附件），应做电气连接并接地，接地电阻不宜大于 10Ω。

对本条各款规定说明如下：

1　装有阻火器的固定顶钢储罐在导电性能上是连续的，当罐顶钢板厚度大于或等于 4mm 时，自身对雷电有保护能力，不需要装设避雷针（线）保护。当钢板厚度小于 4mm 时，为防止直接雷电击穿储罐钢板引起事故，故需要装设避雷针（线）保护整个储罐。

编制组曾于 1980 年 8 月和 1981 年 3 月，与中国科学院电工研究所合作，进行了石油储罐雷击模拟试验。模拟雷电流的幅值为 146.6kA ~ 220kA（能量为 133.4J ~ 201.8J），钢板熔化深度为 0.076mm ~ 0.352mm。考虑到实际上的各种不利因素（如材料的不均匀性、使用后的钢板腐蚀等）及富余量，我们认为，厚度大于或等于 4mm 的钢板，对防雷是足够安全的。

实践经验表明，钢板厚度不小于 4mm 的钢储罐，装有阻火器，做好接地，完全可以不装设避雷针（线）保护。

2 由于外浮顶储罐和内浮顶储罐的浮顶上面的可燃气体浓度较低，一般都达不到爆炸下限，故不需装设避雷针（线）。

外浮顶储罐采用两根横截面不小于 $50mm^2$ 的软铜复绞线将金属浮顶与罐体进行的电气连接，是为了导走浮盘上的感应雷电荷和液体传到金属浮盘上的静电荷。

对于内浮顶储罐，浮盘上没有感应雷电荷，只需导走液体传到金属浮盘上的静电荷，因此，内浮顶储罐连接导线用直径不小于 5mm 的不锈钢钢丝绳就可以了；要求用不锈钢丝绳，主要是为了防止接触点发生电化学腐蚀，影响接触效果，造成火花隐患。

3 本款是参考国外相关研究资料制定的，其目的是为了加强浮顶和罐壁的等电位连接。

4 本款是参考国外标准（《Standard for the Installation of Lightning Protection Systems》NFPA 780）制定的，其目的是为了让浮梯与罐体和浮顶等电位。

5 对于覆土储罐，国内外不少资料都表明"凡覆土厚度在 0.5m 以上者，可以不考虑防雷措施"。特别是德国规范，经过几次修改，还是规定覆土储罐不需要进行任何的专门防雷。这是因为储罐埋在土里或设在覆土的罐室内，受到土壤的屏蔽作用。当雷击储罐顶部的土层时，土层可将雷电流疏散导走，起到保护作用，故可不再装设避雷针（线）。但其呼吸阀、阻火器、量油孔、采光孔等，一般都没有覆土层，故应作良好的电气连接并接地。

14.2.4 储存可燃液体（原为：油品）的钢储罐（原为：油罐），不应装设接闪杆（网），但应做防雷接地。

储存可燃液体的储罐的气体空间，可燃气体浓度一般都达不到爆炸极限下限，加之可燃液体闪点高，雷电作用的时间很短（一般在几十 μs 以内），雷电火花不能点燃可燃液体而造成火灾事故。故储存可燃液体的金属储罐不需装设避雷针（线）。

14.2.5 装于地上钢储罐（原为：油罐）上的仪表及控制系统的配线电缆应采用屏蔽电缆，并应穿镀锌钢管保护管，保护管两端应与罐体做电气连接。（原为：装于地上钢油罐上的信息系统的配线电缆应采用屏蔽电缆。电缆穿钢管配线时，其钢管上、下两处应与罐体做电气连接并接地。）

本条规定是为了使钢管对电缆产生电磁封锁，减少雷电波沿配线电缆传输到控制室，将信息系统装置击坏。

14.2.6 石油库内的信号电缆宜埋地敷设，并宜采用屏蔽电缆。当采用铠装电缆时，电缆的首末端铠装金属应接地。当电缆采用穿钢管敷设时，钢管在进入建筑物处应接地。（原为：石油库内的信息系统配线电缆，宜采用铠装屏蔽电缆，且宜直接埋地敷设。电缆金属外皮两端及在进入建筑物处应接地。当电缆采用穿钢管敷设时，钢管两端及在进入建筑物处应接地。建筑物内电气设备的保护接地与防感应雷接地应共用一个接地装置，接地电阻值应按其中的最小值确定。）

本条要求"石油库内的信号电缆宜直接埋地敷设"，是为了保护电缆在火灾事故中免受损坏。要求"当电缆采用穿钢管敷设时，钢管在进入建筑物处应接地"，是为了尽可能减少雷电波的侵入，避免建筑物内发生雷电火花，发生火灾事故。

14.2.7 储罐（原为：油罐）上安装的信号远传仪表（原为：信息系统装置），其金属外壳应与储罐（原为：油罐）体做电气连接。

本条规定是为了信息系统仪表与储罐罐体做等电位连接，防止信息仪表被雷电过电压损坏。

14.2.8（新增） 电气和信息系统的防雷击电磁脉冲应符合现行国家标准《建筑物防雷设计规范》GB 50057 的相关规定。

14.2.9 易燃液体泵房（棚）的防雷应按第二类防雷建筑物设防。[原为：易燃油品泵房（棚）的防雷，应符合下列规定：1 油泵房（棚）应采用避雷带（网）。避雷带（网）的引下线不应少于两根，并应沿建筑物四周均匀对称布置，其间距不应大于 18m。网格不应大于 10m×10m 或 12m×8m。2 进出油泵房（棚）的金属管道、电缆的金属外皮或架空电缆金属槽，在泵房（棚）外侧应做一处接地，接地装置应与保护接地装置及防感应雷接地装置合用。]

14.2.10 在平均雷暴日大于 40d/a 的地区，可燃液体泵房（棚）的防雷应按第三类防雷建筑物设防。[原为：可燃油品泵房（棚）的防雷，应符合下列规定：1 在平均雷暴日大于 40d/a 的地区，油泵房（棚）宜装设避雷带（网）防直击雷。避雷带（网）的引下线不应小于两根，其间距不应大于 18m。2 进出油泵房（棚）的金属管道、电缆的金属外皮或架空电缆金属槽，在泵房（棚）外侧应做一处接地，接地装置宜与保护接地装置及防感应雷接地装置合用。]

14.2.11 装卸易燃液体（原为：油品）的鹤管和液体（原为：油品）装卸栈桥（站台）的防雷，应符合下列规定：

1 露天进行装卸易燃液体（原为：油）作业的，可不装设接闪杆（网）（原为：避雷针（带））。

2 在棚内进行装卸易燃液体作业的，应采用接闪网保护。棚顶的接闪网不能有效保护爆炸危险 1 区时，应加装接闪杆。当罩棚采用双层金属屋面，且其顶面金属层厚度大于 **0.5mm**、搭接长度大于 **100mm** 时，宜利用金属屋面作为接闪器，可不采用接闪网保护。（原为：在棚内进行装卸油作业的，应装设避雷针（带）。避雷针（带）的保护范围应为爆炸危险 1 区。）

3 进入液体（原为：油品）装卸区的易燃液体输送 [原为：油品装卸区的输油（油气）] 管道在进入点应接地，接地电阻不应大于 **20Ω**。

装卸易燃液体的鹤管和装卸栈桥的防雷：

1 露天进行装卸作业的，雷雨天不应也不能进行装卸作业，不进行装卸作业，爆炸危险区域不存在，因此可以不装设避雷针（带）防直击雷。

2 当在棚内进行装卸作业时，雷雨天可能要进行装卸作业，这样就存在爆炸危险区，所以要安装避雷针（带）防直击雷。雷击中棚是有概率的，爆炸危险区域内存在爆炸危险混合物也是有概率的。1 区存在的概率相对 2 区存在的概率要高些，所以避雷针（带）只保护 1 区。

3 装卸易燃液体的作业区属爆炸危险场所，进入装卸作业区的输送管道在进入点接地，可将沿管道传输过来的雷电流泄入地中，减少作业区雷电流的浸入，防止反击雷电火花。

14.2.12 在爆炸危险区域内的<u>工艺</u>〔原为：输油（油气）〕管道，应采取下列防雷措施：

1 <u>工艺</u>〔原为：输油（油气）〕管道的金属法兰连接处应跨接。当不少于 **5** 根螺栓连接时，在非腐蚀环境下可不跨接。

2 平行敷设于地上或非充沙管沟内（原为：管沟）的金属管道，其净距小于 **100mm** 时，应用金属线跨接，跨接点的间距不应大于 **30m**。管道交叉点净距小于 **100mm** 时，其交叉点应用金属线跨接。

对本条各款规定说明如下：

1 根据有关规范规定，法兰盘做跨接主要是防止在法兰连接处发生雷击火花；

2 本款规定，是防止在管道之间产生雷电反击火花，将其跨接后，使管道之间形成等电位，反击火花就不会产生了。

14.2.13 <u>接闪杆</u>（原为：避雷针）（网、带）的接地电阻，不宜大于 **10Ω**。

14.3 防 静 电

14.3.1 储存甲、乙、丙 **A** 类液体（原为：油品）的钢储罐，应采取防静电措施。

输送甲、乙、丙 A 类易燃和可燃液体时，由于液体与管道及过滤器的摩擦会产生大量静电荷，若不通过接地装置把电荷导走就会聚集在储罐上，形成很高的电位，当此电位达到某一间隙放电电位时，可能发生放电火花，引起爆炸着火事故。因此本条规定，储存甲、乙、丙 A 类液体的储罐要做防静电接地。

14.3.2 钢储（原为：油）罐的防雷接地装置可兼作防静电接地装置。

14.3.3（新增） 外浮顶储罐应按下列规定采取防静电措施：

1 外浮顶储罐的自动通气阀、呼吸阀、阻火器和浮顶量油口应与浮顶做电气连接。

2 外浮顶储罐采用钢滑板式机械密封时，钢滑板与浮顶之间应做电气连接，沿圆周的间距不宜大于 **3m**。

3 二次密封采用 **I** 型橡胶刮板时，每个导电片均应与浮顶做电气连接。

4 电气连接的导线应选用横截面不小于 **10mm²** 镀锡软铜复绞线。

5 外浮顶储罐浮顶上取样口的两侧 **1.5m** 之外应各设一组消除人体静电装置，并应与罐体做电气连接。该消除人体静电装置可兼作人工检尺时取样绳索、检测尺等工具的电气连接体。

制订该条规定的目的是，使外浮顶储罐的各金属部件充分等电位连接，最大限度地降低静电放电风险。

14.3.4 铁路罐车（原为：油品）装卸栈桥的首、末端及中间处，应与钢轨、<u>工艺</u>〔原为：输油（油气）〕管道、鹤管等相互做电气连接并接地。

为使鹤管和罐车形成等电位，避免鹤管与罐车之间产生电火花，故"铁路液体装卸栈桥的首、末端及中间处，应与钢轨、工艺管道、鹤管等相互做电气连接并接地"，构成等电位。

14.3.5 石油库专用铁路线与电气化铁路接轨时，电气化铁路高压电接触网不宜进入石油库装卸区。

104 石油库专用铁路线与电气化铁路接轨时，铁路高压接触网电压高（27.5kV），会对石油库的装卸作业产生危险影响，在设计时应首先考虑电气化铁路的高压接触网不进入石油库装卸作业区。当确有困难必须进入时，应采取相应的安全措施。

14.3.6 当石油库专用铁路线与电气化铁路接轨，铁路高压接触网不进入石油库专用铁路线时，应符合下列规定：

1 在石油库专用铁路线上，应设置两组绝缘轨缝。第一组应设在专用铁路线起始点15m以内，第二组应设在进入装卸区前。2组绝缘轨缝的距离，应大于取送车列的总长度。

2 在每组绝缘轨缝的电气化铁路侧，应设1组向电气化铁路所在方向延伸的接地装置，接地电阻不应大于10Ω。

3 铁路罐车装卸设施的钢轨、工艺管道、鹤管、钢栈桥等应做等电位跨接并接地，两组跨接点间距不应大于20m，每组接地电阻不应大于10Ω。

石油库专用铁路线与电气化铁路接轨，铁路高压接触网不进入石油库专用铁路线时，铁路信号及铁路高压接触网仍会对石油库产生一定危险影响。本条的3款规定，是为了消除这种危险影响，分别说明如下：

1 在石油库专用铁路线上，设置两组绝缘轨缝，是为了防止铁路信号及铁路高压接触网的回流电流进入石油库装卸作业区。要求两组绝缘轨缝的距离要大于取送列车的总长度，是为了防止在装卸作业时，列车短接绝缘轨缝，使绝缘轨缝失去隔离作用。

2 在每组绝缘轨缝的电气化铁路侧，装设一组向电气化铁路所在方向延伸的接地装置，是为了将铁路高压接触网的回流电流引回电气化铁路，减少或消除回流电流进入石油库装卸作业区，确保石油库装卸作业的安全。

3 跨接是使钢轨、输油管道、鹤管、钢栈桥等形成等电位，防止相互之间存在电位差而产生火花放电，危及石油库装卸的安全。

14.3.7 当石油库专用铁路与电气化铁路接轨，且铁路高压接触网进入石油库专用铁路线时，应符合下列规定：

1 进入石油库的专用电气化铁路线高压电接触网应设2组隔离开关。第一组应设在与专用铁路线起始点15m以内，第二组应设在专用铁路线进入铁路罐车装卸线前，且与第一个鹤管的距离不应小于30m。隔离开关的入库端应装设避雷器保护。专用线的高压接触网终端距第一个装卸油鹤管，不应小于15m。

2 在石油库专用铁路线上，应设置2组绝缘轨缝及相应的回流开关装置。第一组应设在专用铁路线起始点15m以内，第二组应设在进入铁路罐车装卸线前。

3 在每组绝缘轨缝的电气化铁路侧，应设1组向电气化铁路所在方向延伸的接地装置，接地电阻不应大于10Ω。

4 专用电气化铁路线第二组隔离开关后的高压接触网，应设置供搭接的接地装置。

5 铁路罐车装卸设施的钢轨、工艺管道、鹤管、钢栈桥等应做等电位跨接并接地，两组跨接点的间距不应大于20m，每组接地电阻不应大于10Ω。

石油库专用铁路线与电气化铁路接轨，铁路高压接触网进入石油库专用铁路线时，铁路信号及铁路高压接触网会威胁石油库的安全。本规范不赞成这样设置，当不得不这样做时，一定要采取本条 5 款规定的防范措施。对本条 5 款规定说明如下：

　　1　设二组隔离开关的主要作用，是保证装卸作业时，石油库内高压接触网不带电。距作业区近的一组开关除调车作业外，均处于常开状态，避雷器是保护开关用的。距作业区远的一组（与铁路起始点 15m 以内），除装卸作业外，一般处于常闭状态。

　　2　石油库专用铁路线上，设两组绝缘轨缝与回流开关，是为了保证在调车作业时，高压接触网电流畅通，在装卸作业时，装卸作业区不受高压接触网影响。使铁路信号电、感应电通过绝缘轨缝隔离，不至于浸入装卸作业区，确保装卸作业安全。

　　3　绝缘轨缝的铁路侧安装向电气化铁路所在方向延伸的接地装置，主要是为了将铁路信号及高压接触网的回流电流引回铁路专用线，确保装卸作业区安全。

　　4　在第二组隔离开关断开的情况下，石油库内的高压接触网上，由于铁路高压接触网的电磁感应关系，仍会带上较高的电压。设置供搭接的接地装置，可消除接触网的感应电压，确保人身安全。

　　5　本款规定的目的是防止因电位差而发生雷电或杂散电流闪击火花。

14.3.8　甲、乙、丙 A 类液体（原为：油品）**的汽车罐车或灌桶设施，应设置与罐车或桶跨接的防静电接地装置。**

　　本条的规定，是为了导走汽车罐车和桶上的静电。

14.3.9　易燃和可燃液体（原为：油品）**装卸码头，应设与船舶跨接的防静电接地装置。此接地装置应与码头上的液体**（原为：油品）**装卸设备的静电接地装置合用。**

　　为消除船舶在装卸过程中产生的静电积聚，需在液体装卸码头上设置与船舶跨接的防静电接地装置。此接地装置与码头上的液体装卸设备的静电接地装置合用，可避免装卸设备连接时产生火花。

14.3.10　地上或非充沙管沟（原为：管沟）**敷设的工艺**（原为：输油）**管道的始端、末端、分支处以及直线段每隔 200m ~ 300m 处，应设置防静电和防雷击电磁脉冲的接地装置。**

　　地上或管沟（指非充沙管沟）敷设的工艺管道，由于其不与土壤直接接触，管输送产生的静电荷或雷击产生的感应电压不易被导走，容易在管道的始端、末端、分支处积聚电荷和升高电压，而且随管道的长度增加而增加。因此在这些部位要设置接地装置。

14.3.11　地上或非充沙管沟（原为：管沟）**敷设的工艺**（原为：输油）**管道的防静电接地装置可与防雷击电磁脉冲接地装置合用，接地电阻不宜大于 30Ω，接地点宜设在固定管墩（架）处。**

　　地上或管沟敷设的工艺管道，其静电接地装置与防感雷接地装置合用时，接地电阻不宜大于 30Ω 是按防感应雷的接地装置设置的。接地点设在固定管墩（架）处，是为了防止机械或外力对接地装置的损害。

14.3.12　用于易燃和可燃液体（原为：油品）**装卸场所跨接的防静电接地装置，宜采用能检测接地状况的防静电接地仪器。**

　　易燃和可燃液体装卸设施设供罐车装卸时跨接用的静电接地装置，是防止静电事故很重要的措施。防静电接地仪器，具有辨别接地线和接地装置是否完好、接地装置的接地电阻值是否符合规范要求、装卸时跨接线是否已连通和牢固等功能。将其纳入控制系统，还

106

可以实现智能控制装卸泵或电动阀门的电源。因此，采用防静电接地仪可有效地防止静电事故。

14.3.13　移动式的接地连接线，宜采用带绝缘护套的软导线，通过防爆开关，将接地装置与**液体**（原为：油品）装卸设施相连。

移动式的接地连接线，在与易燃和可燃液体装卸设施相连的瞬间，若油品装卸设施上集聚有静电荷，就会发生静电火花。若通过防爆开关连接，火花在防爆开关内形成，就可以避免或消除由此而产生的静电事故。

14.3.14　下列甲、乙、丙 A 类液体〔原为：油品（原油除外）〕作业场所应设消除人体静电装置：

1　泵房的门外。

2　储罐的上罐扶梯入口处。

3　装卸作业区内操作平台的扶梯入口处。

4　码头上下船的出入口处。

消除人体静电装置是指用金属管做成的扶手，设置该装置是为了人员在进入这些场所之前按规定触摸此扶手，以消除人体所带的静电荷，避免进入爆炸危险环境发生放电，导致爆炸事故。

14.3.15　当输送甲、乙类液体（原为：油品）的管道上装有精密过滤器时，**液体**（原为：油品自过滤器出口流至装料容器入口应有 **30s** 的缓和时间。

甲、乙类液体经过输送管道上的精密过滤器时，由于液体与精密过滤器的摩擦会产生大量静电积聚，有可能出现危险的高电位，试验证明，油品经精密过滤器时产生的静电高电位需有 30s 时间才能消除，故制定本条规定。

14.3.16　防静电接地装置的接地电阻，不宜大于 100Ω。

对防静电接地装置的接地电阻值的规定，国家标准《液体石油产品静电安全规程》GB 13348—2009 第 3.1.2 条中规定"专用的静电接地体的接地电阻不宜大于 100Ω，在山区等土壤电阻率较高的地区，其接地电阻值不应大于 1000Ω"，国外也有些标准要求不大于 1000Ω。本规范为尽量保证安全，只规定了"不宜大于 100Ω"。

14.3.17　石油库内防雷接地、防静电接地、电气设备的工作接地、保护接地及信息系统的接地等，宜共用接地装置，其接地电阻应按其中要求最小的接地电阻值确定。当石油库设有阴极保护时，共用接地装置的接地材料不应使用腐蚀电位比钢材正的材料。（原为：石油库内防雷接地、防静电接地、保护接地，宜共用一个接地装置，接地电阻不宜大于 4Ω。）

在土壤中金属腐蚀电位高低与金属活泼性是有规律可循的，通常电位较负的金属活泼性比较大，电位较正的金属活泼性较小。电位较负的金属在电化学腐蚀的过程中通常作为阳极，而电位较正的金属通常作为阴极，作为阳极的金属就会因腐蚀而受到破坏，而阴极却没有太大的破坏。腐蚀电位比钢材正的其他材料主要指铜、铜包钢等。

14.3.18（新增）　防雷防静电接地电阻检测断接接头、消除人体静电装置，以及汽车罐车装卸场地的固定接地装置，不得设在爆炸危险 1 区。

附：

《石油库设计规范》GB 50074—2014 第 14 章取消了 2002 年版中的下列条文：

14.1.8　人工洞石油库油罐区的主巷道、支巷道、油罐操作间、油泵房和通风机房等处的照明灯具、接线盒、开关等，当无防爆要求时，应采用防水防尘型，其防护等级不应低于 IP44 级。

14.2.6　石油库内信息系统的配电线路首、末端需与电子器件连接时，应装设与电子器件耐压水平相适应的过电压保护（电涌保护）器。

14.2.9　石油库的信息系统接地，宜就近与接地汇流排连接。

14.2.10　储存易燃油品的人工洞石油库，应采取下列防止高电位引入的措施：

　　1　进出洞内的金属管道从洞口算起，当其洞外埋地长度超过 $2\sqrt{\rho}$ m（ρ – 埋地电缆或金属管道处的土壤电阻率 $\Omega\cdot$ m）且不小于 15m 时，应在进入洞口处做一处接地。在其洞外部分不埋地或埋地长度不足 $2\sqrt{\rho}$ m 时，除在进入洞口处做一处接地外，还应在洞外做两处接地，接地点间距不应大于 50m，接地电阻不宜大于 20Ω。

　　2　电力和信息线路应采用铠装电缆埋地引入洞内。洞口电缆的外皮应与洞内的油罐、输油管道的接地装置相连。若由架空线路转换为电缆埋地引入洞内时，从洞口算起，当其洞外埋地长度超过 $2\sqrt{\rho}$ m 时，电缆金属外皮应在进入处做接地。当埋地长度不足 $2\sqrt{\rho}$ m 时，电缆金属外皮除在进入洞口处做接地外，还应在洞外做两处接地，接地点间距不应大于 50m，接地电阻不宜大于 20Ω。电缆与架空线路的连接处，应装设过电压保护器。过电压保护器、电缆外皮和瓷瓶铁脚，应做电气连接并接地，接地电阻不宜大于 10Ω。

　　3　人工洞石油库油罐的金属通气管和金属通风管的露出洞外部分，应装设独立避雷针，爆炸危险 1 区应在避雷针的保护范围以内。避雷针的尖端应设在爆炸危险 2 区之外。

14.2.15　石油库生产区的建筑物内 400V/230V 供配电系统的防雷应符合下列规定：

　　1　当电源采用 TN 系统时，从建筑物内总配电盘（箱）开始引出的配电线路和分支线路必须采用 TN – S 系统。

　　2　建筑物的防雷区，应根据现行国家标准《建筑物防雷设计规范》GB 50057 划分。工艺管道、配电线路的金属外壳（保护层或屏蔽层），在各防雷区的界面处应做等电位连接。在各被保护的设备处，应安装与设备耐压水平相适应的过电压（电涌）保护器。

15　自动控制和电信

15.1　自动控制系统及仪表

15.1.1　容量大于 100m³ 的储罐应设液位测量远传仪表，并应符合下列规定：

　　1　液位连续测量信号应采用模拟信号或通信方式接入自动控制系统。

　　2　应在自动控制系统中设高、低液位报警。

　　3　储罐高液位报警的设定高度应符合现行行业标准《石油化工储运系统罐区设计规范》SH/T 3007 的有关规定。

　　4　储罐低液位报警的设定高度应满足泵不发生汽蚀的要求，外浮顶储罐和内浮顶储罐的低液位报警设定高度（距罐底板）宜高于浮顶落底高度 0.2m 及以上。

　　（原为：地上立式油罐应设液位计和高液位报警器。）

　　相对于本规范 2002 年版，本次修订提高了石油库的自动化监控水平，这是与我国现阶段经济实力、技术水平、安全和环保需求相适应的。液位是储罐需要监控的最重要参数，故本条要求"储罐应设液位测量远传仪表"。对 1、4 款说明如下：

　　1　为防止储罐满溢引起火灾、爆炸，在储罐上最好设液位计和高液位报警器。只要有信号远传仪表，就可以很方便地设置报警。储罐都有测量远传仪表，这样就充分利用了仪表资源。

　　4　本款规定，是为了提醒操作人员，使用过程中需避免泵发生汽蚀和浮顶落底。外浮顶罐和内浮顶罐的浮顶一般情况下漂浮在液面上，直接与液面接触，可以有效抑制液体挥发，且除密封圈处外没有气相空间，极大地消除了爆炸环境。浮顶一旦落底，就会在液面与浮顶之间出现气相空间，对于易燃液体来说，有气相空间就会有爆炸性气体，就大大增加了火灾危险性。2010 年发生的北方某大型油库火灾事故中，有多个 10×10^4 m³ 储罐在 10 余米的近距离受到火焰的烘烤，但只有 103 号罐被引燃并最终被烧毁，主要原因是该罐当时浮顶已落底，罐内有少量存油，在火焰的烘烤下，存在于气相空间的油气很容易就被引爆起火了。

15.1.2　下列储罐应设高高液位报警及联锁，高高液位报警应能同时联锁关闭储罐进口管道控制阀：

　　1　年周转次数大于 6 次，且容量大于或等于 10000m³ 的甲 B、乙类液体储罐；

　　2　年周转次数小于或等于 6 次，且容量大于 20000m³ 的甲 B、乙类液体储罐；

　　3　储存 I、II 级毒性液体的储罐。

　　（原为：频繁操作的油罐宜设自动联锁切断进油装置。等于和大于 50000m³ 的油罐尚应设自动联锁切断进油装置。）

　　高高液位联锁关进口阀可防止储罐进油时溢油，对本条所列三种情况需采取更严格的安全保护措施。

15.1.3（新增）　容量大于或等于**50000m³**的外浮顶储罐和内浮顶储罐应设低低液位报警。低低液位报警设定高度（距罐底板）不应低于浮顶落底高度，低低液位报警应能同时联锁停泵。

低低液位开关的设置是为了避免浮顶支腿降落到罐底。由于大型储罐一旦发生事故危害性也大，所以对大于或等于50000m³的储罐的要求更高些。

15.1.4（新增）　用于储罐高高、低低液位报警信号的液位测量仪表应采用单独的液位连续测量仪表或液位开关，并应在自动控制系统中设置报警及联锁。

"单独的液位连续测量仪表或液位开关"是指，除了"应设液位测量远传仪表"外，还需设置一套专门用于储罐高高、低低液位报警及联锁的液位测量仪表。

15.1.5（新增）　需要控制和监测储存温度的储罐应设温度测量仪表，并应将温度测量信号远传到控制室。

温度也是储罐的重要参数，需要对储罐内液体温度实时监测。

15.1.6　容量大于或等于**50000**（原为：100000）**m³**的外浮顶储罐，其泡沫灭火系统应采用由人工确认的自动控制方式。

15.1.7（新增）　一级石油库的重要工艺机泵、消防泵、储罐搅拌器等电动设备和控制阀门除应能在现场操作外，尚应能在控制室进行控制和显示状态。二级石油库的重要工艺机泵、消防泵、储罐搅拌器等电动设备和控制阀门除应能在现场操作外，尚宜能在控制室进行控制和显示状态。

这样规定可以实时监测电动设备状态，及时处理异常情况。

15.1.8（新增）　易燃和可燃液体输送泵出口管道应设压力测量仪表，压力测量仪表应能就地显示，一级石油库尚应将压力测量信号远传至控制室。

易燃和可燃液体输送泵的出口压力是反映输油泵和管道是否正常运转的重要参数，对泵出口压力进行实时监测有利于安全管理。

15.1.9（新增）　有毒气体和可燃气体检测器设置，应符合下列规定：

　　1　有毒液体的泵站、装卸车站、计量站、储罐的阀门集中处和排水井处等可能发生有毒气体泄漏和积聚区域，应设置有毒气体检测器。

　　2　设有甲、乙A类易燃液体设备的房间内，应设可燃气体浓度自动检测报警装置。

　　3　一级石油库的甲、乙A类液体的泵站、装卸车站、计量站、地上储罐的阀门集中处和排水井处等可能发生可燃气体泄漏和积聚的露天场所，应设置可燃气体检测器；覆土罐组和其他级别石油库的露天场所可配置便携式可燃气体检测器。

　　4　一级石油库的可燃气体和有毒气体检测报警系统设计，应符合现行国家标准《石油化工可燃气体和有毒气体检测报警设计规范》**GB 50493**的有关规定。

15.1.10（新增）　一级石油库消防部分的监测、顺序控制等操作应采用以下两种方式之一：

　　1　采用专用监控系统，并经通信接口与石油库的自动控制系统通信；

　　2　在石油库的自动控制系统中设置单独的**I/O**卡件和单独的显示操作站。

本条规定是为了方便对消防系统进行监控管理，并保证其可靠性。

15.1.11（新增）　一级石油库消防泵的启停、消防水管道及泡沫液管道上控制阀的开关均应在消防控制室实现远程启停控制，总控制台应显示泵运行状态和控制阀的阀位信号。

本条规定是为了保证快速启动消防系统，及时对火灾实施扑救。

15.1.12（新增） 仪表及计算机监控管理系统应采用 UPS 不间断电源供电，UPS 的后备电池组应在外部电源中断后提供不少于 30min 的交流供电时间。

本条是参照相关规范制定的，意在发生停电事故时，计算机监控管理系统仍有供电保证，以便采取紧急处理措施。

15.1.13（新增） 自动控制系统的室外仪表电缆敷设，应符合下列规定：

1 在生产区敷设的仪表电缆宜采用电缆沟、电缆保护管、直埋等地下敷设方式。采用电缆沟时，电缆沟应充沙填实。

2 生产区局部地段确需在地面敷设的电缆，应采用镀锌钢保护管或带盖板的全封闭金属电缆槽等方式敷设。

3 非生产区的仪表电缆可采用带盖板的全封闭金属电缆槽在地面以上敷设。

本条规定是为了保护仪表电缆在火灾事故中免受损坏。"生产区局部地方确需在地面敷设的电缆"，主要指仪表、阀门、设备电缆接头等处以及其他不便采取地面下敷设的电缆。电缆槽比桥架的保护功能好，如果采用桥架，电缆就要采用铠装，大大增加成本。为减少雷击影响，规定应采用金属电缆槽。不能采用合成材料。

15.2 电 信

15.2.1（新增） 石油库应设置火灾报警电话、行政电话系统、无线电通信系统、电视监视系统。一级石油库尚应设置计算机局域网络、入侵报警系统和出入口控制系统。根据需要可设置调度电话系统、巡更系统。

15.2.1 石油库设置电信系统的作用在于为生产和管理提供电信支持，为石油库提供防火、防盗、防破坏等安全方面的保障。本条规定了石油库电信系统一般应包括的内容，这些电信设施是保证石油库通信可靠畅通、保障石油库安全的有效手段。

15.2.2（新增） 电信设备供电应采用 220VAC/380VAC 作为主电源，当采用直流供电方式时，应配备直流备用电源；当采用交流供电方式时，应采用 UPS 电源。小容量交流用电设备，也可采用直流逆变器作为保障供电的措施。

本条要求配置备用电源是参照相关规范制定的，意在发生停电事故时，电信设备仍有供电保证，以便采取紧急处理措施。

15.2.3（新增） 室内电信线路，非防爆场所宜暗敷设，防爆场所应明敷设。

15.2.4（新增） 室外电信线路敷设应符合下列规定：

1 在生产区敷设的电信线路宜采用电缆沟、电缆管道埋地、直埋等地下敷设方式。采用电缆沟时，电缆沟应充沙填实。

2 生产区局部地段确需在地面以上敷设的电缆，应采用保护管或带盖板的电缆桥架等方式敷设。

本条规定是为了保护电信线路在火灾事故中免受损坏。"生产区局部地方确需在地面以上敷设的电缆"，主要指与设备电缆接头处以及其他不便采取地面下敷设的电缆。

15.2.5（新增）　石油库流动作业的岗位，应配置无线电通信设备，并宜采用无线对讲系统或集群通信系统。无线通信手持机应采用防爆型。

　　石油库一般占地面积较大，为现场操作和巡检人员配备无线电通信设备，是提高管理水平的必要措施。

15.2.6（新增）　电视监视系统的监视范围应覆盖储罐区、易燃和可燃液体泵站、易燃和可燃液体装卸设施、易燃和可燃液体灌桶设施和主要设施出入口等处。电视监控操作站宜分别设在生产控制室、消防控制室、消防站值班室和保卫值班室等地点。当设置火灾自动报警系统时，宜与电视监视系统联动控制。

　　本条规定的电视监视系统的监视范围，是为了监视到石油库主要生产区域和重要场所。

15.2.7（新增）　入侵报警系统宜沿石油库围墙布设，报警主机宜设在门卫值班室或保卫办公室内。入侵报警系统宜与电视监视系统联动形成安防报警平台。

15.2.8（新增）　计算机局域网络应满足石油库数据通信和信息管理系统建设的要求。信息插座宜设在石油库办公楼、控制室、化验室等场所。

16 采暖通风

16.1 采　暖

16.1.1　集中采暖的热媒，宜采用热水。采用热水不便时，可采用低压蒸汽。（原为：应采用热水。特殊情况下可采用低压蒸汽。并充分利用生产余热。）

16.1.2　石油库设计集中采暖时，房间的采暖室内计算温度，宜符合表 16.1.2 的规定。

表 16.1.2　房间的采暖室内计算温度

序号	房 间 名 称	采暖室内计算温度（℃）
1	易燃和可燃液体泵房（新增）、水泵房、消防泵房、柴油发电机间、汽车库、空气压缩机间	5
2	铁路罐车装卸暖库（删掉油泵房）	12（原为：78）
3	灌桶间、修洗桶间、机修间	14（原为：12）
4	计量室、仪表间、化验室、办公室、值班室、休息室	18（原为：16~18）
5	盥洗室（新增）	14（新增）
5	厕所（新增）	12（新增）
6	浴室、更衣间（新增）	25（新增）
7	更衣室（新增）	23（新增）

注：易凝、易燃和可燃液体泵房，可根据实际需要确定采暖室内计算温度。（新增）

　　本条规定是参照国家标准《采暖通风与空气调节设计规范》GB 50019—2003 的相关规定制定的。

16.2　通　风

16.2.1　易燃和有毒液体泵房、灌桶间及其他有易燃和有毒液体设备的房间，应设置机械通风系统和事故排风装置。机械通风系统换气次数宜为 5 次/h~6 次/h，事故排风换气次数不应小于 12 次/h。（原为：易燃油品的泵房和灌油间，除采用自然通风外，尚应设置机械排风进行定期排风，其换气次数不应小于每小时 10 次。计算换气量时，房间高度高于 4m 时按 4m 计算。定期排风耗热量可不予补偿。对于易燃油品地上泵房，当其外墙下部设有百叶窗、花隔墙等常开孔口时，可不设置机械排风设施。）

　　本规范给出了事故排风的换气次数为不小于 12 次/h，这个换气次数不是指在正常通风 5 次/h~6 次/h 的基础上再附加 12 次/h，而是指在发生事故时，应能保证不少于 12 次/h 的通风量。

16.2.2 在集中散发有害物质的操作地点（如修洗桶间、化验室通风柜等），宜采取局部机械通风措施。

16.2.3 通风口的设置应避免在通风区域内产生空气流动死角。

16.2.4 在爆炸危险区域内，风机、电机等所有活动部件应选择防爆型，其构造应能防止产生电火花。机械通风系统应采用不燃烧材料制作。风机应采用直接传动或联轴器传动。风管、风机及其安装方式均应采取防静电措施。

16.2.5 在布置有甲、乙 A 类易燃液体（原为：油品）设备的房间内，所设置的机械通风设备应与可燃气体浓度自动检测报警系统联动，并应设有就地和远程手动开启装置。（原为：宜设可燃气体浓度自动检测报警装置，且应与机械通风设备联动，并应设有手动开启装置。）

16.2.6 石油库生产性建筑物的通风设计除应执行本节的规定外，尚应符合现行行业标准《石油化工采暖通风与空气调节设计规范》**SH/T 3004** 的有关规定。（原为：石油库的生产性建筑物应采用自然通风进行全面换气。当自然通风不能满足要求时，可采用机械通风。）

附：

《石油库设计规范》GB 50074—2014 第 16 章取消了 2002 版中的下列条文：

15.2.4 人工洞石油库的洞内，应设置固定式机械通风系统。在一般情况下宜采用机械排风、自然进风。

机械通风的换气量，应按一个最大灌室的净空间、一个操作间以及油泵房、风机房同时进行通风确定。

油泵房的机械排风系统，宜与灌室的机械排风系统联合设置。洞内通风系统宜设置备用机组。

15.2.5 人工洞石油库的洞内，应设置清洗油罐的机械排风系统。该系统宜与罐室的机械排风系统联合设置。

15.2.6 人工洞石油库洞内排风系统的出口和油罐的通气管管口必须引至洞外，距洞口的水平距离不应小于 **20m**，并应高于洞口，还应采取防止油气倒灌的措施。

15.2.7 洞内的柴油发电机间，应采用机械通风。柴油机排烟管的出口必须引至洞外，并应高于洞口，还应采取防止烟气倒灌的措施。

15.2.8 洞内的配电间、仪表间，应采用独立隔间，并应采取防潮措施。

附录 A 计算间距的起讫点

表 A 计算间距的起讫点

序号	建（构）筑物、设施和设备	计算间距的起讫点
1	道路	路边
2	铁路	铁路中心线
3	管道	管子中心（指明者除外）
4	地上立式储罐、地上和覆土卧式油罐	罐外壁
5	覆土立式油罐（新增）	罐室内墙壁及其出入口（新增）
6	设在露天（包括棚下）的（新增）各种设备	最突出的外缘
7	架空电力和通信线路	线路中心
8	埋地电力和通信电缆	电缆中心
9	建筑物或构筑物	外墙轴线
10	铁路罐车装卸设施	铁路罐车装卸线中心线，端部罐车的装卸口中心（原为：端部的装卸油品鹤管）
11	汽车罐车装卸设施（原为：汽车油罐车的油品装卸鹤管）	汽车罐车装卸作业时鹤管或软管管口中心（原为：鹤管的立管中心）
12	液体（原为：油品）装卸码头	前沿线（靠船的边缘）
13	工矿企业、居住区	（删除：围墙轴线；无围墙者，）建筑物或构筑物外墙轴线（新增）
14	医院、学校、养老院等公共设施（新增）	围墙轴线；无围墙者为建（构）筑物外墙轴线（新增）
15	架空电力线杆（塔）高、通信线杆（塔）高（新增）	电线杆（塔）和通信线杆（塔）所在地面至杆（塔）顶的高度（新增）

注：本规范中的安全距离和防火距离未特殊说明的，均指平面投影距离。（新增）

附录 B 石油库内易燃液体设备、设施的爆炸危险区域划分

B.0.1 爆炸危险区域的等级定义应符合现行国家标准《爆炸和火灾危险环境电力装置设计规范》GB 50058 的规定。

B.0.2 易燃液体设施的爆炸危险区域内地坪以下的坑和沟应划为 1 区。

B.0.3 储存易燃液体的地上固定顶储罐爆炸危险区域划分（图 B.0.3），应符合下列规定：

  1 罐内未充惰性气体的液体表面以上空间应划为 0 区。

  2 以通气口为中心、半径为 1.5m 的球形空间应划为 1 区。

  3 距储罐外壁和顶部 3m 范围内及防火堤至罐外壁，其高度为堤顶高的范围应划为 2 区。

B.0.4 储存易燃液体的内浮顶储罐爆炸危险区域划分（图 B.0.4），应符合下列规定：

  1 浮盘上部空间及以通气口为中心，半径为 1.5m 范围内的球形空间应划为 1 区。

  2 距储罐外壁和顶部 3m 范围内及防火堤至储罐外壁，其高度为堤顶高的范围应划为 2 区。

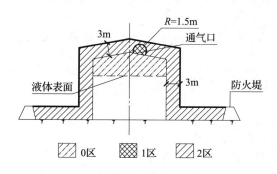 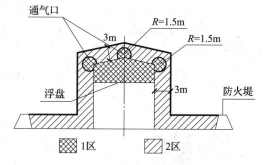

图 B.0.3 储存易燃液体的地上固定顶储罐爆炸危险区域划分　　图 B.0.4 储存易燃液体的内浮顶储罐爆炸危险区域划分

B.0.5 储存易燃液体的外浮顶储罐爆炸危险区域划分（图 B.0.5），应符合下列规定：

  1 浮盘上部至罐壁顶部空间应划为 1 区。

  2 距储罐外壁和顶部 3m 范围内及防火堤至罐外壁，其高度为堤顶高的范围内划为 2 区。

B.0.6 储存易燃液体的地上卧式储罐爆炸危险区域划分（图 B.0.6），应符合下列规定：

  1 罐内未充惰性气体的液体表面以上的空间应划为 0 区。

  2 以通气口为中心，半径为 1.5m 的球形空间应划为 1 区。

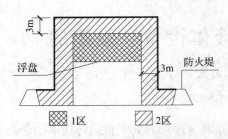

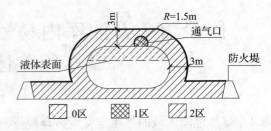

图 B.0.5 储存易燃液体的外浮
顶储罐爆炸危险区域划分

图 B.0.6 储存易燃液体的地上卧式
储罐爆炸危险区域划分

1 距罐外壁和顶部 3m 范围内及罐外壁至防火堤，其高度为堤顶高的范围应划为 2 区。

B.0.7 储存易燃液体的覆土卧式储罐爆炸危险区域划分（图 B.0.7），应符合下列规定：

1 罐内部液体表面以上的空间应划分为 0 区。

2 人孔（阀）井内部空间、以通气管管口为中心，半径为 1.5m（0.75m）的球形空间和以密闭卸油口为中心，半径为 0.5m 的球形空间，应划分为 1 区。

3 距人孔（阀）井外边缘 1.5m 以内、自地面算起 1m 高的圆柱形空间，以通气管管口为中心、半径为 3m（2m）的球形空间和以密闭卸油口为中心、半径为 1.5m 的球形并延至地面的空间，应划分为 2 区。

注：采用油气回收系统的储罐通气管管口爆炸危险区域用括号内数字。

B.0.8 易燃液体泵房、阀室的爆炸危险区域划分（图 B.0.8），应符合下列规定：

1 易燃液体泵房和阀室内部空间应划为 1 区。

2 有孔墙或开式墙外与墙等高 L_2 范围以内且不小于 3m 的空间及距地坪 0.6m 高、L_1 范围以内的空间应划为 2 区。

3 危险区边界与释放源的距离应符合表 B.0.8 的规定。

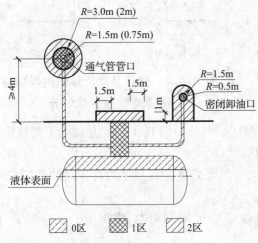

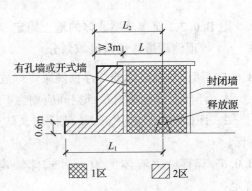

图 B.0.7 储存易燃液体的覆土卧式
储罐爆炸危险区域划分

图 B.0.8 易燃液体泵房、
阀室爆炸危险区域划分

表 B.0.8　危险区边界与释放源的距离

释放源名称		距离（m）	
		L_1	L_2
易燃液体输送泵	工作压力≤1.6MPa	$L+3$	$L+3$
	工作压力>1.6MPa	15	$L+3$，且不小于7.5
易燃液体法兰、阀门		$L+3$	$L+3$

注：L 表示释放源至泵房外墙的距离。

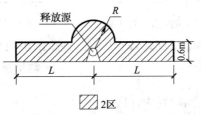

图 B.0.9　易燃液体泵棚、露天泵站的泵及配管的阀门、法兰等为释放源的爆炸危险区域划分

B.0.9　易燃液体泵棚、露天泵站的泵和配管的阀门、法兰等为释放源的爆炸危险区域划分（图 B.0.9），应符合下列规定：

1　以释放源为中心，半径为 R 的球形空间和自地面算起高为0.6m，半径为 L 的圆柱体的范围应划为2区。

2　危险区边界与释放源的距离应符合表 B.0.9 的规定。

表 B.0.9　危险区边界与释放源的距离

释放源名称		距离（m）	
		L	R
易燃液体输送泵	工作压力≤1.6MPa	3	1
	工作压力>1.6MPa	15	7.5
易燃液体法兰、阀门		3	1

B.0.10　易燃液体灌桶间爆炸危险区域划分（图 B.0.10），应符合下列规定：

1　桶内液体表面以上的空间应划为0区。

2　灌桶间内空间应划为1区。

3　有孔墙或开式墙外距释放源 L_1 距离以内与墙等高的室外空间和自地面算起0.6m高、距释放源7.5m以内的室外空间应划为2区。

B.0.11　易燃液体灌桶棚或露天灌桶场所的爆炸危险区域划分（图 B.0.11），应符合下列规定：

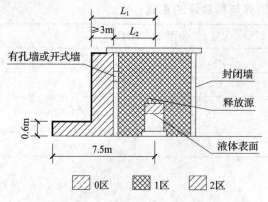

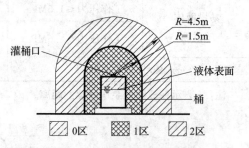

$L_2 \leq 1.5m$ 时，$L_1 = 4.5m$；$L_2 > 1.5m$ 时，$L_1 = L_2 + 3m$。

图 B.0.10 易燃液体灌桶间爆炸　　　图 B.0.11 易燃液体灌桶棚或露天
危险区域划分　　　　　　　　灌桶场所爆炸危险区域划分

1 桶内液体表面以上空间应划为 0 区。

2 以灌桶口为中心，半径为 1.5m 的球形并延至地面的空间应划为 1 区。

3 以灌桶口为中心，半径为 4.5m 的球形并延至地面的空间应划为 2 区。

B.0.12 易燃液体重桶库房的爆炸危险区域划分（图 B.0.12），其建筑物内空间及有孔或开式墙外 1m 与建筑物等高的范围内，应划为 2 区。

B.0.13 易燃液体汽车罐车棚、易燃液体重桶堆放棚的爆炸危险区域划分（图 B.0.13），其棚的内部空间应划为 2 区。

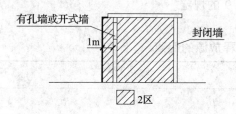

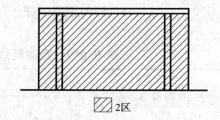

图 B.0.12 易燃液体重桶库房　　　图 B.0.13 易燃液体汽车罐车棚、易燃
爆炸危险区域划分　　　　　　　液体重桶堆放棚爆炸危险区域划分

B.0.14 铁路罐车、汽车罐车卸易燃液体时爆炸危险区域划分（图 B.0.14），应符合下列规定：

1 罐车内的液体表面以上空间应划为 0 区。

2 以卸油口为中心、半径为 1.5m 的球形空间和以密闭卸油口为中心、半径为 0.5m 的球形空间应划为 1 区。

3 以卸油口为中心、半径为 3m 的球形并延至地面的空间，以密闭卸油口为中心、半径为 1.5m 的球形并延至地面的空间，应划为 2 区。

B.0.15 铁路罐车、汽车罐车敞口灌装易燃液体时爆炸危险区域划分（图 B.0.15），应符合下列规定：

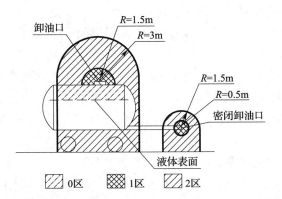

图 B.0.14　铁路罐车、汽车罐车卸易燃液体时爆炸危险区域划分

1　罐车内部的液体表面以上空间应划为 0 区。

2　以罐车灌装口为中心、半径为 3m 的球形并延至地面的空间应划为 1 区。

3　以灌装口为中心、半径为 7.5m 的球形空间和以灌装口轴线为中心线、自地面算起高为 7.5m、半径为 15m 的圆柱形空间，应划为 2 区。

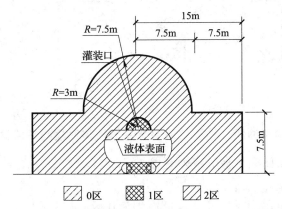

图 B.0.15　铁路罐车、汽车罐车敞口灌装易燃液体时爆炸危险区域划分

B.0.16　铁路罐车、汽车罐车密闭灌装易燃液体时爆炸危险区域划分（图 B.0.16），应符合下列规定：

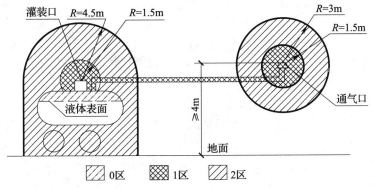

图 B.0.16　铁路罐车、汽车罐车密闭灌装易燃液体时爆炸危险区域划分

1 罐车内部的液体表面以上空间应划为 0 区。

2 以罐车灌装口为中心、半径为 1.5m 的球形空间和以通气口为中心、半径为 1.5m 的球形空间，应划为 1 区。

3 以罐车灌装口为中心、半径为 4.5m 的球形并延至地面的空间和以通气口为中心、半径为 3m 的球形空间，应划为 2 区。

B.0.17 油船、油驳敞口灌装易燃液体时爆炸危险区域划分（图 B.0.17），应符合下列规定：

1 油船、油驳内的液体表面以上空间应划为 0 区。

2 以油船、油驳的灌装口为中心、半径为 3m 的球形并延至水面的空间应划为 1 区。

3 以油船、油驳的灌装口为中心，半径为 7.5m 并高于灌装口 7.5m 的圆柱形空间和自水面算起 7.5m 高，以灌装口轴线为中心线，半径为 15m 的圆柱形空间应划为 2 区。

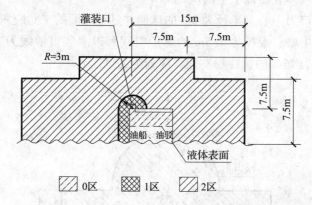

图 B.0.17　油船、油驳敞口灌装易燃液体时爆炸危险区域划分

B.0.18 油船、油驳密闭灌装易燃液体时爆炸危险区域划分（图 B.0.18），应符合下列规定：

1 油船、油驳内的液体表面以上空间应划为 0 区。

2 以灌装口为中心，半径为 1.5m 的球形空间及以通气口为中心半径为 1.5m 球形空间应划为 1 区。

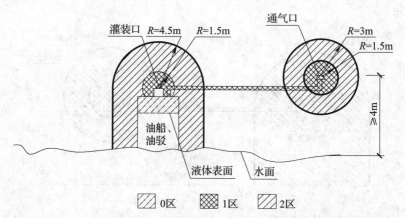

图 B.0.18　油船、油驳密闭灌装易燃液体时爆炸危险区域划分

3　以灌装口为中心，半径为 4.5m 的球形并延至水面的空间和以通气口为中心，半径为 3m 的球形空间应划为 2 区。

B.0.19　油船、油驳卸易燃液体时爆炸危险区域划分（图 B.0.19），应符合下列规定：

1　油船、油驳内部的液体表面以上空间应划为 0 区。

2　以卸油口为中心，半径为 1.5m 的球形空间应划为 1 区。

3　以卸油口为中心，半径为 3m 的球形并延至水面的空间应划为 2 区。

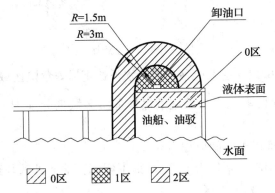

图 B.0.19　油船、油驳卸易燃液体时爆炸危险区域划分

B.0.20　易燃液体的隔油池、漏油及事故污水收集池爆炸危险区域划分（图 B.0.20），应符合下列规定：

1　有盖板的，池内液体表面以上的空间应划为 0 区。

2　无盖板的，池内液体表面以上空间和距隔油池内壁 1.5m、高出池顶 1.5m 至地坪范围内的空间应划为 1 区。

3　距池内壁 4.5m，高出池顶 3m 至地坪范围内的空间应划为 2 区。

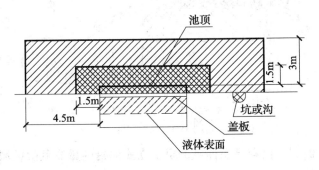

图 B.0.20　易燃液体的隔油池、漏油及事故污水收集池爆炸危险区域划分

B.0.21　含易燃液体的污水浮选罐爆炸危险区域划分（图 B.0.21），应符合下列规定：

1　罐内液体表面以上空间应划为 0 区。

2　以通气口为中心、半径为 1.5m 的球形空间应划为 1 区。

3　距罐外壁和顶部 3m 以内范围应划为 2 区。

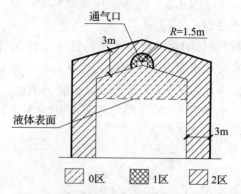

图 B. 0. 21 含易燃液体的污水浮选罐爆炸危险区域划分

B. 0. 22 储存易燃油品的覆土立式油罐的爆炸危险区域划分（图 B. 0. 22），应符合下列规定：

1 油罐内液体表面以上空间应划为 0 区。

2 以通气管口为中心、半径为 1.5m 的球形空间，油罐外壁与罐室护体之间的空间，通道口门以内的空间，应划为 1 区。

3 以通气管口为中心、半径为 4.5m 的球形空间，以采光通风口为中心、半径为 3m 的球形空间，通道口周围 3m 范围以内的空间及以通气管口为中心、半径为 15m、高 0.6m 的圆柱形空间，应划为 2 区。

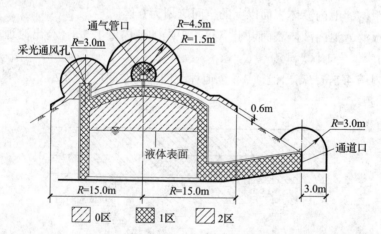

图 B. 0. 22 储存易燃油品的覆土立式油罐的爆炸危险区域划分

B. 0. 23 易燃液体阀门井的爆炸危险区域划分（图 B. 0. 23），应符合下列规定：

1 阀门井内部空间应划为 1 区。

2 距阀门井内壁 1.5m、高 1.5m 的柱形空间应划为 2 区。

B. 0. 24 易燃液体管沟爆炸危险区域划分（图 B. 0. 24），应符合下列规定：

1 有盖板的管沟内部空间应划为 1 区。

2 无盖板的管沟内部空间应划为 2 区。

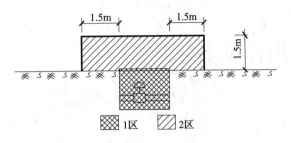

图 B.0.23　易燃液体阀门井
爆炸危险区域划分

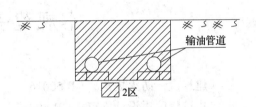

图 B.0.24　易燃液体管沟爆炸
危险区域划分

本规范引用标准名录

《建筑设计防火规范》GB 50016

《建筑物防雷设计规范》GB 50057

《爆炸和火灾危险环境电力装置设计规范》GB 50058

《火灾自动报警系统设计规范》GB 50116

《建筑灭火器配置设计规范》GB 50140

《泡沫灭火系统设计规范》GB 50151

《汽车加油加气站设计与施工规范》GB 50156

《石油化工企业设计防火规范》GB 50160

《石油天然气工程设计防火规范》GB 50183

《河港工程设计规范》GB 50192

《输油管道工程设计规范》GB 50253

《油气输送管道穿越工程设计规范》GB 50423

《油气输送管道跨越工程设计规范》GB 50459

《石油化工可燃气体和有毒气体检测报警设计规范》GB 50493

《石油储备库设计规范》GB 50737

《石油化工污水处理设计规范》GB 50747

《油品装卸系统油气回收设施设计规范》GB 50759

《厂矿道路设计规范》GBJ 22

《职业性接触毒物危害程度分级》GBZ 230

《石油化工采暖通风与空气调节设计规范》SH/T 3004

《石油化工储运系统罐区设计规范》SH/T 3007

《石油化工设备和管道涂料防腐蚀设计规范》SH/T 3022

《石油化工泵用过滤器选用、检验及验收》SH/T 3411

第二篇　考察报告和专题报告

1 考 察 报 告
荷兰、英国、摩洛哥油库考察报告

1.1 考察概况

2012 年 10 月 16 日~27 日，由中国石化股份公司工程部组团，赴荷兰、英国、摩洛哥考察石油库的建设和管理情况。《石油库设计规范》编制组部分成员参加了考察。

考察对象涉及原油库、成品油库和炼油厂，有老油库，也有新建成的油库。考察团了解了荷兰和英国在石油库建设和管理方面的现状、最新安全和环保理念，新技术、新标准和管理措施等。

1.2 考察的目的和必要性

大连 7·16 油库火灾事故发生后，舆论、公众和政府有关部门对石油库的安全性提出了广泛的质疑。国务院事故调查组在《中国石油天然气集团公司在大连所属企业"7·16"输油管道爆炸火灾等 4 起事故的调查报告》中提出的防范措施要求：尽快制订完善我国《石油库设计规范》GB 50074—2002 等标准，进一步提高安全、环保准入门槛。合理确定大型石油库最大库容、平面和竖向布置、罐组和单罐规模，科学确定储罐与储罐、罐组与罐组、库区与库区的安全间距，补充完善安全监控、操作、消防设施、电缆敷设、应急供电、事故池等方面的具体要求。《石油库设计规范》修订前，建议暂停大型石油库的审批和建设。国务院危险化学品安全生产监管部际联席会议第四次联络员会议，要求住房城乡建设部负责组织完成《石油库设计规范》GB 50074—2002 修订工作。

《石油库设计规范》GB 50074 由中国石油化工集团公司管理，由中国石化工程建设有限公司主编，现正在进行修订工作，至 2012 年 4 月完成征求意见稿。《石油库设计规范》第一版是 1984 年开始实施的，二十多年来对指导石油库建设、保障石油库安全发挥了重要作用。《石油库设计规范》编制组至今尚未对发达国家的石油库建设情况进行过参观和考察，对国外石油库的了解仅限于国外的标准规范，对发达国家石油库的安全理念、技术手段和管理措施缺乏足够的了解。为做好《石油库设计规范》修订工作，更好地汲取发达国家先进理念和技术，提升《石油库设计规范》的水平，满足社会和公众日益增长的安全环保需求，考察国外石油库建设情况是十分必要的。

1.3 在荷兰考察情况介绍

2012 年 10 月 16 日~19 日，考察团在荷兰进行考察。考察团拜访了 Honeywell Enraf 公司，就油库自动化系统设计、仪表选型、安装等问题，与 Honeywell Enraf 公司的技术人员进行了技术交流。考察团参观了 Massvlakte Olie Terminal 油库（大型原油库）、Botlek Tank Terminal 油库（成品油库）、Argos Terminal 油库（成品油库）和 MAIN Terminal 油库（成品油库）。参观的油库均位于鹿特丹石油化工品港区，该港区海岸线长约 40km，有各种油品和液体化工品储罐 3500 余座，是世界第三大石油化工仓储区。

1.3.1　Honeywell Enraf 公司油库自动化系统方案简介

Honeywell Enraf 公司是著名的仪表供应商，为油气工业的运输、储存和调和运作的控制和管理提供综合解决方案，产品主要包括：罐区自动化、罐液位和温度测量、校验、流体技术等。自 2003 年起，Honeywel Enraf 开发的工业无线仪表（industrial wireless solutions）开始投入应用，超过 1000 个现场，8 亿操作小时。

无线仪表的国际标准目前应用于工业控制的技术方案可以分为 3 类：以 WirelessHART 为代表的仪表传感器无线 mesh 解决方案；以 ISA100 为代表的节点 mesh 无线方案和以 WIA – PA（中国）为代表的无线方案。3 种解决方案都为了达到工业等级的无线应用而集成了 mesh 多路径的通信技术、跳频扩频通信技术以及基于精确时间同步的通信技术和基于数据碰撞的通信技术。也都考虑了其他技术特点，如无线网络的安全性、无线仪表的电池供电、无线网络的实时性（仪表的刷新速度、网络的通信时间滞后）、无线通信的频段考虑、网络规模及可扩展性，以及同有线 DCS 控制系统的数据集成等。

Honeywel Enraf 公司的技术人员 Richard Siereveld 先生向我们介绍了如何设计一个罐区自动化系统（how to design the perfect terminal automatic solutions）。

自动化策略：定义自动化方案需要考虑因素包括，按照罐区操作的每个步骤来确定，基本的作业从船上卸下油品到罐区，然后再装车，每次转换都存在状态的改变，因其精度的变化，接收部分如何装罐，罐的存储、移动、调合，装车系统，安防系统等方面；确定系统的功能分级：底层——安防系统，基本操作层——计量、产品接受、储存、发送，上层操作优化操作（计算和平衡、计划调度、性能优化）。

确定 DCS/SIS 的功能设计要求，作为做项目之前的准备和策划；对于油品混兑系统的功能要求则更加复杂。

完成罐区自动化管理系统的工作流程规划，以功能流程图形式进行表示。罐区自动化管理系统可实现所有工艺操作的监控和记录。

整理确定使用的标准：由用户和供应商共同形成，COTS——供应商提供的标准的策划模块。

比较 DCS 厂商的方案。

降低风险以及确定完成时间。

实施及调试投运。

考察团还参观了 Honeywel Enraf 公司在荷兰的工厂，其技术人员向我们介绍了液位等仪表生产制造、组装、调试、校验、标定等仪表的生产全过程及工作原理。

1.3.2　参观 Massvlakte Olie Terminal 油库见闻

1. 油库概况

该油库位于鹿特丹港石油化工仓储区，有 39 座 12.5 万 m^3（$D = 85m$，$H = 22m$）的外浮顶原油储罐，该油库主要功能是为 5 座炼油厂储存并转运原油。原油进库全部通过油船进行，有四个码头，原油出库主要通过管道外输，有少量装船作业。

按库方要求，进入现场的参观人员必须穿专用防护服装、防护鞋，戴防护眼镜，随身便携式泄漏探测器。

2. 总图布置

平面格局：油罐分为两个罐区布置，南罐区布置有 18 座罐，北罐区布置有 21 座罐。两个罐区储罐之间的净距约有 100m，两个罐区防火堤之间设置了约 60m 宽的通道，通道内集中布置了 5 组油泵组，油管道以管沟形式集中布置在通道内。办公室、控制室等集中布置在油库的端头，控制室距最近的油罐 50m ~ 55m。

罐组及防火堤：四个罐一组，每个罐一隔，防火堤有效容量大于一个罐容。防火堤及隔堤均为土堤，防火堤高度 4.5m ~ 5m，隔堤比防火堤低 0.5m ~ 1.0m。防火堤及隔堤上均种植了草皮。防火堤内地坪未硬化铺砌，个别罐组地坪铺碎石。储罐间距较大，同一个罐组内和两个相邻罐组储罐间距均约为 $0.8D$。

库区道路：每个罐组均设置有环形道路，且在主通道内的泵组（管带）两侧均布置了道路。相邻两个罐组之间的道路，兼做罐组检修道路（车辆可以进入罐组内）。主通道两侧的道路是双向行驶道路，路面宽度约为 6m，其他道路路面宽度约为 4m。库区道路均为郊区型沥青碎石路面。道路紧邻防火堤外侧布置，没有间距要求。由于管线集中布置在管沟内，因此，库区道路与管线交叉时均设置了较宽的桥涵。库区场地系填海造地而成，北、东、南三面临水，西面有两个出入口通向库外道路。

库区围墙：油库周边没有敏感的社会环境，人员很少，油库周边均设置了栅栏围墙。高度约为 2.5m。

库区绿化：库区内除了防火堤上种植了草皮外，未发现任何绿化。

3. 消防设施

油罐上并没有设置固定喷淋消防水系统，在每个油罐上安装了 10 个泡沫产生器，在罐顶的抗风圈上连接后接出罐组的防火堤，在防火堤外设置快速接口，也就是采用半固定式泡沫灭火系统。这种连接方式存在隐患，由于所有泡沫产生器的管道在罐上连接到一起，当油罐着火时发生的爆震有可能会使某个接口断裂或破裂，会导致所有的泡沫产生器失去作用，在国内，外浮顶罐的泡沫产生器最多可以有 2 个泡沫产生器的管道可以连接在一起，就是为了防止这种可能发生的事故。而且，由于是半固定式泡沫系统，油罐着火时需要的泡沫混合液都需要泡沫消防车提供，火灾时对泡沫消防车的需要量也比较大。

由于油罐上没有安装喷淋管道，当油罐着火时，着火罐和邻近罐的喷淋冷却全部需要人员通过消防车进行移动式冷却，需要的灭火操作人员较多。国内普遍设置了固定式的喷淋冷却管道，对着火罐和邻近罐进行消防冷却。

整个油库的消防设施除了消防水泵站和道路边的消火栓外，只有油罐的半固定式泡沫系统。油库没有设置消防车，没有设置专职消防人员，万一发生火灾，消防全部依托政府救援。

130

4. 工艺管道

码头至库区有 2 根 42 英寸管道。储罐只设 1 根进出油管道，在罐组内只有罐根阀（电动），操作阀（电动）设在罐组外管沟内。管道在罐组内采用地上管墩敷设方式，在罐组外采用敞口管沟敷设方式。

5. 报警及仪表

库区接待人员介绍：油罐采用感温电缆进行火灾报警，介绍了感温电缆的结构及安装方式，自油库建设运行至今，从未发生温度探测的误报警等，认为感温电缆可靠，未发生因罐体环境温度辐射而导致的超温现象，并且也认为不会产生此类现象；没有采用光纤类温度探测系统。

从现场看，感温电缆采用架空支架安装是合理的，可以在工程项目中借鉴。

仪表的液位、温度测量方式与国内通行做法一致。仪表电缆的敷设采用埋地方式，与国内规范要求一致。

电动切断阀没有设置防火罩。

现场了解到，液位连续测量信号是以电缆硬接线方式送入控制室的罐区控制及管理系统中，与国内有关标准不一致。

6. 其他

油罐一次密封采用机械密封。

罐区没有设置投光灯塔，罐顶操作平台和上罐斜梯设置有 2m 多高的照明灯。罐组内电缆均埋地敷设。

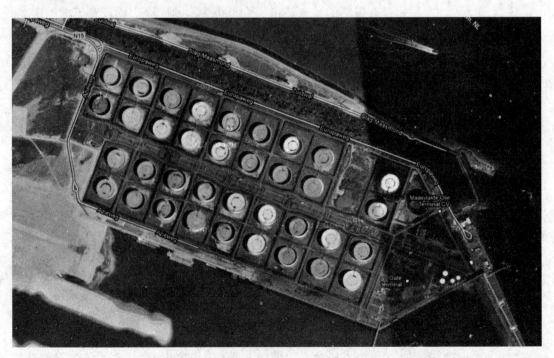

图 2 - 1 - 1　**Massvlakte Olie Terminal** 油库鸟瞰图

图 2 –1 –2 Massvlakte Olie Terminal 油库罐组内部图片

图 2 –1 –3 罐区之间的主干道路及管沟

1.3.3 参观 Botlek Tank Terminal 油库见闻

1. 油库概况

该油库主要是接受炼厂的基础油，根据需要调和成各种成品油。还用棕榈油调兑柴油，储存后装车或装船外运。该库现有 32 座油罐，共计 20 万 m³，计划至 2015 年建成总库容 60 万 m³。

132

2. 总图布置

该油库位于鹿特丹石油化工品港区，毗邻设施也是石油化工品储存企业。油库与库外铁路、高速公路相邻，与铁路间距40m～50m。尽管库外是铁路及高速，库区围墙仍为栅栏围墙。该油库的储罐，由于容积小，罐组占地也不大，均为混凝土防火堤。罐组内最多布置了12台罐。棕榈油罐组内储罐间距很近，有2m～3m。成品油罐储罐间距约0.5D。

3. 储运设施

运油主要通过油船，有三个码头，最大可停靠10万吨级油船。有少量油品灌装汽车罐车外运，采用的是上装方式。

油罐最大罐容为1万m³。汽油、石脑油等易挥发油品采用内浮顶罐，内浮顶是铝质浮筒组装式或塑料组装式浮顶。柴油、棕榈油等油品采用固定顶罐。内浮顶罐设置有氮封系统，氮封的目的一是保证安全，二是防止水汽进入罐内。

油罐外形细高，最高罐约有30m高。库方接待人员介绍：拟建罐最高达48m，直径15m～20m，规范要求罐间距汽油、石脑油等易挥发油品为0.5D，与油罐高度无关，罐高需满足消防作业要求。

油罐基础设置有检漏系统。相邻油罐的顶部由钢平台连接，形成2个不同路径的逃生通道。

4. 消防设施

油罐上没有安装泡沫和消防水设施，只有在罐区道路边上设置有消火栓。

油库没有设置专职的消防队，火灾时完全依托政府或社会的消防力量。企业需向当地消防局交费。

5. 自控仪表

棕榈油罐采用雷达液位计，其他油罐采用伺服液位计。

未来拟建成高度自动化系统，现场不需人工操作。

图2-1-4 Botlek Tank Terminal油库全景图

图 2－1－5　**Botlek Tank Terminal 油库局部图**

1.3.4　参观 Argos Terminal 油库见闻

1. 油库概况

该油库初步建成于 1999 年，此后一直在扩建，我们在现场参观时，仍有油罐在施工。截至 2011 年，建有 100 余座油罐，总罐容 130 万 m^3，主要储存并经营汽油、煤油、柴油等成品油，油品年周转量为 2750 万 m^3，部分储罐为其他公司代储油品。油库主要分为三部分人员：操作人员、设备维护人员、HSE 人员。

进入现场的参观人员必须进行安全教育，携带安全牌，穿专用防护服装、防护鞋，戴防护眼镜，并有专门安全人员陪同。安全牌挂在门卫室，进出现场人员必须翻牌，便于及时掌握在现场的人员情况；若进入罐体内部，必须将本人安全牌挂在进出口外侧的规定位置，待出来时取出带走。

2. 总图布置

该油库位于鹿特丹石油化工品港区，毗邻设施也是石油化工品储存企业。库区场地系填海造地而成，三面临水，与毗邻的油库共用一条通往内陆的道路。

据 ARGOS TERMINAL 接待人员介绍，汽油、石脑油等易挥发油品储罐间距为 $0.5D$，其他油品储罐间距较小（小于 $0.5D$）。防火堤内的有效容积为一个罐容量的 1.1 倍～1.2 倍。防火堤采用的是路堤形式，即土堤顶部有车行道。

3. 储运设施

汽油、石脑油等易挥发油品采用内浮顶储罐，其他油品采用固定顶储罐。相邻较近且高度相同的储罐，顶部由钢平台连接。单罐最大容量约 $20000m^3$。储罐数量最多的一个罐组有 17 座储罐，分列两排，其中一排由 8 座罐容约为 $8000m^3$ 的罐组成，另一排由罐容大小不一的 9 座罐组成，两排之间有隔堤，同一排储罐之间无隔堤。

油品进出库主要通过船运，有 4 个码头，6 个泊位。少量油品通过汽车罐车运输，在

134 靠近库区入口处设置有一座汽车罐车装车站。

4. 消防设施

油罐上安装有泡沫系统，但没有安装消防喷淋管道。

图 2 - 1 - 6 Argos Terminal 油库鸟瞰图

图 2 - 1 - 7 Argos Terminal 油库近景图

1.3.5 参观 MAIN Terminal 油库见闻

1. 油库概况

该油库现有 16 座油罐，分期建设，至 2007 年建成现有规模，储存并转运汽油、柴油等成品油。

2. 总图布置

油库几乎四面环海，只有一条道路通向库外陆地。

16 座油罐分成两个罐组布置，两个罐组周边均设有环形道路，罐组之间的主干道宽约 9m。

油库的围堰由钢板围成，堤高约为 2.5m。

油库的主要建筑物（综合楼）距最近的油罐约有 80m。

3. 储运设施

单罐最大罐容 8900m³（直径和高度均为 22.5m），全部为固定顶储罐，汽油罐设置有氮封保护系统。

一个罐组由 7 座罐容为 8900m³ 和 1 座罐容为 2500m³ 的油罐组成，该罐组 2007 年建成，按新法规要求，罐间距为 0.5D。另一个罐组是 2007 年以前建成的老罐组，由大小不一的 8 座油罐组成，多数罐间距小于 0.5D。

油品进出库主要通过船运，有三个码头。少量油品通过汽车罐车运输。在靠近库区入口处设置有一座汽车罐车装车站，有 4 个装车车位，采用下装方式，单侧装车，车位之间通道净宽约 4m。装车站还设置有 1 座乙醇罐，用于调兑乙醇汽油。

油库设置有油气回收装置，采用的是活性炭吸附—解吸—油品吸收油气工艺。装车时排出的气体返回油罐，油罐排除的气体进入油气回收装置。

罐体上具备两个逃生通道，罐体可设旋梯或直梯，中间罐可以利用相邻罐的连接平台，不需要再在罐体上设置旋梯。

4. 消防设施及污水处理

油罐设置了固定式泡沫灭火系统，每个油罐有一个泡沫产生器。个别油罐在罐壁顶设置和罐顶设置了固定式消防喷淋管道。道路边上设置有消火栓和消防炮。消防炮比较特殊，是消防水和泡沫两用炮，每个炮的边上设置了泡沫液罐，通过在线比例混合器将泡沫液吸入消防炮，可以直接喷出泡沫用于消防。

这个油库的消防设施还有一个特殊之处，罐组防火堤上内侧安装了一根泡沫混合液管道，在其上安装了泡沫产生器，用于覆盖可能的防火堤内的池火。现场看，这个管道安装很不合理，设置于防火堤内侧，当发生池火时肯定直接受到火的烧烤，万一有一处发生变形或者破裂，由于所有的泡沫产生器都连接在这跟管道上，必将会导致所有的泡沫产生器失去作用。从来没有在油品罐组的防火堤内设置泡沫灭火的先例，不知道这个油库为什么如此设计，而且安装方式也不合适，达不到设置的目的。

油库没有设置专职的消防人员，也没有设置消防车，油库发生较大火灾时，需要的人力和物力完全需要依托政府的消防力量，消防队可在接到报警后 15 分钟内赶到火灾现场。

5. 自控仪表

该油库的罐区自动化系统实现卸船、库存、调和装车等全流程自动化监控管理。

油库的装车由罐车司机自行控制，司机专门的 IC 卡，自进口的门禁系统扫描，所有的装车油品量及相应的油品牌号即进入罐区自动化管理系统，由系统确定装车台，由司机连接装车管线、装车信号连接电缆（包括接地、信号报警检测等），操作装车台控制终端，输入密码、确认相关信息后即进行装车，装车完毕经司机确认后，所有的装车信息反

136 馈到罐区自动化系统进行记录、存储，打印后司机签字确认，并带走装车记录原件。装车油品调和由罐区自动化管理系统自动选择油罐、添加剂罐，并进行调和加装。

在现场观察到司机装车操作、信息打印签字过程。

6. 其他

罐顶和上罐斜梯上设置有照明灯，没有投光灯塔。

油库设置有污水处理装置，并设有 2 座含油污水罐，污水罐主要收集油船的压舱水。

图 2 - 1 - 8　MAIN Terminal 油库外景图

图 2 - 1 - 9　MAIN Terminal 油库全景图

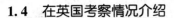
1.4 在英国考察情况介绍

2012年10月20日~24日，考察团在英国进行考察。考察团参观了VOPAK UK油库（成品油库），与英国几位参与邦斯菲尔德油库（Buncefield Oil Depot）火灾事故调查工作的HSE专家进行了技术交流，详细了解了这次事故的原因、造成的后果、事故教训、事故后采取的改进措施等。英国专家简介如下：

Peter Davidson——英国石油工业协会成员，介绍了邦斯菲尔德油库火灾事故的发生原因、经验教训及建议。

Dr Ivan Vince——HSE执证专家，演讲题目是"罐区过程安全"。

Dr Niall Ramsden——来自国际资源保护组织，灭火专家，邦斯菲尔德油库火灾现场扑救行动顾问，致力于火灾危险方面标准的制定工作，已与20多个国家或跨国公司合作过，现受聘于英国政府，专门研究邦斯菲尔德油库火灾事故的经验教训。

John Coates——BP顾问，灭火专家，介绍了邦斯菲尔德油库火灾扑救过程；

Kelvin——石油化工领域资深专家，邦斯菲尔德油库火灾现场顾问，专门从事石油化工安全问题研究。

1.4.1 参观VOPAK UK Terminal油库见闻

1. 油库概况

该油库位于伦敦附近，泰晤士河岸边，有各种油品和液体化工品储罐86座，总罐容379044m³。

2. 总图布置

汽油等低闪点油品储罐间距为0.5D，高闪点油品（如柴油、棕榈油）法规方面无间距要求，实际罐间距较小。

防火堤容量为110%最大罐容积，防火堤是钢筋混凝土墙。

最大罐组油罐总容量为6万m³。规模较大的罐组设置有环形消防道路，小型罐组附近也有消防道路，方便消防车接近每个储罐。有一个罐组有18个储罐，但单罐容积较小，且三排布置，其他罐组储罐两排或单排布置。

3. 储运设施

油品进库主要通过船运，有三个泊位。发油主要靠汽车罐车外运，最多一天可灌装750辆罐车，采用下装方式。

单罐容积最小50m³，最大10000m³。

汽油等低闪点油品采用内浮顶罐（浮顶材质为铝合金），柴油采用固定顶罐。油罐没有设置有氮封保护系统。

油库设置有油气回收装置，采用的是活性炭吸附——解吸——油品吸收油气工艺。据库方接待人员介绍，油气回收装置并无经济效益，主要是根据政府的环保要求设置的，政府有返税。

罐体上具备2个逃生通道，罐体可设旋梯或直梯，中间罐可以利用相邻罐的连接平台，不需要再在罐体上设置旋梯。

罐区设置的照明灯塔均不高于罐顶。

138

4. 消防设施

油罐上没有安装泡沫系统和消防喷淋系统，道路边上设置有消火栓，油库没有设置专职消防人员和消防车，油库着火时需要的消防力量主要依靠政府消防队。

5. 其他

内浮顶储罐正常操作时不允许浮顶落底。

油船一旦着火，一般做法是让其离开。

邦斯菲尔德油库火灾事故后，该库加强了安全监控措施。

油库建设执行欧盟和英国的法规，更多的是听取专家意见和评估报告意见。

6. 对邦斯菲尔德油库火灾事故的反思

库方接待人员介绍，由于 VOPAK 油库与邦斯菲尔德油库同在一个区域，因此邦斯菲尔德油库的火灾给他们带来很多警示：

（1）不能低估蒸气云的爆炸破坏力，需谨慎确定油库与库外的相邻设施的间距，靠近油库不能设人员集中场所。油库的控制室应远离油罐。

（2）邦斯菲尔德油库防火堤不够牢固，火灾时破损，造成大量泄漏油品流出防火堤，引发其他 19 座油罐着火。需改进防火堤的结构，做到结实可靠。

（3）邦斯菲尔德油库出事前，交接班有疏忽，没有及时发现事故征兆，表现出管理不严。需改进交接班审核制度，强化安全管理。

（4）邦斯菲尔德油库出事汽油罐的高液位报警及联锁系统早已出现故障，却没有及时维修，埋下事故隐患。需要加强对关键设备及监控系统的日常维护，使其始终保持正常状态。

（5）扑救邦斯菲尔德油库的火灾使用了大量消防水，并携带大量油品流出库外，污染了库区外土壤。需要反思灭火方式，尽量保证消防废水不污染环境。

图 2－1－10　VOPAK UK Terminal 油库外景

1.4.2 专家对邦斯菲尔德油库火灾事故的介绍和总结

邦斯菲尔德油库位于伦敦西北方向约 50km 处，主要储存汽油、煤油和柴油，分属 5 家企业。

1. 事故概况

- 事故发生在 2005 年 12 月 11 日（星期日）06:01:32。
- 40 人受伤，没有人员死亡。
- 10 万 m^3 油品损失。
- 爆炸程度达到里氏 2.4 级，在距离 60 英里地方的窗户被震响。
- 370 家企业受到影响。
- 16500 名企业员工被疏散。
- 是二战以来英国乃至欧洲最大的火灾事故。
- 2000 名居民被撤离。
- 受到事故影响的范围达到 2km。
- 20 家企业被烧毁。
- 救火活动持续了 5d。
- 180 名消防队员投入灭火。
- 26 台消防泵投入使用。
- 消耗了 700 m^3 泡沫。
- 使用了 55000t 水。
- 10000t 污水被回收。
- 300 台具机械投入灭火行动。使用了远程供水车队，取水点距离火灾现场约有 2km。
- 1000 人参与了灭火行动。
- 附近的主要道路被关闭。
- 泡沫和含油污水污染了环境，大量烟灰沉积到土壤中和树上，对环境的影响直到现在仍然难以准确评估。
- 火灾后 5 家公司共赔偿 700 万美金。

2. 事故发生过程

- 2005 年 12 月 10 日夜晚，912 号罐正在通过库外管道收进汽油。
- 在 12 月 11 日 05:37，汽油开始通过储罐气孔满溢，溢油流到罐组地面。
- 大量可燃气体蒸气云在油罐周围形成，CCTV 记录到了白色的雾气，蒸气云直径约有 360m，约 250 m^3 汽油溢出。
- 油库外的部分路人和卡车司机看见了可燃气体蒸气云，在 06:01 火警系统按钮被人按下报警。
- 自动启动的消防泵可能是可燃气体蒸气云的点火源。
- 防火堤爆炸时破损，造成大量泄漏油品流出防火堤，形成大面积流淌火，引发其他 19 座油罐接连着火。
- 大火持续 60h，20 座油罐完全烧毁。

3. 事故发生原因

调查结论认为，邦斯菲尔德油库存在三个方面的问题：

a. 关键的技术故障：

● 高液位报警仪表和独立的高高液位联锁开关长期存在问题，主要是设计有缺陷，安装不到位，维护不及时。padlock 没有被安装，高液位的开关，内有测试、工作模式，带有小锁头的杠杆仍处在测试模式，而不在工作模式，对于液位开关和小锁头如何工作不清楚。

● 控制室里的控制系统监视屏幕只有一个，采用 Windows 操作系统，窗口重叠打开，窗口被覆盖，使操作人员无法看到溢油罐的操作页面等，没有及时发现溢油和蒸气云。

● 防火堤不够牢固，致使大量油品流出。

b. 安全管理松懈：

● 没有健全的管理规程，或对规程执行不严格，对工作人员培训不足，事故应急措施不得力。

● 操作人员没有控制输油的过程，疏忽了采用上弦的小钟表，计数进油的量，甚至有个开关也没有接线。

● 操作人员对液位仪表系统不熟悉，缺少认知。在随后调查中，在关注今后的预防措施时，检查到液位计出错了 8 次，不知道如何找出错误及避免出错，对过程安全都没有重视，董事会等不清楚过程安全的概念。

c. 场地规划不合理，附近建筑物过于密集。

图 2 - 1 - 11　邦斯菲尔德油库大火

图 2 – 1 – 12 邦斯菲尔德油库火灾中烧毁的油罐

1.4.3 Peter Davidson 演讲主要内容

英国 HSE 部门成立的重大事故调查委员会，根据邦斯菲尔德油库火灾事故的经验教训，给出了 25 条建议，分列于下述 6 个部分：

- 对事故风险进行系统性评估，满足高水平的安全需求。
- 采取有效措施，防止第一层防护系统（主要指储罐）失效。
- 在工程方面防止第一层防护系统失效。
- 在工程方面防止第二层防护系统（主要指防火堤）和第三层防护系统（其他疏导、堵截漏油的设施）失效。
- 建立高效、可靠的运营管理组织和制度。
- 加强企业文化建设和领导力。

出台了《燃油库储存现场的安全和环境标准》等指令、规定和标准。

（1）技术改进措施：

a. 评估风险——API650（新罐设计）、IEC61511（系统安全设计）、EEMUA159/API 653（罐体）。对原油罐也采用以上进行评估。

b. 围堰，防泄漏，最大罐体容积的 110%，墙是防渗的，对于进出口有特殊措施，有防渗透膜，不一定都有内衬，对于土堤没必要装。制定了导则：对环境影响进行评估。

（2）组织改进措施：

加强组织领导力，过程安全领导小组建议，通过石油协会向下游企业进行传达。建立了组织：英国过程安全论坛，和别的领域建立联系，获得经验和教训。对 2 年 ~ 3 年前的阿富汗空难事故进行调查研究，进行资源的配备；对今年的墨西哥湾的火灾、福岛核电站

142 事故分析，得到经验和教训，对应急发电机布置，进水的风险评估等提供借鉴。

现在由石油协会编制相关指南，政府不再负责。

油库周围可以有哪些建筑物和设施，需向政府部门申请，向行业协会咨询。

通过 5 年的研究，Peter Davidson 个人提出相关的建议：

a. 小问题可能会造成大事故，及时纠正小问题会有大回报。

b. 先进设备不能解决所有问题，最重要的是工作人员的责任心。

c. 设计、安装、维护、操作均应是合适的、有效的。

d. 汲取别人的经验教训，不断改进自己。

1.4.4　Dr Ivan Vince 演讲——罐区过程安全（process safety in tank storage）的主要内容

（1）风险评估是 COMAH Regulations（欧盟标准）的核心内容。批准的操作手册（Acops）、指南（Gudance）、标准（Strandards）和法规（Regulation）组成了相关的标准体系。在英国，法规要求不是很多，主要内容是目标控制。项目业主单位需展示所采取的措施能够实现控制目标，需证明这些措施能够控制风险，保证安全。措施要合理、适用，不宜过度投入，需兼顾经济效益。

（2）COMAH Regulations：目的有 2 个——防止重大事故出现；限制出现事故后造成的后果。区分了过程安全、环境安全。

COMAH Regulations 开始只是关注设施安全，后修订时对人的安全和环境安全进行考虑。

主要环境事故的控制：重大事故——对于人健康、环境重大影响的事故。危险物质——列在危险表中的易燃的、易爆的、有毒性的等。

COMAH Regulations 安全报告的编制：类似于博士论文厚度，分为三个阶段：0 阶段——危险物质储存；1 阶段——预先建设的安全报告，编制建造前的安全报告，只是硬件部分，没有考虑安全操作部分；2 阶段——预先操作的安全报告；3 阶段——每五年修订一次，如果安全管理系统的变化、新的东西、新技术都会使安全报告升级。

健康安全局在事故发生后，对事故进行出版，相关组织进行修订导则等。

安全报告的内容：描述性，什么样的环境、河流、人员、周围情况等的要求、装置情况等；预测性，涉及风险的预测；技术方面，如何防止风险，从硬件、程序、组织机构等，安全局检查在此部分对应一个或多个对预测的技术解决方案；政策手册和安全管理系统；应急措施；多米诺效应等。

（3）危险评估 Risk assessment：

COMAH Regulation 中的一个部分，相当大的部分，只介绍几个相关步骤及概念。

- 风险识别：是评估中的最重要的一环，在邦斯菲尔德事故中，发生了什么错误，管理层、员工、顾问、政府的检查者等都没有发现存在的问题。

- 评估频率：发生过什么，会发生什么，相关发生了什么。

- 后果分析：容易做到，现在手段有。对人的分析很简单；对于环境影响的分析难度很大，不容易做。

- 危险标准：后果是否担心。

- 对危险的识别：例如 HAZOP 分析（Hazard and Operability Analysis），危险与可操

作性研究。有以下主要内容：团队，各方面专家 5 人 ~ 8 人，包括设计师、电气工程师、资深人士，主席（外部的人员担任）等开会研究；系统性研究，What if 方法；Bottom - up 方法，向上原则；工作基础，在 P&IDs 上完成，随着 PID 版次的变化进行 HAZOP 分析。对于每个偏差都要进行分析，评估组列出：潜在因素——冗余的概念，进行多步的识别，分析造成的原因；造成的后果——产生的可能性、严重性；确定能用的安全措施——记下、列出后，再进行对口情况分析；推荐及建议——如果安全保证措施，考虑如何如何，建议怎么做，除非违反了政府法律，必须提出要改正。例如故障树分析 Fault Tree Analysis（FTA），是自上而下的危险分析方法。自上而下的方法；逻辑门——与、或、异或等；复杂系统的适合性；计算机辅助——故障树分析可以借助计算机辅助绘图，可以进行相关的计算，进行敏感性测试。

● 故障概率：工业界的经验（自己经验、业界经验等）；部件失效比率的数据；故障树分析；人为因素容易被轻估，评估零部件出错时不能单独利用一个数字，新部件更容易出错，人为因素和部件故障结合起来考虑；非独立因素的失效被忽略。泵的数量增加出错的故障概率不会成若干倍的减少，产品的使用、泵位置、泵的驱动形式都会影响故障的概率。

（4）罐区主要事故（Major accidents on tank farms）：火球（fire ball）——火灾发生时 LPG 云团的爆炸的解剖；池火（Pool fire）；围堰溢出（Bund overtopping），美国发生过大型的柴油罐实效事故，罐体制造时有缺陷，导致装满柴油的罐竖向裂开，溢出围堰，冲向河流，并将所碰到的另一个罐，冲倒损坏。

（5）关于邦斯菲尔德油库火灾：是蒸气云的爆炸发生的火灾，HSE 部门在 2005 年火灾后宣布，是前所未见的火灾事故。

蒸气云的边缘称为可点燃的区域，可以被点燃，从边缘的点燃的地方，向内部进行燃烧，形成池火，速度是每秒 1m，如果在开放的区域，如果没有阻碍，是听不到任何声音，可快速烧到释放点区域。蒸气云的行为有业内成熟的建模工具，可以模拟蒸气气化，蒸发因素：温度、风速；密度蒸气会移到上风，蒸气云表现得很规则，实际情况下，蒸气云的外部还有小块存在，是非常复杂的情况。

上述解释了蒸气云发生的条件、因素、状态，但都不能解释邦斯菲尔德火灾的发生原因，小的可燃气体云不在可限制的空间内，在开放的空间里，体积可膨胀到 7 倍大；同样的可燃气体块，在封闭的容器内被点燃，体积不能增加，但是压力会增加 7 倍；如果罐体良好，会爆炸，会损坏建筑物、会使人员受损等，会产生爆震。在开放区域、封闭区域二者不同，现场情况会出现混合状况，蒸气云乱窜，蒸气云不一定体积增加 7 倍，但是会产生相同的效果，会有阻碍，面积会扩大，速度会变快，着火会变大，产生爆炸。

目前，还不能清楚邦斯菲尔德是不是产生爆震，但是产生了冲击波，如果有拥堵就会产生湍流及冲击波，如果无拥堵就只产生闪火；照片证明造成爆炸情况有不同的压力，建筑物、罐体、车发生扭曲（>200kPa，在开放的空间）。

邦斯菲尔德事故的蒸气云的点燃源是什么？围墙树应该没有树叶，2004 年《损失防止》杂志有文章提出围墙树是否会增加 LPG 爆炸的危险，答案是非常有可能的；Dr Ivan Vince 在 2006 年就提出了树可能是引起蒸气云的因素；2008 年的报告也没有提及树的问

144　题；只是在最近 Dr Ivan Vince 等人才提出了围墙树的影响。1966 年邦斯菲尔德建库时，当地就提出了建立围墙树的要求，当初仅仅是为了美观原因。

（6）关于可接受的事故风险：事故率大于或等于 100×10^{-6} 属于高风险；事故率低于 1×10^{-6} 属于低风险。两者之间的风险是可以接受的。

（7）关于油罐与库外建筑物及设施的安全间距。

英国 HSE 部门出台的标准《易燃油品储罐布置》是油库设计需执行的标准，该标准只规定了油罐与库区边界线的最小距离，对油罐与库外建筑物及设施则没有安全间距的具体规定。选择库址时，需要根据政府的区域规划和第三方出具的评估报告，确定油罐与库外建筑物及设施的安全间距。

1.4.5　Dr Niall Ramsden 演讲主要内容

关于谁组织灭火：当地的消防局、政府组织，当地消防局往往缺乏碳氢化合物灭火经验，灭火现场需要有专家指导。当地政府的物资供应到位顺利，能够顺利灭火，邦斯菲尔德火灾最终被扑灭是一个团队的共同努力结果。请记住，在欧洲油库没有自己的消防队。

邦斯菲尔德油库火灾事故后，LASTFIRE（Large Atmospheric Storage Tanks Fires——石化工业界联盟组织）进行了分析讨论，总结事故教训，研究如何防火和灭火。LASTFIRE 的研究工作得到世界范围 16 个知名公司（BP、Shell、Sinopec 等）的赞助，并参与研究工作。

研究表明，邦斯菲尔德火灾的扑救行动并没有挽救设备和油品的损失，反而大量的消防废水冲出油库，给环境造成了巨大的污染。像邦斯菲尔德油库这样的特大火灾事故，是不可能被扑灭的，但应尽可能去控制。邦斯菲尔德油库火灾之所以动用大量设备、使用大量消防水和泡沫去扑救，主要是考虑政治原因，必须让民众看到政府在积极救火，但效果不一定好。

通过收集调研事故案例，汇总风险频率，形成了工业界较为完整的数据库，研究内容有火灾场景的分析、风险降低的措施、阻火耐火风枪等。Shell 公司研究中心研究的风险，研究相关的措施，重大的部分就是消防泡沫，《风险控制手册》是其新近的研究成果，具有指导作用。

Shell 公司提出 LASTFIRE 需要升级，应每年更新一次，应当扩展到内浮顶，风险减少的措施：探测系统、泡沫系统、大型的综合大炮系统、罐的密封结构的变化，关注火灾风险降低等。

数据的比较（与 1997 年）：风险减少的策略也需要更新，来自工业界的信息反馈，随着计算机技术的发展，对数据的展示更加直接，比如 CCTV 能连接到火灾探测系统中；一次性的边封系统的研究使用；罐的顶部结构变化；大容量大炮的喷嘴系统等。

玻璃钢（GRE）内浮顶还没有广泛应用。

关于沸溢液体：原油、重质油等会产生，罐内会含有水，油罐内油品着火时，轻质油先燃烧，重质油温度升高，并向下传导温度，随着时间增加，重质油层厚度增加，当罐内重质油温度高，并且传导到水层时，水蒸发产生大量蒸汽，体积膨大，向上推动重质油层，产生沸溢。

LASTFIRE 对于大型常压外浮顶罐火灾研究结论：

（1）外浮顶罐火灾有 5 种类型：浮顶密封圈火灾、浮顶油品溢流火灾、防火堤内流淌火灾、油罐全液面火灾、浮舱爆炸火灾。据统计，1981 年～1995 年发生的直径大于 40m 的外浮顶油罐 62 起火灾事故中，浮顶密封圈火灾 55 起，浮顶油品溢流火灾 1 起、防火堤内小范围流淌火灾 3 起、防火堤内大范围流淌火灾 2 起，油罐全液面火灾 1 起。

（2）37 起顶层坍塌事故只有 1 起引起火灾，是消防员泡沫灭火操作不当造成的。全表面火灾不一定都要完全灭火，在一定范围内控制燃烧并进行倒罐操作更妥当。

（3）对于防止火灾发生，最好的措施是对罐体及检测设备的日常安全维护，确保油品不泄漏。

（4）由于对安全的重视，石油化工行业的火灾概率并不是很高，远小于交通行业的事故率，但石油化工行业的火灾往往影响比较大，所以更受舆论和公众所关注，而对经常发生的交通事故反而习以为常。

（5）外浮顶罐最常见火灾是密封圈处的火灾，且火灾的主要原因是雷击引起的，很难演变成全液面火灾，风险较小，如果有预先的应急安全措施，外浮顶罐的火灾不应对人和环境造成巨大风险和影响。在北欧，雷电击中油罐并造成密封圈着火的概率为 1.6×10^{-3}。其他火灾事故频率如表 2-1-1 所示：

表 2-1-1　其他火灾事故频率

火 灾 类 型	频率（罐·年）
浮顶油品溢流火灾	3×10^{-5}
防火堤内小范围流淌火灾	9×10^{-5}
防火堤内大范围流淌火灾	6×10^{-5}
油罐全液面火灾	3×10^{-5}

（6）规范性的要求不一定适用所有情况，每个企业应制定自己的安全策略。

（7）没有机械密封比软密封更危险。在欧洲，外浮顶油罐大多数采用机械密封，少数采用软密封，软密封的使用效果不是很好。新加坡雷暴日非常高（120d/年），但其外浮顶油罐火灾发生率很低，说明只要导电连接到位，机械密封同样安全。

（8）阿联酋某原油库，油罐直径 150m，按泡沫覆盖整个液面设置泡沫灭火系统，采用大流量泡沫炮，代价很高。建议只在国家的重点地区、关键地点使用。

1.4.6　John、Kelvin 的主要演讲内容

关于消防车：英国消防队一般配置有高喷车，可举高 150 英尺，普通消防车配置 3 支水枪。此外还配置有泡沫拖车、干粉车。经验之谈，一个大直径油罐灭火需要 22 人。

在扑救邦斯菲尔德油库火灾过程中遇到了很多困难及教训，在过程中使用了高消防车、拖车、干粉等。

泄漏出来的油大部分烧掉了，经过两天半大火最终被灭掉了，围堰中还有残留的油水混合物；火灾时所有的设施都不能运行，阀门已损坏，无法进行任何工艺操作。

对这样的特大型火灾首先是控制火势，第二步是评估如何灭火。

由于现场储水量有限，灭火过程使用了远程供水车队，取水点距离火灾现场约有2公里。

1.4.7　Alex Norris 介绍油气回收装置 Vapor recovery units

在欧洲，轻质油品装车时产生的油气需要回收处理，主要是采用活性炭吸附—解吸—油品吸收油气工艺，或采用焚烧方法。

装车油气排放控制指标为 10mg/L。

为配合油气回收，轻质油品装载汽车罐车全部采用下装方式。

在欧洲，轻质油品装船还没有全部采用油气回收装置。

1.4.8　英国 HSE 部门出台的标准《易燃油品储罐布置》简介

（1）关于储罐的位置

1）储罐设施的定位和布置应该小心谨慎，在储罐发生火灾的情况下，要保护人员和财产不受此影响，还要保护储罐不受现场任何地点发生火灾的威胁。一般来说，如果一个钢罐的温度升高超过 300℃，此时罐的结构就会受不利影响，它可能会破裂。

2）地上储罐应布置在通风良好的位置，远离场地边界线、使用中的建筑物，火花源和装置区域。

3）储罐不能布置在建筑物下、建筑物顶、离地面高的地方、隧道涵洞及排水沟上。

（2）储罐地上、地下布置的选择

1）储罐可以布置在地上或地下。每种布置都会有优点和缺点。地上储罐优点就是泄漏时更容易监测和控制，任何散发的气体在自然通风情况下更容易消散。检修也更容易，腐蚀的部分也更好地控制。

2）地下储罐更容易防火的保护和节约空间。但是因损坏或腐蚀引起的泄漏却不容易监测到。这样导致地下污染，环境问题，可能的火灾或腐蚀对周边建筑物或地下结构的危害。

（3）关于防火间距的确定

1）防火间距的作用：一定的防火间距是为了阻碍火势的蔓延，阻止火灾对储罐和装置区域的危害，而这些区域往往有大量的其他危险物质的存在。如果罐组中一个罐发生严重火灾，这些防火间距应能阻止对邻罐的破坏。应有足够的实施紧急程序和人们从事故中撤离的时间。防火间距是根据习惯性做法和整个行业所广泛接受的做法。最小防火间距是指罐上任意一点与任一建筑物、边界线、装置单元或固定火源点的最小距离。同时，在发生火灾或爆炸的情况下，确定的防火间距不可能完全保护储罐不受影响，但在有逃离措施下应有足够的时间供人们逃离。也应该有充足的时间供消防设施和紧急程序的启动。

2）在储罐定位时，应考虑与下列之间的距离：

- 场地边线；
- 现场建筑物，尤其是使用中的；
- 固定的火花源；
- 储存或处理其他危害物质的地方；
- 公路或油罐铁路设施。

3）确定间距时考虑的因素：

- 油罐的位置（地上还是地下）；
- 油罐的大小和容量（重点考虑）；

- 油罐的型式（固定顶还是浮顶）。

4）在下列情况下，有必要增加防火间距或提供更多的消防装置：

- 当地水供应有问题；
- 现场离外部的协助遥远（比如离消防部门）；
- 储罐离人密集的地方很近。

（4）关于"小罐"的布置

1）"小罐"的定义：小罐指的是直径小于10m。

2）"小罐"可以集中布置，一个小罐可以看作是一组罐的一部分。一组罐的总容量不应大于8000m³，罐组排列应使消防措施容易实施。

3）"小罐"集中布置时的罐间距如表2-1-2所示：

表2-1-2 "小罐"集中布置时的罐间距

罐 容	防火间距
小于或等于100m³	满足安装、检修、操作的要求
大于100 m³但直径小于10m	大于或等于2m

4）单一"小罐"与边界线、建筑物、加工区、明火地点的防火间距如表2-1-3所示：

表2-1-3 单一"小罐"与边界线、建筑物、加工区、明火地点的防火间距

罐 容	防火间距（m）
小于或等于1m³	1（注）
大于1 m³小于或等于5 m³	4
大于5 m³小于或等于33 m³	6
大于33 m³小于或等于100 m³	8
大于100 m³小于或等于250 m³	10
大于250 m³	15

注：距离门、玻璃窗、逃离通道至少2m。

5）一组"小罐"与边界线、建筑物、加工区、明火地点的防火间距（一组"小罐"可看作是一个罐）如表2-1-4所示。

表2-1-4 一组"小罐"与边界线、建筑物、加工区、明火地点的防火间距

罐 容	防火间距（m）
小于或等于3m³	1（注）
大于3 m³小于或等于15 m³	4
大于15 m³小于或等于100 m³	6

续表 2－1－4

罐　　容	防火间距（m）
大于 100 m³ 小于或等于 300 m³	8
大于 300 m³ 小于或等于 750 m³	10
大于 750 m³ 小于或等于 8000 m³	15

注：距离门、玻璃窗、逃离通道至少 2m。

6）相邻的一组"小罐"间的最小防火间距为 15m。

（5）关于"大罐"的布置

1）"大罐"的定义：大罐指的是直径大于 10m。

2）"大罐"的防火间距如表 2－1－5 所示。

表 2－1－5　　"大罐"的防火间距

项　　目	防 火 间 距
相邻固定顶罐间	等于下列较小者： 1. 较小罐的直径 2. 较大罐直径的一半 3. 15m；但不小于 10m
相邻浮顶罐间	罐直径小于或等于 45m 时：10m 罐直径大于 45m 时：15m 以"大罐"来确定间距
固定顶罐与浮顶罐间	等于下列较小者： 1. 较小罐的直径 2. 较大罐直径的一半 3. 15m；但不小于 10m
"大罐"与一组"小罐"间	15m
"大罐"与边界线、建筑物、加工区、明火地点的防火间距	15m

1.5　在摩洛哥考察情况介绍

2012 年 10 月 25 日~26 日，考察团在摩洛哥进行考察，参观了 CIM 炼油厂。CIM 炼油厂是摩洛哥唯一一座炼油厂，炼油能力 1000 万 t/年。该炼油厂有 6 座 10 万 m³ 外浮顶原油储罐，3 个罐组成一个罐组，罐间距约为 0.4D。CIM 炼油厂接待人员向我们重点介绍了其汽车罐车装车站，该装车站有 24 个车位，装车品种有汽油、煤油、柴油和燃料油，每天装车作业 8h，每天灌装 500 辆~700 辆罐车，采用上装方式，未设油气回收装置。

新近由 Honeywell Enraf 公司为装车站进行了装车自动化系统改造，装车控制系统的组成如下：

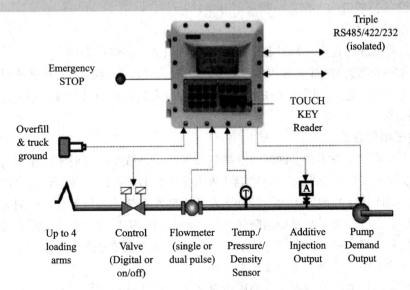

图 2 - 1 - 13　装车控制系统示意图

1.6　考察感受

1.6.1　关于油库建设理念

欧洲石油库建设发展趋势是，更加注重以人为本，保护人员财产安全、保护环境免受污染的要求越来越严格。遵循技术安全原则，标准方面对设备和设施的技术要求很细致、全面，且安全度不断提高。对每次事故都会认真总结经验教训，并改进相关标准。对标准的修改，需要有充分的理由和依据。

1.6.2　关于油库建设水平

欧洲储罐方面的技术改进并不明显，我们所参观的新建成油库未见到采用新的储罐形式。在欧洲，有一些油库采用了双层壁储罐，但并不普遍。在人口密度较高或环境敏感地区，安全和环保方面的要求会更高，评估报告是重要的依据。

监控水平越来越高，普遍使用的罐区自动化管理系统可以实现装卸船、储罐液位监控及报警联锁、调和装车等全流程自动化监控管理。油库均设置有 CCTV 监视系统，更高层次的无线仪表也越来越多被采用。在国内一些重要的大型石油库（例如国家石油储备库）也采用了高水平的自控系统，但还远不够普遍，有相当多的油库连基本的储罐液位等监测仪表都没有。

1.6.3　关于油库安全运行管理

欧洲油品仓储业有良好的安全管理理念，强调人是安全的第一因素。邦斯菲尔德油库火灾事故后，政府和企业均加强了规划、评估、设计、施工、维修、操作等环节的严格管理，更加注重员工的安全培训，在油库也开始对工艺过程和设备设施进行 HAZOP 分析。

反思邦斯菲尔德油库火灾事故，联系国内发生的油库重大火灾事故可以发现，火灾事

150　故具有下述三个共同点：

（1）设计有缺陷；

（2）设备长期带病工作；

（3）违章操作。

重大火灾事故的发生，都是若干小问题长期积累的必然结果。

国外普遍采用的 HAZOP 分析由专业知识深厚、经验丰富的高级专家进行，是很好的杜绝隐患的方法，比我们国内往往由非专业人员，机械教条的对照规范条文进行安全评价的方式好得多。

1.6.4　关于消防设施

在荷兰和英国参观了 5 座油库，这些油库的消防系统相比国内的油库消防系统较为简单，多数油库的储罐只设置有固定式泡沫灭火系统，有的油库的储罐还设有固定式冷却水系统，个别油库固定式泡沫灭火系统和固定式冷却水系统均未设置，只有消火栓。这些石油库自身都不设置消防车及专职消防队，发生小规模火灾，油库方启动所设置的灭火系统灭火；发生大规模火灾，由政府专职消防队前来扑救（需在报警后 15min 内赶到）。企业需向政府交纳消防队建设、运行及维护费用。

根据对国内石油库的调查，石油库设置的专职消防队稳定性较差，人员流动频繁，很难形成高素质、专业化的消防队伍。另外，为维护一只专职消防队，企业需要耗费大量资金。总之，油库自设专职消防队具有效率低下、耗费巨大、力量分散、战斗力差的缺点。

欧洲国家由政府统一建设、集中使用专职消防队的做法值得我们借鉴。

1.6.5　关于如何执行新标准

关于老油库如何适应新法规和新标准，欧洲的做法是，根据情况尽量满足新法规和新标准的要求，如邦斯菲尔德油库火灾事故后，油罐均已按新标准的要求设置溢流保护系统，但对那些无法改变的条件（如防火间距），则不能判定其违规。

1.6.6　关于研究团队

欧洲的技术标准主要是由行业协会编写，由相关企业提供资金支持，成员主要来自大学、研究机构和企业，可以长期从事技术研究、进行调研、收集资料，做一些重要的实验，在标准编制工作上可以投入较多精力，标准质量有较好的保证。我们与之相比有一定差距，建议借鉴欧美的做法，成立石油化工行业 HSE 协会，由资深专家、有研究能力的单位和企业组成，长期开展 HSE 方面的研究工作，研究成果用以指导企业的 HSE 管理，也可以为标准编制提供依据和建议。

1.6.7　关于标准规定的灵活性

在欧洲，由政府出台的法规或标准强制性要求不多，主要是原则方面的、涉及公众利益的内容，多是目标控制要求，项目核准更多的是依据评估报告进行。技术标准主要是由行业协会或企业编写的，这些标准是推荐性质的，是进行安全、健康、环保等方面评估工组的重要依据，可以根据实际情况灵活处置，可以通过协商和论证解决特殊问题。而我们编写的标准，规定条文都是一刀切，而实际情况千差万别，标准很难包罗万象，标准在实际执行时会遇到一些很难处理的特殊问题。我们的标准应该借鉴欧美的做法，增加一些灵活性。

1.6.8　关于国际交流

通过这次考察我们感到，国外发达国家的石油仓储行业有许多理念、方法、标准值得我们学习和借鉴。一次考察所能学习和了解的内容是有限的，为不断提升我们标准的技术水平，今后需要加强国际交流，建立长期沟通机制，跟踪国际上最新研究成果，了解发布的最新规范标准与文献。

2 专题报告之一
《石油库设计规范》GB 50074—2014
安全设防标准说明

2.1 前言

  《石油库设计规范》GB 50074 是指导石油库的主要国家标准，其作用是在石油库设计中，贯彻执行国家有关方针政策，统一技术要求，做到安全适用、技术先进、经济合理。《石油库设计规范》GB 50074 关乎我们国家石油库的建设水平，其中安全方面的规定是《石油库设计规范》的主要内容。

  我们制订《石油库设计规范》规定的主要依据是：参照国外标准、火灾模拟计算和实践经验。

  最新版《石油库设计规范》GB 50074—2014 总结了以往石油库的建设和运行的经验，借鉴了发达国家石油库建设做法，针对近几年发生的火灾事故反映出的问题，采取了切实可行的防范措施，整体安全设防水平不低于发达国家，在消防设施方面甚至超过发达国家。

2.2 《石油库设计规范》与国外标准对比

  编制《石油库设计规范》GB 50074—2014 参考的主要国外标准是美国消防协会标准《易燃和可燃液体规范》NFPA30，《低倍数泡沫和混合剂灭火系统》NFPA11，英国石油学会《石油工业安全操作标准规范》第二部分《销售安全规范》（第三版）。与国外标准的主要内容对比如下：

2.2.1 关于油库、石油化工厂与周围建（构）筑物的安全距离

  《石油库设计规范》GB 50074—2014 要求一级石油库罐组与库外居住区和公共建筑物、工矿企业、铁路、公路的安全距离分别不小于 100m、60m、60m、25m。大于或等于 5 万 m^3 的油罐与库内消防泵房和消防车库的防火间距不小于 40m，与变配电所的防火间距不小于 40m，与办公用房和中心控制室等人员集中场所的防火间距不小于 60m。

  《易燃和可燃液体规范》NFPA30—2012 的规定如表 2-2-1 所示：

表 2-2-1 油库石油化工厂与周围建（构）筑物的安全距离

油罐类型	保护措施	与已建或可能建设的建筑物的地界线最小间距	与公路最近的一边或同一地界上最近的重要建筑物的最小间距
浮顶罐	建筑物有消防冷却水保护	1/2D	1/6D
	建筑物无消防冷却水保护	1.0 D，但不需超过 175 英尺（52.5m）	1/6D

续表 2 - 2 - 1

油罐类型	保护措施	与已建或可能建设的建筑物的地界线最小间距	与公路最近的一边或同一地界上最近的重要建筑物的最小间距
有弱顶连接结构的固定顶罐	罐上设有泡沫灭火系统或惰性气体保护系统，且 D 不大于 150 英尺（45m）	1/2D	1/6D
	建筑物有消防冷却水保护	1.0D	1/3D
	无保护措施	2.0D，但不需超过 350 英尺（105m）	1/3 D
其他地上油罐（m³）	建筑物无消防冷却水保护油罐有防护措施		
381～1900		40 英尺（12m）	12.5 英尺（3.8m）
1901～3800		50 英尺（15m）	17.5 英尺（5.3m）
3801～7600		67.5 英尺（20.3m）	22.5 英尺（6.8m）
7601～11400		82.5 英尺（24.8m）	27.5 英尺（8.3m）
>11400		87.5 英尺（26.3m）	30 英尺（9m）

注：D 为油罐直径。

对比说明：无论石油库与库外建构筑物的安全间距，还是石油库与库内建构筑物的安全间距，《石油库设计规范》GB 50074—2014 比《易燃和可燃液体规范》NFPA30—2012 规定的安全间距都大。

2.2.2 关于相邻油罐间距

《石油库设计规范》GB 50074—2014 规定：相邻油罐间距不小于 0.4D。

下面对一些国家关于油罐防火间距的规定，做出简要介绍：

（1）美国国家防火协会安全防火标准《易燃和可燃液体规范》（NFPA30 2012 版）规定：直径大于 150 英尺（45m）的浮顶油罐间距取相邻罐径之和的 1/4（对同规格油罐即为 0.5D）。浮顶罐一般不需采取保护措施（指固定式消防冷却保护系统和固定泡沫灭火系统）。

（2）英国石油学会《石油工业安全操作标准规范》第二部分《销售安全规范》（第三版）关于储存闪点低于 21℃ 的油品和储存温度高于油品闪点的浮顶油罐的间距是这样规定的：对直径小于和等于 45m 的罐，建议罐间距为 10m；对直径大于 45m 的罐，建议罐间距为 15m。

154

该规范要求，浮顶油罐灭火采用移动式泡沫灭火系统和移动式消防冷却水系统。

（3）法国石油企业安全委员会编制的石油库管理规则关于储存闪点低于55℃的油品浮顶油罐的间距是这样规定的：

两座浮顶油罐中，其中一座的直径大于40m时，最小间距可为20m。

（4）日本东京消防厅1976年颁布的消防法规，关于闪点低于70℃的危险品储罐的间距是这样规定的：

最大直径或其最大高度，取其中较大值。储罐可不设固定式消防冷却水系统。

（5）根据中国石化集团公司、建设部、公安部联合考察组的《日本美国泰国防火规范考察报告》（1998年4月）介绍，在美国的石化企业防火设计中，是以经济手段控制防火间距的，当采取一定的防火措施后，防火间距是可以减小的。在技术交流中，美方接待人员介绍的油罐间距：有移动水喷淋者为0.5D。若设有固定泡沫灭火系统者，防火间距还可减少50%（即0.25D）。

（6）1999年3月公安部曾组团（公安部天津消防科研所、中国石化北京设计院、中国石化洛阳工程公司参加）赴荷兰壳牌公司MOT油库考察消防设施。该油库有36座12万 m³原油罐，油罐直径 $D = 87m$，高 $H = 21m$，油罐间距为50m，油罐有固定泡沫灭火系统，但没有消防冷却水系统。

上述各国标准对浮顶油罐的间距要求不尽相同，表明各国对油罐建设所考虑的侧重点有所不同。我们认为根据消防设施的能力强弱确定油罐间距是较为合理的做法，消防能力强，油罐间距就可小些；消防能力弱，油罐间距就应大些。

对比国外标准，《石油库设计规范》GB 50074—2014 要求易燃和可燃液体储罐所配备的消防设施的能力是较强的，既要求设置固定式消防冷却保护系统，也要求设置固定泡沫灭火系统。在这些前提下，规范规定浮顶油罐之间的防火距离为 $0.4D$ 是合适的。

《石油库设计规范》GB 50074—2014 规定的相邻油罐间距小于日本消防法规的规定，略小于《易燃和可燃液体规范》NFPA30—2012 的规定，但远大于英国石油学会规范和法国《石油库管理规则》的规定。

2.2.3　关于油罐泡沫灭火系统设置要求

《石油库设计规范》GB 50074—2014 规定：容量大于1000m³的油罐应采用固定式泡沫灭火系统。油罐的泡沫灭火系统设计，应执行现行国家标准《低倍数泡沫灭火系统设计规范》GB 50151 的有关规定。《泡沫灭火系统设计规范》GB 50151 规定，采用钢制单盘式或钢制双盘式浮顶油罐的泡沫覆盖面积为罐壁与泡沫堰板之间的环形空间。泡沫液储备量不应小于油罐灭火设备在规定时间内的泡沫液用量、扑救该油罐流散液体火灾所需泡沫枪在规定时间内的泡沫液用量以及充满泡沫混合液管道的泡沫液用量之和。

当油罐容积达到或超过50000m³时，固定式泡沫系统必须采用自动的方式。

具体要求见下表：

GB 50151 规定（泡沫喷射口从密封上方喷射）如表 2－2－2 所示：

表 2 – 2 – 2　泡沫喷射口从密封上方喷射的泡沫系统的具体要求

堰板高度（m）		泡沫堰与罐壁间距（m）	单个泡沫喷射口最大保护弧长（m）	泡沫混合液最小供给强度（L/min·m²）	泡沫混合液最小连续供给时间（min）
软密封	≥0.9	<0.6	24	12.5	30
机械密封	<0.6		12		
	≥0.6		24		

GB 50151 规定（泡沫喷射口从密封或挡雨板下喷射）如表 2 – 2 – 3 所示：

表 2 – 2 – 3　泡沫喷射口从密封或挡雨板下喷射的泡沫系统的具体要求

堰板高度（m）	泡沫堰与罐壁间距（m）	单个泡沫喷射口最大保护弧长（m）	泡沫混合液最小供给强度（L/min·m²）	泡沫混合液最小连续供给时间（min）
<0.6	<0.6	18	12.5	30
≥0.6		24		

根据规范计算，扑救 10 万立方米油罐火灾最多需储存 15 吨泡沫液。

NFPA11 规定（泡沫喷射口从密封上方喷射）如表 2 – 2 – 4 所示：

表 2 – 2 – 4　泡沫喷射口从密封上方喷射的泡沫系统的具体要求

密封形式	泡沫混合液最小供给强度（L/min·m²）	泡沫混合液最小连续供给时间（min）	单个泡沫喷射口最大保护弧长（m）	
			堰板高度（305mm）	堰板高度（610mm）
机械密封	12.2	20	12.2	24.4
管式密封加金属挡雨板				
管式密封加全部或部分采用可燃材料的二级密封				
管式密封加金属二级密封				

NFPA-11 规定（泡沫喷射口从密封或挡雨板下喷射）如表 2-2-5 所示：

表 2-2-5　泡沫喷射口从密封或挡雨板下喷射的泡沫系统的具体要求

密封形式	泡沫混合液 最小供给强度 （L/min·m²）	泡沫混合液最小 连续供给时间 （min）	单个泡沫喷射口 最大保护弧长 （m）
机械密封	20.4	10	39　不需堰板
高差 h≥152mm 的 管式密封加金属挡雨板			18　不需堰板
高差 h<152mm 的 管式密封加金属挡雨板			18　应设堰板
管式密封加金属二级密封			18　不需堰板

日本消防技术法规规定如表 2-2-6 所示：

表 2-2-6　日本消防技术法规关于泡沫系统的具体要求

泡沫混合液最小供给 强度（L/min·m²）	泡沫混合液最小连续 供给时间（min）	10 万 m³ 油罐 泡沫产生器（个）
8	30	14

　　对比说明：国内的大型外浮顶油罐在泡沫灭火部分的要求比国外的相关标准要求更高。而且，国外的规范如 NFPA30 并不要求外浮顶罐必须设置固定式泡沫灭火系统。

2.2.4　关于消防水系统设置要求

　　对于大型的外浮顶油罐，《石油库设计规范》GB 50074—2014 规定：

　　（1）容量大于或等于 3000m³ 的油罐应设固定式消防冷却水系统。

　　（2）石油库油罐区的消防给水管道应环状敷设。

　　（3）石油库的消防用水量，应按油罐区消防用水量计算确定。油罐区的消防用水量，应为扑救油罐火灾配置泡沫最大用水量与冷却油罐最大用水量的总和。

　　（4）着火的浮顶油罐应冷却，其相邻油罐可不冷却。

　　（5）大型浮顶油罐消防冷却水供水范围为罐壁表面积，供给强度为 2.0L/min·m²，消防冷却水最小供给时间为 6h。

　　（6）石油库的消防泵应设 2 个动力源。

　　（7）消防冷却水系统应设置消火栓。固定式消防冷却水系统所设置的消火栓的间距不应大于 60m。

（8）一级石油库中应配备两辆泡沫消防车；当一级石油库中储罐单罐容量大于或等于100000m³时，还应配备 1 辆举高喷射消防车。

（9）石油库应和邻近企业或城镇消防站协商组成联防。

（10）石油库的消防给水主管道宜与临近同类企业的消防给水主管道连通。

具体的参数见下面的国内外规范的对比表。

中国相关规范关于原油浮顶罐消防水供给强度规定如表 2 – 2 – 7 所示：

表 2 – 2 – 7 国内相关规范关于原油浮顶罐消防水供给强度的规定

规范名称	固定式冷却水供给强度		最小供给时间（h）
	着火罐	相邻罐	
GB 50074 石油库设计规范	2.0（L/min · m²）	罐距大于或等于 0.4D 可不冷却	6
GB 50160 石化企业设计防火规范	2.0（L/min · m²）	罐距大于或等于 0.4D，可不冷却	4
GB 50183 石油天然气工程设计防火规范	2.0（L/min · m²）	罐距大于或等于 0.4D，可不冷却	4
GB 50016 建筑设计防火规范	0.5L/s · m²	0.5L/s · m	6

注：国家标准《建筑设计防火规范》GB 50016 与《石油库设计规范》GB 50074 最先规定着火罐和相邻罐固定式冷却水最小供给强度同为 0.5L/s · m，是根据 1966 年公安、石油、商业三部在公安部天津消防研究所进行泡沫灭火试验取得的实测数据确定的，后《石油库设计规范》GB 50074 与《石化企业设计防火规范》GB 50160 中由 5000m³ 固定顶储罐推算得出外浮顶固定式冷却水最小供给强度为 2.0L/min · m²，《建筑设计防火规范》至今未变。

根据规范计算，扑救 10 万 m³ 油罐火灾约需储存 8000t 消防用水。

日本消防技术法规关于原油浮顶罐消防水供给强度规定如表 2 – 2 – 8 所示：

表 2 – 2 – 8 日本消防技术法规关于原油浮顶罐消防供给强度的规定

名称	固定式冷却水供给强度（L/min · m²）		最小供给时间（h）
	着火罐	相邻罐	
日本原油浮顶罐消防技术法规	可不冷却	2.0	4

注：当罐距大于 1D 时，可不设固定式。

美国消防协会及石油协会关于油罐消防水供给强度规定（L/min·m²）如表2-2-9所示：

表2-2-9　美国消防协会及石油协会关于油罐消防水供给强度的规定

项　　目	API　2030	NFPA-15
燃烧控制	8.2~20.4	12.2~20.4
冷却防护	4.1~10.2	10.2
压力储罐	6.1~10.2	
常压储罐	4.1*	
可燃性液体灭火	14.6~20.4	

注：表中数据是根据防护对象规定的，对于储存可燃液体的常压储罐，＊表示API 2030/7.3.13中规定了固定顶罐和内浮顶罐水喷雾供给强度为4.1L/min·m²，同时规定如考虑设置固定水喷雾系统，应该设置的部位为：着火罐暴露需保护的部位及邻近罐受辐射热影响的部位，不是强制性的具体要求。对于外浮顶罐没有要求。

对比说明：国外的关于油罐消防水喷淋的要求的计算水量比国内的要求要高，但是，对于外浮顶罐，国内要求着火罐进行冷却，日本和美国对于着火罐都不要求冷却。日本规定当罐间距超过1D时，邻近罐可以不冷却，距离不够时需要冷却，强度和国内的着火罐冷却强度一致。美国的API标准规定的数值比国内规范的要求大，但是要求冷却的范围比较小，只是着火罐暴露需保护的部位及邻近罐受辐射热影响的部位，而且不是强制要求。

2.2.5　关于消防车配备

《石油库设计规范》GB 50074—2014规定：一级石油库中应配备2辆泡沫消防车；当一级石油库中储罐单罐容量大于或等于100000m³时，还应配备1辆举高喷射消防车。

我们在欧洲考察石油库了解到，无论是大型原油库，还是中小型的成品油库，都没有配备消防车，没有设置专职消防人员，发生小规模的火灾，由企业自救；万一发生较大规模的火灾，依托政府消防队或职业消防队救援。

国外的石油化工厂设置有少量消防车（一般3辆~5辆），我们的大型石油化工企业须设置7辆~9辆消防车，多于国外的石油化工厂。

2.3　火灾模拟计算

为了解着火储罐火焰辐射热对邻近罐的影响，我们运用国际上比较权威的DNV Technical公司的安全计算软件（PHAST Professional 5.2版），对储罐火灾辐射热影响做模拟计算，计算结果如表2-2-10所示。

表2-2-10　储罐不同距离处辐射热计算表

序号	罐容积 V(m³)	罐径 D(m)	罐高 H(m)	$L=0.4D$ L(m)	$R_{(kW/m^2)}$	$L=0.6D$ L(m)	$R_{(kW/m^2)}$	$L=0.75D$ L(m)	$R_{(kW/m^2)}$	$L=1.0D$ L(m)	$R_{(kW/m^2)}$	$L=20m$ L(m)	R_{kW/m^2}
1	100000	80	20	32	6.05	48	5.51	60	3.64	80	2.57	20	7.685
2	50000	60	20	24	6.38	36	4.85	45	3.97	60	2.33	20	7.044

序号	罐容积 $V(\mathrm{m}^3)$	罐径 $D(\mathrm{m})$	罐高 $H(\mathrm{m})$	$L=0.4D$		$L=0.6D$		$L=0.75D$		$L=1.0D$		$L=20\mathrm{m}$	
				$L(\mathrm{m})$	$R_{(\mathrm{kW/m^2})}$	$L(\mathrm{m})$	$R_{(\mathrm{kW/m^2})}$	$L(\mathrm{m})$	$R_{(\mathrm{kW/m^2})}$	$L(\mathrm{m})$	$R_{\mathrm{kW/m^2}}$	$L(\mathrm{m})$	$R_{(\mathrm{kW/m^2})}$
3	10000	28	17	11.2	8.72	16.8	6.74	21	5.70	28	4.28	20	5.944
4	5000	20	16	8	11.76	12	9.26	15	7.8	20	5.94	22	5.308
5	5000	—	—	—	—	—	—	—	—	—	—	22.86*	4.92*
6	1000	11	12	4.4	20.25	6.6	17.31	8.25	14.23	11	11.69	20	4.751
7	100	5	5.6	2	39.68	3	31.74	3.75	28.37	5	20.47	20	7.363
8	100	—	—	—	—	—	—	—	—	5.42*	12.8*	—	—

> 注：表中的火灾辐射热强度是按储罐发生全面积火灾计算出来的。带 * 号数据为天津消防科研所的火灾试验实测数据。L——储罐间距。

根据国外资料，易燃和可燃液体储罐可以长时间承受的火焰辐射热强度是 $24\mathrm{kW/m^2}$。上表中的绝大多数储罐，即使发生全液面火灾，其 $0.4D$ 远处的火焰辐射热强度也小于 $24\mathrm{kW/m^2}$；上表中的 3000 m^3 及以上储罐，如果是固定顶罐或浮盘用易熔材料制作的内浮顶罐，着火罐的邻近罐需采取冷却措施。所以，《石油库设计规范》GB 50074—2014 关于储罐之间防火距离的规定是合理的。

为应对极端火灾事故风险，《石油库设计规范》GB 50074—2014 已经增加了罐组与罐组的间距（$0.8D$）、库与库的间距（大型储罐间距 $1.0D$，且不应小于 80m）。

2.4 实践经验

总结国内炼油厂和石油库发生过的储罐火灾事故案例可以发现，在《石油库设计规范》GB 50074—2002 和《石油化工企业设计防火规范》GB 50160—2008 实施之前，有固定顶储罐着火引燃临近固定顶储罐的案例（都是甲 B、乙 A 类易燃液体），但没有外浮顶罐和内浮顶罐引燃临近浮顶罐和内浮顶罐的案例，也没有乙 B 和丙类可燃液体储罐被邻近着火罐引燃的案例。

GB 50074—2002 和 GB 50160—2015 提高了油品储罐安全方面的要求，大幅度降低了油品储罐发生火灾爆炸事故的概率。凡是严格执行 GB 50074—2002 和 GB 50160—2008 的油品储罐，没有发生着火罐引燃邻近罐的案例，这说明 GB 50074—2002 和 GB 50160—2008 规定的 $0.4D$ 罐间距是合理可行的。

近年来发生的石油化工重大火灾事故主要有三起，均与油罐间距无关。

2010 年发生的大连 7·16 油库火灾事故，其直接原因是油库方违规作业造成输油管道爆裂，引发大面积流淌火灾事故。这起事故引燃了一座存有少量底油的 10 万 m^3 原油罐，该着火罐未再引燃 $0.4D$ 远处的临近原油罐。

2013 年发生的青岛 11·22 库外输油管道爆炸事故，其直接原因是现场抢修人员安全知识缺乏，没有意识到已经有漏油进入的市政排水暗沟会存在爆炸性气体，施工作业时引起市政排水暗沟可燃气体爆炸，由于爆炸地点位于人员密集区，造成大量人员伤亡。

2014 年发生的漳州 4·6PX 装置火灾事故，其直接原因是管道施工质量不合格，导致高温油品泄漏，油品泄漏后大量气化，油气飘散到加热炉被明火引爆。爆炸气浪引发 60 多 m 外的 3 座轻石脑油罐同时爆炸起火，30 余 h 后油罐烧塌，油品泄漏并形成地面流淌火，流淌火又引发同一罐组内第 4 座石脑油罐着火。

总结国内炼油厂和石油库发生过的火灾事故案例还可以发现，除了发生大规模流淌火灾事故，炼油厂和石油库发生的火灾事故没有给周围居住区、公共建筑物、工矿企业、交通干线造成重大人员伤亡和财产损失，说明《石油库设计规范》GB 50074 和《石油化工企业设计防火规范》GB 50160 规定的对外安全距离是合理可行的。而大规模流淌火灾事故靠拉大安全距离是不能解决问题的。

2.5 《石油库设计规范》安全设防水平说明

2.5.1 坚持"预防为主"控制火灾风险，科学设定防范目标

《石油库设计规范》GB 50074—2014 设定的最大消防对象是油罐火灾，消防设施也是按扑救一个最大油罐火灾配置的，设防的火灾场景是有限的、可预料的。这一设防原则与国内外相关标准规范是一致的。

对防范不可预料的极端火灾事故，我们认为应以预防为主，运用科学方法，充分评估易燃和可燃液体及其储运设施的火灾危险性，采取有针对性的防范措施。通过技术手段，尽可能地提高易燃和可燃液体储运设施的安全可靠性，降低火灾事故风险。采取的防范措施，应能做到尽量降低事故发生的概率，事故一旦发生，应将其限制在尽量小的范围内，并严禁漏油流出库区或厂区，并对大型油库采取严格监控措施与适当加强消防能力。

《石油库设计规范》GB 50074—2014 设定各种类型油罐火灾场景如下：

采用钢制浮顶的浮顶罐：浮顶密封圈处着火；

采用钢制浮顶的内浮顶罐：浮顶密封圈处着火；

浮盘用易熔材料制作的内浮顶罐：罐内全面积着火；

固定顶罐：罐内全面积着火；

小面积的流淌火。

《石油库设计规范》GB 50074—2014 要求采取的消防手段：以固定式消防冷却保护系统和固定泡沫灭火系统为油罐主要防护和灭火措施，以消防车和其他移动消防器材作为辅助消防力量。特级石油库的储罐计算总容量大于或等于 2400000 m³ 时，应按消防设置要求最高的一个原油储罐和消防设置要求最高的一个非原油储罐同时发生火灾进行消防系统设计；其他规模的石油库按同一时间发生 1 处火灾事故设防。

上述消防对象、设定的火灾场景和采取的消防手段与国内相关国家标准（如《石油化工企业设计防火规范》GB 50160—2008、《石油天然气工程设计防火规范》GB 50183—2004、《泡沫灭火系统设计规范》GB 50151—2010）以及欧美日等国家的标准是一致的。这些标准均未按照扑救小概率的极端火灾（如大面积流淌火灾、大型浮顶油罐全面积火灾、防火堤内大面积火灾）来设置消防系统。从国内外已经发生过的石油库极端火灾事故案例来看，单个石油库自身的消防设施没有能力扑救小概率的极端火灾，要求一个企业具备扑救极端火灾的能力，将使企业付出难以承受的沉重代价。

根据国家安全生产监督管理总局和公安部联合发布的《关于大连中石油国际储运有限公司"7·16"输油管道爆炸火灾事故情况的通报》，这次扑救大连新港油库火灾，消防部门先后调集了 3000 余名消防官兵、348 台各类消防车辆、17 艘海上消防船只参与扑救。据大连消防支队介绍，这次灭火共消耗 900t 泡沫和 6 万 t 水。据悉，漳州古雷 PX 火灾事故，福建消防总队共出动 322 台消防车和 1400 余消防官兵，投用 1400 余 t 泡沫、用水约 10 万 t。一个企业是不可能建设如此庞大的消防力量和储备这么多泡沫及消防水的。扑救极端火灾只能借助其他企业的消防力量，依靠政府消防部门的力量。国外发生的油库大型火灾事故，也主要是依靠消防部门的力量进行扑救的，例如：

2003 年 9 月 26 日，日本北海道地震造成当地石油储罐严重受损，处于地震波及区域的油罐共 352 台，其中遭到不同程度损坏的有 196 台，其中 6 台沉顶，66 台发生溢油，发生火灾 2 台。发生火灾的 2 台储罐是日本出光石化炼油厂的油罐，均为外浮顶罐。其中 1 台容量为 3 万 m^3 石脑油罐为全面积火灾，灭火时间持续 44h，调用了全日本消防泡沫还不够用，还需紧急进口泡沫灭火。

2005 年 12 月 11 日，英国邦斯菲尔德油库发生大型火灾事故，烧毁油罐 20 余台，是英国和欧洲迄今遭遇的最大规模的火灾。伦敦消防局全力救援，150 多名消防队员奋战 60 余 h，才将大火扑灭。

根据以往经验和大连 7·16 油库火灾事故的启示，《石油库设计规范》GB 50074—2014 增加了一些防范极端事故的措施。对于防范极端事故，我们认为应以预防为主，遵循"有效、适当、可行"的原则。我们采取的防范措施主要作用是，改善石油库安全条件，降低事故发生的概率；事故一旦发生，将事故控制在尽量小的范围内；增设必要的应急设备，加强重要设施的安全可靠性；适当加强消防设施，增加消防水和泡沫液储备量。

2.5.2　重大火灾事故防范措施

众多储油罐区火灾事故案例表明，仅仅是油罐发生火灾事故，除烟雾危害大气环境外，其他危害范围局限于石油库或石油化工厂界区以内，而大面积流淌火灾事故往往是大量漏油及含油消防污水流出石油库或石油化工厂界区，并把火灾延伸到界区以外建筑物和设施，含油污水流入界区外土壤和水域，造成恶劣的社会影响，如 2010 年 7 月 16 日发生的大连油库火灾事故，2005 年 12 月 11 日发生的英国邦斯菲尔德油库火灾事故就是这样的案例。

发生大面积流淌火灾事故的原因主要有以下 3 个：

（1）油罐溢油。油罐进油时，由于油罐的液位监控系统失灵，或操作人员失职，造成油罐溢油，又赶上罐组防火堤的雨水排放口未按操作规程要求处于关闭状态，漏油从雨水排放口流出防火堤，遇到明火发生大面积流淌火灾并引发油罐着火。这样的典型事故案例有 1993 年 10 月 21 日发生的南京炼油厂火灾事故，2005 年 12 月 11 日发生的英国邦斯菲尔德油库火灾事故。

南京炼油厂 1993.10.21 事故概况：由于操作失误 1 座 10000m^3 的汽油罐（浮顶罐）发生溢油事故，汽油从未关闭的防火堤的雨水排水口流出，流到附近的道路处被 1 辆拖拉机引爆起火，火沿着汽油流淌的路线回窜至油罐，致使油罐发生大火。

英国邦斯菲尔德油库火灾事故概况：2005 年 12 月 10 日夜晚，由于液位监控仪表失

162 灵，1 座 3000m³ 汽油罐在进油时，汽油通过储罐通气孔满溢，在油罐周围形成约有 360m 直径的可燃气体蒸气云。在 11 日 06：01 火警系统按钮被人按下报警，自动启动的消防泵可能是可燃气体蒸气云的点火源。防火堤在油气爆炸时破损，造成大量泄漏油品流出防火堤，形成大面积流淌火，引发其他 19 座油罐接连着火。大火持续 60h，20 座油罐完全烧毁，附近 20 多家企业建筑物遭受破坏，含油污水污染了周边大片土壤。

（2）油罐爆炸。储存轻质油的拱顶储罐发生爆炸事故，将罐壁板与罐底板的直角焊缝炸开，导致油品泄漏，形成流淌火灾。根据统计资料，各种类型储罐发生爆炸时漏油的可能性如下：

1）装满半罐以上油品的固定顶储罐如果发生爆炸，大部分只是炸开罐顶。

2）内浮顶储罐如果在浮盘不落底的情况下发生爆炸，无论液位高低均只是炸开罐顶。

3）对于外浮顶储罐，因为是敞口形式，不易发生整体爆炸。即使爆炸，也只是发生在密封圈局部处，不会炸开储罐下部。

（3）输油管道漏油。典型事故如 2010 年 7 月 16 日发生的大连油库火灾事故。

《石油库设计规范》 GB 50074—2014 要求采取的防范措施如下：

首先，监控储罐液位，防止储罐溢油。

其次，严格储罐选型，防止油品爆炸跑油。

第三，加强漏油拦截设施。根据储油罐区多起大面积流淌火灾事故的经验教训，《石油库设计规范》 GB 50074—2014 采取了有针对性的防范措施，除规定储罐应采取液位监控措施防止溢油外，还规定石油储备库和石油库应建立四道漏油拦截设施，实施逐级防范策略，尽量限制漏油漫延范围，在发生极端事故时能阻止漏油流向库外。

第一道漏油拦截设施由罐组防火堤构成，防火堤有效容量能容纳一个最大罐容油品。雨水排放口阀门应保持常关状态，仅在需要排放雨水时，在有人监控情况下开启排水。

第二道漏油拦截设施由罐组周围路堤式消防道路构成，收集罐组或管道的少量漏油。

第三道漏油拦截设施由漏油及含油污水收集池、漏油导流沟或管道组成，收集池容积不小于一次最大消防用水量，按隔油池形式设计，漏油导流沟或管道分段设置液封或封堵结构。

第四道漏油拦截设施的主体是库区围墙，围墙的下半部应具有防漏油功能。围墙排水口应集中设置，并应设置截断设施，严防漏油流出库外。

2.5.3　关于应急预案

石油化工企业一般都制定了应急预案，特别是以中石化、中石油为龙头的大型国有石化企业，更是针对企业的不同装置、罐区制定了针对性的预案，对不同规模的事故进行了分析，制定了应急消防救援方案。

消防预案中需要的消防水量、泡沫量平常都在企业中进行储备，预案需要的消防车规格数量，近几年以中石化、中石油为龙头的大型国有石化企业投入大量资金基本配齐。针对大型石化火灾，中石化、中石油制定了区域联防的方案，发生大型石化火灾时实行区域消防联动。区域联动方案考虑了灭火药剂的互相支援，道路交通条件的制约等各种因素。

2.6 结论和建议

2.6.1 结论

最新版《石油库设计规范》GB 50074—2014 整体安全设防水平不低于发达国家，甚至在消防设施方面超过发达国家。我们与发达国家的差距主要体现在工程质量、管理水平、人员素质方面。设备故障、管理缺失、违章操作，是石油化工行业火灾事故的主要原因。改进需要一个过程，发达国家都经历过事故多发的阶段。

我们已经引进了很多先进、昂贵的消防设备，我们是世界市场上高档消防设备的主要买家，企业已不堪重负，加大消防投入不是提高石油库安全水平的主要方向。

2.6.2 建议

如前所述，单个石油化工企业和石油库建设单位无能力建设能扑救大规模极端火灾事故的消防设施和消防队，但应该有能够应对极端火灾事故的力量和机构。为此建议如下：

（1）在石油化工企业和石油库集中区域，由企业与政府消防部门联合建设区域消防机构，并配备扑救极端火灾事故的机动力量，如举高喷射消防车、大流量和远射程泡沫炮、远程供水车队，配备训练有素的专业消防队员。

（2）建设区域应急水源，各企业消防供水管道互联互通，一旦出现重大火情能够互相支援。把各企业的有限资源和政府资源集中使用，实行区域消防联动，建立高效、统一的消防救援系统。

（3）企业、消防队、石化行业消防专家共同协商制定重大火灾救援预案，力争消防资源能得到高效使用，尽量避免由于大量无序使用消防水对周边环境造成污染。

3 专题报告之二

储油罐区重大火灾风险及防范措施研究

3.1 概述

储油罐区是石油库和石油化工厂最主要的火灾危险场所，充分了解储油罐区的火灾风险，采取有效合理的防范措施，确保储油罐区安全，是我们从事储油罐区工程设计和安全管理首要考虑的问题。

现在的石油库和石化企业都在向大型化发展，为保证正常的生产和周转需要，所设油罐区的总容量、单罐容量越来越大，一旦发生爆炸火灾事故，后果会很严重。油罐是储油罐区最重要的设备，也是最大的风险源，重大事故的发生，大多与油罐有关，所以，储油罐区安全管理的重点是油罐。

从火灾事故案例分析中发现，储油罐区火灾事故的发生，主要是在以下 3 个方面存在问题：

（1）违规建设；

（2）违章作业；

（3）关键设备带病工作。

重大事故的发生，往往是多种不安全因素叠加的结果。对待事故风险，应以预防为主，在设计、施工、生产管理诸多环节，消除风险因素，使储油罐区始终保持健康、安全状态。

储油罐区有两大类重大火灾事故，一类是油罐爆炸起火事故，另一类是大面积流淌火灾事故，需要重点防范。

本课题旨在通过分析储油罐区典型火灾事故案例，在工程设计和生产管理方面提出切实可行的防范措施，以新技术、新方法、新设备，提高储油罐区安全水平。

3.2 油罐爆炸起火事故风险及防范措施

3.2.1 油品的火灾危险性与防范的重点

油品的火灾危险性不同，油罐发生火灾的概率有很大的差异。

（1）甲 A 类液体（液化石油气、液化烃等）在常温下需用压力罐储存，罐内不会进入空气，所以压力罐储不会发生化学爆炸。其风险主要在于甲 A 类液体泄漏后会迅速气化，与空气混合形成爆炸性气体，遇明火或电气火花即爆炸。

事故案例 1：1998 年 3 月 5 日晚，西安某煤气公司液化石油气管理所的一座 400m³、储存有 170t 液化气的 11 号球罐根部法兰发生泄漏，随即液化气发生了两次闪爆，分别位于 38m 处的配电室和相邻的另一个 12 号球罐，大火从 11、12 号球罐底部爆裂的口子直冲而出，相继发生两次液化气燃爆。经过几十个小时的抢救，于 3 月 7 日下午大火完全熄灭。整个救援行动中，有 7 名消防战士和 5 名液化气站工作人员牺牲，伤 32 人。直接经济损失 480 万元，社会影响极大。事故原因：① 法兰间的垫圈老化失效，引起泄漏。② 自救不力，缺乏相应的堵漏手段，未能在第一时间采取有效的措施实施堵漏，致使泄漏的液化石油气扩散至配电室，被电气火花引爆。此次爆炸事故是由于一个 400m³ 球罐根部排污短管和第一道阀门法兰接口处的密封垫损坏失效造成的液化气泄漏，是什么原因使这个密封垫损坏的呢？调查分析认为，西安地处我国冰冻线以北地区，水在冬季会结冰。炼油过程出产的液化石油气中含有一定的水分，由于水的比重远大于液化气比重，水会沉在球罐的底部。西安液化气事故储罐排水阀门及管道没有保温伴热，致使冬季该阀门法兰密封垫片被冻损（水结冰时膨胀压力所产生的破坏力是相当大的）。发生事故的时间是 3 月 5 日，正处于气候转暖化冻时期，这样该排污阀门的法兰密封垫经过这一冻一化，使其损坏加剧，强度降低，失去其密封作用。所以，在寒冷地区的冬季，球罐根部第一道法兰因积水结冰而导致冻裂，是液化烃球罐发生泄漏事故的一个重要原因。

防范的重点：避免甲 A 类液体管道泄漏，尤其是需重点防范球罐根部法兰发生泄漏。

（2）甲 B、乙 A 类油品闪点低，储存温度绝大多数情况下高于油品闪点，油品易挥发，用常压罐储存，罐内有空气，罐内空间易形成爆炸性气体，火灾危险性较大。1998 年 ~2010 年，中石化有多家炼油厂储存轻石脑油的内浮顶罐发生过爆炸起火事故，其主要原因是内浮顶上方的气相空间存在爆炸性气体，有很大的爆炸风险。

防范的重点：尽量减少甲 B、乙 A 类易燃油品气体挥发，避免罐内空间形成爆炸性气体。

（3）乙 B、丙类油品储存温度一般低于其闪点，油品不易挥发，用常压罐储存，在罐内气相空间不会形成爆炸性气体，所以其储罐不易发生爆炸事故，火灾危险性较小。

防范的重点：① 避免甲 B 类油品进入储存乙 B、丙类油品的固定顶储罐；② 避免储存温度超过油品闪点。

根据公安部天津消防研究所张清林所长主编的《国内外石油储罐典型火灾案例剖析》所介绍的案例，油罐爆炸火灾事故 80% 以上发生在储存甲 B、乙 A 类易燃油品储罐，即使有乙 B 或丙类油品储罐发生爆炸起火事故的案例，也是因为该储罐混入了甲 B 类油品，或储存温度超过了油品闪点，改变了油品火灾危险性质。这样的事故案例有：

事故案例 2：2011 年某石化 8·29 事故中，一座 20000m³ 储存柴油的内浮顶罐，因为液位过低，浮盘落底，浮盘下出现约 1000m³ 的气相空间，进罐柴油混有氢气等轻组分，气相空间存在爆炸性气体，被不明火源（怀疑是静电）引爆，当时罐内油位不到 1m，爆炸将罐壁与底板的环形焊缝撕开一个大口子，造成数百吨油品泄漏，并在罐组内形成大面积池火。

事故案例 3：2009 年 4 月 8 日，内蒙古某煤化工厂一个 500m³ 重质污油罐发生爆炸起火事故，事故工艺装置将温度高达 150℃ 且含有 C8 以下芳烃的物料送入该污油罐，当时罐内油品较少，温度检测记录显示，罐内油温在很短时间内，由 20℃ 上升到 100℃ 以上，不久即发生爆炸。

事故案例 4：2006 年 1 月 20 日，某石化公司储运部 1 座 5000m³ 柴油固定顶罐发生爆

166

炸，事故的直接原因是进罐柴油中夹带轻组分，使得罐内油气浓度达到爆炸极限范围，在输油过程中产生静电火花并引发爆炸。

储油罐区需要重点防范的对象应是储存甲 B、乙 A 类油品的储罐。已发生的储油罐区重大火灾事故都是甲 B、乙 A 类易燃油品火灾事故。

对储存原油、汽油、石脑油等易挥发油品的储罐，控制火灾风险的重要措施是，确保储罐的气相空间不存在爆炸性气体，消除发生爆炸的重要条件。

3.2.2　防范油罐爆炸起火的措施

1. 概述

众所周知，防止火灾发生，需控制火灾三要素。三要素中，氧气在常压油罐内是始终存在的（氮封罐除外），火源（明火、电气火花、雷电和静电火花等）是难以完全杜绝的，我们能做到的是避免在油罐内的气相空间形成爆炸性气体。为限制油气挥发扩散，合理选用油品储罐，现行国家标准《石油化工企业设计防火规范》GB 50160 和《石油库设计规范》GB 50074 均规定：常温储存甲 A 类液体应选用压力储罐；储存甲 B 和乙 A 类液体应选用能抑制油气挥发的外浮顶储罐或内浮顶储罐；乙 B 和丙类液体在低于闪点温度下储存，可选用固定顶储罐。这样规定，在很大程度上减小了油罐发生爆炸事故的概率，但这并不意味着油罐就万无一失了，事故案例表明，油罐的设计建造和生产管理还存在一些需要注意和改进之处，下面按储罐类型分别论述。

2. 压力罐储罐火灾防范措施

关于液化烃压力储罐根部法兰泄漏，建议采取下述防范措施：

（1）寒冷地区的液化烃储罐罐底管道应采取防冻措施（如保温伴热）。液化烃罐的脱水管道上应设双阀。

（2）常温液化烃储罐采取固定连接或半固定连接的注水措施，在液化烃储罐的根部法兰发生泄漏事故时，通过进出料管道向球罐内注水。由于水的密度大于液化烃，向事故球罐内注水后，水沉积在罐底，从泄漏点泄漏出来的是水而不是液化烃，这样就为采取堵漏措施创造了安全作业的条件。切实可行的堵漏方法是，给法兰装上专用夹具，然后注胶堵漏。

（3）有脱水作业的液化烃储罐宜设置有防冻措施的二次脱水罐。二次脱水罐的设计压力应大于或等于液化烃储罐的设计压力与两容器最大液位差所产生的静压力之和。不设二次自动脱水罐时，脱水管道上的最后一道阀门应采用弹簧快关阀。

（4）新设备推荐：目前，某民营企业联合中石化某企业研制了一种以外贴式超声波液位计作为主要控制仪表的液化烃压力储罐自动二次脱水罐，其超声波液位计贴在脱水罐的外壁，与罐内液体不直接接触，避免了被罐内液体腐蚀失效的风险。该种新式压力储罐自动二次脱水罐安全性能远好于目前使用的机械式或探头插入罐内的电子式压力储罐自动二次脱水罐。

3. 固定顶储罐火灾防范措施

根据《石油化工企业设计防火规范》GB 50160、《石油库设计规范》GB 50074、《石油化工储运系统罐区设计规范》SH/T 3007 等规范的规定，固定顶储罐主要用于储存乙 B 和丙类油品，需采取防止火灾发生的重要措施如下：

（1）控制油品温度低于其闪点（最好低于闪点5℃及以下），使油品挥发出的油气量在罐内不足以形成爆炸性气体，消除发生油气爆炸的必要条件；控制可燃液体储存温度低于其自燃点。

（2）在工艺流程和生产操作方面，避免甲B和乙A类轻质油品进入固定顶储罐，确保固定顶储罐的气相空间内不存在爆炸性气体。

4. 外浮顶储罐火灾防范措施

外浮顶储罐主要用于储存原油，浮顶覆盖在油面上，极大程度抑制了油气挥发，仅在密封圈的一、二次密封结构之间存在一个环形封闭空间，该封闭空间易积聚油气并有很大可能形成爆炸性混合气体，因遭受雷击而爆炸起火的事故已发生多起，但火灾规模较小，易于扑灭，发生全液面火灾的概率很低。国内自从20世纪80年代初开始建造10万 m^3 大型外浮顶储罐以来，还没有发生过全液面火灾，着火的外浮顶储罐也从未引燃临近的外浮顶储罐，说明外浮顶储罐防火性能是相当好的。防范大型外浮顶储罐密封圈遭受雷击起火，可参照参考国外标准（《Standard for the Installation of Lightning Protection Systems》NFPA 780）等资料，从下述几方面着手改进密封圈防雷性能：

（1）提高储罐设计和施工质量，保证储罐罐壁有较高的同圆度，避免由于储罐变形较大，造成密封圈间隙过大而泄漏油气。

（2）加强储罐金属部件之间的等电位连接，降低雷击感应高电压间隙放电风险。建议采取下述等电位连接方式：

1）外浮顶储罐或内浮顶储罐不应装设接闪杆（网），但应采用两根导线将浮顶与罐体做电气连接。外浮顶储罐的连接导线应选用截面积不小于 $50mm^2$ 的扁平镀锡软铜复绞线或绝缘阻燃护套软铜复绞线；内浮顶储罐的连接导线应选用直径不小于5mm的不锈钢钢丝绳。

2）外浮顶储罐应利用浮顶排水管将罐体与浮顶做电气连接，每条排水管的跨接导线应采用1根横截面不小于 $50mm^2$ 扁平镀锡软铜复绞线；

3）外浮顶储罐的转动浮梯两侧，应分别与罐体和浮顶各做2处电气连接。

（3）消除一、二次密封结构之间的封闭空间存在爆炸性气体的条件。可采取的方式有：

1）用可变形胶囊或其他物体充填一、二次密封结构之间的封闭空间。

2）在雷雨到来之前，向一、二次密封结构之间的封闭空间充填氮气，使氧气浓度低于8%。

5. 内浮顶储罐

（1）概述。

内浮顶储罐主要用于储存甲B、乙A类油品，内浮顶覆盖在油面上，很大程度上抑制了油气挥发。检测数据表明，绝大多数储存甲B、乙A类油品的内浮顶储罐浮顶上方油气浓度小于爆炸下限，说明内浮顶抑制油气挥发的效果很好。内浮顶储罐很少发生爆炸事故，即使发生内浮顶储罐火灾事故，也从未引燃临近的内浮顶储罐，说明内浮顶储罐防火性能是相当好的。

值得注意的是，目前广泛采用的装配式铝制内浮顶，其安全性相对钢制内浮顶要差。

168 装配式铝制内浮顶的主要缺点是熔点低、强度低、密封性能差，现行储罐方面的技术规范对其要求较为简单，尤其在低价中标的制度下，其质量很难保证。使用劣质装配式铝制内浮顶的储罐储存石脑油、汽油等甲 B 类油品，由于密封性能不好，浮顶上方油气浓度容易超标，发生爆炸事故时，浮顶会被炸沉，进而发生全液面火灾，1998 年～2010 年中石化多家炼油厂储存轻石脑油的内浮顶储罐发生爆炸起火事故，就是这样的例子。下面介绍几起根据有关企业提供的材料总结的事故案例。

（2）案例分析。

事故案例 5：1999 年 2 月 10 日，某石化精制车间 14# 汽油罐（2000m³ 内浮顶罐，当时罐内储存 1020t 石脑油）正在给重整车间小加氢装置付料，罐内浮船上部空间突然发生爆燃着火，油罐顶的半固定式 2 个空气泡沫发生器随即被拉断、错位。18 时 42 分大火被扑灭。

事故案例 6：1999 年 6 月 30 日，某石化石脑油罐区 G–1105# 罐停收蒸馏装置石脑油，当时液位 10.855m。该罐经脱水后，于 7 月 1 日 2：00 时付油至重整装置，7 月 1 日 15：35 时，操作工发现大量白烟夹带黄烟从 1105# 罐气窗冒出，大约 16：05 分将火扑灭。G–1105# 罐为内浮顶罐，容量 5000m³，存储介质为来自蒸馏、加氢、重整等装置的甲类危险品石脑油，1989 年建成投入使用。

事故案例 7：2000 年 9 月 3 日和 10 月 19 日，某石化两个轻石脑油罐先后发生硫铁化合物自燃，其中 10 月 19 日的自燃则引起了一台 5000m³ 的石脑油罐爆燃着火事故。

事故案例 8：2003 年 4 月 19 日，某石化柴油污油罐发生一起闪爆事故。

4 月 19 日 2：00，一联合分馏塔操作波动，不合格柴油进 T311–3 罐，此时罐液位 0.43m。在调整分馏塔操作的过程中，粗汽油、稳定汽油加样分析不合格，4：38 将稳定汽油不合格油进 T311–5 罐，此时罐液位 1.62m（流量为 6～8m³/h）。在退料的过程中，4：48，T311–3、T311–5 罐可燃气体报警仪同时警报，随即 T311–3 罐发生闪爆，T311–3、T311–5 两罐同时着火，7：00 火全部扑灭。

事故原因分析：不合格柴油在退入存有带瓦斯的凝缩油 T311–3 罐过程中，在流速过快、高于 40℃ 温度的搅动及加热下，瓦斯急剧气化膨胀，从呼吸阀处高速泄出，发生摩擦产生静电火花，引燃在罐外积聚的可燃气发生空间闪爆着火。同时 T311–3 罐顶被撕开，引起罐体大面积着火。在 T311–3 罐爆炸冲击波下，T311–5 罐罐底移位撕开 2/3 着火。

事故案例 9：2007 年 6 月 29 日，某石化石脑油罐发生一起着火事故。

2007 年 6 月 29 日下午，储运部 G403 收 Ⅰ 加氢汽油、Ⅲ 加氢汽油、Ⅳ 加氢汽油、Ⅱ 非芳汽油、轻烃回收 T1102 底石脑油，收油量 105t/h，罐内油温 35.4℃。15：54，罐内液位 9.53m。15：55，雷电突发，击中 G403 东侧呼吸口，引爆呼吸口挥发油气。16：15，大火基本扑灭。

事故原因分析：储运部 G403 石脑油罐，系内浮顶罐，有效容积 5000m³，罐高 14.5m。G403 主要用于接收装置来汽油及石脑油，并经石脑油长输管线付上海赛科。6 月 29 日，当地最高气温 37℃，午后有雷阵雨。

事故发生后，经现场勘察和接地测试，排除了明火作业、静电引爆、避雷接地等因素，根据当时的气象条件及气压过低、静风导致 G403 罐轻质油气挥发后聚集无法扩散的情况分析，确定事故原因为雷击引爆 G403 呼吸口挥发油气，进一步引爆罐内浮盘上方轻质油气与空气的混合物。

事故案例 10：2009 年 5 月 22 日，某石化石脑油罐发生一起闪爆事故。

5 月 22 日 13：52，储运部石脑油罐 G403 收满后，操作人员将Ⅲ加氢粗汽油、Ⅳ加氢粗汽油和 G627（球罐，组分为重整拔头油及加氢裂化轻石脑油）倒油改进 G406 罐（5000m³ 外浮顶罐，罐内存油约 600t）。22 日 22：53，操作人员发现石脑油罐区 G406 罐冒烟着火，明火于 23：06 被扑灭。

经检查，G406 罐主体情况基本正常，外浮顶密封及部分挡雨板损坏，罐壁内、外防腐部分受损，导向柱内外腐蚀较严重，防雷接地及防静电导线测试情况正常。事发当晚天气为阴天、零星小雨、无雷电、附近无施工作业。G406 罐当时接收Ⅲ加氢粗汽油、Ⅳ加氢粗汽油、重整拔头油及加氢裂化轻石脑油，用于调和供赛科的乙烯科。G406 进罐介质总量约为 63t/h，根据罐根线 DN400 直径计算，介质流速约为 0.21m/s，符合安全要求。从各组分组成看，重整拔头油及加氢裂化轻石脑油中 C4 组分含量较高，进入储罐后由于 C4 组分挥发，势必在外浮顶周围与空气混合形成可燃或爆炸性气体，遇火源后着火。

此次着火为 G406 收油过程中油气挥发，在外浮顶上部形成可燃气体，遇硫化亚铁自燃而发生燃烧。

事故案例 11：2010 年 5 月 9 日，某石化石脑油罐发生一起闪爆事故。

5 月 9 日 0 时 45 分，1613# 罐开始收蒸馏三装置生产的石脑油。上午 10 时左右，在继续收蒸馏三装置生产的石脑油的同时，开始自 1615# 罐向 1613# 罐转罐。截至事故发生前，1613# 罐液位为 5.6m，存储石脑油 1345t。11 时 30 分左右，1613# 罐发生闪爆，罐顶被撕开并起火燃烧。

原因初步分析：据了解，事故发生时，当地下小雨，没有雷击，且 1613# 罐在今年 4 月份防雷检查时为合格。相邻 1612# 罐没有人作业。可基本排除外部原因引发。

据现场了解，1613# 罐从 9 日 0：45 收油至事故发生，罐位液面上升平缓，因进罐流速过快产生静电或内浮盘（铝质、内部空心、橡胶密封圈）上升速度过快产生摩擦引发闪爆事故的可能性也不大。

硫化亚铁自燃可能是引发事故的主要原因，事故后发现 1613# 罐浮盘上沉积有大量腐蚀物。据初步分析，1613# 罐进料过程中，内浮盘与拱顶之间随着挥发油气不断积聚，达到爆炸极限后因硫化亚铁自燃发生闪爆事故。

现场破损情况：1613# 罐顶部掀开，浮盘沉入罐底。

可燃气体取样分析情况：事发后，该公司对同类型轻质油罐内浮盘上部进行可燃气体浓度监测发现，大部分油罐在静止、付油或进油状态下浮盘上部空间油气浓度在 0.1% ~ 0.5%，有 1 座储罐在进油工况下，浮盘上部空间油气浓度超过 1.0%，处于爆炸危险区间。

根据调研了解的情况，本课题组认为上述事故的主要原因有：

1）轻石脑油中含有大量 C4、C5 等轻组分，蒸汽压偏高，油气挥发量大，造成轻石脑油储罐（内浮顶罐）气相空间存在爆炸性气体，遇明火、雷电或静电火花便会发生爆

170 炸事故。

2）所采用内浮盘均为浮筒式铝质浮盘，密封性能差，油气泄漏较多。

3）近些年各炼油厂高含硫原油加工量大幅增加，作为中间原料的轻石脑油硫化氢含量很高，造成轻石脑油储罐产生大量硫化亚铁腐蚀物，在适宜条件下硫化亚铁会自燃，从而引发油罐爆炸。

事故案例 12：2015 年 4 月 6 日，某芳烃厂石脑油罐组发生一起爆炸火灾事故。

2015 年 4 月 6 日 19 时左右，PX 联合装置内的吸附分离装置的炉区管道焊缝开裂，致使高温高压轻质油料喷出，持续时间为 76s，油料温度近 300℃，泄漏后立即形成白色云雾，并很快飘散至附近明火加热炉，随即被引爆。爆炸气浪将距第一爆炸点 67m 远处的石脑油罐组（共有 4 座 10000m³ 内浮顶罐）中的 607#、608# 和 610# 罐同时引爆起火，3 个罐的罐顶被掀开，火焰高达百米。3 个罐当时分别存油 6000m³、1800m³、4000m³，尚未着火的 609# 罐存油 2000m³。

4 月 7 日 17：00 左右，3 个储罐明火基本被扑灭。19：40 许，受风吹影响，被泡沫覆盖熄火后的石脑油由于温度较高，与空气接触后，608# 和 610# 罐发生复燃。

4 月 8 日 2：30，607# 罐壁破裂，油品溢出燃烧，形成流淌火，并向四周蔓延；4 月 8 日 11：00 许，流淌火最终引起 609# 罐罐顶爆裂并燃烧。

4 月 9 日 1：10，607# 罐的火首先被扑灭；2：57，608# 罐的火被扑灭；4 月 9 日凌晨，大火被全部扑灭。607#、608# 和 610# 罐有少量残油，609# 罐基本烧干。

此次灭火战斗，共有 1400 余消防官兵参加，投用 322 辆消防车，消耗 1400 余 t 泡沫液，用远程供水系统不间断供水，用水超过 10 万 t。

在此次火灾事故中，石脑油罐组防火堤结构完好，没有失效。有效容量 10000m³ 的防火堤容纳不下大量消防水，携带漏油满溢到防火堤外，在防火堤外形成流淌火，烧毁了两辆消防车。

石脑油罐组有 4 座内浮顶油罐，管道漏油爆炸的第一时间同时引爆了 3 座石脑油罐并掀开罐顶，说明这 3 座油罐气相空间存在爆炸性气体；而同一罐组的 609# 罐没有在管道漏油爆炸的第一时间被引爆，说明其罐内气相空间没有爆炸性气体。内浮顶油罐罐内气相空间是否有爆炸性气体，与内浮顶的质量有很大关系。

（3）火灾防范措施

我们认为，在按现行规范要求进行储罐选型的前提条件下，火灾风险最大的储罐是储存甲 B 类油品的内浮顶储罐，尤其是以浮筒为浮力元件的装配式铝制内浮顶储罐。建议对储存甲 B 类油品的内浮顶储罐采取下述选用和改进措施：

1）规定 I 级和 II 级毒性的液体储罐和直径大于 40m 的甲 B、乙 A 类液体内浮顶储罐，不得使用"用易熔材料制作的内浮顶"，以此来降低这些一旦发生火灾事故会造成重大危害的储罐的风险。

2）规定 37.8℃时的饱和蒸气压大于 88kPa 的甲 B 类液体，应采用压力储罐、低压储罐或低温常压储罐，并采取氮封和油气回收措施。因为 37.8℃时的饱和蒸气压大于 88kPa 的甲 B 类液体（如有些石脑油）挥发性强，采用内浮顶储罐已不能充分抑制其挥发。

3）定期检测罐内浮顶上方油气浓度，对油气浓度达到或超过爆炸下限 50% 的储罐应停用检修。

4）对以浮筒为浮力元件的装配式铝制内浮顶的设计、选材、制造、安装、检验，制订要求严格、细致的专用技术规范或规定，改进内浮顶制造技术，提高内浮顶的密封性能和结构强度。除应执行《立式圆筒形钢制焊接油罐设计规范》GB 50341 的有关规定外，建议采取下述补充技术要求：

a）铝制内浮顶浮筒宜选用卷焊式浮筒。卷焊式浮筒直径不宜小于200mm，材质应为3003H24，厚度不小于1.3mm；

b）盖板材质应为3003H24，厚度不小于0.5mm；

c）密封压条材质应为6063T5，厚度不小于2mm；

d）边缘构件材质应为6063T5，厚度不小于3mm；

f）框架梁及框架梁压条材质应为6063T6，框架梁厚度不小于2.5mm，压条厚度不小于3mm；

e）支柱材质应为5A02H1120，厚度不小于3mm；

f）所有连接件材质应为5052H24，厚度不小于3mm；

g）所有连接部位应采用奥氏体不锈钢螺栓进行连接；

h）铝浮顶在整体安装前螺栓应固定在主梁上，并采用过盈配合连接。盖板之间不宜采用非金属的橡胶密封件，压条宜采用6063T6槽铝（规格不小于25mm×19mm×3mm、主梁上表面结构为弧形），以保证盖板之间密封效果；

i）浮顶边缘构件及穿过铺板开孔处的部件应具有液封功能，浸入液体深度不小于100mm；

j）储罐设计单位应对铝制内浮顶的制造、安装与验收提出详细的技术要求。

k）组装式铝制内浮顶的密封宜选用弹性密封，弹性密封的橡胶包带所用材料，应根据储存介质的特性和储存温度进行选择，其性能应不低于HG/T 2809《浮顶油罐软密封装置橡胶密封带》的要求；弹性密封的密封填料，其性能应符合表2-3-1规定：

表2-3-1 弹性密封的密封材料的性能指标

指 标 名 称		指 标
表观密度（kg/m³）	≥	30.0
拉伸强度（MPa）	≥	0.1
伸长率（%）	≥	180
75%压缩永久变形（%）	≤	4.0
回弹率（%）	≥	45
撕裂强度（N/cm）	≥	2.50
压陷性能	压陷25%时的硬度（N）	≥	95
	压陷65%时的硬度（N）	≥	180
	65%/25%压陷比	≥	1.8

苯类、硫化氢含量高的轻质油储罐的橡胶包带宜选用氟橡胶，其他介质的储罐宜选用丁腈橡胶包带。

组装式铝制浮顶施工验收宜包含下列内容：

① 铝浮顶在安装之前，应将可能损伤密封带的焊迹、毛刺等清除干净并打磨平滑，罐顶通气孔、罐壁通气孔（或罐顶边缘通气孔）及油品入口扩散管等附件应安装完毕。

② 铝制内浮顶的水平度偏差不应大于 10mm（固定式支柱应以套管下端为准，可调式支柱应以支柱下套管下端为准），自动通气阀开启高度 150mm ~ 200mm。

③ 在水平方向上，支柱距离油罐底部钢附件边缘至少 300mm；在垂直方向上，铝制内浮面的边缘构件上部与罐壁间距为 190 ±30mm。

④ 边缘构件接头处必须对整齐；铺板搭接处及铺板与边缘构件结合处接触紧密，不应出现缝隙；静电导线的接头必须牢固，其接合面的锈迹必须打磨干净。

⑤ 所有支柱应保持垂直，偏差不得大于 10mm。

⑥ 浮筒的纵向焊缝应位于浮筒顶部。

⑦ 在充水试验过程中，铝浮顶应升降平稳，无倾斜，密封装置、导向装置等均无卡涩现象；框架梁无变形，密封带应与罐壁接触良好。

⑧ 组装式铝制内浮顶安装检验合格后，安装单位应提交安装工程交工验收证明书，内容包括：总装配图、几何尺寸检查测量记录、光透试验记录、充水试验记录、现场开口方位图等。

5）建议采用全浮舱组装式内浮顶，这种内浮顶也称作箱形组装式内浮顶，由若干个长方形密封箱体组成，箱体与箱体之间的连接成口型结构梁，其优点是：

① 箱底直接覆盖在油品表面，箱底与油品表面之间无油气挥发空间，能有效抑制油气挥发；密封装置采用不锈钢机械密封形式，密封效果优于以往常用的密封形式，从而减耗节能，有利于安全和环保。

② 箱式内浮顶浮力大而均匀，上下浮动平稳，可浮起至少 6 倍自身重量，每 4m² 范围至少能安全的承受 2 个人任意行走。特别适用于大直径储罐、储存带轻烃组分的储罐。

③ 箱式内浮顶结构整体刚度性强，浮箱各处可承受储料较大冲击，稳定性好，不易翻盘，使用寿命长。

④ 安装简单，维修费用低。

箱形组装式内浮顶是由龙飞集团乐清市银河特种设备有限公司研制的专利产品。通过调研，我们认为这种内浮顶安全性能远好于现在普遍采用的以浮筒为浮力元件的装配式铝制内浮顶，安排在中国石化股份有限公司茂名分公司进行了实际应用试验。试验结果验证了箱形组装式内浮顶的优越性能，推荐在意危险性较大或安全问题比较敏感的内浮顶上使用。

3.3 大面积流淌火灾事故风险及防范措施

3.3.1 事故风险及危害

众多储油罐区火灾事故案例表明，仅仅是油罐发生火灾事故，除烟雾危害大气环境外，其他危害范围局限于石油库或石油化工厂界区以内，而大面积流淌火灾事故往往是大量漏油及含油消防污水流出石油库或石油化工厂界区，并把火灾延伸到界区以外建筑物和设施，含油污水流入界区外土壤和水域，造成恶劣的社会影响，如2010年7月16日发生的大连油库火灾事故，2005年12月11日发生的英国邦斯菲尔德油库火灾事故就是这样的案例。

发生大面积流淌火灾事故的原因主要有以下3个：

（1）油罐溢油。油罐进油时，由于油罐的液位监控系统失灵，或操作人员失职，造成油罐溢油，又赶上罐组防火堤的雨水排放口未按操作规程要求处于关闭状态，漏油从雨水排放口流出防火堤，遇到明火发生大面积流淌火灾并引发油罐着火。这样的典型事故案例有1993年10月21日发生的国内某炼油厂火灾事故，2005年12月11日发生的英国邦斯菲尔德油库火灾事故。

事故案例13：国内某炼油厂1993.10.21事故概况：由于操作失误，1座10000m³的汽油罐（浮顶罐）发生溢油事故，汽油从未关闭的防火堤的雨水排水口流出，流到附近的道路处被一辆拖拉机引爆起火，火沿着汽油流淌的路线回窜至油罐，致使油罐发生大火。

事故案例14：英国邦斯菲尔德油库火灾事故

事故概况：2005年12月10日夜晚，由于液位监控仪表失灵，1座3000m³汽油罐在进油时，汽油通过储罐通气孔满溢，在油罐周围形成约有360m直径的可燃气体蒸气云。在11日06：01火警系统按钮被人按下报警，自动启动的消防泵可能是可燃气体蒸气云的点火源。防火堤在油气爆炸时破损，造成大量泄漏油品流出防火堤，形成大面积流淌火，引发其他19座油罐接连着火。大火持续60h，20座油罐完全烧毁，附近20多家企业建筑物遭受破坏，含油污水污染了周边大片土壤。

（2）油罐爆炸。储存轻质油的拱顶储罐发生爆炸事故，将罐壁板与罐底板的直角焊缝炸开，导致油品泄漏，形成流淌火灾。根据统计资料，各种类型储罐发生爆炸时漏油的可能性如下：

1）装满半罐以上油品的固定顶储罐如果发生爆炸，大部分只是炸开罐顶。如1981年上海某厂一个固定顶储罐在满罐时爆炸，只把罐顶炸开2m长的一个裂口；1978年大连某厂一个固定顶储罐爆炸，也是罐顶被炸开，油品未流出储罐。固定顶储罐低液位时发生爆炸，有的将罐底炸裂，如2008年内蒙伊泰煤化工厂一个污油储罐发生爆炸起火事故，事故时罐内油位不到2m，爆炸把罐底撕开两个200mm～300mm的裂口，罐内污油全部流出并形成流淌火；2011年某石化8·29事故中，一座20000m³储存柴油的内浮顶罐，因为液位过低，浮盘落底，浮盘下出现约1000m³的气相空间，进罐柴油混有氢气等轻组分，气相空间存在爆炸性气体，被不明火源（怀疑是收油流速过快产生静电）引爆，当时罐内油位不到1m，爆炸将罐壁与底板的环形焊缝撕开一个大口子，造成数百吨油品泄漏，并在罐组内形成大面积池火。

2）内浮顶储罐如果在浮盘上方气相空间发生爆炸，无论液位高低均只是炸开罐顶。如2009年上海某石化厂一个5000m³内浮顶罐发生爆炸时，罐内液位只有5m～6m，爆炸把罐顶掀开约1/4，罐底未破裂。2007年镇海某石化厂一个5000m³内浮顶罐爆炸，当时罐内液位在2/3高度处，也是罐顶被炸开，罐底未破裂。

3）对于外浮顶储罐，因为是敞口形式，不易发生整体爆炸。即使爆炸，也只是发生在密封圈局部处，不会炸开储罐下部。

（3）输油管道漏油。典型事故如 2010 年 7 月 16 日发生的大连油库火灾事故。

事故案例 15：大连 7·16 油库火灾事故。

事故概况：此次事故是事故单位在输油作业时，向原油管道中注入含有强氧化剂的原油脱硫剂，造成输油管道内发生化学爆炸。发生爆炸的管道又炸断旁边另外一根管道，由于这两根管道与多个储罐连接，储罐阀门当时处于开启状态，事故造成供电系统瘫痪，储罐配置的电动阀门不能迅速关闭，使得罐内原油从管道断裂处源源不断流出。由于管道断裂处位于防火堤外，漏油四处漫延，故形成大面积流淌火灾，灭火过程中使用了大量消防水，消防水裹挟原油最终从库区南侧的雨水排放口流入海域，使附近海域遭受大面积污染。此次事故烧毁 1 座 10 万 m^3 油罐、1 个输油泵站、1 个消防泵站、多个变配电站。

3.3.2 防范措施

首先，监控储罐液位，设置高液位报警仪表和高高液位连锁关闭储罐进油管道阀门的自动控制系统，防止储罐溢油。

其次，按前述措施，防止油罐爆炸跑油。

最后，加强漏油拦截设施。除规定储罐应采取液位监控措施防止溢油外，还应要求储油罐区建立四道漏油拦截设施，实施逐级防范策略，尽量限制漏油漫延范围，在发生极端事故时能阻止漏油流向库（厂）外。

第一道漏油拦截设施由罐组防火堤构成，防火堤有效容量能容纳一个最大罐容油品，这是《石油化工企业设计防火规范》GB 50160—2008、《石油储备库设计规范》GB 50737—2011 和《石油库设计规范》GB 50074—2014 所规定的措施。雨水排放口阀门应保持常关状态，仅在需要排放雨水时，在有人监控情况下开启排水。调研了解到，石化厂和油库都是在开始下雨或下雨过程中就打开排放雨水的阀门，操作人员并不在现场监控，这样一旦在下雨过程中出现油罐跑油事故，漏油将随同雨水流出防火堤，这是一个有一定风险的操作方式。

第二道漏油拦截设施由罐组周围路堤式消防道路构成，收集罐组或防火堤外管道的少量漏油。

第三道漏油拦截设施由漏油及含油污水收集池、漏油导流沟或管道组成，收集池容积不小于一次最大消防用水量，按隔油池形式设计，漏油导流沟或管道分段设置液封或封堵结构。

第四道漏油拦截设施的主体是库区围墙，围墙的下半部应具有防漏油功能。围墙排水口应集中设置，并应设置截断设施，严防漏油流出库外。

3.4 研究成果总结

3.4.1 新技术

（1）常温液化烃储罐采取固定连接或半固定连接的注水措施，在液化烃储罐的根部法兰发生泄漏事故时，通过进出料管道向球罐内注水。由于水的密度大于液化烃，向事故球罐内注水后，水沉积在罐底，从泄漏点泄漏出来的是水而不是液化烃，这样就为采取堵漏措施创造了安全作业的条件。

（2）加强储罐金属部件之间的等电位连接，降低雷击感应高电压间隙放电风险。建议采取下述等电位连接方式：

1）外浮顶储罐或内浮顶储罐不应装设接闪杆（网），但应采用两根导线将浮顶与罐体做电气连接。外浮顶储罐的连接导线应选用截面积不小于 $50mm^2$ 的扁平镀锡软铜复绞线或绝缘阻燃护套软铜复绞线；内浮顶储罐的连接导线应选用直径不小于 5mm 的不锈钢钢丝绳。

2）外浮顶储罐应利用浮顶排水管将罐体与浮顶做电气连接，每条排水管的跨接导线应采用一根横截面不小于 $50 mm^2$ 扁平镀锡软铜复绞线；

3）外浮顶储罐的转动浮梯两侧，应分别与罐体和浮顶各做两处电气连接。

（3）消除外浮顶储罐一、二次密封结构之间的封闭空间存在爆炸性气体的条件。可采取的方式有：

1）用可变形胶囊或其他物体充填一、二次密封结构之间的封闭空间。

2）在雷雨到来之前，向一、二次密封结构之间的封闭空间充填氮气，使氧气浓度低于8%。

（4）对以浮筒为浮力元件的装配式铝制内浮顶的设计、选材、制造、安装、检验，制订要求严格、细致的专用技术规范或规定，改进内浮顶制造技术，提高内浮顶的密封性能和结构强度。除应执行《立式圆筒形钢制焊接油罐设计规范》GB 50341 的有关规定外，建议采取下述补充技术要求：

1）铝制内浮顶浮筒宜选用卷焊式浮筒。卷焊式浮筒直径不宜小于 200mm，材质应为3003H24，厚度不小于 1.3mm；

2）盖板材质应为 3003H24，厚度不小于 0.5mm；

3）密封压条材质应为 6063T5，厚度不小于 2mm；

4）边缘构件材质应为 6063T5，厚度不小于 3mm；

5）框架梁及框架梁压条材质应为 6063T6，框架梁厚度不小于 2.5mm，压条厚度不小于 3mm；

6）支柱材质应为 5A02H1120，厚度不小于 3mm；

7）所有连接件材质为 5052H24，厚度不小于 3mm；

8）所有连接部位应采用奥氏体不锈钢螺栓进行连接；

9）铝浮顶在整体安装前螺栓应固定在主梁上，并采用过盈配合连接。盖板之间不宜采用非金属的橡胶密封件，压条宜采用 6063T6 槽铝（规格不小于 25mm × 19mm × 3mm、主梁上表面结构为弧形），以保证盖板之间密封效果；

10）浮顶边缘构件及穿过铺板开孔处的部件应具有液封功能，浸入液体深度不小于100mm；

11）储罐设计单位应对铝制内浮顶的制造、安装与验收提出详细的技术要求；

12）组装式铝制内浮顶的密封宜选用弹性密封，弹性密封的橡胶包带所用材料，应根据储存介质的特性和储存温度进行选择，其性能应不低于《浮顶油罐软密封装置橡胶密封带》HG/T 2809 的要求；弹性密封的密封填料，其性能应符合表 2 - 3 - 2 规定：

表 2 - 3 - 2　弹性密封的密封填料的性能要求

指　标　名　称			指　　标
表观密度（kg/m³）		≥	30.0
拉伸强度（MPa）		≥	0.1
伸长率（%）		≥	180
75%压缩永久变形（%）		≤	4.0
回弹率（%）		≥	45
撕裂强度（N/cm）		≥	2.50
压陷性能	压陷25%时的硬度（N）	≥	95
	压陷65%时的硬度（N）	≥	180
	65%/25%压陷比	≥	1.8

苯类、硫化氢含量高的轻质油储罐的橡胶包带宜选用氟橡胶，其他介质的储罐宜选用丁腈橡胶包带。

组装式铝制浮顶施工验收宜包含下列内容：

① 铝浮顶在安装之前，应将可能损伤密封带的焊迹、毛刺等清除干净并打磨平滑，罐顶通气孔、罐壁通气孔（或罐顶边缘通气孔）及油品入口扩散管等附件应安装完毕。

② 铝制内浮顶的水平度偏差不应大于10mm（固定式支柱应以套管下端为准，可调式支柱应以支柱下套管下端为准），自动通气阀开启高度150mm～200mm。

③ 在水平方向上，支柱距离油罐底部钢附件边缘至少300mm；在垂直方向上，铝制内浮面的边缘构件上部与罐壁间距为190±30mm。

④ 边缘构件接头处必须对整齐；铺板搭接处及铺板与边缘构件结合处接触紧密，不应出现缝隙；静电导线的接头必须牢固，其接合面的锈迹必须打磨干净。

⑤ 所有支柱应保持垂直，偏差不得大于10mm。

⑥ 浮筒的纵向焊缝应位于浮筒顶部。

⑦ 在充水试验过程中，铝浮顶应升降平稳，无倾斜，密封装置、导向装置等均无卡涩现象；框架梁无变形，密封带应与罐壁接触良好。

⑧ 组装式铝制内浮顶安装检验合格后，安装单位应提交安装工程交工验收证明书，内容包括：总装配图、几何尺寸检查测量记录、光透试验记录、充水试验记录、现场开口方位图等。

3.4.2　新设备推荐

（1）箱形组装式内浮顶

箱形组装式内浮顶是由龙飞集团乐清市银河特种设备有限公司研制的专利产品。这种内浮顶安全性能远好于现在普遍采用的以浮筒为浮力元件的装配式铝制内浮顶，在某公司进行了实际应用试验。试验结果验证了箱形组装式内浮顶的优越性能，推荐在危险性较大或安全问题比较敏感的内浮顶储罐上使用。

（2）智能化外贴式超声波液位计监控型液化烃压力储罐自动二次脱水罐

目前，凯泰（滁州）流体控制有限公司联合中石化某炼化企业研制了一种以外贴式超声波液位计作为主要控制仪表的液化烃压力储罐自动二次脱水罐，其超声波液位计安装在脱水罐的外壁上，与罐内液体不直接接触，避免了被罐内液体腐蚀失效的风险。该型自动二次脱水罐具备远程控制和数据上传功能，与中石化拟建立数字化工厂的目标契合。该种新式压力储罐自动二次脱水罐安全性能远好于目前使用的机械式或探头插入罐内的电子式压力储罐自动二次脱水罐。

（3）石油储罐油气浓度激光在线监测系统

北京航星网讯技术股份有限公司利用可调谐半导体激光吸收光谱技术，开发了一款石油储罐油气浓度激光在线监测系统。该系统主要由取气管、抽气泵、激光检测分析仪组成。抽气泵和激光检测分析仪安装在罐外，取气管的管口安装在罐内气相空间，抽气泵通过取气管将罐内气体抽出送入激光检测分析仪。其工作原理是，通过单一窄带的激光频率扫描一条独立的气体吸收线，每种气体在近红外波段内有特定的波长的吸收峰，当激光束穿过甲烷、乙烷、丙烷、丁烷、戊烷等被检测气体时，特定波长的激光强度产生衰减，衰减程度与被测气体浓度成正比，利用光纤将反射回的激光传输至激光检测分析仪进行分析计算，由此可检测烃类气体浓度。该项烃类气体浓度检测技术具有选择性高、速度快、灵敏性高等特点，其准确性、可靠性和稳定性都远好于常用的手持烃类气体浓度检测仪。

3.4.3　新方法

（1）对固定顶油罐，控制油品储存温度低于其闪点（最好低于闪点5℃及以下），使油品挥发出的油气量在罐内不足以形成爆炸性气体，消除发生油气爆炸的必要条件；控制可燃液体储存温度低于其自燃点。

（2）在工艺流程和生产操作方面，避免甲 B 和乙 A 类轻质油品进入固定顶储罐，确保固定顶储罐的气相空间内不存在爆炸性气体。

（3）定期检测罐内浮顶上方油气浓度，对油气浓度达到或超过爆炸下限50%的储罐应停用检修。

（4）防火堤雨水排放口阀门应保持常关状态，仅在需要排放雨水时，在有人监控情况下开启排水。

（5）在储油罐区建立四道漏油拦截设施，实施逐级防范策略，尽量限制漏油漫延范围，在发生极端事故时能阻止漏油流向库（厂）外。

第一道漏油拦截设施由罐组防火堤构成，防火堤有效容量能容纳一个最大罐容油品，这是《石油化工企业设计防火规范》GB 50160—2008、《石油储备库设计规范》GB 50737—2011 和《石油库设计规范》GB 50074—2014 所规定的措施。

第二道漏油拦截设施由罐组周围路堤式消防道路构成，收集罐组或防火堤外管道的少量漏油。

第三道漏油拦截设施由漏油及含油污水收集池、漏油导流沟或管道组成，收集池容积不小于一次最大消防用水量，按隔油池形式设计，漏油导流沟或管道分段设置液封或封堵结构。

第四道漏油拦截设施的主体是库区围墙，围墙的下半部应具有防漏油功能。围墙排水口应集中设置，并应设置截断设施，严防漏油流出库外。

4 专题报告之三
对有毒易燃和可燃液体设施的安全防护措施

《石油库设计规范》本次修订将易燃和可燃液体化工品纳入到适用范围中来，需要针对部分有毒的易燃和可燃液体化工品采取特殊的安全防护措施。根据现行国家标准《职业性接触毒物危害程度分级》GBZ 230—2010 的规定，有毒化学物品按毒性进行分类，共分为四类：极度危害（Ⅰ级）、高度危害（Ⅱ级）、中度危害（Ⅲ级）和轻度危害（Ⅳ级）。

对有毒的易燃和可燃液体化工品，除了像对油品一样采取必要的防爆防火措施外，还需采取防毒措施，尽可能降低有毒液体和有毒气体对人员造成伤害的风险。制定防毒措施的主要原则是，尽量防止有毒液体和有毒气体泄漏；对可能发生泄露的场所，采取必要的保护人员的措施。《石油库设计规范》GB 50074—2014 对有毒液体采取的防毒措施如下：

表5.1.3 注8 Ⅰ、Ⅱ级毒性液体的储罐、设备和设施与石油库内其他建（构）筑物、设施之间的防火距离，应按相应火灾危险性类别在本表规定的基础上增加30%。

说明：该规定的作用是加大了极毒和高毒液体储罐与库内其他设施的防护间距。

5.1.7（1） 储存Ⅰ、Ⅱ级毒性液体的储罐与其他罐区相邻储罐之间的防火距离，不应小于相邻储罐中较大罐直径的1.5倍，且不应小于50m。

说明：本条规定加大了极毒和高毒液体储罐罐组与其他罐组相邻储罐之间的防火距离，目的是加强对极毒和高毒液体储罐的保护。

6.1.8 储存Ⅰ、Ⅱ级毒性的甲B、乙A类液体储罐的单罐容量不应大于5000m³，且应设置氮封保护系统。

说明：限制毒性为极度和高度危害的甲B、乙A类液体储罐容量是为了降低其事故危害性；氮封保护系统可有效防止储罐发生爆炸起火事故，进一步加强有毒液体储罐的安全可靠性。

6.1.10（4） 储存Ⅰ、Ⅱ级毒性液体的储罐不应与其他易燃和可燃液体储罐布置在同一个罐组内。

说明：本款规定目的是降低其他储罐火灾事故时，对储存极毒和高毒的易燃和可燃液体储罐的影响。

6.4.11 储存Ⅰ、Ⅱ级毒性液体的储罐，应采用密闭采样器。储罐的凝液或残液应密闭排入专用收集系统或设备。

7.0.3 输送Ⅰ、Ⅱ级毒性液体的泵，宜独立设置泵站。

7.0.6 Ⅰ、Ⅱ级毒性液体的输送泵应采用屏蔽泵或磁力泵。

说明：屏蔽泵和磁力泵均属于无泄漏泵，可有效防止有毒液体泄漏。

7.0.14 在泵进、出口之间的管道上宜设高点排气阀。当输送液化烃、液氨、有毒液体时，排气阀出口应接至密闭放空系统。

9.1.3 Ⅰ、Ⅱ级毒性液体管道不应埋地敷设，并应有明显区别于其他管道的标志；必须埋地敷设时应设防护套管，并应具备检漏条件。

9.1.11 在输送腐蚀性液体和Ⅰ、Ⅱ级毒性液体管道上，不宜设放空和排空装置。如必须设放空和排空装置时，应有密闭收集凝液的措施。

9.1.19 有毒液体管道上的阀门，其阀杆方向不应朝下或向下倾斜。

9.1.20 酚和其他少量与皮肤接触即会产生严重生理反应或致命危险的液体，其管道和设备的法兰垫片周围宜设置安全防护罩。

9.1.21 对酚等腐蚀性液体和有毒液体的设备和阀门，在需要人工操作区域内，应在人员容易接近的地方设置淋浴喷头和洗眼器等急救设施。

10.2.4 有毒液体灌桶应采用密闭灌装方式。

15.1.9（1） 有毒液体的储罐、泵站、装卸车站、计量站等可能发生有毒气体泄漏和积聚区域，应设置有毒气体检测器。

5 专题报告之四

大连 7·16 油库火灾事故教训及防范措施

5.1 前言

《石油库设计规范》GB 50074—2002 自 2003 年 3 月 1 日实施以来，对指导石油库建设、保障石油库安全发挥了重要作用。大连 7·16 油库火灾事故发生后，编制组十分关注事故发生的原因、造成的后果、存在的问题，在公安部消防局大力协助下，编制组部分成员，于 2010 年 7 月 29 日赴大连事故现场进行实地调研，希望通过调研能吸取此次事故的经验教训，针对此次事故所反映出的问题，在规范中增加或修改防范类似事故的要求。

根据国家安全生产监督管理总局和公安部联合发布的《关于大连中石油国际储运有限公司"7·16"输油管道爆炸火灾事故情况的通报》，此次事故是事故单位在输油作业时，向原油管道中注入含有强氧化剂的原油脱硫剂，造成输油管道内发生化学爆炸。以往油库输油管道事故都是因机械原因或物理性破裂造成管道发生漏油事故，但未酿成灾难性后果。此次大连新港油库火灾事故是在管道内部添加剂发生化学反应爆炸，从现场观察到的情况看，爆炸力十分巨大，将 100 多 m 长的管段炸成碎片，造成大量原油泄漏并引发大火。这是新中国成立 60 余年来发生的首例管道内部爆炸并造成严重火灾的案例，这样的火灾事故在世界范围内也是十分罕见的，属于极端火灾事故。此次事故的经验教训，对《石油库设计规范》在防范石油库极端火灾事故方面提出了进一步的要求，需要适当增加防范石油库极端火灾事故的措施和手段。我们目前编制完成的《石油库设计规范》GB 50074—2014 修订版在包括防范极端火灾事故等风险控制方面，比 2002 版有了大幅度的增加。

5.2 坚持"预防为主"，科学设定防范目标

对石油库火灾风险的控制应坚持"预防为主"的原则，运用科学方法，充分评估易燃和可燃液体及其储运设施的火灾危险性，采取有针对性的防范措施。通过技术手段，尽可能地提高易燃和可燃液体储运设施的安全可靠性，降低火灾事故风险。《石油库设计规范》GB 50074—2014 修订版在包括防范极端火灾事故等风险控制方面，比 2002 版也有了大幅度的增加（详见本报告第三部分内容）。

《石油库设计规范》设定的主要消防对象是油罐。设定各种类型油罐火灾场景如下：

采用钢制浮顶的浮顶罐：浮顶密封圈处着火；

采用钢制浮顶的内浮顶罐：浮顶密封圈处着火；

浮盘用易熔材料制作的内浮顶罐罐：罐内全面积着火；

固定顶罐：罐内全面积着火。

小面积的流淌火。

《石油库设计规范》要求采取的消防手段：以固定式消防冷却保护系统和固定泡沫灭火系统为油罐主要防护和灭火措施，以消防车和其他移动消防器材作为辅助消防力量。同一时间火灾次数按 1 次计算。

上述消防对象、设定的火灾场景和采取的消防手段与国内相关国家标准（如《石油天然气工程设计防火规范》GB 50183、《石油化工企业设计防火规范》GB 50160、《泡沫灭火系统设计规范》GB 50151）以及欧美日等国家的标准是一致的。这些标准均未按照扑救小概率的极端火灾（如大面积流淌火灾、大型浮顶油罐全面积火灾、防火堤内大面积火灾）来设置消防系统。从国内外已经发生过的石油库极端火灾事故案例来看，单个石油库自身的消防设施没有能力扑救小概率的极端火灾，要求一个企业具备扑救极端火灾的能力，将使企业付出难以承受的沉重代价，扑救极端火灾只能借助其他企业的消防力量，依靠政府消防部门的力量。国外发生的油库大型火灾事故，也主要是依靠消防部门的力量进行扑救的，例如：

2003 年 9 月 26 日，日本北海道地震造成当地石油储罐严重受损，处于地震波及区域的油罐共 352 台，其中遭到不同程度损坏的有 196 台，其中 6 台沉顶，66 台发生溢油，发生火灾 2 台。发生火灾的 2 台储罐是日本出光石化炼油厂的油罐，均为外浮顶罐。其中 1 台容量为 3 万立方米石脑油罐为全面积火灾，灭火时间持续 44 小时，调用了全日本消防泡沫还不够用，还需紧急进口泡沫灭火。

2005 年 12 月 11 日，英国邦斯菲尔德油库发生大型火灾事故，烧毁油罐 20 余台，是英国和欧洲迄今遭遇的最大规模的火灾。伦敦消防局全力救援，150 多名消防队员奋战 60 余 h，才将大火扑灭。

根据以往经验和大连 7·16 油库火灾事故的启示，《石油库设计规范》需要增加一些防范极端事故的措施，对防范极端事故，我们认为应以预防为主，遵循"有效、适当、可行"的原则。我们设想的防范措施主要作用是，改善石油库安全条件，降低事故发生的概率；事故一旦发生，将事故控制在尽量小的范围内；增设必要的应急设备，加强重要设施的安全可靠性；适当加强消防设施，增加消防水和泡沫液储备量。

5.3　针对大连 7·16 油库火灾事故教训而编制的规定

5.3.1　关于防范输油管道和油罐漏油

存在问题：《石油库设计规范》设定的火灾主要防范对象是油罐，对输油管道漏油和火灾防范措施较少，一旦发生类似大连 7·16 油库火灾这样的事故，便很难控制。

解决方案：建立四道漏油拦截设施，实施逐级防范策略，在发生极端事故时能阻止漏油流向库外。第一道漏油拦截设施是罐组防火堤，防火堤有效容量能容纳一个最大罐容油品；第二道漏油拦截设施是罐组周围路堤式消防道路，收集罐组或管道的少量漏油；第三道漏油拦截设施由漏油及含油污水收集池、漏油导流沟或管道组成；第四道漏油拦截设施的主体是库区围墙，围墙的下半部应具有防漏油功能。采取有效措施，严防漏油流出库外。

《石油库设计规范》GB 50074—2014 修订版中相关规定如下：

5.2.6　储罐组周边的消防车道路面标高，宜高于防火堤外侧地面的设计标高 0.5m 及以上。位于地势较高处的消防车道路堤高度可适当降低，但不宜小于 0.3m。

182

5.3.3 石油库四周应设高度不低于 2.5m 的实体围墙。围墙不得采用燃烧材料建造。围墙实体部分的下部不应留有孔洞（集中排水口除外）。行政管理区与储罐区、易燃和可燃液体装卸区之间应设围墙，围墙下部 0.5m 高度以下范围内应为实体墙。

6.5.1 地上储罐组应设防火堤。防火堤内的有效容量，不应小于罐组内一个最大储罐的容量。

12.4.3 应在管道桥涵、雨水支沟接主沟处、消防泵房、易燃和可燃液体泵站、变配电间等重要建筑物配置灭火沙，每处不应少于 2m³。

13.4.1 库区内应设置漏油及事故污水收集系统。收集系统可由罐组防火堤、罐组周围路堤式消防车道与防火堤之间的低洼地带、雨水收集系统、漏油及事故污水收集池组成。

13.4.2 一、二、三、四级石油库的漏油及事故污水收集池容量，分别不应小于 1000m³、750m³、500m³、300m³；五级石油库可不设漏油及事故污水收集池。漏油及事故污水收集池宜布置在库区地势较低处。漏油及事故污水收集池应采取隔油措施。

13.4.3 在防火堤外有输油管道的地方，地面应就近坡向雨水收集系统。当雨水收集系统干道采用暗管时，干道宜采用金属暗管。

5.3.2 关于油罐阀门设置

存在问题：大连 7·16 油库火灾事故大量原油泄漏有一个重要原因是，事故初期，爆炸气浪或烈火毁坏了供电系统，使油罐的电动阀门失去动力，不能迅速关闭，原油持续向外泄漏，使火灾难以控制，规模不断扩大，形成大面积的流淌火灾。此外，该关的阀门没有及时关闭，造成事故时多处漏油。

解决方案：工艺管道上的阀门应采用在事故状态下（包括停电事故）能够迅速关闭的阀门或采取能快速关闭阀门的措施。选用的电动阀可手动操作，手动关闭阀门的时间不得超过 20min。对输油管道阀门进行监控。

《石油库设计规范》GB 50074—2014 修订版中相关规定如下：

9.1.12 工艺管道上的阀门，应选用钢制阀门。选用的电动阀门或气动阀门应具有手动操作功能。公称直径小于或等于 DN600 的阀门，手动关闭阀门的时间不宜超过 15min；公称直径大于 DN600 的电动阀门，手动关闭阀门的时间不宜超过 20min。

5.3.3 关于油罐区分隔

存在问题：有的大型油库集中区域，存在不同管理单位的油库，之间没有设置有效的封堵设施，且相互协调能力不够，一旦发生火灾，易形成大范围火灾。各个库区之间、罐组之间的距离，在遇到大连 7·16 油库这么大火灾事故时，显得距离偏近。

解决方案：大型油库集中区域，不同管理单位的油库之间应有围墙等封堵措施，避免相互影响。适当加大毗邻油罐组之间的距离。

《石油库设计规范》GB 50074—2014 修订版中相关规定如下：

5.1.6 储存 Ⅰ、Ⅱ级毒性液体的储罐应单独设置储罐区。储罐计算总容量大于 600000m³ 的石油库，应设置两个或多个储罐区，每个储罐区储罐计算总容量不应大于 600000m³。特级石油库中，原油储罐与非原油储罐应分别集中设在不同的储罐区内。

5.1.7 相邻储罐区储罐之间的防火距离，应符合下列规定：

1 地上储罐区与覆土立式油罐相邻储罐之间的防火距离不应小于 60m。

2　储存Ⅰ、Ⅱ级毒性液体的储罐与其他储罐区相邻储罐之间的防火距离，不应小于相邻储罐中较大罐直径的 1.5 倍，且不应小于 50m。

3　其他易燃、可燃液体储罐区相邻储罐之间的防火距离，不应小于相邻储罐中较大罐直径的 1.0 倍，且不应小于 30m。

5.1.8　同一个地上储罐区内，相邻罐组储罐之间的防火距离应符合下列规定：

1　储存甲 B、乙类液体的固定顶储罐和浮顶采用易熔材料制作的内浮顶储罐与其他罐组相邻储罐之间的防火距离，不应小于相邻储罐中较大罐直径的 1.0 倍。

2　外浮顶储罐、采用钢制浮顶的内浮顶储罐、储存丙类液体的固定顶储罐与其他罐组储罐之间的防火距离，不应小于相邻储罐中较大罐直径的 0.8 倍。

说明：现行《石油库设计规范》GB 50074—2002 对油罐防火间距，无论是罐组内还是罐组间，一律规定不应小于 0.4D。5.1.7 条和 5.1.8 条的规定，相对 GB 50074—2002 加大了罐组间储罐防火间距。

5.3.4　关于消防车道

存在问题：这次油库火灾主要是由罐区外管道爆炸引起，现有的灭火设施主要针对油罐火灾，管道火灾的灭主要靠消防车来完成，所以短时间内，大连新港库区集结了大量消防车，而罐组的消防路路面按《石油库设计规范》的要求约为 6m，对大量消防车来说宽度不足，易造成交通堵塞，车流不畅。

解决方案：罐组大到一定规模要求设环行消防车道，消防车道应适当加宽，消防车道上设置火灾施救时用的临时错车或回车场地。

《石油库设计规范》GB 50074—2014 修订版中相关规定如下：

5.2.1　石油库储罐区应设环行消防车道。位于山区或丘陵地带设置环形消防车道有困难的下列罐区或罐组，可设尽头式消防车道：

1　覆土油罐区；

2　储罐单排布置，且储罐单罐容量不大于 5000m³ 的地上罐组；

3　四、五级石油库储罐区。

5.2.2　地上储罐组消防车道的设置应符合下列规定：

1　储罐总容量大于或等于 120000m³ 的单个罐组应设环行消防车道。

2　多个罐组共用一个环行消防车道时，环行消防车道内的罐组储罐总容量不应大于 120000m³。

3　同一个环行消防车道内相邻罐组防火堤外堤脚线之间应留有宽度不小于 7m 的消防空地。

4　总容量大于或等于 120000m³ 的罐组，至少应有两个路口能使消防车辆进入环形消防车道，并宜在不同的方位上。

说明：现行《石油库设计规范》GB 50074—2002 只规定罐区应设环行消防车道，本条规定强化了消防车道设置要求。

5.2.8　一级石油库的储罐区和装卸区消防车道的宽度不应小于 9m，其中路面宽度不应小于 7m；覆土立式油罐和其他级别石油库的储罐区、装卸区消防车道的宽度不应小于 6m，其中路面宽度不应小于 4m；单罐容积大于或等于 100000m³ 的储罐区消防车道应按《石

184 油储备库设计规范》GB 50737 的有关规定执行。

说明：GB 50074—2002 对消防车道宽度的规定是：一级石油库的油罐区和装卸区消防道路的路面宽度不应小于 6m，其他级别石油库的油罐区和装卸区消防道路的路面宽度不应小于 4m。相比 GB 50074—2002，本次修订加大了石油库的储罐区和装卸区消防车道的宽度。

5.2.10 尽头式消防车道应设置回车场。两个路口间的消防车道长度大于 300m 时，应在该消防车道的中段设置回车场。

说明：本条规定是本次修订新增内容。

5.3.5 关于重要设施的安全间距和防护

存在问题：大连 7·16 油库火灾事故中，爆炸首先破坏了供电线路及配电间，造成局部停止供电，无法及时关闭油罐的电动阀门，加大了火灾扑灭的难度；消防泵房也在火灾初期被烧毁，不能发挥应有作用。

解决方案：适当加大重要设施（变配电、消防站、消防泵站、控制室、办公楼等）的防护距离要求，或采取增加防火墙等防护措施。

GB 50074—2014 修订版中相关规定如下：

表 5.1.3 石油库内建筑物、构筑物之间的防火距离（m）

序号	建（构）筑物名称	储　罐（m^3）				油泵站
		$V \geqslant 50000$	$5000 < V$ < 50000	$1000 < V$ $\leqslant 5000$	$V \leqslant 1000$	
23	消防泵房	40（33）	26（26）	23（22.5）	19（19）	30（20）
25	露天变电所	50（29）	30（23）	23（23）	23（23）	20（20）
26	独立变配电间	40（29）	25（15）	19（11）	11（11）	15（12）
27	办公室、中心控制室、消防车库、宿舍、食堂等人员集中场所	60 （19~33）	38 （15~26）	30 （11~22）	23 （11~19）	30（12）

说明：表中括号内的数字是《石油库设计规范》GB 50074—2002 要求的防火距离。

5.3.2 行政管理区、消防泵房、专用消防站、总变电所宜位于地势相对较高的场地上。

9.1.4 地上工艺管道不宜靠近消防泵房、专用消防站、变电所和独立变配电间、办公室、控制室、宿舍、食堂等人员集中场所敷设。当地上工艺管道与这些建筑物之间的距离小于 15m 时，朝向工艺管道一侧的外墙应采用无门窗的不燃烧体实体墙。

5.3.6 关于消防设施规模

存在问题：本规范和相关国家标准规范一样，对油品储存设施设定的最大火灾事故是单个油罐火灾。本规范要求的油罐冷却范围、冷却水供给强度和供给时间与《石油天然气工程设计防火规范》GB 50183—2004、《石油化工企业设计防火规范》GB 50160—2008 是一致的；本规范报批稿要求的泡沫混合液保护面积和供给强度，是与《泡沫灭火系统设计规范》GB 50151—2010 一致的。本规范要求油罐消防以固定式消防冷却水系统和固定式泡沫灭火系统为主，以移动式灭火设备（包括消防车、移动水枪、灭火器材）为辅。这些要求对扑救单个油罐火灾已足够，但在遇到类似大连 7·16 油库这种极端火灾事故时，则显得消防能力不足。

解决方案：适当加强消防设施，扩大消防水和泡沫液储备量；消防系统与邻近同类企业互通互联，建立区域联防体系。

GB 50074—2014 修订版中相关规定如下：

12.2.6 特级石油库的储罐计算总容量大于或等于 2400000m³ 时，其消防用水量应为同时扑救消防设置要求最高的一个原油储罐和扑救消防设置要求最高的一个非原油储罐火灾所需配置泡沫用水量和冷却储罐最大用水量的总和。其他级别石油库储罐区的消防用水量，应为扑救消防设置要求最高的一个储罐火灾配置泡沫用水量和冷却储罐所需最大用水量的总和。

12.2.11 消防冷却水最小供给时间应符合下列规定：

1 直径大于 20m 的地上固定顶储罐和直径大于 20m 的浮盘用易熔材料制作的内浮顶储罐不应少于 9h，其他地上立式储罐不应少于 6h。

说明：本规范报批稿要求的油罐冷却范围、冷却水供给强度和供给时间与 GB 50074—2002、GB 50183—2004 和 GB 50160—2008 是一致的。消防冷却水最小供给时间相对《石油库设计规范》GB 50074—2002 增加了 50%。

12.2.16 石油库的消防给水主管道宜与邻近同类企业的消防给水主管道连通。

12.3.7 泡沫液储备量应在计算的基础上增加不少于 100% 的富余量。

说明：本规范报批稿要求的泡沫混合液保护面积和供给强度，是与《泡沫灭火系统设计规范》GB 50151—2010 一致的；"泡沫液储备量应在计算的基础上增加不少于 100%的富余量。"这一要求超出 GB 50074—2002、GB 50183—2004、GB 50160—2008 关于泡沫液储备量的要求。

12.5.3 设有固定式消防系统的石油库，其消防车配备应符合下列规定：

1 特级石油库应配备 3 辆泡沫消防车；当特级石油库中储罐单罐容量大于或等于 100000m³ 时，还应配备 1 辆举高喷射消防车。

2 一级石油库中，当固定顶罐、浮盘用易熔材料制作的内浮顶储罐单罐容量不小于 10000m³ 或外浮顶储罐、浮盘用钢质材料制作的内浮顶储罐单罐容量不小于 20000m³ 时，应配备 2 辆泡沫消防车；当一级石油库中储罐单罐容量大于或等于 100000m³ 时，还应配备 1 辆举高喷射消防车。

3 储罐总容量大于或等于 50000m³ 的二级石油库，当固定顶罐、浮盘用易熔材料制作的内浮顶储罐单罐容量不小于 10000m³ 或外浮顶储罐、浮盘用钢质材料制作的内浮顶储罐单罐容量不小于 20000m³ 时，应配备 1 辆泡沫消防车。

说明：本条要求的"当一级石油库中储罐单罐容量大于或等于 100000m³ 时，还应配备 1 辆举高喷射消防车。"是相对于《石油库设计规范》GB 50074—2002 增加的要求。

13.1.4 石油库附近有江、河、湖、海等合适的地面水源时，地面水源宜设置为石油库的应急消防水源。

186 **5.3.7 关于供电可靠性**

存在问题：大连 7·16 油库火灾事故爆炸起火初期就造成低压供电全部中断，使所有油罐根部电动阀无法电动关断，电动阀手动操作即危险又很慢，给灭火造成很大困难。火灾最终被扑灭，消防方面采取的其中一项重要措施是，调来一台应急移动式柴油发电机供电车，给电动阀门临时供电，关闭了漏油管道的阀门，使火灾得以被控制，这次事故的教训之一是大型油库应有应急电源。

解决方案：提高重要负荷的供电可靠性，保证重要负荷供电不中断。

GB 50074—2014 修订版中相关规定如下：

5.3.2 行政管理区、消防泵房、专用消防站、总变电所宜位于地势相对较高的场地上。

9.1.4 地上工艺管道不宜靠近消防泵房、专用消防站、变电所和独立变配电间、办公室、控制室、宿舍、食堂等人员集中场所敷设。当地上工艺管道与这些建筑物之间的距离小于 15m 时，朝向工艺管道一侧的外墙应采用无门窗的不燃烧体实体墙。

14.1.1 一、二、三级石油库应设置供信息系统使用的应急电源。设置有电动阀门（易燃和可燃液体定量装车控制阀除外）的一、二级石油库宜配置可移动式应急动力电源装置。应急动力电源装置的专用切换电源装置宜设置在配电间处或罐组防火堤外。

14.1.5 石油库主要生产作业场所的配电电缆应采用铜芯电缆，并应采用直埋或电缆沟充砂敷设，局部地方确需在地面敷设的电缆应采用阻燃电缆。

14.1.6 电缆不得与输油管道、热力管道同沟敷设。

5.3.8 关于油罐操作

存在问题：大连油库火灾事故中，有多个 10 万 m^3 油罐在 10 余 m 的近距离受到火焰的烘烤，但只有 103 号罐被引燃并最终被烧毁，主要原因是该罐当时浮顶已落地，浮顶与油面之间存在气相空间，对原油来说有气相空间就会有爆炸性气体，在火焰的烘烤下就很容易爆炸起火了。

解决方案：对油罐液位进行监控，限制浮顶在正常操作过程中落地。

GB 50074—2014 修订版中相关规定如下：

15.1.1 容量大于 100m^3 的储罐应设液位测量远传仪表并应符合下列规定：

1 液位连续测量信号应采用模拟信号或通信方式接入自动控制系统。

2 应在自动控制系统中设高、低液位报警。

3 储罐高液位报警的设定高度应符合《石油化工储运系统罐区设计规范》SH/T 3007 的有关规定。

4 储罐低液位报警的设定高度应满足泵不发生汽蚀的要求，外浮顶储罐和内浮顶储罐的低液位报警设定高度（距罐底板）宜高于浮顶落底高度 0.2m 及以上。

15.1.3 容量大于或等于 50000m^3 的外浮顶储罐和内浮顶储罐应设低低液位报警及联锁。低低液位报警设定高度（距罐底板）不应低于浮顶落底高度，低低液位报警应能同时联锁停泵。

6 专题报告之五

允许3号喷气燃料
采用固定顶储罐的论证报告

3号喷气燃料产品标准规定其闪点不应小于38℃，根据《石油库设计规范》的有关规定，3号喷气燃料属于乙A类易燃油品，乙A类油品应采用外浮顶储罐或内浮顶储罐。中国航空油料集团向《石油库设计规范》编制组提出，为保证3号喷气燃料的质量，机场油库3号喷气燃料储罐内需安装浮动发油装置，从油位上部发油，安装了浮动发油装置的3号喷气燃料储罐采用外浮顶储罐或内浮顶罐有诸多不便。

国外3号喷气燃料储罐均采用的是固定顶储罐，国外标准也允许3号喷气燃料储罐采用固定顶储罐。原因是国外标准（如美国国家防火协会安全防火标准《易燃和可燃液体规范》NFPA30 2012版）将易燃和可燃液体的分界点定在闪点37.8℃，而我国标准（如《建筑设计防火规范》GB 50016、《石油化工企业设计防火规范》GB 50160、《石油天然气工程设计防火规范》GB 50183和《石油库设计规范》GB 50074）将易燃和可燃液体的分界点定在闪点45℃。3号喷气燃料按国外标准属于可燃油品，按国内标准属于易燃油品。国内外标准对易燃油品的安全要求明显高于可燃油品，易燃油品应采用外浮顶储罐或内浮顶储罐，可燃油品可采用固定顶储罐。

根据中国航空油料集团提供的实测数据（见附件），全国绝大多数民用机场油库3号喷气燃料储罐最高储存温度低于油品闪点5℃以下，罐内气体浓度达不到爆炸下限（1.1%V），基本处于安全状态，在这种情况下，3号喷气燃料采用固定顶储罐是可行的。有鉴于此，《石油库设计规范》GB 50074—2014，规定3号喷气燃料储罐在满足一定条件下可以采用固定顶储罐（见GB 50074—2014第6.1.4条）。

GB 50074—2014第6.1.4条：储存甲B、乙A类原油和成品油，应采用外浮顶储罐、内浮顶储罐和容量小于或等于100m³的卧式储罐。3号喷气燃料的最高储存温度低于油品闪点5℃及以下时，可采用容量小于或等于10000m³的固定顶储罐和容量小于或等于200m³的卧式储罐。

条文说明：为保证3号喷气燃料的质量，机场油库3号喷气燃料储罐内需安装浮动发油装置，从油位上部发油，安装了浮动发油装置的3号喷气燃料储罐采用内浮顶罐有诸多不便。

为了解3号喷气燃料的储存安全性，中国航空油料集团公司选取最热月平均温度较高的上海、南昌、重庆、广州、武汉、乌鲁木齐六地作为典型机场油库，对2010年至2012年三年中7月~9月份机场油库的油品最高操作温度、最热月平均气温、油品闪点等数据进行统计。统计数据见表2-6-1：

表2-6-1 六地油库的统计数据汇总表

序号	名称	上海（℃）	南昌（℃）	重庆（℃）	广州（℃）	武汉（℃）	乌鲁木齐（℃）
1	油品最高储存温度	32	37.4	34.5	33.1	35.7	29.4
2	最热月平均温度	34.3	34.8	36	29	31.1	24
3	最热月最高温度	38	38	42	38.6	38	40
4	闪点最低值	43	43	40	39.5	41	41.5
5	温度差值（4-1）	11	5.6	5.5	6.4	5.3	12.1
6	温度差值（4-2）	8.7	8.2	4	10.5	9.91	17.5

从表2-6-1可以看出，大多数民用机场油库3号喷气燃料储罐最高储存温度低于油品闪点5℃以下，罐内气体浓度达不到爆炸下限（1.1%V），基本处于安全状态，在这种情况下，3号喷气燃料采用固定顶储罐是可行的。由于全国各地机场气温差异较大，机场油库采购3号喷气燃料时，需要求闪点指标高于机场所在地油品的最高储存温度5℃及以上。

7 专题报告之六
对重点意见的答复

2010 年 7 月 16 日，在大连新港油库发生了大规模油库火灾事故。此次事故原因之奇特、漏油数量之多、火灾规模之大为新中国成立以来所罕见。事故后，《石油库设计规范》广受各方面关注，正值《石油库设计规范》进行修订期间，国家有关部门、石油库建设和运营单位、设计和研究等单位纷纷给《石油库设计规范》编制组发来修订意见，这些意见对编制组改进和完善新版《石油库设计规范》发挥了重要作用。下面是其中有代表性的重要意见以及编制组的答复。

7.1 关于库区容量和分级要求的意见

意见 1：本规范将原来只适用储存原油等油品的石油库拓展为各类甲、乙、丙可燃、易燃液体，且对库区无容量限制。从目前石油库火灾事故看，石油库一旦发生火灾，影响面大，现有消防力量难以短时间有效控制。因此，建议对库区总容量进行限制，可结合我国目前建设规模、合理的预期发展规模，以及火灾事故情况，确定合适的限制量。

编制组答复：采纳。《石油库设计规范》（修订报批稿初稿）第 3.0.1 条已规定一级石油库的储罐计算总容量应小于 120 万 m^3。对于特级石油库增加规模上限要求，规定储罐计算总容量不大于 360 万 m^3。

意见 2：报批稿初稿中增加了特级石油库的分级，但规范通篇内容上缺乏对特级石油库的系统规定，存在遗漏，建议按照对特级石油库要更加严格规定的原则对相关内容进行补充完善。

编制组答复：报批稿初稿对特级石油库有更加严格的规定如下：

3.0.2 特级石油库的设计应符合下列规定：

1 非原油类易燃和可燃液体的储罐计算总容量应小于 $1200000m^3$，其设施的设计应符合本规范一级石油库的有关规定。非原油类易燃和可燃液体设施与库外居住区、工矿企业、交通线的安全距离，应符合本规范第 4.0.10 条注 5 的规定。

2 原油设施的设计应符合现行国家标准《石油储备库设计规范》GB 50737 的有关规定。

3 原油与非原油类易燃和可燃液体共用设施（或部分）的设计应执行本规范与现行国家标准《石油储备库设计规范》GB 50737 要求较高者的规定。

4 特级石油库的储罐计算总容量大于或等于 $2400000m^3$ 时，应按消防设置要求最高的一个原油储罐和消防设置要求最高的一个非原油储罐同时发生火灾的情况进行消防系统设计。4.0.10 条注 5：特级石油库中，非原油类易燃和可燃液体设施与库外居住区、工矿企业、交通线的最小安全距离，应在本表规定的基础上增加 20%。

5.1.6 特级石油库中，原油储罐与非原油储罐应分别集中设在不同的储罐区内。

190

5.1.7　相邻储罐区储罐之间的防火距离，不应小于 1.0 D，且不应小于 30m。

我们认为上述针对特级石油库的规定严于其他石油库，是合理可行的。

7.2　关于石油库与周围的安全距离的意见

意见 1：4.0.10 条关于石油库与周围居住区、工矿企业、交通线等安全距离的规定，与原规范相比，丙类等项目减少了距离，建议按原规范表，并补充特级油库的有关规定。

编制组答复：

丙类可燃液体火灾危险性较低，近三十年来石油库几乎没有发生过丙类油品火灾事故，适当减少丙类可燃液体设施与周围居住区、工矿企业、交通线等安全距离是合理的。《石油化工企业设计防火规范》GB 50160—2008 和《石油天然气工程设计防火规范》GB 50183—2004 对丙类可燃液体与周围设施的安全距离也有折减。

关于特级石油库与周围设施的安全距离，报批稿初稿有如下规定：

3.0.2 – 2　原油设施的设计应符合现行国家标准《石油储备库设计规范》GB 50737 的有关规定。

3.0.2 – 3　原油与非原油类易燃和可燃液体共用设施（或部分）的设计应执行本规范与现行国家标准《石油储备库设计规范》GB 50737 要求较高者的规定。

表 4.0.10 注 5　特级石油库中，非原油类易燃和可燃液体设施与周围居住区、工矿企业、交通线等的最小安全距离，应在本表规定的安全距离基础上增加 20%。

意见 2：4.0.14 条关于石油库与石油化工企业、石油储备库、石油天然气站场、长距离输油管道站场之间的距离要执行相关规范的规定不妥，因为其他规范是针对原来定义的石油库，但报批稿初稿中的石油库的定义已拓展，不能简单执行这些规范。建议结合本规范分级情况，提出新的要求。

编制组答复：**4.0.15 条的规定是根据住建部 2008 年出台的《工程建设标准编写规定》要求制定的**，以求在同一个问题上与相关规范统一、协调，避免矛盾。

意见 3：4.0.15 条对相邻两个石油库之间的安全距离只根据相邻储罐直径确定的规定不妥。本规范中石油库与周围建构筑物的距离都是按油库等级确定的，而两个石油库之间却不按此规定，不合理。建议，石油库之间的距离应当与石油库等级相关，且两个油库之间距离要远大于与工矿企业的距离。如，一级油库之间要大于 100m，二级油库间 80m，三级油库间 50m 等。

编制组答复：若干个石油化工储存企业集中布置在某个区域，形成石油化学工业园区是发达国家普遍采用的做法，近十几年来我国也在采纳这种做法。这种做法可以集约节约土地、消防和救护力量可以集中使用，减少环境污染范围。因为两个相邻石油库储存、输送的油品均为易燃或可燃液体，性质相同或相近，且各自均有独立的消防系统，经过专门的消防培训，还可相互支援，两库之间有实体围墙分隔，故当两个石油库相毗邻建设时，它们之间的安全距离比石油库与工矿企业的安全距离适当减小是合理可行的。

意见 4：建议修改规范中 4.0.11 等条款关于石油库与公路安全距离的相关规定，使之满足《公路安全保护条例》的相关规定。《公路安全保护条例》第 18 条规定，禁止在公路用地外缘起 100m、公路渡口和中型以上桥梁周围 200m、公路隧道上方和洞口外

100m范围内设立储存易燃易爆等危险物品的场所、设施。

编制组答复：《公路安全保护条例》第十八条对所有公路和所有石油库采取统一要求的做法，未免有"简单化"和"一刀切"之嫌，不是所有储存易燃、易爆危险物品的场所发生爆炸事故波及范围都能达到100m远，制定该条规定并未与石油、石化行业沟通和协调，有不尽合理之处。《石油库设计规范》自1984年实施以来，国内未出现过油库火灾给邻近公路造成重大损失或影响公路安全运行的案例。根据以往油库火灾案例，除极个别的流淌火事故对库外建筑或设施造成了损失外，其他绝大多数发生在库内的事故没有对库外建筑或设施造成明显损害。《石油库设计规范》GB 50074—2014修订版已要求油库设置罐组防火堤、路堤式消防道路、漏油及含油污水收集池、库区围墙等防范漏油设施，实施多重防范策略，在发生极端事故时能阻止漏油流出库区。所以，《石油库设计规范》GB 50074—2014规定的油库与公路的安全间距是合理的、可行的。《公路安全保护条例》第十八条的施行必将给石油库、石油化工厂建设和运营造成不必要的困难，建议相关部门进行沟通协调，调整该规定。

意见5：建议按照新颁布的法规规定修改第8页表4.0.11"库址选择表中石油库与国家铁路线、公路线的距离数值，重点是轻烃罐区、液化石油气罐区、液化石油气罐区与国家铁路线、公路线的安全距离。

编制组答复：

1. 关于石油库与铁路线之间的安全距离

《铁路运输安全保护条例》第十七条规定："不得在铁路线路两侧距路堤坡脚、路堑坡顶、铁路桥梁外侧200m范围内，或者铁路车站及周围200m范围内，及铁路隧道上方中心线两侧各200m范围内，建造、设立生产、加工、储存和销售易燃、易爆或者放射性物品等危险物品的场所、仓库。"该条规定对所有铁路和所有易燃、易爆危险物品的场所、仓库采取统一要求的做法，未免有"简单化"和"一刀切"之嫌，不是所有储存易燃、易爆危险物品的场所发生爆炸事故波及范围都能达到200m远，制定该条规定并未与石油、石化行业沟通和协调，有不尽合理之处。《石油库设计规范》自1984年实施以来，国内未出现过油库火灾给邻近铁路造成重大损失或影响铁路安全运行的案例。根据以往油库火灾案例，除极个别的流淌火事故对库外建筑或设施造成了损失外，其他绝大多数发生在库内的事故没有对库外建筑或设施造成明显损害。《石油库设计规范》GB 50074—2012修订版（征求意见稿）已要求油库设置罐组防火堤、路堤式消防道路、漏油及含油污水收集池、库区围墙等防范漏油设施，实施多重防范策略，在发生极端事故时能阻止漏油流出库区。所以，《石油库设计规范》GB 50074—2002规定的油库与铁路的安全间距是合理的、可行的。

《铁路运输安全保护条例》第十七条还规定：根据国家有关规定设立的为铁路运输工具补充燃料的设施及办理危险货物运输的除外。我们认为该条规定不够严谨，没有贯彻"法律面前人人平等"的原则，也没有对各种不同性质的铁路区别对待，已给石油库、加油加气站、石油化工厂建设和运营造成不必要的困难，建议相关部门进行协调，调整该规定。

意见6：储罐至河（海）岸边的距离规定。建议：该条款实际执行有一定的歧义，建

192

议对5.1.3表注中河（海）岸边给出具体规定和说明（如人工岸线和自然岸线的界定，设置该防护距离考虑的因素等）。

编制组答复：同意明确河（海）岸边的具体规定和说明（如人工岸线和自然岸线的界定）。设置的防护距离主要是为了满足事故或洪灾发生时应急抢险的通道。

意见7：建议将第4.0.15条"1. 当相邻储罐中较大罐直径大于53m时，相邻储罐之间的安全距离不应小于相邻储罐中较大罐直径，且不应小于80m"修改为"当两石油库的相邻储罐中较大直径大于53m时，两石油库的相邻储罐之间的安全距离不应小于两石油库的相邻储罐中较大罐直径，且不应小于80m"。将第4.0.15条"2. 其他相邻储罐之间的安全距离不应小于相邻储罐中较大罐直径的1.5倍，且不应小于30m"修改为"两石油库的其他相邻储罐之间的安全距离不应小于两石油库的相邻储罐中较大罐直径的1.5倍，且不应小于30m"。

编制组答复：采纳该意见。

意见8：对于大型储罐区，建议考虑增大与周边设施的安全距离。

编制组答复：《石油库设计规范》GB 50074—2014修订版按油罐总容量将石油库分为五个级别，其中库容最大的一级石油库与周边设施的安全距离也大于其他级别石油库要求的安全距离。如果原油库油罐总容量大于或等于120万 m^3，应执行《石油储备库设计规范》GB 50737—2011的油罐规定，GB 50737—2011规定的储罐区与周边设施的安全距离比《石油库设计规范》的一级石油库与周边设施的安全距离约大20%。

7.3　关于储罐区的意见

意见1：第6.1.2条及第6.1.3条，"储存沸点低于45℃的甲B类液体"，纯物质的沸点定义很明确，但油品是复杂的混合物，应对沸点进行定义，油品的平均沸点有多种，如体积平均沸点、中平均沸点、立方平均沸点、重量平均沸点、分子平均沸点，规范指的是哪一种平均沸点？

编制组答复：拟以沸点或液体37.8℃的蒸汽压作为控制指标。

意见2：第6.1.3条"其他甲B、乙A类液体化工品有特殊储存需要时"不明确，并与6.1.2条易混淆。

编制组答复：拟在条文说明中说明何谓"特殊储存需要"。

意见3：第6.1.8条"储存Ⅰ、Ⅱ级毒性液体的甲B、乙A类液体储罐应设置氮封保护系统。"固定顶储罐采用氮封，降低了储罐顶部的油气分压，不但不能减少储存物质的挥发量，反而挥发量会有少量增加，因此固定顶储罐采用氮封不会对环保有利，但是由于氮气的存在，会增加安全性。内浮顶罐采用氮封，对安全和环保基本不起作用，原规范采用浮顶罐已能满足安全要求，也可与"石油化工企业设计防火规范"协调。不管什么型式的储罐都用氮封，会使氮气用量大大增加。建议此条删除。对储存毒性为高度以上的液体，可以明确要处理挥发尾气。

编制组答复：目前的内浮顶罐绝大多数采用铝制组装式内浮顶，安全性不如钢制焊接浮仓式浮顶，一旦发生火灾事故，容易酿成储罐全面积火灾，会使大量有毒气体向大气散发。所以，需要对"储存毒性为极度和高度的甲B、乙A类液体储罐"采取严格的防护

措施。

意见4：第6.4.2条"储罐罐顶上经常走人的地方，应设置防滑踏步通道两侧宜设栏杆"，建议将"宜"改为"应"。

编制组答复：采纳。

意见5：建议在第6.7节中补充在防火堤外增加消防灭火操作平台内容。

编制组答复：GB 50074—2014修订版　6.5.7条已规定：<u>防火堤每一个隔堤区域内均应设置对外人行台阶或坡道，相邻台阶或坡道之间的距离不宜大于60m</u>。此人行台阶或坡道可兼作消防灭火操作平台。

意见6：建议将第6.5.7条"防火堤每一个隔堤区域均设置对外人行台阶或坡道，相邻台阶或坡道之间的距离不宜大于60m。台阶或坡道应设护栏"。

编制组答复：是否设护栏应根据有关劳动安全标准确定。

意见7：建议将第6.5.8条"当罐容量大于或等于20000m³时，隔堤内储罐数量不应多于2座。"修改为"当罐容量大于或等于20000m³时，隔堤内储罐数量不应多于2座。储容量大于或等于50000m³时，一罐一隔堤"。

编制组答复：采纳。

意见8：建议将9.1.12条工艺管道上"选用的电动阀门或气动阀门应具有手动操作功能"修改"罐根阀宜选用轻型手动阀，工艺管道上选用的电动阀门或气动阀门应具有手动操作功能"。

编制组答复：罐根阀采用轻型手动阀和采用电动（气动）阀门各有优缺点，不宜强制限定为某一种阀门。第9.1.12条已规定"<u>公称直径小于或等于600mm的阀门，手动关闭阀门的时间不宜超过15min；公称直径大于600mm的电动阀门，手动关闭阀门的时间不宜超过20min</u>。"该条规定可保证在停电事故状态下，人工操作也能在较短的时间内关闭阀门。

意见9：5.1.7条关于"两个储罐区相邻储罐之间的防火距离，不应小于1.0D，且不应小于30m。储存Ⅰ级和Ⅱ级毒性液体的储罐罐组与其他罐组相邻储罐之间的防火距离不应小于1.5D，其他两个罐组相邻储罐之间的防火距离，不应小于0.6D"的规定，建议对于一级油库，存Ⅰ级和Ⅱ级毒性液体的储罐罐组与其他罐组相邻储罐之间的防火距离不应小于1.5D，且不应小于50m。其他不应小于1.0D。

编制组答复：部分采纳该意见，改为如下2条：

5.1.7　相邻储罐区储罐之间的防火距离，应符合下列规定：

1　地上储罐区与覆土立式油罐相邻储罐之间的防火距离不应小于60m；

2　储存Ⅰ、Ⅱ级毒性液体的储罐与其他储罐区相邻储罐之间的防火距离，不应小于相邻储罐中较大罐直径的**1.5**倍，且不应小于**50m**；

3　其他易燃、可燃液体储罐区相邻储罐之间的防火距离，不应小于相邻储罐中较大罐直径的**1.0**倍，且不应小于**30m**。

5.1.8　同一个地上储罐区内，相邻罐组储罐之间的防火距离，应符合下列规定：

1　储存甲B、乙类液体的固定顶储罐和浮顶采用易熔材料制作的内浮顶储罐与其他罐组相邻储罐之间的防火距离，不应小于相邻储罐中较大罐直径的**1.0**倍；

194

2　外浮顶储罐、采用钢制浮顶的内浮顶储罐、储存丙类液体的固定顶储罐与其他罐组储罐之间的防火距离，不应小于相邻储罐中较大罐直径的 **0.8** 倍。

注：储存不同液体的储罐、不同型式的储罐之间的防火距离，应采用上述计算值的较大值。相邻储罐之间的防火距离应按液体类别、储罐型式分别计算，并应采用两者中的较大值。

意见10：第5.1.9条关于"同一储罐区内，火灾危险性类别相同或相近的储罐宜相对集中布置"的规定，建议补充灭火剂类型相近的要相对集中放置的内容。

编制组答复：**本规范修订报批稿初稿引用的《泡沫灭火系统设计规范》已经对泡沫灭火剂的选用以及配置做出了明确的规定。**

意见11：第6.1.10条仅对固定顶储罐直径不应大于48m做出限制，建议对浮顶罐也应限制容量或直径。

编制组答复：**固定顶储罐直径大于 48m，泡沫难以覆盖全部液面，故第 6.1.10 条规定固定顶储罐直径不应大于 48m。外浮顶罐泡沫只需覆盖泡沫堰板与罐壁之间不足 1m 宽的环形面积，所以不需要限制直径。**

意见12：建议取消第6.1.11条有关固定顶罐与浮顶、内浮顶的混合罐组中浮顶、内浮顶储罐的容量可折半计入总量的规定。

编制组答复：**部分采纳。**

根据该意见将第 6.1.11 条第 1 款改为：固定顶储罐组及固定顶储罐和外浮顶、内浮顶储罐的混合罐组不应大于 120000m³，其中浮顶用钢质材料制作的外浮顶储罐、内浮顶储罐的容量可按 50% 计入混合罐组的总容量。

意见13：储罐达到一定直径和高度，位于中间的储罐将无法实施灭火和保护，对于容量较大的储罐，应严格控制罐组数量。建议第6.1.13条，单罐容积大于20000m³时，一个罐组储罐数量不应大于4个。

编制组答复：**从移动消防角度来说，四罐罐组与四罐以上罐组，都存在消防死角，只是死角范围有所不同（四罐罐组死角范围约为 1/4 罐壁周长，四罐以上罐组中间罐死角范围约为 1/2 罐壁周长）。所以，《石油库设计规范》要求"单罐容量大于 1000m³ 的储罐应采用固定式泡沫灭火系统"，"单罐容量大于或等于 5000m³ 或罐壁高度大于或等于 17m 的储罐，应设固定式消防冷却水系统"，即以固定式消防冷却保护系统和固定泡沫灭火系统为油罐主要防护和灭火措施，消防车和其他移动消防器材只作为辅助消防力量。四罐以上罐组有利于节约用地，不宜限制。**

意见14：为了与《建筑设计防火规范》第4.2.2条规定相协调，建议第6.1.15条，丙 A 类及丙 B 类液体储罐无论容量大小，储罐之间间距不应小于0.4D。

编制组答复：**丙 A 类与丙 B 类液体火灾危险性差别还是很大的，石油库的丙 B 类液体储罐从未发生过火灾事故，要求丙 B 类液体储罐间距不应小于 0.4D 意义不大。欧美标准或法规对丙 B 类液体储罐之间无防火间距要求，我们在欧洲考察石油库看到的情况是，高闪点可燃液体储罐间距很小，只要能满足安装、检修和操作即可。**

意见15：防火隔堤投资不多，却能有效控制流淌火灾，从2011年大连"8·29"火灾实例来看，如果设置了防火隔堤，灭火难度和危险性将会大大降低。建议第6.5.8条，

每个储罐周围均应设置防火隔堤。

编制组答复：为了保证罐组内隔堤分区之间不串通，每个隔堤分区均须设置雨水排放口，根据实践经验，油罐组的雨水排放口是防火堤的薄弱点，因此对小罐不宜设置过多的隔堤。报批稿初稿第 **6.5.8** 条第 **2** 款已规定：**当罐容量大于或等于 50000m³ 时，隔堤内储罐数量不应多于 1 座。**

意见 16：为了在火灾初起阶段，立即切断可燃、易燃液体供应，防止火势蔓延，建议第 9.1 节中补充：输油管道在进出易燃可燃液体泵房、罐桶间及储罐组防火堤入口处以及较长的输油管线的适当位置增设紧急事故阀，并宜采用电动、气动方式远程控制。

编制组答复：阀门的作用是截断管道内液体流动。根据操作需要，一条输油管道往往有多道阀门，如从油罐到码头的管道至少有 6 道阀门。如果油品管道某个部位发生泄漏事故，可就近关闭管道阀门并停止输油泵运行，截断油品外流。油品管道发生泄漏的部位具有不确定性，在输油管道进出易燃可燃液体泵房、罐桶间及储罐组防火堤入口处以及较长的输油管线的适当位置增设紧急事故阀的必要性并不大。为了在火灾初起阶段，立即切断可燃、易燃液体供应，防止火势蔓延，对输油泵采取远程控制效果会更好。报批稿初稿第 **15.1.7** 条已规定：**一级石油库的重要工艺机泵、消防机泵、储罐搅拌器等电动设备和控制阀门除应能在现场操作外，也应能在控制室进行控制和显示状态。**

15.1.7 条拟增加：**二级石油库的重要工艺机泵、消防泵、储罐搅拌器等电动设备和控制阀门除应能在现场操作外，尚宜能在控制室进行控制和显示状态。**

7.4 关于消防车道的意见

意见 1：从石油库灭火实战需要看，如果油库周围没有设置环形消防车道，而仅设置尽头式回车场，消防车无法达到油罐四周，不利于火灾扑救。建议第 5.2.2 条，各级别石油库罐区及防火堤的外围均应设置环形消防车道。

编制组答复：根据第 5.2.2 条规定，储罐总容量大于或等于 **120000m³** 的罐组应设环行消防车道；毗邻的两个或两个以上罐组的储罐容量相加大于或等于 **120000m³** 时，这两个或两个以上罐组应设置一个共用环行消防车道，并应保证至少应有 **2** 个路口能使消防车辆接近罐组内任何一座着火储罐。第 **5.2.2** 条对地上罐组并没有允许设置尽头式回车场。相对 **2002** 年版《石油库设计规范》，新规范已经大大改善了消防车道行车条件。

意见 2：5.2.7 中规定消防车道与防火堤外堤脚线之间的距离为 3m，地上立式储罐罐壁至防火堤内堤脚线的距离为罐壁高度的一半，一般 10m 左右，则消防车道距油罐距离仅为 13m，无法保证消防车及消防员的安全。建议第 5.2.7 条，消防车道与防火堤外堤脚线之间的距离不宜小于 9m。

编制组答复："消防车道距油罐距离仅为 **13m**" 只是局部地段，从节约用地角度考虑，不宜增加消防车道与防火堤外堤脚线之间的距离。本条规定与《石油储备库设计规范》**GB 50737**、《石油化工企业设计防火规范》**GB 50160** 和《石油天然气工程设计防火规范》**GB 50183** 等相关国家标准是协调一致的。我们在国外考察石油库时看到，消防车道与防火堤之间距离都是很近的，有的几乎就没有间距。

报批稿初稿中已增加 **12.1.6** 条关于消防操作保护的规定：**火灾时需要操作的消防阀**

196　门距离对应的易燃和可燃液体储罐罐壁的距离不应小于 **15m**。

意见 3：灭火实战经验表明，扑救库区火灾，往往调集大量重型消防车，路面宽度小于 7m，将难以满足重型消防车通行。建议第 5.2.8 条，罐区和装卸区消防道路的宽度不应小于 11m，其中路面宽度不应小于 7m；罐组之间的消防道路宽度不应小于 9m，其中路面宽度不应小于 7m；其他消防道路的宽度不应小于 6m。

编制组答复：上述意见提到的道路宽度要求与《石油储备库设计规范》中的条文规定是一致的，《石油库设计规范》第 **3.0.2** 条规定，库容大于或等于 **120 万 m³** 时，按《石油储备库设计规范》执行，因此对于库容大于或等于 **120 万 m³** 的油库能满足该意见的要求。《石油库设计规范》本次修订已将消防道路宽度较原规范条文规定有所提高，不宜完全与《石油储备库设计规范》的要求一致。报批稿初稿第 **5.2.8** 条已规定：单罐为 **10m³** 的储罐区消防车道应按《石油储备库设计规范》的规定执行。

意见 4：库区一旦发生火灾，一个出入口无法满足消防车辆进入库区和部署。建议石油库通向库外公路的出入口不应少于两个，且应位于不同的方位。

编制组答复：部分采纳。

5.2.11（2）改为：石油库通向库外道路的车辆出入口不应少于两处，且宜位于不同的方位。受地域、地形等条件限制时，覆土油罐区和四、五级石油库可只设一处车辆出入口。

7.5　关于消防设施、消防供水等的意见

意见 1：建议在第 12.1.6 条关于"火灾时需要操作的消防阀门距离对应的易燃和可燃液体储罐罐壁的距离不应小于 15m"的规定中增加：消火栓。

编制组答复：对于阀门，由于需要在火灾时操作，距离太近辐射热太大可能会无法靠近，所以有 15m 距离的要求，对于消火栓，受辐射热影响较大的位置可以不使用，直接使用在合适位置上的消火栓。消火栓的保护距离较大，火灾时可用的消火栓也较多，因此，对于消火栓不做距离油罐间距的要求。

意见 2：建议在第 12.2 节中增加：石油库的消防给水主管道宜与邻近同类企业的消防给水主管道连通。

编制组答复：报批稿初稿第 **12.2.16** 条已规定：**石油库的消防给水主管道宜与邻近同类企业的消防给水主管道连通。**

意见 3：由于本规范已拓展石油库内的储存介质，包括水溶性介质，如何选用灭火剂，规范缺乏规定。此外，应当明确将使用同类灭火剂的储罐集中放置。

编制组答复：规范引用的《泡沫灭火系统设计规范》已经对泡沫灭火剂的选用（包括水溶性介质，如何选用灭火剂）以及配置做出了明确的规定。

意见 4：鉴于本规范允许的石油库容量较大，建议对超过一定规模的油库应要求设置固定消防炮。

编制组答复：石油库的油罐按新的要求，稍微大一点的油罐就要求设置固定式的消防喷淋系统。固定式消防喷淋系统可以有效地对着火罐和邻近罐进行喷淋冷却。当油罐发生火灾时，油罐的喷淋冷却主要依靠固定式喷淋冷却系统进行冷却，仅仅可能需要对局部区

域进行移动式冷却，依靠消防车和消火栓完全可以满足要求。油库的消防水储备有限，供水能力并不是可以无限满足要求，火灾时消防水的使用应有控制，油罐冷却足够就行，尽量减少浪费。对于小型油罐和小油库来说，由于油罐很小，消火栓和水枪的使用就可以满足冷却的要求。因此，规范对消防水炮的安装使用不做规定。

意见5：灭火实战经验表明，浮顶储罐、内浮顶储罐一旦着火，可能形成罐顶全面积、立体火灾，其对周围储罐同样具有威胁性，仅仅依靠移动消防冷却设备难以满足控火的需要，故相邻储罐也应采取固定冷却措施。建议第12.2.7条第2款，着火的浮顶储罐和内浮顶储罐的相邻储罐也应冷却，冷却水量为罐组较大三座相邻储罐的计算水量。

编制组答复：根据现行国家标准《立式圆筒形钢制焊接油罐设计规范》GB 50341—2003的有关规定，浮顶储罐须采用钢制焊接浮仓式浮顶，这种浮顶密封性能好、结构强度高、耐火性能强，近三十年来，国内储存原油的外浮顶储罐未发生过全面积火灾事故，根据国内储存原油的外浮顶储罐已发生的火灾事故案例，火灾均发生在密封圈的局部，均未对邻近油罐构成严重威胁，所以本规范修订报批稿初稿第12.2.7条第2款规定"着火的外浮顶、内浮顶储罐应冷却，其相邻储罐可不冷却"是合理的。对内浮顶储罐，本规范修订报批稿初稿第12.2.7条第2款还规定："当着火的内浮顶储罐浮盘用易熔材料制作时，其相邻储罐也应冷却。"内浮顶储罐浮盘用易熔材料制作的，发生火灾时容易酿成全面积火灾，故对其相邻储罐也应冷却。

意见6：附加移动消防用水量应与消防车用水量基本一致，一般泡沫水罐车为60L/s~80L/s，高喷车为90L/s。对一级石油库，如果考虑配置2辆泡沫水罐车加1辆高喷车，用水量应当为210L/s~250L/s；如果考虑配置1辆泡沫水罐车加1辆高喷车，用水量应当为150L/s~170L/s；如果设置一辆泡沫消防车，采用80L/s比较合适。建议第12.2.8条，修改为附加移动消防用水量不宜小于冷却储罐最大用水量的50%，且应符合下列规定：单罐容量大于或等于100000m³的一级石油库，不应小于230L/s；其他一级石油库及二级石油库，不应小于160L/s；其他石油库，不应小于80L/s。

编制组答复：对于较大的油库，基本上所有的油罐都会设置固定式消防冷却系统和固定式泡沫灭火系统，消防车的冷却水量是辅助作用，对一些局部位置实施冷却，按80L/s比较合理。当油罐由于爆炸或其他原因罐上的固定灭火或冷却设施失去作用时，需要消防车提供灭火或冷却，那时，油罐本身设置的固定灭火设施的水量会转移给消防车使用。

意见7：在扑救石油库火灾中，消防泵的作用极为重要，其供电必须可靠，一级负荷的要求也与《石油化工企业设计防火规范》第8.1.1条及《建筑设计防火规范》第8.6.8条的规定相协调。建议第12.2.12条消防泵的电源，应满足现行国家标准《供配电系统设计规范》规定的一级负荷供电要求，且均应设置备用泵。

编制组答复：关于消防泵的设置，本规范修订报批稿初稿第12.2.12制定有如下规定：

12.2.12 石油库消防水泵的设置应符合下列规定：

1 一级石油库的消防冷却水泵和泡沫消防水泵应至少各设置1台备用泵。二、三级石油库的消防冷却水泵和泡沫消防水泵应设置备用泵，当两者的压力、流量接近时，可共用1台备用泵。四、五级石油库的消防冷却水泵和泡沫消防水泵可不设备用泵。备用泵的

198 流量、扬程不应小于最大主泵的工作能力。

2 当一、二、三级石油库的消防水泵有二个独立电源供电时，主泵应采用电动泵，备用泵可采用电动泵，也可采用柴油机泵；只有一个电源供电时，消防水泵应采用下列方式之一：

1） 主泵和备用泵全部采用柴油机泵；

2） 主泵采用电动泵，配备规格（流量、扬程）和数量不小于主泵的柴油机泵作备用泵；

3） 主泵采用柴油机泵，备用泵采用电动泵。

3 消防水泵应采用正压启动或自吸启动。当采用自吸启动时，自吸时间不宜大于**45s**。

上述关于消防泵动力源的要求，其可靠性等同于甚至高于一级用电负荷供电要求。因为石油库的输油作业的用电负荷不需要定为一级，单为消防泵设置满足一级用电负荷的供电系统（即不会同时发生故障的双重电源供电系统）往往是不经济的。上述规定中，也已明确要求设置备用泵。

意见8：实际灭火中，扑救油罐火灾所需的泡沫液量很大，泡沫储备量不足，将贻误战机。建议第12.3.7条关于备用泡沫液的储备量修改为不应小于扑救任意油罐火灾所需的最大泡沫液用量。

编制组答复：采纳。将报批稿初稿第**12.3.7**条第**4**款改为：**泡沫液储备量应在计算的基础上增加不少于100%的富余量。**

意见9：大型浮顶、内浮顶油罐发生的全液面火灾，现有的消防装备无法扑灭。近年，我国大量引进国外大容量油罐技术，却未同时引进其大流量、远射程的消防装备，致使石油库火灾危险性危害性不断增加。大连"7·16"及"8·29"事故充分说明，如果大型浮顶、内浮顶油罐火灾不能短时扑灭，一旦引发沸溢或喷溅，后果不堪设想。因此，应对石油库规模加以限制，如果确需建设大规模大容量的储罐，则必须同时配备与之相适应的灭火系统。建议第12章，增加当单罐容积大于$50000m^3$时，一、二级石油库应配备2台射程不小于100m，流量分别不小于800L/s和600L/s的大流量移动泡沫灭火炮及相应的远程供水系统；三级石油库应配备1台射程不小于100m，流量不小于600L/s的大流量移动泡沫灭火炮及相应的远程供水系统。

编制组答复：

根据现行国家标准《泡沫灭火系统设计规范》GB 50151—2010 的规定，拱顶罐和浮顶为组装式结构的内浮顶油罐是按全液面火灾计算作为灭火的设计对象的，外浮顶罐是按密封圈火灾作为灭火的设计对象的。GB 50074—2014 对灭火系统及设备的配置，能够满足油罐灭火设计对象的灭火需要。该意见要求的"大流量移动泡沫灭火炮及相应的远程供水系统"，主要用于扑救外浮顶油罐全液面火灾，国内近几年的几次外浮顶大油罐火灾都是密封圈火灾，用现有泡沫灭火系统很快就扑灭了。外浮顶油罐的浮盘都设计了抗沉没的结构，到目前为止，国内还没有外浮顶油罐浮盘沉没的案例。所以，石油库没必要配置"大流量移动泡沫灭火炮及相应的远程供水系统"。

现行国家标准《石油库设计规范》GB 50074—2014 修订版设定的最大消防对象是油

罐火灾，消防设施也是按扑救一个最大油罐火灾（外浮顶罐密封圈着火，固定顶罐全液面火灾、采用组装式浮盘的内浮顶罐全液面火灾）配置的，这一设防原则与国内外相关标准规范是一致的。对防范极端事故，我们认为应以预防为主，遵循"有效、适当、可行"的原则。采取的防范措施应能做到尽量降低事故发生的概率。事故一旦发生，应将其限制在尽量小的范围内，并严禁漏油流出库区，并对大型油库采取严格监控措施与适当加强消防能力。

大流量移动泡沫灭火炮及相应的远程供水系统适用于扑救极端火灾事故，造价非常昂贵，并需要配置大量专职且具有高技能的消防人员，会给企业带来沉重的经济负担，单个油库不适合配备这样昂贵的设备。我们在欧洲考察石油库了解到，石油库自身都不设置消防车及专职消防队，发生小规模火灾，油库方启动所设置的灭火系统灭火；发生大规模火灾，由政府专职消防队前来扑救。根据我们的了解，大流量移动泡沫灭火炮及相应的远程供水系统在美国、日本、新加坡、中东产油国个别石油化工厂和油库有设置，但不是法规强制要求，是企业的自愿行为。在国外，大流量移动泡沫灭火炮及相应的远程供水系统更多的是由石油化工厂和油库集中的地区政府消防队配置，由各企业提供资金支持；也有专业消防公司配备有大流量移动泡沫灭火炮及相应的远程供水系统，与石油化工加工及仓储企业签订服务协议，发生火灾时提供有偿服务。大流量移动泡沫灭火炮及相应的远程供水系统对操作技能要求较高，企业消防队很难掌握，由政府消防队配置更为合适。

意见 10：备用消防电源的供电时间和容量，应满足各消防用电设备设计火灾延续时间最长者的要求。建议第 14.1.3 条，事故照明连续供电时间不应小于 6h。

编制组答复：采纳。**14.1.3 条改为：一、二、三级石油库的消防泵站和泡沫站应设应急照明，应急照明可采用蓄电池作备用电源，其连续供电时间不应少于 6h。**

意见 11：第 12.1.6 条与现行行业标准《装卸油品码头防火设计规范》JTJ 237—99 的第 3.0.2 条、第 6.1.3 条、第 6.2.7 条、第 6.3 条要求有很大不同，包括码头等级划分、码头的消防形式、消防设计计算方法和计算的结果等。现行行业标准《装卸油品码头防火设计规范》JTJ 237—99 对码头防火设计有较详细的规定，执行时各地的管理机构也以此为据，因此建议本规范不就码头的消防规定，可按现行行业标准《装卸油品码头防火设计规范》JTJ 237—99 执行。

编制组答复：采纳。

7.6 关于环保方面的意见

意见 1：按照现行国家标准《储油库大气污染物排放标准》GB 20950—2007 "储油库应采用底部装油，在装油时产生的油气应进行密闭收集和回收处理"的规定，建议第 6.1.1 条修改为"石油库的储罐应采用钢制储罐，采用底部装油方式，安装底部装油系统。"在第 6.1.3 条应采取措施中增加一条，规定"所有汽油类储油库应设置油气密闭收集和回收处理系统"。第 8.2.7 条修改为"应采用底部装油方式向汽车罐车灌装甲 B、乙、丙 A 类液体，并设置底部装油系统"。

编制组答复：采纳。

6.4.9 条已规定：<u>储罐进液不得采用喷溅方式。甲 B、乙、丙 A 类液体储罐的进液管从储罐上部接入时，进液管应延伸到储罐的底部。</u>

增加 8.2.7 条：<u>灌装汽车罐车宜采用底部装车方式。</u>

增加 8.2.9 条：<u>向汽车罐车灌装甲 B、乙 A 类液体和Ⅰ、Ⅱ级毒性液体应采用密闭装车方式，并应按现行国家标准《油品装卸系统油气回收设施设计规范》GB 50759 的有关规定设置油气回收设施。</u>

意见 2：建议在第 6.6 节中增加一条，补充规定"鼓励设置具有测漏功能的电子液位计代替人工量油，减少人工量加油过程油气排放"。

编制组答复：《石油库设计规范》修订稿第 15.1.1 条已规定：<u>储罐应设液位计和高液位报警系统。</u>石油库油罐容积一般比较大，油罐绝大多数是地上设置，油罐内油品体积会随环境温度的变化而发生热胀冷缩现象，少量的渗漏电子液位计是测量不出来的。立式油罐防渗漏主要措施是在油罐基础上设置防渗层，对此另有国家标准（如《钢制储罐地基基础设计规范》、《石油化工防渗工程技术规范》）做出专门规定，本规范对油罐防渗不再重复规定。

意见 3：建议进一步论证第 8.2.2 条和第 8.2.5 条中"自流装车"和"自流卸车"会否在油气回收过程中发生油气回收速度过快，装卸油过程较慢，从而发生油气蒸发加快或罐体承压问题。

编制组答复：《石油库设计规范》修订征求意见稿第 8.1.9 条和第 8.2.8 条均规定"<u>装卸车流速不得大于 4.5m/s</u>"，根据该规定具体设计时需采取装卸车流速控制措施。

意见 4：根据《全国地下水污染防治规划（2011—2020）》的规定，"新建、改建、扩建地下油罐应为双层油罐，或设置防渗池、比对观测井等防漏和检漏设施"，建议《石油库设计规范》中明确储罐应为双层，且在库区总平面布置中设置地下水水质监测井。

编制组答复：采纳。《石油库设计规范》修订征求意见稿第 6.5.5 条已规定：<u>处在建成区、水源保护区内的覆土卧式储罐，应按国家有关法规和当地环保部门的要求对储罐采取防渗漏扩散的保护措施，并应设置检漏设施。</u>覆土卧式储罐即为地下油罐。报批稿改为如下 3 条：

6.3.2 储存对水和土壤有污染液体的覆土卧式储罐，应按国家有关环境保护标准或政府有关环境保护法令、法规要求采取防渗漏措施，并应具备检漏功能。

6.3.3 有防渗漏要求的覆土卧式储罐，储罐应采用双层储罐或单层钢储罐设置防渗罐池的方式；单罐容量大于 100m³ 的覆土卧式储罐和既有单层覆土卧式储罐的防渗，可采用储罐内衬防渗层的方式。

6.3.4 采用双层储罐时，双层储罐的结构及检漏要求，应符合现行国家标准《汽车加油加气站设计与施工规范》GB 50156 的有关规定。

意见 5：按照《水污染防治法》相关规定，饮用水水源保护区内禁止建设石油库，建议第 6.5.5 条修改为"<u>覆土卧式油罐，应按国家有关法规和当地环保部门的要求对储罐采取防渗漏扩散的保护措施，并应设置检漏设施</u>"。

编制组答复：采纳。修改内容见上条。

7.7　关于电气设施的意见

意见1：阻燃电缆和矿物绝缘类不燃性电缆在保证火灾时电缆正常运行方面有较大区别，为确保在火灾中能够迅速关闭各类阀门，启动消防设施，建议第14.1.5条修改为：地上敷设电缆应采用矿物绝缘类不燃性电缆。

编制组答复：报批稿初稿第 **14.1.5** 条已要求"**石油库主要生产作业场所的配电电缆应采用铜芯电缆，并应采用直埋或电缆沟充砂敷设，局部地方确需在地面敷设的电缆应采用阻燃电缆**"。根据现行国家标准《电力工程电缆设计规范》**GB 50217—2007** 第 **5.1.10** 条爆炸性气体危险场所电缆敷设的相关规定："电缆线路中不应有接头"；若地上敷设的电缆必须采用矿物绝缘类不燃性电缆，那整根电缆都将是矿物绝缘类不燃性电缆，实际上电缆大部分在地下敷设，因此在规范中规定"**局部地方确需在地面敷设的电缆应采用阻燃电缆**"，以提高经济性，且阻燃电缆在火灾初期完全能够满足电气设备的正常操作。

意见2：建议将第14.1.6条关于"电缆不得与输油管道、热力管道同沟敷设"的规定中增加"不得同架敷设"。

编制组答复：根据报批稿初稿第 **14.1.5** 条的要求，大部分电缆应直埋或电缆沟充砂敷设，只有局部地方确需在地面敷设的电缆才有可能与输油管道同架敷设，现行国家标准《电力工程电缆设计规范》**GB 50217—2007** 也允许电缆与输油管道同架敷设，如石油化工厂的电缆基本上都与输油管道同架敷设。输油管道发生火灾事故的概率是很低的，电缆局部地方确需与输油管道同架敷设的，即使单独立架敷设，也会比较靠近输油管道，单独立架敷设并无实质安全意义。

7.8　其他

意见1：本次修改将适用范围扩大到所有以石油或其他物料为原料生产加工出的易燃和可燃液体产品，还沿用"石油库"不当。

编制组答复：本次修改扩大的适用范围主要是针对液体化工品，液体化工品绝大多数是以石油为原料生产加工出来的。所以，本规范沿用"石油库"名称是合适的。

意见2：可燃液体和石油不是同一个概念范畴，本规范是石油库设计规范，建议将可适用于本规范的储运介质具体化——除常规的原油、汽油、煤油、柴油、燃油类外，还有哪些可燃介质的储运可用于本规范指导。

编制组答复：采纳，在条文说明中举例说明。

意见3：石油库实体围墙设置规定。建议：临海、邻水侧布置的石油库，因已规定了必要的安全防护距离，是否仍需要设置实体围墙，能否改为可设置镀锌铁丝网围墙，以方便观察水面情况（预防溢油等）并采用应急措施。

编制组答复：设置实体围墙的作用也在于实施多重防范漏油措施，在发生极端事故时能阻止漏油流出库区。拟根据该意见，规定围墙 **1m** 高度以上可为非实体围墙。

意见4：建议将"油罐"改为"储罐"，将"输油管道"改为"工艺管道"。

编制组答复：采纳。

意见5：第5.3.1条第2款对在海岛、沿海地段库区场地标高规定不妥。该类工程均采用设置护岸胸墙的方式，防止石油库高水位受淹且考虑波浪壅高和越浪影响。建议进一步调整场地最小设计标高等规定。

编制组答复：第 5.3.1 条第 2 款系指未设置护岸胸墙时对场地标高的要求，当采用设置护岸胸墙的方式等有防止石油储备库受淹的可靠措施时，按照第 5.3.1 条第 3 款允许调整场地最小设计标高。

意见 6：第 7.0.6 条，"输送毒性为中度及以上的易燃和可燃液体的泵应采用屏蔽泵"。此条限制范围太大、限制太死、屏蔽泵品种较少，会造成选用困难，建议改为"输送毒性为高度及以上的易燃和可燃液体的泵应采用屏蔽泵"。

编制组答复：采纳。

意见 7：第 9.1.3 条，"毒性为中度及以上"的范围太大，建议改为"毒性为高度及以上"，以便与现行国家标准《工业金属管道设计规范》GB 50316 相协调。

编制组答复：采纳。

意见 8：第 9.0.6 条，建议与现行国家标准《城镇燃气设计规范》GB 50028 协调，采用 GB 50028 第 96 页的数据：距铁路轨底 1.2m；距有轨电车轨底 1.0m；距公路、道路路面 0.9m。

编制组答复：本条是参照现行国家标准《炼油厂全厂性工艺及热力管道设计规范》SH/T 3108—2000 制定的，与 GB 50028 的规定相差不大。

意见 9：建议在表 5.1.3 "石油库内建（构）筑物之间的防火距离"序号 26 车库的防火距离中明确车库的具体性质。

编制组答复：采纳。

意见 10：建议研究、补充、完善液体化工品的安全设计内容。

编制组答复：采纳。

意见 11：建议补充完善石油输送管道与库内建筑物、构筑物之间的防火距离。

编制组答复：采纳。

意见 12：建议在竖向布置时充分考虑由于高度差而产生的不安全因素的消除措施。

编制组答复：现行国家标准《石油库设计规范》GB 50074—2014 修订版要求罐组设置防火堤和罐组之间设置的路堤式消防道路和导流沟（管），可以防止油罐发生泄漏时肆意漫流和冲击式流淌。

意见 13：建议将装卸系统的应急切断设施设计为故障安全型，即在停电等故障情况下，阀门应自动处于关闭状况。

编制组答复："停电等故障情况下，阀门应自动处于关闭状况"目前只有气动阀能做到，油库一般不设压缩空气系统，专门为几个阀门设置一套压缩空气系统会增加工程造价和运行成本，即使设置了气动紧急切断阀，业主也未必能保证其始终处于通气状态。油库除少数有条件实现自流装车外，绝大多数是用输油泵进行装车作业，在停电故障情况下，输油泵也会停止运转，油源会被自动切断。所以，"装卸系统的应急切断设施设计为故障安全型"必要性不大。

第三篇 石油库安全与
消防基本知识

1 油品的危险特性及分类

1.1 燃烧与爆炸

1.1.1 燃烧及其特性

1. 燃烧与氧化

燃烧是一种同时有热和光发生的剧烈的氧化还原反应。在氧化还原反应中，某些物质被氧化而另一些物质被还原。氧化还原反应，按电子学说，是由于物质发生电子的转移，电子从一物质转移到另一物质。失去电子的物质被氧化，称还原剂；得到电子的物质被还原，称氧化剂。在氧化还原反应中，某物质失去的电子数等于另一物质得到的电子数。

如氢和碳与氧反应可写成：

$$2H_2 + O_2 \longrightarrow 2H_2O$$
$$C + O_2 \longrightarrow CO_2$$

从化学原理看，一切燃烧现象均是氧化还原反应，但氧化还原反应并不都属于燃烧反应。燃烧反应必须具有如下 3 个特征：

（1）是一个剧烈的氧化还原反应；

（2）放出大量的热；

（3）发出光。

2. 燃烧条件

燃烧必须具备三个条件（或称三要素）：

（1）有可燃物存在，它们可以是固态的，如木材、棉纤维、煤等；或是液态的，如酒精、汽油、苯等；也可以是气态的，如氢气、乙炔、一氧化碳等。

（2）有助燃物存在，即有氧化剂存在，常见的有空气（其中的氧）、纯氧或其他具有氧化性的物质。

（3）有能导致着火的能源，如高温灼热体、撞击或摩擦所产生的热量或火花、电气火花、静电火花、明火、化学反应热、光能、绝热压缩产生的热能等。

上述三点是燃烧的必要条件，缺少上述三条中的任何一条，也就不能导致燃烧。

但有时虽已具备了这三个条件，燃烧也不一定发生。这是因为燃烧还必须有充分的条件。可燃物与助燃物要达到一定的比例，才能引起燃烧，如氢气在空气中含量低于 4% 时便不能点燃。氧在大气中占 21%，燃烧时氧含量会逐渐减少，在一定的环境中，当氧含量低于 14% 时，燃着的木块也会熄灭。这时，要使燃烧继续，燃烧区必须有新鲜空气源源不断补充。点火源也要有一定强度（温度和热量），如电焊渣火花，温度可达 1200℃ 以上，足以引起易燃液体的蒸气和空气混合气发生燃烧或爆炸。但若该火花落在木块上，就不一定引起燃烧。这是因为火花温度虽高，但能量不足，无法使木块加热到燃烧温度。当大量火花不断落在木块上时，可以引起木块燃烧。所以，要引起燃烧，不仅要具备必要条件，还必须满足充分条件。

近代燃烧理论用连锁反应来解释物质燃烧的本质，认为燃烧是一种自由基的链锁反应，并由此提出了燃烧四面体学说。燃烧四面体学说指出，燃烧除了具备上述三要素外，还必须使连锁反应不受抑制，即自由基反应能继续下去作为燃烧的第四个要素，并由此而奠定了某些灭火技术理论基础。

3. 燃烧过程及形式

可燃物质可以是固体、液体或气体，绝大多数可燃物质的燃烧是在气体（或蒸气）状态下进行的，燃烧过程随可燃物质聚集状态的不同而异。

气体最易燃烧，只要达到其氧化分解所需的热量，便能着火燃烧。其燃烧形式分为两类：可燃气体和空气或氧气预先混合成混合可燃气体的燃烧称为混合燃烧。混合燃烧由于燃料分子已与氧分子进行充分混合，所以燃烧时反应速度很快，温度也高，火焰的传播速度也快，通常混合气体的爆炸反应就属这种类型。另一类就是将可燃气体，如煤气，直接由管道中放出点燃，在空气中燃烧，这时可燃气体分子与空气中的氧分子通过互相扩散，边混合边燃烧，这种燃烧称为扩散燃烧。

液体燃烧，许多情况下并不是液体本身燃烧，而是在热源作用下由液体蒸发所产生的蒸气与氧发生氧化、分解以至着火燃烧，这种燃烧称为蒸发燃烧。

固体燃烧，如果是简单固体可燃物质，像硫在燃烧时，先受热熔化（并有升华），继而蒸发生成蒸气而燃烧；而复杂固体物质，如木材，燃烧时先是受热分解、生成气态和液态产物，然后气态和液态产物的蒸气再氧化燃烧。木材在受热时先蒸发出水分，继而热分解产生可燃气体而氧化燃烧，这种燃烧可看作是分解燃烧。

上述的几种燃烧现象不论可燃物是气体、液体或固体，都要依靠气体扩散来进行，均有火焰出现，属火焰型燃烧。而当木材燃烧到只剩下碳时（如焦炭的燃烧），燃烧是在固体碳的表面进行，看不出扩散火焰，这种燃烧称为表面燃烧。木材的燃烧是分解燃烧与表面燃烧交替进行的。金属铝、镁的燃烧也是表面燃烧。

1.1.2　爆炸及其特性

物系自一种状态迅速转变为另一种状态，并在瞬间以对外作机械功的形式放出大量能量的现象称为爆炸。爆炸现象一般具有如下特征：

（1）爆炸过程进行得很快；

（2）爆炸点附近瞬间压力急剧上升；

（3）发出声响；

（4）周围建筑物或装置受到冲击而发生震动或遭到破坏。

简而言之，爆炸是系统的一种非常迅速的物理的或化学的能量释放过程。

1. 爆炸分类

根据爆炸发生的原因不同，可将其分为物理爆炸、化学爆炸和核爆炸三大类。在研究化工、石油化工行业防火防爆技术中，通常只涉及物理爆炸和化学爆炸。

（1）物理爆炸。由物理变化所致，其特征是爆炸前后物质的化学组成及化学性质均不发生变化。通常指的是物理性爆炸现象主要是压缩气体、液化气体和过热液体在压力容器内，由于各种原因使容器承受不住压力而破裂，内部物质迅速膨胀并释放大量能量的过程。

（2）化学爆炸。化学爆炸是由化学变化造成的，其特征是爆炸前后物质的化学性质和组分都发生了变化。化学爆炸按爆炸时所发生的化学变化不同又可分为三类。

1）简单分解爆炸。引起简单分解爆炸的爆炸物，在爆炸时并不一定发生燃烧反应。爆炸能量，是由爆炸物本身分解时产生的。属于这一类的有叠氮类化合物，如叠氮铅、叠氮银、叠氮氯；乙炔类化合物，如乙炔铜、乙炔银等，这类物质是非常危险的，受轻微震动即能起爆，可产生5300m/s的冲击速度，造成极大的破坏力。

2）复杂分解爆炸。这类物质在爆炸时伴有燃烧现象，燃烧所需的氧由其自身供应。这类物质的危险性比简单分解爆炸略低，如硝化甘油炸药的爆炸反应：

$$C_3H_5(ONO_2)_3 \longrightarrow 3CO_2 + 2.5H_2O + 1.5N_2 + 0.25O_2$$

爆炸冲击速度可达8625m/s，造成巨大的破坏力。

3）爆炸性混合物爆炸。爆炸性混合物是至少由两种化学上不相联系的组分所构成的系统。混合物组分之一通常为含氧相当多的物质，另一组分则相反，是根本不含氧的或含氧量不足以发生分子完全氧化的可燃物质。石油库中油气与空气形成的爆炸性混合物爆炸，就属于这种爆炸。

爆炸性混合物可以是气态、液态、固态或多相系统。

气相爆炸，包括混合气体爆炸、粉尘爆炸、气体的分解爆炸、喷雾爆炸。液相爆炸包括聚合爆炸及不同液体混合引起的爆炸。固相爆炸包括爆炸性物质的爆炸、固体物质混合引起的爆炸和电流过载所引起的电缆爆炸等。

2. 爆炸与爆轰

可燃气体或蒸气预先按一定比例与空气（或氧）均匀混合组成爆炸性混合气体，在全部或部分封闭的环境中（容器或管道中），一经点火，就会以点火源为中心，燃烧的火焰就以圆球面形状一层层向外传播。由于是爆炸性混合气体，可燃气体或蒸气与空气（或氧）的扩散过程已在燃烧前完成，所以其传播速度是以通常的爆炸波速度（每秒十数米或数百米）传播的；假如混合物的组成或预热条件适宜，就可能产生一种与通常爆炸根本不同的现象，爆炸波的传播速度可高达1000m/s，压力再升高，就会产生更大的破坏力，这种现象称为爆轰。

如在一端密闭的管子中点燃混合气体，燃烧产物膨胀，压缩火焰前面气体，随着火焰前面被压气体的运动，附着管壁气层的火焰受到阻力，因而相对加快了管子中心的气体运动，并增大了燃烧面积，从而又增加了物质的燃烧速度。由于加速，火焰阵面前产生了压缩波，不断加速的结果使更强的压缩波相继出现，当压缩波叠加起来，就形成了冲击波，从而形成爆轰。因此，爆轰的形成可简而言之是燃烧加速的结果。

爆轰不仅在混合气体中发生，一些能发生放热的分解反应的气体也能发生爆轰现象，如臭氧、一氧化二氮、乙烯等，在一定的高压下，也会发生爆轰。

爆炸性混合气体的爆轰现象只发生在一定的浓度范围内，这个浓度范围叫作爆轰范围。爆轰范围也有上、下限之分，其数值介于爆炸上、下限之间。

初始压力增加会使爆轰速度加快。如氢和氧的混合气密度从$0.1g/cm^3$增至$0.5g/cm^3$，爆速从3000m/s提高至4400m/s。

1.2　石油库储存油品的危险特性

1.2.1　易燃性

石油库所经营的原油、汽油、煤油、柴油、重油等油品都是有机物，其主要组成物质是碳氢化合物及其衍生物，具有容易燃烧的特点，它们的易燃性使其具有很大的火灾危险性。反映易燃性的主要指标是易燃、可燃液体或气体的闪点、燃点、自燃点和爆炸极限。

1．闪点

闪点是指在规定的试验条件下，当火焰从油品蒸气与空气的混合物上掠过时，引起瞬间火苗或闪光并立即熄灭的液体最低温度。

油品闪点越低越容易燃烧，它的危险性也越大。所以闪点是衡量油品火灾危险性大小的一个重要指标。

2．燃点

当液体达到闪点且温度继续上升，在液体表面能用明火引起连续 5s 以上的火苗燃烧的最低温度，称为该液体的燃点。

液体的燃点比闪点高 5℃~20℃。

3．自燃点

自燃点系指物质（包括油品）在没有外部火焰条件下，能够自行燃烧和继续燃烧的最低温度。

有机物的自燃点有以下特点：

（1）同一系物质中自燃点随分子量的增加而降低，如甲烷的自燃点高于乙烷、丙烷的自燃点；

（2）正位结构的自燃点低于其异构物的自燃点，如正丙醇的自燃点为 540℃，而异丙醇自燃点为 620℃；

（3）饱和烃的自燃点比其不饱和烃的自燃点高，如乙烷的自燃点为 515℃，乙烯的自燃点为 425℃，而乙炔的自燃点为 305℃；

（4）通常情况下，液体比重越大，闪点越高，而自燃点则越低。如从汽油、煤油、轻柴油、重柴油、蜡油到渣油，它们的闪点依次升高，而自燃点却依次降低。

1.2.2　易爆性

当易燃气体、易燃液体的蒸气或薄雾等易燃物质与空气的混合物在一定条件下发生瞬间燃烧时，发出火光，产生高温，体积猛烈膨胀形成一定冲击波和巨响，这种现象称为爆炸。

1．爆炸极限

易燃物质与空气混合后，只有在混合物达到一定体积浓度范围，遇明火才会发生爆炸。这种易燃物质（如油品蒸气）在空气中能够引起爆炸的最小浓度和最大浓度，称为爆炸下限和爆炸上限。

爆炸下限和爆炸上限的范围越大，发生爆炸的机会越多，表明物质着火危险性越大。当易燃物质在空气中的浓度处于爆炸下限与爆炸上限之间时，遇到明火会爆炸，也会燃烧。当易燃物质在空气中的浓度低于爆炸下限时，不会爆炸也不会燃烧；高于爆炸极限不会爆炸但会燃烧。

易燃物质在着火过程中，燃烧和爆炸往往会交替进行。

2. 爆炸压力

易燃物质在爆炸时产生的压力与其蒸气浓度和容器类型有关。

如汽油在常温常压条件下进行不同浓度的爆炸压力试验列于表3-1-1中。

表3-1-1 汽油蒸气在不同浓度下的爆炸压力（汽油浓度由红外分析仪测定）

汽油在空气中的浓度 体积百分比（%）	最大爆炸压力 $\times 10^5$ Pa（表压）	汽油在空气中的浓度 体积百分比（%）	最大爆炸压力 $\times 10^5$ Pa（表压）
<1.35	不爆炸	3.40	8.06
1.58	5.56	3.86	8.00
1.60	5.84	4.24	7.80
2.04	7.50	4.70	5.57
2.58	7.85	5.04	1.57
2.70	8.25	5.46	1.10
3.00	8.18	5.84	1.08
3.01	8.35	6.08	0.68
3.08	8.25	6.48	0.58
3.24	8.11	>6.96	不爆炸

从表3-1-1中不难看出当汽油的蒸气浓度在3%左右时，产生的爆炸压力是较高的。

另外，从多起油罐爆炸火灾事故中，我们看到了这样一个现象：罐内气相空间大，爆炸威力就大，破坏力也大；反之，罐内气相空间小，则爆炸压力小，破坏力也小，损失相对减少。

表3-1-2 几种石油化工产品的爆炸、火灾危险性参数

产品名称	闪点 （℃）	自燃点 （℃）	比重		爆炸极限（%）（体积）	
			水=1	空气=1	下限	上限
汽油	−50~−20	510~530	0.73	>2.2	1.3	7.6
煤油	28~45	380~425	0.78	—	1.1	7.5
轻柴油	45~120	350~380	0.84	—	—	—
重柴油	>120	300~330	—	—	—	—
蜡油	>120	300~320	—	—	—	—
润滑油	180~210	300~350	—	—	—	—
渣油	>120	230~240	—	—	—	—
70#、90#、120#、190#溶剂油	<28	510~530	0.73	—	1.4	6.0
200#溶剂油	≥33	380~425	0.78	—	—	—
260#溶剂油	≥65	350~380	0.81	—	—	—
甲烷	—	595	—	0.55	5.0	15.0

续表 3 – 1 – 2

产品名称	闪点 (℃)	自燃点 (℃)	比重		爆炸极限（%）（体积）	
			水 = 1	空气 = 1	下限	上限
乙烷	—	515	—	1.03	3.22	12.45
丙烷	—	470	0.5	1.52	2.37	9.5
丁烷	—	300 ~ 450	—	2.00	1.8	8.4
戊烷	—	—	0.6	2.48	1.4	7.8
己烷	—	—	0.66	3.0	1.1	7.5
乙烯				0.97	3.0	34.0
丙烯	—		0.5	1.45	2.0	11.1
丁烯	—		0.6	1.93	1.7	9.0
甲醇	7	470	0.79	1.43	5.5	36.5
乙醇	11 ~ 13	425	0.79	2.06	3.1	20
苯	– 11	580	0.879	—	1.41	6.75
甲苯	4.44	550	0.867	—	1.27	6.75
乙苯	15		0.867	—	0.99	6.7
对二甲苯	25	500	0.861	—	1.1	6.4
邻二甲苯	17	500	0.880	—	1.1	6.4
间二甲苯	25	500	0.864	—	1.1	6.4

注：表中的比重是常温下的大致比重。

1.3 石油及石油产品火灾危险性分类

对危险品的火灾危险性予以分类，是为了针对危险品火灾危险性的特点，制定相应的安全规定。不同的工程建设标准由于所涉及的危险品不同，对危险品火灾危险性分类也有所不同，下面列举常用的有关国家标准对危险品的火灾危险性分类。

1.3.1 国家标准《石油库设计规范》GB 50074—2014 的分类，如表 3 – 1 – 3 所示。

表 3 – 1 – 3 石油库储存液化烃、易燃和可燃液体的火灾危险性分类

类 别		特征或液体闪点 F_t（℃）
甲	A	15℃时的蒸气压力大于 0.1MPa 的烃类液体及其他类似的液体
	B	甲 A 类以外，$F_t < 28$
乙	A	$28 \leqslant F_t < 45$
	B	$45 \leqslant F_t < 60$
丙	A	$60 \leqslant F_t \leqslant 120$
	B	$F_t > 120$

石油库储存易燃和可燃液体的火灾危险性分类除应符合表 3 - 1 - 3 的规定外，尚应符合下列规定：

　　（1）操作温度超过其闪点的乙类液体应视为甲 B 类液体。

　　（2）操作温度超过其闪点的丙 A 类液体应视为乙 A 类液体。

　　（3）操作温度超过其沸点的丙 B 类液体应视为乙 A 类液体。

　　（4）操作温度超过其闪点的丙 B 类液体应视为乙 B 类液体。

　　（5）闪点低于 60℃ 但不低于 55℃ 的轻柴油，其储运设施的操作温度低于或等于 40℃ 时，可视为丙 A 类液体。

1.3.2　国家标准《建筑设计防火规范》GB 50016—2014 的分类，如表 3 - 1 - 4 和表 3 - 1 - 5 所示。

表 3 - 1 - 4　储存物品的火灾危险性分类

储存物品类别	火灾危险性的特征
甲	1. 闪点小于 28℃ 的液体； 2. 爆炸下限小于 10% 的气体，以及受到水或空气中水蒸气的作用，能产生爆炸下限小于 10% 气体的固体物质； 3. 常温下能自行分解或在空气中氧化即能导致迅速自燃或爆炸的物质； 4. 常温下受到水或空气中水蒸气的作用能产生可燃气体并引起燃烧或爆炸的物质； 5. 遇酸、受热、撞击、摩擦以及遇有机物或硫黄等易燃的无机物，极易引起燃烧或爆炸的强氧化剂； 6. 受撞击、摩擦或与氧化剂、有机物接触时能引起燃烧或爆炸的物质
乙	1. 闪点不小于 28℃，但小于 60℃ 的液体； 2. 爆炸下限不小于 10% 的气体； 3. 不属于甲类的氧化剂； 4. 不属于甲类的易燃固体； 5. 助燃气体； 6. 常温下与空气接触能缓慢氧化，积热不散引起自燃的物品
丙	1. 闪点不小于 60℃ 的液体； 2. 可燃固体
丁	难燃烧物品
戊	不燃烧物品

表 3 -1 -5 储存物品的火灾危险性分类举例

火灾危险性 类别	举　例
甲	1. 己烷，戊烷，环戊烷，石脑油，二硫化碳，苯，甲苯，甲醇，乙醇，乙醚，蚁酸甲脂，醋酸甲酯，硝酸乙酯，汽油，丙酮，丙烯，酒精度为38度及以上的白酒； 2. 乙炔，氢，甲烷，环氧乙烷，水煤气，液化石油气，乙烯，丙烯，丁二烯，硫化氢，氯乙烯，电石，碳化铝； 3. 硝化棉，硝化纤维胶片，喷漆棉，火胶棉，赛璐珞棉，黄磷； 4. 金属钾，钠，锂，钙，锶，氢化锂，氢化钠，四氢化锂铝； 5. 氯酸钾，氯酸钠，过氧化钾，过氧化钠，硝酸铵； 6. 赤磷，五硫化二磷，三硫化二磷
乙	1. 煤油，松节油，丁烯醇，异戊醇，丁醚，醋酸丁脂，硝酸戊酯，乙酰丙酮，环己胺，溶剂油，冰醋酸，樟脑油，蚁酸； 2. 氨气，一氧化碳； 3. 硝酸铜，铬酸，亚硝酸钾，重铬酸钠，铬酸钾，硝酸，硝酸汞，硝酸钴，发烟硫酸，漂白粉； 4. 硫磺，镁粉，铝粉，赛璐珞板（片），樟脑，萘，生松香，硝化纤维漆布，硝化纤维色片； 5. 氧气，氟气，液氯； 6. 漆布及其制品，油布及其制品，油纸及其制品，油绸及其制品
丙	1. 动物油，植物油，沥青，蜡，润滑油，机油，重油，闪点大于或等于60℃的柴油，糠醛，白兰地成品库； 2. 化学、人造纤维及其织物，纸张，棉，毛，丝，麻及其织物，谷物，面粉，粒径大于或等于2mm的工业成型硫黄，天然橡胶及其制品，竹，木及其制品，中药材，电视机，收录机等电子产品，计算机房已录数据的磁盘储存间，冷库中的鱼、肉间
丁	自熄性塑料及其制品，酚醛泡沫塑料及其制品，水泥刨花板
戊	钢材，铝材，玻璃及其制品，搪瓷制品，陶瓷制品，不燃气体，玻璃棉，岩棉，陶瓷棉，硅酸铝纤维，矿棉，石膏及其无纸制品，水泥，石，膨胀珍珠岩

1.3.3　国家标准《石油化工企业设计防火规范》GB 50160—2008 的分类，如表3 -1 -6、表3 -1 -7 所示。

液化烃、可燃液体的火灾危险性分类应按表3 -1 -6分类，并应符合下列规定：

1　操作温度超过其闪点的乙类液体应视为甲 B 类液体；

2　操作温度超过其闪点的丙 A 类液体应视为乙 A 类液体；

3　操作温度超过其闪点的丙 B 类液体应视为乙 B 类液体；操作温度超过其沸点的丙 B 类液体应视为乙 A 类液体。

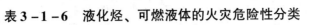

表3－1－6 液化烃、可燃液体的火灾危险性分类

名称	类别		特征
液化烃	甲	A	15℃时的蒸气压力大于0.1MPa的烃类液体及其他类似的液体
		B	甲A类以外，闪点＜28℃
可燃液体	乙	A	28℃≤闪点≤45℃
		B	45℃≤闪点＜60℃
	丙	A	60℃≤闪点≤120℃
		B	闪点＞120℃

表3－1－7 液化烃、可燃液体的火灾危险性分类举例

类别		名称
甲	A	液化氯甲烷，液化顺式－2丁烯，液化乙烯，液化乙烷，液化反式－2丁烯，液化环丙烷，液化丙烯，液化丙烷，液化环丁烷，液化新戊烷，液化丁烯，液化丁烷，液化氯乙烯，液化环氧乙烷，液化丁二烯，液化异丁烷，液化异丁烯，液化石油气，液化二甲胺，液化三甲胺，液化二甲基亚硫，液化甲醚（二甲醚）
	B	异戊二烯，异戊烷，汽油，戊烷，二硫化碳，异己烷，己烷，石油醚，异庚烷，环戊烷，环己烷，辛烷，异辛烷，苯，庚烷，石脑油，原油，甲苯，乙苯，邻二甲苯，间、对二甲苯，异丁醇，乙醚，乙醛，环氧丙烷，甲酸甲酯，乙胺，二乙胺，丙酮，丁醛，三乙胺，醋酸乙烯，甲乙酮，丙烯腈，醋酸乙酯，醋酸异丙酯、二氯乙烯、甲醇、异丙醇、乙醇、醋酸丙酯、丙醇、醋酸异丁酯，甲酸丁酯，吡啶，二氯乙烷，醋酸丁酯，醋酸异戊酯，甲酸戊酯，丙烯酸甲酯，甲基叔丁基醚，液态有机过氧化物
乙	A	丙苯，环氧氯丙烷，苯乙烯，喷气燃料，煤油，丁醇，氯苯，乙二胺，戊醇，环己酮，冰醋酸，异戊醇，异丙苯，液氨
	B	轻柴油，硅酸乙酯，氯乙醇，氯丙醇，二甲基甲酰胺，二乙基苯
丙	A	重柴油，苯胺，锭子油，酚，甲酚，糠醛，20号重油，苯甲醛，环己醇，甲基丙烯酸，甲酸，乙二醇丁醚，甲醛，糖醇，辛醇，单乙醇胺，丙二醇，乙二醇，二甲基乙酰胺
	B	蜡油，100号重油，渣油，变压器油，润滑油，二乙二醇醚，三乙二醇醚，邻苯二甲酸二丁酯，甘油，联苯－联苯醚混合物，二氯甲烷，二乙醇胺，三乙醇胺，二乙二醇，三乙二醇，液体沥青，液硫

2 爆炸危险环境

2.1 爆炸危险气体环境及区域划分

划分爆炸危险区域的意义在于，确定易燃油品设备周围可能存在爆炸性气体混合物的范围，以便要求布置在这一区域内的电气设备具有防爆功能以及使可能出现的明火或火花避开这一区域。将爆炸危险区域划分为不同的等级，是为了对防爆电气提出不同程度的防爆要求。

2.1.1 爆炸性气体混合物环境

对于生产、加工、处理、转运或储存过程中出现或可能出现下列描述的环境，称为爆炸性气体混合物环境：

（1）在大气条件下，有可能出现易燃气体、易燃液体的蒸气或薄雾等易燃物质与空气混合形成爆炸气体混合物的环境；

（2）闪点低于或等于环境温度的可燃液体的蒸气或薄雾与空气混合形成爆炸性气体混合物的环境；

（3）在物料操作温度高于可燃液体闪点的情况下，可燃液体有可能泄漏时，其蒸气与空气混合形成爆炸性气体混合物的环境。

2.1.2 爆炸性气体环境危险区域划分

1. 爆炸性气体环境的分区

爆炸性气体环境的分区是根据爆炸性气体混合物出现的频繁程度和持续时间确定的。国家标准《爆炸危险环境电力装置设计规范》GB 50058—2014 第 3.2.1 条将爆炸性气体环境划分为下述 3 个危险区域：

0 区：连续出现或长期出现爆炸性气体混合物的环境（本书作者注：如储存甲 B、乙A 类液体的固定顶储罐、卧式储罐的气相空间）；

1 区：在正常运行时可能出现爆炸性气体混合物的环境（本书作者注：如储存甲 B、乙 A 类液体的内浮顶顶储罐的气相空间和储存甲 B、乙 A 类液体容器的通气口周围）；

2 区：在正常运行时不可能出现爆炸性气体混合物的环境，或即使出现也仅是短时存在的爆炸性气体混合物的环境（本书作者注：如输送甲 B、乙 A 类液体管道的法兰周围）。

这里的"正常运行"是指正常的开车、运转、停车，易燃物质产品的装卸，密闭容器盖的开闭，安全阀、排放阀以及所有工厂设备都在其设计参数范围内工作的状态。

国家标准《爆炸危险环境电力装置设计规范》GB 50058—2014 第 3.2.2 条规定：符合下列条件之一时，可划分为非爆炸危险区域：

（1）没有释放源且不可能有可燃物质侵入的区域；

（2）可燃物质可能出现的最高浓度不超过爆炸下限值的 10%；

（3）在生产过程中使用明火的设备附近，或炽热部件的表面温度超过区域内可燃物质引燃温度的设备附近；

（4）在生产装置区外，露天或开敞设置的输送可燃物质的架空管道地带，但其阀门处按具体情况确定。

2．爆炸性气体环境危险区域的范围

国家标准《石油库设计规范》GB 50074—2014 附录 B 给出了石油库内爆炸危险区域的等级范围划分。爆炸危险区域的划分是参考国外标准以及根据实际测试制定的。

2.2　危险物质释放源

2.2.1　危险物质释放源分级

可释放出能形成爆炸性混合物的物质所在位置或地点称为危险物质释放源。

国家标准《爆炸危险环境电力装置设计规范》GB 50058—2014 第 3.2.3 条规定：释放源应按可燃物质的释放频繁程度和持续时间长短分为连续级释放源、一级释放源、二级释放源，释放源分级应符合下列规定：

（1）连续级释放源应为连续或预计长期释放的释放源。下列情况可划分为连续级释放源：

1）没有用惰性气体覆盖的固定顶盖贮存罐中的可燃液体（本书作者注：GB 50058—2014 将甲、乙、丙类液体统称为可燃液体）的表面；

2）油、水分离器等直接与空间接触的表面；

3）经常或长期向空间释放可燃气体或可燃液体的蒸气的排气孔和其他孔口。

（2）一级释放源应为在正常运行时，预计周期性或偶尔释放易燃物质的释放源。类似下列情况的，可划为一级释放源：

1）正常运行时会释放可燃物质的泵、压缩机和阀门的密封处；

2）贮有可燃液体的容器上的排水口处，正常运行中，当水排掉时，该处可能会向空间释放可燃物质；

3）正常运行时，会向空间释放可燃物质的取样点；

4）正常运行时，会向空间释放可燃物质的泄压阀、排气口和其他孔口。

（3）二级释放源应为在正常运行时，预计不可能释放，当出现释放时，仅是偶尔和短期释放的释放源。下列情况可划为二级释放源：

1）正常运行时，不能出现释放可燃物质的泵、压缩机和阀门的密封处；

2）正常运行时，不能释放可燃物质的法兰、连接件和管道接头；

3）正常运行时，不能向空间释放可燃物质的安全阀、排气孔或其他孔口处；

4）正常运行时，不能向空间释放可燃物质的取样点。

2.2.2　危险物质释放源与爆炸危险区域的关系

爆炸危险区域与释放源密切相关。可按下列危险物质释放源的级别划分爆炸危险区域：

（1）存在连续级释放源的区域可划为 0 区；

（2）存在第一级释放源的区域可划为 1 区；

（3）存在第二级释放源的区域可划为 2 区。

216 **2.2.3　通风条件与爆炸危险区域的关系**

（1）当通风良好时，应降低爆炸危险区域等级；当通风不良时，应提高爆炸危险区域等级。

（2）局部机械通风在降低爆炸性气体混合物浓度方面比自然通风和一般机械通风更为有效时，可采用局部机械通风降低爆炸危险区域等级。

（3）在障碍物、凹坑和死角处，应局部提高爆炸危险区域等级。

（4）利用堤或墙等障碍物，限制比空气重的爆炸性气体混合物的扩散，可缩小爆炸危险区域的范围。

2.3　爆炸性气体混合物的分级、分组

2.3.1　爆炸性气体混合物的分级

国家标准《爆炸危险环境电力装置设计规范》GB 50058—2014 根据爆炸性气体混合物的最大试验安全间隙（MESG）或最小点燃电流比（MICR），将爆炸性气体混合物分为三个级别，见表 3-2-1。

表 3-2-1　爆炸性气体混合物分级

级别	MESG（mm）	MICR	石油库中可产生爆炸性气体混合物的油品举例
ⅡA	MESG≥0.9	MICR>0.8	甲类油品（如原油、汽油、液化石油气）、乙A类油品（如煤油）
ⅡB	0.5<MESG<0.9	0.45≤MICR≤0.8	—
ⅡC	MESG≤0.5	MICR<0.45	—

2.3.2　爆炸性气体混合物的分组

国家标准《爆炸危险环境电力装置设计规范》GB 50058—2014 根据爆炸性气体混合物的引燃温度，将爆炸性气体混合物分为 6 个组别，见表 3-2-2。

表 3-2-2　爆炸性气体混合物引燃温度分组

组别	引燃温度 t（℃）	石油库中可产生爆炸性气体混合物的油品举例
T1	450<t	甲烷、丙烷
T2	300<t≤450	丁烷、丙烯
T3	200<t≤300	原油、汽油、煤油
T4	135<t≤200	—
T5	100<t≤135	—
T6	85<t≤100	—

3　防爆防火措施

防火防爆技术是工业安全技术的重要内容之一，为了保证安全生产，首先必须做好预防工作，消除可能引起燃烧爆炸的危险因素，这是最根本的解决方法。从理论上讲，使可燃物质不处于危险状态，或者消除一切着火源，这两个措施，只要控制其一，就可以防止火灾爆炸事故的发生，但在实践中，由于生产条件的限制或某些不可控因素的影响，仅采取一种措施是不够的。往往需要采取两方面的措施，以提高生产过程的安全程度。另外还应考虑采取其他辅助措施，以便在万一发生火灾爆炸事故时，减少危害的程度，将损失减少到最低限度。

3.1　防止易燃可燃物质处于危险状态

各种危险品场所都存在这样或那样的火灾和爆炸事故的危险性，为了使这种可能性不致转化成现实，把事故消灭在产生之前，从技术上来说应该把握住每一个环节，从设计工作开始，就采取各种措施，消除可能造成火灾爆炸事故的根源。下面归纳一些处理石油库危险液体时常用的一般措施。

3.1.1　控制易燃和可燃液体总量

石油库内油品总量越多，其发生火灾的概率和危害程度也越大，所以国家标准《石油库设计规范》GB 50074—2014 按油品总量划分石油库的级别，对不同级别的石油库提出了不同的安全要求。

3.1.2　加强易燃和可燃液体系统的密闭性

可燃气体爆炸下限是建立在有燃料存在于空气中的基础上的。氧气是一种助燃物质，燃烧的传播要求有一个最小氧气浓度。低于最小氧气浓度。反应就无法生成足够的热量来加热所有的气体混合物，从而也就无法使燃烧自身的传播得到延续。燃烧的最小氧气浓度是指在空气和燃料的体积之和中氧气所占的百分比，低于这个比值，火焰就不能传播。对大多数可燃气体而言，燃烧的最小氧气浓度约为 10%(V)。

减小易燃和可燃液体容器中氧气浓度的方式有两种。一是将容器密闭，使容器中基本没有氧气，如石油库中易燃液体储罐采用浮顶罐或内浮顶罐；二是向容器中充填 N_2，使容器中的氧气浓度低于 10%(V)，这样做成本较高，在石油库中不常采用。

为保证设备的密闭性，对危险设备及系统应尽量少用法兰连接，但要保证安装检修方便；输送危险气体、液体的管道应采用无缝钢管。

加压设备，在投产前和定期检查时应检查密闭性和耐压程度，所有油泵、管道、阀门、法兰接头等容易漏油，漏气部位应经常检查，填料如有损坏应立即调换，以防渗漏，设备在运转中也应经常检查气密情况，操作压力必须严格控制，不允许超压运转。

218 **3.1.3　减少油气散发、限制油品危险范围**

　　油品发生着火事故时，实际上是油气在燃烧。油品散发的油气在空气中达到其爆炸范围时，如遇明火或火花则可被引爆，进而引燃油品。所以，减少油气散发、限制油品危险范围，是石油库应采取的重要防火措施。可采取的措施有：将挥发性大的油品储存在可抑制油气挥发的外浮顶油罐或内浮顶油罐内；在油罐组周围设置防火堤，将油罐可能泄漏的油品限制在一定范围内；含油污水管道上设置水封装置，以阻止火焰传播，向油罐车灌装轻质油品时采用浸没式灌装方式等。

3.1.4　采取有利于泄漏的易燃气体扩散的措施

　　要使设备完全密封是有困难的，尽管已经考虑得很周到，但总会有部分油气泄漏到设备外。封闭的空间不利于易燃气体的扩散，易于形成爆炸性混合气体。所以，易燃和可燃液体设备不宜置于室内等封闭空间内。油气比空气重，易于在低洼处积聚，所以也不宜将易燃和可燃液体设备设在低洼处。

　　对设置有易燃和可燃液体设备的房间必须采取通风排气措施，以防止泄漏的可燃物含量达到爆炸下限。对通风排气的要求，一般是使室内可燃气体浓度低于该易燃可燃液体爆炸下限的25%。

　　石油库内，爆炸危险区域内的房间（如泵房、轻油灌油间）应采取通风措施，通风措施的设置应符合国家标准《石油库设计规范》GB 50074—2014 的规定。

　　对局部通风应注意可燃气体的密度。密度比空气大的要防止可能在低洼处积聚；密度轻的要防止在高处死角上积聚，有时即使是少量也会使房间局部空间可燃气体浓度达到爆炸极限。

　　设备的一切排气管（放气管）都应伸出屋外，高出附近屋顶。排气管不应造成负压，也不应堵塞。

3.2　控制着火源

　　为预防爆炸或火灾灾害，控制着火能源是一个必须采取的重要措施。在石油库能引起爆炸火灾事故的能源主要有以下几个方面，即明火、摩擦和碰撞火花、电气火花、静电火花、雷击等，对于这些着火源，必须采取严格的预防措施。

3.2.1　预防明火

　　易燃和可燃液体设备应远离预计存在的明火，石油库选址和石油库内布置应严格执行《石油库设计规范》GB 50074—2014 的规定。

　　需进行动火操作时，动火地点可燃物浓度小于 0.2% 为合格；爆炸下限大于 4% 的，则现场可燃物含量小于 0.5% 为合格。国外动火分析合格标准有的取爆炸下限的 1/10。

　　关于维修作业，在禁火区动火及动火审批、动火分析等要求，必须按有关规范规定严格执行，采取预防措施，并加强监督检查，以确保安全作业。

3.2.2　预防摩擦与撞击

　　摩擦与冲击往往成为引起爆炸和火灾事故的原因。如机器上轴承等摩擦发热起火；由于铁器和机件的撞击起火；磨床砂轮等摩擦及铁器工具相撞击或与混凝土地面撞击发生火花；导管或容器破裂，内部溶液和气体喷出时摩擦起火；在某种条件下乙炔与铜制件生成乙炔铜，一经摩擦和冲击即能起火起爆等。

因此，在有爆炸和火灾危险的场所，应采取下述防止火花生成的措施：

（1）机器上的轴承等转动部件，应保证有良好的润滑，应及时加油并经常清除附着的可燃污垢。机件摩擦部分，如通风机上的轴承，最好采用有色金属或用塑料制造的轴瓦；

（2）锤子、扳手等工具应用镀青铜或镀铜的钢制作；

（3）输送可燃气体或液体的管道，应定期进行耐压试验，防止破裂或接口松脱喷射起火；

（4）凡是撞击或摩擦的两部分都应采用不同的金属制成（如铜与钢），通风机翼应采用铜铝合金等不发生火花的材料制作；

（5）搬运金属容器，严禁在地上抛掷或拖拉，在容器可能碰撞部位覆盖不发生火花的材料；

（6）处于爆炸危险区域内的房间，地面应采用不发火材料铺设，并应禁止穿带铁钉的鞋；

（7）在处理燃点较低或起爆能量较小的物质如二硫化碳、乙醚、乙醛、汽油、环氧乙烷、乙炔等时，特别要注意不要发生摩擦和冲击。

当把高压气体通过管道时，管道中的铁锈因与气流流动，与管壁摩擦变成高温粒子，成为可燃气的着火源，应防止这种情况发生。

3.2.3 防止电气火花

1. 电气火花类型

根据放电原理，电火花有以下三种类型：

（1）高电压的火花放电。在电极附近，当电压升高到空气临界击穿温度时，空气绝缘层先局部破坏，产生电晕放电，当电压继续升高时，空气绝缘层全部破坏，出现火花放电现象。火花放电的电压受电极形状、间隙距离的影响而不同，一般在400V以上。

（2）弧光放电，是指开闭回路、断开配线、接触不良、短路、漏电、打碎灯泡等情况下在极短时间内发生的放电。弧光放电一般温度较高，弧根可达2000℃。

（3）接点上的微弱火花放电，指在低压情况下，接点的开闭过程中也能产生肉眼看得见的微小火花。在自动控制中用的继电器接点上或在电动机整流子、滑环等器件上产生的火花都属于这一种。

2. 爆炸危险环境防爆电气设备选型

一般的电气设备很难完全避免电火花的产生，因此在有爆炸危险的场所必须根据物质的危险性正确选用不同的防爆电气设备。

根据结构和防爆原理不同，防爆电气设备可分为以下几种类型：

（1）隔爆型（防爆形式：d）这种电气设备具有隔爆外壳，即使内部有爆炸性混合物进入并引起爆炸，也不致引起外部爆炸性混合物的爆炸。它是根据最大不传爆间隙的原理而设计的，具有牢固的外壳，能承受1.5倍的实际爆炸压力而不变形；设备连续运转其上升的温度不能引燃爆炸性混合物。

（2）增安型（防爆形式：e）也叫防爆安全型，这种电气设备在正常运行条件下，不会产生点燃爆炸性混合物的火花，设备外壳也不会达到危险的温度。

220

（3）本质安全型（防爆形式：ia，ib）　在设计或制造上采取一些措施（如增加安全栅），使在正常运行或标准试验条件下所产生的火花或热效应均不能点燃爆炸性混合物的电路电气设备，也就是说这类设备产生的能量低于爆炸物质的最小点火能量。

（4）正压型（防爆形式：px、py）　这种电气设备具有保护外壳，壳内充有保护气体（如惰性气体），其压力高于周围爆炸性混合物气体的压力，以避免外部爆炸性混合物进入壳内发生爆炸。

（5）油浸型（防爆形式：o）　将可能产生火花、电弧或危险温度的部件浸在绝缘油中，起到熄弧、绝缘、散热、防腐的作用，从而不能点燃油面以上和外壳周围的爆炸性混合物。

（6）充砂型（防爆形式：q）　这种设备外壳内充填细砂颗粒材料，以便在规定使用条件下，外壳内产生的电弧、火焰传播，壳壁或颗粒材料表面的过热温度均不能点燃周围的爆炸性混合物。

（7）无火花型（防爆形式：n）　这种电气设备在正常运行的条件下不产生火花或电弧，也不产生能点燃周围爆炸性的混合物的高温表面或灼热点。

各种防爆电气设备都有标明防爆合格证号和防爆类型、类别、级别、温度组别等的铭牌作为标志。其分类、分级、分组与爆炸性物质的分类、分级、分组方法相同，等级参数及符号也相同。例如：电气设备Ⅱ类隔爆型 B 级 T1 组其标志为 dⅡBT1；Ⅱ类本质安全型 ia 级 B 级 T3 组，其标志为 iaⅡBT3。如果采用一种以上的复合型防爆电气设备，须先标出主体防爆型式后再标出其他防爆型式，如：主体为增安型，其他部件为隔爆型 B 级 T4 组，则其标志为 edⅡBT4。

防爆电气设备应根据爆炸危险场所的区域和爆炸物质的类别、级别、组别进行选型，详见国家标准《爆炸危险环境电力装置设计规范》GB 50058—2014。

3.2.4　防雷电

1. 雷电危害

（1）直击雷危害。直击雷危害造成的电效应、热效应和机械力效应的破坏作用很大。

1）电效应：雷云对大地放电时，雷电流通过具有电阻或电感的物体时，因雷电流的变化率大（几十微秒时间内变化几万或几十万安），能产生高达数万伏甚至数十万伏的冲击电压，足以使电力系统的设施烧毁、导致可燃易燃易爆物品的爆炸和火灾，引起严重的触电事故。

2）热效应：很高的雷电流通过导体时，能使放电通道的温度高达数万度，在极短时间内将转换成大量的热能。雷击点的发热能量为 500J～20000J，会将金属熔化、点燃油气引起爆炸事故。

3）机械力效应：雷电流作用于非导体上时，由于雷电的热效应，使被击物体内部出现强大的机械力，从而导致使被击物体遭受严重破坏或造成爆炸。

（2）间接雷电危害。间接雷电可引起静电感应和电磁感应危害。

1）静电感应：雷云的静电感应危害是指带电的雷云接近地面时，在地面的物体上感应出与雷云符号相反的电荷；当雷云消失时，对地绝缘导体或非导体等建筑物或设备顶部大量感应电荷不能迅速流入大地，结果将呈现因感应静电荷而产生很高的对地电压即静电感应电压，它可达到几万伏，可击穿数十厘米的空气间隙发生火花放电，足以引起可燃气体燃烧或爆炸。雷电的静电感应会将接地不良或电气连接不良的物体或空气击穿，形成火花放电，引起可燃气体燃烧或爆炸。

2）电磁感应：雷击具有很高的电压和很大的电流，又是在极短的时间内发生，当雷电流通过导体导入大地时，在其周围空间里将产生很强的交变电磁场，不仅会对处在这一电磁场中的导体感应出较大的电动势，还会在闭合回路的金属物体上产生感应电流，这时如回路上有的地方接触电阻很大或有缺口，就会局部发热或击穿缺口间空气，形成火花放电，引起可燃气体燃烧或爆炸。油罐或管道接地可导走电磁感应电流。

3）雷电波侵入危害。雷击在架空线路、金属管道上会产生冲击雷电波，使雷电波沿线路或管道迅速传播，若侵入建筑物内可造成配电装置和电器绝缘层击穿产生短路，或使建筑物内的易燃易爆物品燃烧或爆炸。

4）防雷装置上的高电压对建筑物的反击作用。当防雷装置受到雷击时，接闪器、引下线及接地体上都具有很高的电压，它足以击穿 3m 以内的空气，形成火花放电。雷电对 3m 以内的导体发生跳闪放电，这种现象称为"反击"。如防雷装置与建筑物内外的电器、电气线路或其他金属管道的距离小于 3m 时，它们之间就会产生放电，可引起电器绝缘破坏、金属管道击穿、造成易燃易爆物品爆炸或着火。

2. 防雷装置

一套完整的防雷装置包括接闪器、引下线和接地装置。

（1）接闪器。接闪器又称受雷器，是直接接受雷电的金属构件。不同的保护对象可以选择不同的接闪器。如避雷针用在保护建（构）筑物、露天的变配电设备。避雷网、避雷带主要用来保护建筑物。避雷线、避雷器主要用来保护电力线路、电力设备等。避雷针又可分为独立避雷针和装在建筑物上的附设避雷针。

石油库的油罐可不装设避雷针做接闪器，而直接以罐顶做接闪器。

避雷针一般采用镀锌圆钢或镀锌钢管做成。针长 1m 以下者，圆钢直径 12mm，钢管 20mm；针长 1m ~ 2m 者，圆钢直径 16mm，钢管直径 25mm，避雷针所用材料应能满足机械强度和耐腐蚀要求，有足够的热稳定性，以能承受雷电流的热破坏作用。

（2）引下线。引下线上接接闪器，下接接地装置，将雷电流自接闪器导入接地装置。引下线国内一般采用圆钢或扁钢制作。圆钢直径不小于 8mm，扁钢厚度不小于 4mm，截面积不小于 48mm²。如用钢绞线做引下线，其截面积不小于 25mm²。国外工程需用铜质材料。金属油罐可用罐本体及接地线做引下线。

（3）接地装置。接地装置用来向大地泄放雷电流，它包括接地体和接地线两个部分。

接地极通常用长度为 2.5m 的 50×50×5 的角钢（或 φ50mm 钢管）做成，上端埋深 0.7m。连接各接地极的干线一般是采用 40×4mm² 的扁钢做成，用 25×4mm² 扁钢连接地面设备。以油罐做接闪器、以罐壁做引下线时，接地线连接端子与油罐壁的连接如图 3-3-1、图3-3-2 所示。

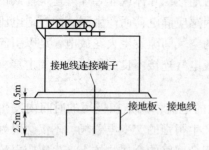

图 3 - 3 - 1　金属油罐接地

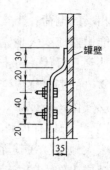

图 3 - 3 - 2　接地线连接端子

3．油罐防雷总体要求

在 20 世纪 80 年代初期，在制定国家标准《石油库设计规范》GBJ 74—84 时，对油罐防雷进行了较深入细致的工作，对油罐是否设避雷针的问题，展开了广泛的讨论和调查研究，包括对国外一些工业发达国家的做法也都进行了研究对比，并对油罐进行了雷击模拟试验并取得了可靠的数据，在做了上述工作的基础上，《石油库设计规范》制订出了一个油罐防雷的完整体系，规范每次修订时，都根据实践经验，对这一体系做进一步完善和改进，至《石油库设计规范》GB 50074—2014，共制定有 13 条石油库防雷规定，要点如下：

（1）钢储罐必须做防雷接地，接地点不应少于两处。

（2）装有阻火器的地上卧式储罐的壁厚和地上固定顶钢储罐的顶板厚度大于或等于 4mm 时，不应装设接闪杆（网）。铝顶储罐和顶板厚度小于 4mm 的钢储罐，应装设接闪杆（网）。接闪杆（网）应保护整个储罐。

（3）外浮顶储罐或内浮顶储罐不应装设接闪杆（网），但应采用两根导线将浮顶与罐体做电气连接。外浮顶储罐的连接导线应选用截面积不小于 $50mm^2$ 的扁平镀锡软铜复绞线或绝缘阻燃护套软铜复绞线；内浮顶储罐的连接导线应选用直径不小于 5mm 的不锈钢钢丝绳。

（4）外浮顶储罐应利用浮顶排水管将罐体与浮顶做电气连接，每条排水管的跨接导线应采用一根横截面不小于 $50mm^2$ 扁平镀锡软铜复绞线；外浮顶储罐的转动浮梯两侧，应分别与罐体和浮顶各做两处电气连接。

（5）覆土储罐的呼吸阀、量油孔等法兰连接处，应做电气连接并接地，接地电阻不宜大于 10Ω。

（6）装于地上钢储罐上的仪表及控制系统的配线电缆应采用屏蔽电缆，并应穿镀锌钢管保护管，保护管两端应与罐体做电气连接。储罐上安装的信号远传仪表，其金属外壳应与储罐体做电气连接。

（7）接闪杆（网、带）的接地电阻，不宜大于 10Ω。

4．石油库防雷设计

石油库防雷设施的设置要求，详见国家标准《石油库设计规范》GB 50074—2014 第 14 章的规定。

3.2.5　防静电

1．静电危害

油品在流动、搅拌、过滤、灌注等过程中，由于不断地进行相对运动、摩擦、碰撞，使油品产生静电、积累静电荷。当静电荷聚积到一定程度时就可能发生火花放电，如果此时环境中有爆炸性混合物存在时，就有可能引起爆炸和着火。油品在生产和储运过程中，由于静电造成重大爆炸着火事故的现象屡见不鲜，如何做好防静电危害，具有非常重要的现实意义。

2．防止静电措施

防止静电的措施可以从几个方面考虑采取各种有效的办法：

（1）减少静电的产生和积累。

1）控制流速。

油品在管道中流动所产生的流动电荷和电荷密度的饱和值与油品流速的二次方成正比。因此控制流速是减少静电产生的一个有效办法。当油品在层流状态时，产生的静电量只与流速有关，而与管径大小无关；当油品处于紊流状态时，产生的静电量与流速的1.75 次方成正比，与管径的 0.75 次方成反比。

油罐及灌装容器中一般都存在油气与空气相混合的气相空间，这样的气相空间属于爆炸危险 0 区或 1 区，如在这样的气相空间发生静电放电，极易引起爆炸和燃烧事故，所以特别要重视输油管道在进罐、灌装、加油时的流速。国家标准《石油库设计规范》GB 50074—2014 规定汽油、煤油和轻柴油的灌装流速不宜大于 4.5m/s，初始流速不大于1m/s，同时规定装油鹤管的出口在淹没后方可提高灌装流速。

2）采用合理的灌装、加油方式。

从顶部喷溅灌装方式产生的静电荷比从底部进油产生的静电荷多一倍，因此应尽量采用从底部进罐方式，对此规范中都有明确的规定。如国家标准《汽车加油加气站设计与施工规范》GB 50156—2014 要求油罐的进油管应向下伸至罐内距罐底 0.2m 处，国家标准《石油库设计规范》GB 50074—2014 要求火车、汽车油罐车灌油时，应采用能插到罐车底部的鹤管或采用底部装车方式。这样做的优点是：减少油品喷溅，降低油品损耗，减少油品与空气接触碰撞，因而可减少静电荷产生。

3）防止不同闪点的油品相混或油品中含空气、含水。严禁使用压缩空气进行甲、乙类油品的调和作业和清扫作业。

4）经过过滤器的油品，要有足够的漏电时间。

经过过滤器的油品其静电荷大量增加。为了避免将经过过滤器而产生的静电荷带进过滤器之后的容器（油罐或罐车），在过滤器之后应有一定长度或流经一定时间的管段，将静电荷泄漏掉。一般规定需有 30s 的时间才允许进入容器。

（2）采取导走静电、减少静电积聚的措施。

1）接地和跨接。

静电接地是为了导走或消除导体上的静电，是消除静电危害最有效的措施。其具体做法是把容器或管道通过金属导线及接地极体与大地连通，而且有一个电阻值的最小要求，我国的规范中一般规定防静电接地装置的接地电阻不大于 100Ω。

防静电接地的要求还有下面几点：

储存甲、乙类、丙 A 类油品的钢油罐、非金属油罐，均应作防静电接地。钢油罐的防雷接地装置可兼作防静电接地装置。非金属油罐应在罐内设置静电导体引至罐外接地，并与油罐的金属管线连接，形成等电位。

铁路装卸油品设施，包括钢轨、输油管线、鹤管、钢栈桥等应作电气连接并接地。石油库专用铁路线与电气化铁路接轨时，应符合有关规定。

甲、乙、丙A类油品的汽车油罐车，应作防静电接地。装卸油场地上，应设有为油罐车跨接的防静电接地装置。

装卸油品码头，应设有为油船跨接的防静电接地装置。此接地装置应与码头上装卸油品设备的静电接地装置相连接。

地上或管沟敷设的输油管道的始、末端、分支处及直线段每隔200m～300m处，应设防静电和防感应雷接地装置，接地电阻不宜大于30Ω。接地点宜设在固定管墩架处。

2）添加抗静电添加剂。

接地只能导走导体上的静电，不能消除油品中的静电，所以有了可靠的接地后，为了减少静电危害还可采取控制或减少油品中静电的措施，如在油品中加入微量的抗静电添加剂，使油品的导电率增加到小于$10^8\Omega\cdot m$，可加速静电泄漏、导走，消除或减少静电危害。

3）设置静电缓和器。

静电缓和器是一个装在管道上有一段扩大了管径的金属容器，可以起到消除静电荷的作用。带电油品在进入此容器中流速减慢，油品停留时间相对加长，管道中的电荷可部分导走，起到了静电缓和作用。

（3）消除火花放电促发物。

在油罐和油罐车中可能引起爆炸着火事故的火花放电促发物有下列几种：

金属油罐中未经铲除的焊瘤子，容器内的浮漂用品，检测用的取样、量油器具，测温仪表及导线等等。在施工和生产管理、操作中应十分注意这些火花放电促发物，因为它们有可能造成放电，导致火灾事故发生。尽量采用一些自动化的固定的检测手段。

（4）防止形成爆炸性混合气体的环境。

设置有易燃液体或气体设备的房间，通常是采取加强通风的办法，使房间及时的排出爆炸性气体，使之不积聚，达不到爆炸下限的浓度，即可防止静电引起的爆炸火灾事故。

石油库内最大的爆炸危险源是储存甲B类液体的储罐，关于如何防止储罐爆炸的安全措施，在本教材第二篇·专题报告之二《储油罐区重大火灾风险及防范措施研究》已有论述，此处不再赘述。

3．石油库防静电设计

石油库防静电设施的设置要求，详见国家标准《石油库设计规范》GB 50074—2014第14章的规定。

3.3　建筑物的耐火等级、建筑物构件的耐火极限和燃烧性能

提高爆炸和火灾危险场所建筑物的抗火性能，也是一项重要的防火措施。抗火性能好的建筑物，可降低火灾次生危害程度，保护人员和财产免受更大损失。

3.3.1　建筑物的耐火等级和建筑物构件的耐火极限

建筑物的耐火等级是表明建筑物抗火程度的重要标志，建筑物的耐火等级分为四级，一级最高，四级最低。不同耐火等级的建筑物，对构件的燃烧性能和耐火极限要求也不相同（如表3-3-1、表3-3-2所示）。其中，表3-3-1是国家标准《建筑设计防火规范》GB 50016—2014规定的各级耐火等级建筑物的构件的燃烧性能和耐火极限。

表3-3-1　不同耐火等级厂房和仓库建筑构件的燃烧性能和耐火极限（h）

构件名称		耐火等级			
		一级	二级	三级	四级
墙	防火墙	不燃性 3.00	不燃性 3.00	不燃性 3.00	不燃性 3.00
	承重墙	不燃性 3.00	不燃性 2.50	不燃性 2.00	难燃性 0.50
	楼梯间和前室的墙 电梯井的墙	不燃性 2.00	不燃性 2.00	不燃性 1.50	难燃性 0.50
	疏散走道两侧的隔墙	不燃性 1.00	不燃性 1.00	不燃性 0.50	难燃性 0.25
	非承重外墙 房间隔墙	不燃性 0.75	不燃性 0.50	难燃性 0.50	难燃性 0.25
柱		不燃性 3.00	不燃性 2.50	不燃性 2.00	难燃性 0.50
梁		不燃性 2.00	不燃性 1.50	不燃性 1.00	难燃性 0.50
楼板		不燃性 1.50	不燃性 1.00	不燃性 0.75	难燃性 0.50
屋顶承重构件		不燃性 1.50	不燃性 1.00	难燃性 0.50	可燃性
疏散楼梯		不燃性 1.50	不燃性 1.00	难燃性 0.75	可燃性
吊顶（包括吊顶格栅）		不燃性 0.25	难燃性 0.25	难燃性 0.15	可燃性

注：二级耐火等级建筑物内采用不燃材料的吊顶，其耐火极限不限。

表3-3-2　不同耐火等级民用建筑相应构件的燃烧性能和耐火极限（h）

构件名称		耐火等级			
		一级	二级	三级	四级
墙	防火墙	不燃性 3.00	不燃性 3.00	不燃性 3.00	不燃性 3.00
	承重墙	不燃性 3.00	不燃性 2.50	不燃性 2.00	难燃性 0.50
	非承重外墙	不燃性 1.00	不燃性 1.00	不燃性 0.50	可燃性

续表 3 - 3 - 2

构件名称		耐火等级			
		一级	二级	三级	四级
墙	楼梯间和前室的墙 电梯井的墙 住宅建筑单元之间 的墙和分户墙	不燃性 2.00	不燃性 2.00	不燃性 1.50	难燃性 0.50
	疏散走道两侧的隔墙	不燃性 1.00	不燃性 1.00	不燃性 0.50	难燃性 0.25
	房间隔墙	不燃性 0.75	不燃性 0.50	难燃性 0.50	难燃性 0.25
柱		不燃性 3.00	不燃性 2.50	不燃性 2.00	难燃性 0.50
梁		不燃性 2.00	不燃性 1.50	不燃性 1.00	难燃性 0.50
楼板		不燃性 1.50	不燃性 1.00	不燃性 0.50	可燃性
屋顶承重构件		不燃性 1.50	不燃性 1.00	可燃性 0.50	可燃性
疏散楼梯		不燃性 1.50	不燃性 1.00	难燃性 0.50	可燃性
吊顶（包括吊顶格栅）		不燃性 0.25	难燃性 0.25	难燃性 0.15	可燃性

3.3.2 燃烧性能

建筑构件的燃烧性能表明构件的耐燃烧程度，通常是以不燃烧体、难燃烧体和燃烧体来衡量。

1 不燃烧体：用不燃烧材料做成的构件。不燃烧材料系指在空气中受到火烧或高温作用时不起火，不微燃、不炭化的材料。如建筑中采用的金属材料和天然或人工的无机矿物材料。

2 难燃烧体：用难燃烧材料做成的构件或用燃烧材料做成而用不燃烧材料做保护层的构件。难燃烧材料系指在空气中受到火烧或高温作用时难起火、难微燃、难碳化，当火源移走后燃烧或微燃立即停止的材料。如沥青混凝土，经过防火处理的木材。用有机物填充的混凝土和水泥刨花板等。

3 燃烧体：用燃烧材料做成的构件。燃烧材料系指在空气中受到火烧或高温作用时立即起火或微燃，且火源移走后仍继续燃烧或微燃的材料，如木材等。

3.3.3 耐火极限

建筑构件的耐火极限表明构件的耐燃烧时间。耐火极限是按下述方法测试出来的：

对任一建筑构件按时间——温度标准曲线进行耐火试验，从受到火的作用时起，到失去支持能力或完整性被破坏或失去隔火作用时为止的这段时间，用小时（h）表示。

各类建筑构件的燃烧性能和耐火极限可参见国家标准《建筑设计防火规范》GB 50016—2014 附录。

3.3.4 石油库内建筑物的耐火等级

按国家标准《石油库设计规范》GB 50074—2014 的有关规定，设置有甲、乙类油品设备的建筑物以及控制室、变配电间等重要生产性建筑物的最低耐火等级应为二级；设置有丙类油品设备的建筑物、铁路油品装卸栈桥、汽车油品装卸站台、油泵棚等非房间式可燃介质建筑物以及机修间、器材库等非重要生产性建筑物的最低耐火等级应为三级。

4 石油库消防设施

4.1 常用灭火物质

灭火剂的作用是能有效地破坏燃烧条件、中止燃烧起到灭火的作用。要求灭火剂使用方便、灭火效能高、成本低、来源丰富。

常见的灭火剂有水、沙、CO_2、空气泡沫、干粉等,对卤化物应限制使用。不同的灭火剂需要不同的灭火设备或器材相配合,才可以发挥灭火剂的灭火效能,达到灭火的目的。

4.1.1 水

水是最简易、来源最方便最广泛的灭火剂,它可以起到冷却、对环境中氧气的稀释、减弱燃烧强度、降低可燃液体浓度的作用。压力状态下的水,其冲击力可以冲散燃烧物、减弱燃烧强度,但水一般不直接用于扑灭油火,更多的是用来扑灭固体物质火灾、建筑物火灾以及为油罐冷却降温。

4.1.2 沙、石棉毯

对于扑灭小型的局部的流散油品火灾,使用沙、石棉毯、石棉被则有相当好的灭火效果。用它们覆盖在燃烧物上可以起到隔绝空气、窒息灭火的作用。对于扑灭卧式油罐、汽车油罐车灌油口部的火灾,使用石棉毡更具有快速、简捷、好用的效果。

4.1.3 CO_2

装于钢瓶中的 CO_2 常用来扑灭局部的小型的油火,CO_2 本身是一种不燃烧、不助燃的气体,一般是采用加压降温方法液化贮存于钢瓶中。

4.1.4 泡沫灭火剂

泡沫灭火剂分为化学泡沫和空气泡沫两种灭火剂。化学泡沫灭火剂五六十年代使用较多,现在已基本停用了。空气泡沫灭火剂主要是用蛋白泡沫灭火剂(以泡沫液状态)与水按一定比例相混合形成混合液,再经泡沫产生器产生泡沫,喷洒在着火的油品表面上,覆盖了油表面,起到隔绝空气达到窒息灭火目的。空气泡沫灭火剂按泡沫的发泡倍数可分为低倍数泡沫、中倍数泡沫和高倍数泡沫。

低倍数泡沫灭火剂的发泡倍数为 20 倍以下。根据发泡剂的类型和用途,低倍数泡沫灭火剂又可分蛋白泡沫、氟蛋白泡沫、水成型泡沫、合成泡沫和抗溶泡沫五种类型。

低倍数泡沫多用于扑灭油罐火灾。中倍数泡沫经多年使用已见成熟并被写入规范推荐使用于油罐火灾的扑灭。

空气泡沫灭火剂在灭火中的作用,灭火泡沫在燃烧的油表面形成泡沫覆盖层达到一定厚度时,可使燃烧油表面与空气隔绝,达到窒息灭火目的;泡沫层封闭了燃烧的油表面,可以遮断火焰的热辐射,阻止油品的蒸发;在向罐内喷洒泡沫过程中,气化了的一部分泡沫可起到降低环境中氧的浓度及吸热降温的作用。

4.1.5 干粉

干粉灭火剂灭火时是靠加压于灭火器中的气体压力将干粉从灭火喷嘴中喷出，形成一股夹着加压气体的雾状粉流，射向燃烧物，从而把火焰灭掉。

干粉灭火剂的灭火原理如下：

1）对燃烧物起到一种抑制作用。

2）干粉与火焰接触时会产生一种烧爆作用，增加干粉与火焰的接触面积，提高灭火效果。

3）使用干粉灭火还可阻止氧气向火焰扩散，降低火焰对油品的热辐射，起到一定的阻火和灭火作用。

4.2 石油库消防设施

石油库是储存易燃易爆危险品的场所，为迅速扑灭可能发生的火灾事故，石油库须设消防设施。石油库的消防设施由以下几部分组成：

（1）消防给水系统——主要用于火灾时冷却油罐；

（2）泡沫灭火系统——用于扑灭油罐火灾；

（3）灭火器材——用于扑灭零星火灾；

（4）消防车——机动消防力量是对固定灭火系统的补充；

（5）火灾报警系统——包括报警电话、手动报警设施、自动报警系统等。

石油库消防设施的设置要求，详见国家标准《石油库设计规范》GB 50074—2014 第12 章或本篇附录（《石油库设计规范》GB 50074—2014 有关安全和消防方面的规定）第Ⅲ部分消防规定。

附录 《石油库设计规范》GB 50074—2014
有关安全和消防方面的规定

　　石油库安全规定就是围绕着防止易燃可燃物质处于危险状态和控制火源而制定的。安全措施是双重的，既要防止易燃可燃物质处于危险状态，也要控制火源。

　　由于技术、经济和管理方面的原因，石油库还不能做到绝对安全，还有可能发生火灾事故，这就需要在石油库设置消防设施。

　　下面介绍 2014 版《石油库设计规范》有关安全和消防方面的规定。

Ⅰ　防止易燃可燃物质处于危险状态的规定

A　控制可燃介质总量的规定

3.0.1　石油库的等级划分，应符合表 3.0.1 的规定。

表 3.0.1　石油库的等级划分

等　　级	石油库储罐计算总容量 TV（m^3）
特级	$1200000 \leqslant TV \leqslant 3600000$
一级	$100000 \leqslant TV < 1200000$
二级	$30000 \leqslant TV < 100000$
三级	$10000 \leqslant TV < 30000$
四级	$1000 \leqslant TV < 10000$
五级	$TV < 1000$

　　注：1　表中 TV 不包括零位罐、中继罐和放空罐的容量。
　　　　2　甲 A 类液体储罐容量、Ⅰ级和Ⅱ级毒性液体储罐容量应乘以系数 2 计入储罐计算总容量，丙 A 类液体储罐容量可乘以系数 0.5 计入储罐计算总容量，丙 B 类液体储罐容量可乘以系数 0.25 计入储罐计算总容量。

5.1.6　储存Ⅰ、Ⅱ级毒性液体的储罐应单独设置储罐区。储罐计算总容量大于 600000m^3 的石油库，应设置两个或多个储罐区，每个储罐区的储罐计算总容量不应大于 600000m^3。特级石油库中，原油储罐与非原油储罐应分别集中设在不同的储罐区内。

6.1.11　同一个罐组内储罐的总容量应符合下列规定：

　　1　固定顶储罐组及固定顶储罐和外浮顶、内浮顶储罐的混合罐组不应大于

120000m³，其中浮顶用钢质材料制作的外浮顶储罐、内浮顶储罐的容量可按 50% 计入混合罐组的总容量。

2 浮顶用钢质材料制作的内浮顶储罐组不应大于 360000m³。浮顶用易熔材料制作的内浮顶储罐组不应大于 240000m³。

3 外浮顶储罐组不应大于 600000m³。

6.1.12 同一个罐组内的储罐数量应符合下列规定：

1 当最大单罐容量大于或等于 10000m³ 时，储罐数量不应多于 12 座。

2 当最大单罐容量大于或等于 1000m³ 时，储罐数量不应多于 16 座。

3 单罐容量小于 1000m³ 或仅储存丙 B 类液体的罐组，可不限储罐数量。

11.0.1 设置在企业厂房内的车间供油站，应符合下列规定：

1 甲 B、乙类油品的储存量，不应大于车间两昼夜的需用量，且不应大于 2m³。

2 丙类油品的储存量不宜大于 10m³。

B 减少油气散发、限制油品危险范围的规定

6.1.2 储存沸点低于 45℃ 或 37.8℃ 的饱和蒸气压大于 88kPa 的甲 B 类液体，应采用压力储罐、低压储罐或低温常压储罐，并应符合下列规定：

1 选用压力储罐或低压储罐时，应采取防止空气进入罐内的措施，并应密闭回收处理罐内排出的气体。

2 选用低温常压储罐时，应采取下列措施之一：

1）选用内浮顶储罐，应设置氮气密封保护系统，并应控制储存温度使液体蒸气压不大于 88kPa；

2）选用固定顶储罐，应设置氮气密封保护系统，并应控制储存温度低于液体闪点 5℃ 及以下。

6.1.3 储存沸点不低于 45℃ 或在 37.8℃ 时的饱和蒸气压不大于 88kPa 的甲 B、乙 A 类液体化工品和轻石脑油，应采用外浮顶储罐或内浮顶储罐。有特殊储存需要时，可采用容量小于或等于 10000m³ 的固定顶储罐、低压储罐或容量不大于 100m³ 的卧式储罐，但应采取下列措施之一：

1 应设置氮气密封保护系统，并应密闭回收处理罐内排出的气体；

2 应设置氮气密封保护系统，并应控制储存温度低于液体闪点 5℃ 及以下。

6.1.4 储存甲 B、乙 A 类原油和成品油，应采用外浮顶储罐、内浮顶储罐和卧式储罐。3 号喷气燃料的最高储存温度低于油品闪点 5℃ 及以下时，可采用容量小于或等于 10000m³ 的固定顶储罐。当采用卧式储罐储存甲 B、乙 A 类油品时，储存甲 B 类油品卧式储罐的单罐容量不应大于 100m³，储存乙 A 类油品卧式储罐的单罐容量不应大于 200m³。

6.1.5 储存乙 B 类和丙类液体，可采用固定顶储罐和卧式储罐。

6.1.6 外浮顶储罐应采用钢制单盘式或钢制双盘式浮顶。

6.1.7 内浮顶储罐的内浮顶选用应符合下列规定：

1 内浮顶应采用金属内浮顶，且不得采用浅盘式或敞口隔舱式内浮顶。

232

2 储存Ⅰ、Ⅱ级毒性液体的内浮顶储罐和直径大于40m的甲B、乙A类液体内浮顶储罐，不得采用用易熔材料制作的内浮顶。

3 直径大于48m的内浮顶储罐，应选用钢制单盘式或双盘式内浮顶。

4 新结构内浮顶的采用应通过安全性评估。

6.1.8 储存Ⅰ、Ⅱ级毒性的甲B、乙A类液体储罐的单罐容量不应大于5000m³，且应设置氮封保护系统。

6.2.2 覆土立式油罐应采用独立的罐室及出入通道。与管沟连接处必须设置防火、防渗密闭隔离墙。

6.2.5 覆土立式油罐的罐室设计应符合下列规定：

1 罐室应采用圆筒形直墙与钢筋混凝土球壳顶的结构形式。罐室及出入通道的墙体，应采用密实性材料构筑，并应保证在油罐出现泄漏事故时不泄漏。

2 罐室球壳顶内表面与金属油罐顶的距离不应小于1.2m，罐室壁与金属罐壁之间的环形走道宽度不应小于0.8m。

3 罐室顶部周边应均布设置采光通风孔。直径小于或等于12m的罐室，采光通风孔不应少于2个；直径大于12m的罐室，至少应设4个采光通风孔。采光通风孔的直径或任意边长不应小于0.6m，其口部高出覆土面层不宜小于0.3m，并应装设带锁的孔盖。

4 罐室出入通道宽度不宜小于1.5m，高度不宜小于2.2m。

5 储存甲B、乙、丙A类油品的覆土立式油罐，其罐室通道出入口高于罐室地坪不应小于2.0m。

6 罐室的出入通道口，应设向外开启的并满足口部紧急时刻封堵强度要求的防火密闭门，其耐火极限不得低于1.5h。通道口部的设计，应有利于在紧急时刻采取封堵措施。

7 罐室及出入通道应有防水措施。阀门操作间应设积水坑。

6.2.6 覆土立式油罐应按下列要求设置事故外输管道：

1 事故外输管道的公称直径，宜与油罐进出油管道一致，且不得小于100mm。

2 事故外输管道应由罐室阀门操作间处的积水坑处引出罐室外，并宜满足在事故时能与输油干管相连通。

3 事故外输管道应设控制阀门和隔离装置。控制阀门和隔离装置不应设在罐室内和事故时容易遭受危及的部位。

6.2.9 储存甲B类、乙类和丙A类液体的覆土立式油罐区，应按不小于区内储罐可能发生油品泄漏事故时，油品漫出罐室部分最多一个油罐的泄漏油品设置区域导流沟及事故存油坑（池）。

6.5.1 地上储罐组应设防火堤。防火堤内的有效容量，不应小于罐组内一个最大储罐的容量。

6.5.2 地上立式储罐的罐壁至防火堤内堤脚线的距离，不应小于罐壁高度的一半。卧式储罐的罐壁至防火堤内堤脚线的距离，不应小于3m。依山建设的储罐，可利用山体兼作防火堤，储罐的罐壁至山体的距离最小可为1.5m。

6.5.3 地上储罐组的防火堤实高应高于计算高度0.2m，防火堤高于堤内设计地坪不应小于 1.0m，高于堤外设计地坪或消防车道路面（按较低者计）不应大于 3.2m。地上卧式储罐的防火堤应高于堤内设计地坪不小于 0.5m。

6.5.4 防火堤宜采用土筑防火堤，其堤顶宽度不应小于 0.5m。采用土筑防火堤无条件或困难的地区，可选用其他结构形式的防火堤。

6.5.5 防火堤应能承受在计算高度范围内所容纳液体的静压力且不应泄漏；防火堤的耐火极限不应低于 5.5h。

6.5.6 管道穿越防火堤处应采用不燃烧材料严密填实。在雨水沟（管）穿越防火堤处，应采取排水控制措施。

13.2.1 石油库的含油与不含油污水，应采用分流制排放。含油污水应采用管道排放。未被易燃和可燃液体污染的地面雨水和生产废水可采用明沟排放，并宜在石油库围墙处集中设置排放口。

13.2.2 储罐区防火堤内的含油污水管道引出防火堤时，应在堤外采取防止泄漏的易燃和可燃液体流出罐区的切断措施。

13.2.3 含油污水管道应在储罐组防火堤处、其他建（构）筑物的排水管出口处、支管与干管连接处、干管每隔 300m 处设置水封井。

13.2.4 石油库通向库外的排水管道和明沟，应在石油库围墙里侧设置水封井和截断装置。水封井与围墙之间的排水通道应采用暗沟或暗管。

13.2.5 水封井的水封高度不应小于 0.25m。水封井应设沉泥段，沉泥段自最低的管底算起，其深度不应小于 0.25m。

13.4.1 库区内应设置漏油及事故污水收集系统。收集系统可由罐组防火堤、罐组周围路堤式消防车道与防火堤之间的低洼地带、雨水收集系统、漏油及事故污水收集池组成。

13.4.2 一、二、三、四级石油库的漏油及事故污水收集池容量，分别不应小于 $1000m^3$、$750m^3$、$500m^3$、$300m^3$；五级石油库可不设漏油及事故污水收集池。漏油及事故污水收集池宜布置在库区地势较低处。漏油及事故污水收集池应采取隔油措施。

13.4.3 在防火堤外有易燃和可燃液体管道的地方，地面应就近坡向雨水收集系统。当雨水收集系统干道采用暗管时，暗管宜采用金属管道。

13.4.4 雨水暗管或雨水沟支线进入雨水主管或主沟处，应设水封井。

C 加强可燃介质系统密闭性的规定

6.1.2 储存沸点低于 45℃或 37.8℃的饱和蒸气压大于 88kPa 的甲 B 类液体，应采用压力储罐、低压储罐或低温常压储罐，并应符合下列规定：

    1 选用压力储罐或低压储罐时，应采取防止空气进入罐内的措施，并应密闭回收处理罐内排出的气体。

    2 选用低温常压储罐时，应采取下列措施之一：

    1）选用内浮顶储罐，应设置氮气密封保护系统，并应控制储存温度使液体蒸气压不大于 88kPa；

    2）选用固定顶储罐，应设置氮气密封保护系统，并应控制储存温度低于液体闪点 5℃及以下。

234 **6.1.3** 储存沸点不低于45℃或在37.8℃时的饱和蒸气压不大于88kPa的甲B、乙A类液体化工品和轻石脑油，应采用外浮顶储罐或内浮顶储罐。有特殊储存需要时，可采用容量小于或等于10000m³的固定顶储罐、低压储罐或容量不大于100m³的卧式储罐，但应采取下列措施之一：

    1 应设置氮气密封保护系统，并应密闭回收处理罐内排出的气体；

    2 应设置氮气密封保护系统，并应控制储存温度低于液体闪点5℃及以下。

6.4.11 储存Ⅰ、Ⅱ级毒性液体的储罐，应采用密闭采样器。储罐的凝液或残液应密闭排入专用收集系统或设备。

8.1.9 从下部接卸铁路罐车的卸油系统，应采用密闭管道系统。

8.1.16 向铁路罐车灌装甲B、乙A类液体和Ⅰ、Ⅱ级毒性液体应采用密闭装车方式，并应按现行国家标准《油品装卸系统油气回收设施设计规范》GB 50759 的有关规定设置油气回收设施。

8.2.6 汽车罐车向卧式储罐卸甲B、乙、丙A类液体时，应采用密闭管道系统。

8.2.9 向汽车罐车灌装甲B、乙A类液体和Ⅰ、Ⅱ级毒性液体应采用密闭装车方式，并应按现行国家标准《油品装卸系统油气回收设施设计规范》GB 50759 的有关规定设置油气回收设施。

8.3.7 装卸甲B、乙、丙A类液体和Ⅰ、Ⅱ级毒性液体的船舶应采用密闭接口形式。

8.3.10 在易燃和可燃液体管道位于岸边的适当位置，应设用于紧急状况下的切断阀。

9.1.9 金属工艺管道连接应符合下列规定：管道之间及管道与管件之间应采用焊接连接。

9.1.11 在输送腐蚀性液体和Ⅰ、Ⅱ级毒性液体管道上，不宜设放空和排空装置。如必须设放空和排空装置时，应有密闭收集凝液的措施。

9.1.18 自采样及管道低点排出的有毒液体应密闭排入专用收集系统或其他收集设施，不得就地排放或直接排入排水系统。

9.1.12 工艺管道上的阀门，应选用钢制阀门。

10.2.4 有毒液体灌桶应采用密闭灌装方式。

D 采取有利于泄漏的可燃气体扩散措施的规定

5.1.5 石油库的储罐应地上露天设置。山区和丘陵地区或有特殊要求的可采用覆土等非露天方式设置，但储存甲B和乙类液体的卧式储罐不得采用罐室方式设置。地上储罐、覆土储罐应分别设置储罐区。

7.0.1 易燃和可燃液体泵站宜采用地上式。其建筑形式应根据输送介质的特点、运行工况及当地气象条件等综合考虑确定，可采用房间式（泵房）、棚式（泵棚）或露天式。

7.0.15 易燃和可燃气体排放管口的设置，应符合下列规定：

    1 排放管口应设在泵房（棚）外，并应高出周围地坪4m及以上。

    2 排放管口设在泵房（棚）顶面上方时，应高出泵房（棚）顶面1.5m及以上。

    3 排放管口与泵房门、窗等孔洞的水平路径不应小于3.5m；与配电间门、窗及非防爆电气设备的水平路径不应小于5m。

    4 排放管口应装设阻火器。

7.0.18 易燃和可燃液体装卸区不设集中泵站时，泵可设置于铁路罐车装卸栈桥或汽车罐车装卸站台之下，但应满足自然通风条件，且泵基础顶面应高于周围地坪和可能出现的最大积水高度。

10.2.2 灌桶场所的设计，应符合下列规定：

    1 甲B、乙、丙A类液体宜在棚（亭）内灌装，并可在同一座棚（亭）内灌装。

10.3.3 重桶应堆放在库房（棚）内。桶装液体库房（棚）的设计，应符合下列规定：

    3 甲B、乙类液体的桶装液体库房，不得建地下或半地下式。

11.0.1 设置在企业厂房内的车间供油站，应符合下列规定：

    6 储罐（箱）的通气管管口应设在室外，甲B、乙类油品储罐（箱）的通气管管口，应高出屋面1.5m，与厂房门、窗之间的距离不应小于4m。

16.2.1 易燃和有毒液体泵房、灌桶间及其他有易燃和有毒液体设备的房间，应设置机械通风系统和事故排风装置。机械通风系统换气次数宜为5次/h～6次/h，事故排风换气次数不应小于12次/h。

16.2.2 在集中散发有害物质的操作地点（如修洗桶间、化验室通风柜等），宜采取局部机械通风措施。

16.2.3 通风口的设置应避免在通风区域内产生空气流动死角。

16.2.5 在布置有甲、乙A类易燃液体设备的房间内，所设置的机械通风设备应与可燃气体浓度自动检测报警系统联动，并应设有就地和远程手动开启装置。

Ⅱ 控制火源的规定

A 预防明火的规定

4.0.16 企业附属石油库与本企业建（构）筑物、交通线等的安全距离，不得小于表4.0.16的规定。

表4.0.16 企业附属石油库与本企业建（构）筑物、交通线等的安全距离（m）

库内建（构）筑物和设施	液体类别	企业建（构）筑物、交通线等	
		明火或散发火花的地点	其他设施
储罐（TV为罐区总容量m³）	$TV \leqslant 50$	25	略
	$50 < TV \leqslant 200$	30	
	$200 < TV \leqslant 1000$	35	
	$1000 < TV \leqslant 5000$	40	
	$TV \leqslant 250$	20	
	$250 < TV \leqslant 1000$	25	
	$1000 < TV \leqslant 5000$	30	
	$5000 < TV \leqslant 25000$	40	

其中甲B、乙类对应 $TV \leqslant 50$ 至 $1000 < TV \leqslant 5000$；丙类对应 $TV \leqslant 250$ 至 $5000 < TV \leqslant 25000$。

续表 4.0.16

库内建（构）筑物和设施	液体类别	企业建（构）筑物、交通线等	
		明火或散发火花的地点	其他设施
油泵房、灌油间	甲 B、乙	30	略
	丙	15	
桶装液体库房	甲 B、乙	30	
	丙	20	
汽车罐车装卸设施	甲 B、乙	30	
	丙	20	
其他生产性建筑物	甲 B、乙	25	
	丙	15	

5.1.3 石油库内建（构）筑物、设施之间的防火距离（储罐与储罐之间的距离除外），不应小于表 5.1.3 的规定。

表 5.1.3 石油库内建（构）筑物、设施之间的防火距离（m）

序号	建（构）筑物和设施名称		有明火及散发火花的建（构）筑物及地点	库区围墙	其他设施
1	外浮顶储罐、内浮顶储罐、覆土立式油罐、储存丙类液体的立式固定顶储罐	$V \geqslant 50000$	35	25	略
2		$5000 < V < 50000$	26	11	
3		$1000 < V \leqslant 5000$	26	7.5	
4		$V \leqslant 1000$	26	6	
5	储存甲 B、乙类液体的立式固定顶储罐	$V > 5000$	35	15	
6		$1000 < V \leqslant 5000$	35	10	
7		$V \leqslant 1000$	35	8	
8	甲 B、乙类液体地上卧式储罐		25	6	
9	覆土卧式油罐、丙类液体地上卧式储罐		20	4.5	
10	易燃和可燃液体泵房	甲 B、乙类液体	20	10	
11		丙类液体	15	5	
12	灌桶间	甲 B、乙类液体	30	10	
13		丙类液体	20	5	
14	汽车罐车装卸设施	甲 B、乙类液体	30/23	15/11	
15		丙类液体	20	5	
16	铁路罐车装卸设施	甲 B、乙类液体	30/23	15/11	
17		丙类液体	20	5	

续表 5.1.3

序号	建（构）筑物和设施名称		有明火及散发火花的建（构）筑物及地点	库区围墙	其他设施
18	液体装卸码头	甲B、乙类液体	40	—	略
19		丙类液体	30	—	
20	桶装液体库房	甲B、乙类液体	30	5	
21		丙类液体	20	5	
22	隔油池	150m³ 及以下	30/23	10/5	
23		150m³ 以上	40/30	10/5	

注：1 表中 V 指储罐单罐容量，单位为 m³。

2 序号 14 中，分子数字为未采用油气回收设施的汽车罐车装卸设施与建（构）筑物或设施的防火距离，分母数字为采用油气回收设施的汽车罐车装卸设施与建（构）筑物或设施的防火距离。

3 序号 16 中，分子数字为用于装车作业的铁路线与建（构）筑物或设施的防火距离，分母数字为采用油气回收设施的铁路罐车装卸设施或仅用于卸车作业的铁路线与建（构）筑物的防火距离。

4 序号 14 与序号 16 相交数字的分母，仅适用于相邻装车设施均采用油气回收设施的情况。

5 序号 22、23 中的隔油池，系指设置在罐组防火堤外的隔油池。其中分母数字为有盖板的密闭式隔油池与建（构）筑物或设施的防火距离，分子数字为无盖板的隔油池与建（构）筑物或设施的防火距离。

6 罐组专用变配电间和机柜间与石油库内各建（构）筑物或设施的防火距离，应与易燃和可燃液体泵房相同，但变配电间和机柜间的门窗应位于易燃液体设备的爆炸危险区域之外。

7 焚烧式可燃气体回收装置应按有明火及散发火花的建（构）筑物及地点执行，其他形式的可燃气体回收处理装置应按甲、乙类液体泵房执行。

5.1.7 相邻储罐区储罐之间的防火距离，应符合下列规定：

1 地上储罐区与覆土立式油罐相邻储罐之间的防火距离不应小于 60m。

2 储存 Ⅰ、Ⅱ 级毒性液体的储罐与其他储罐区相邻储罐之间的防火距离，不应小于相邻储罐中较大罐直径的 1.5 倍，且不应小于 50m。

3 其他易燃、可燃液体储罐区相邻储罐之间的防火距离，不应小于相邻储罐中较大罐直径的 1.0 倍，且不应小于 30m。

5.1.8 同一个地上储罐区内，相邻罐组储罐之间的防火距离应符合下列规定：

1 储存甲B、乙类液体的固定顶储罐和浮顶采用易熔材料制作的内浮顶储罐与其他罐组相邻储罐之间的防火距离，不应小于相邻储罐中较大罐直径的 1.0 倍。

2 外浮顶储罐、采用钢制浮顶的内浮顶储罐、储存丙类液体的固定顶储罐与其他罐组储罐之间的防火距离，不应小于相邻储罐中较大罐直径的 0.8 倍。

注：储存不同液体的储罐、不同型式的储罐之间的防火距离，应采用上述计算值的较大值。

6.1.15 地上储罐组内相邻储罐之间的防火距离不应小于表 6.1.15 的规定。

表 6.1.15 地上储罐组内相邻储罐之间的防火距离

储存液体类别	单罐容量不大于300m³，且总容量不大于1500m³的立式储罐组	固定顶储罐（单罐容量）			外浮顶、内浮顶储罐	卧式储罐
		≤1000m³	>1000m³	≥5000m³		
甲B、乙类	2m	0.75D	0.6D		0.4D	0.8m
丙A类	2m	0.4D			0.4D	0.8m
丙B类	2m	2m	5m	0.4D	0.4D 与15m的较小值	0.8m

注：**1** 表中 D 为相邻储罐中较大储罐的直径。

2 储存不同类别液体的储罐、不同型式的储罐之间的防火距离，应采用较大值。

6.4.7 下列储罐的通气管上必须装设阻火器：

1 储存甲B类、乙类、丙A类液体的固定顶储罐和地上卧式储罐；

2 储存甲B类和乙类液体的覆土卧式储罐；

3 储存甲B类、乙类、丙A类液体并采用氮气密封保护系统的内浮顶储罐。

7.0.15 易燃和可燃气体排放管口的设置，应符合下列规定：

4 排放管口应装设阻火器。

8.3.2 油品装卸码头和作业区宜独立设置。

8.3.11 易燃液体码头敷设管道的引桥宜独立设置。

B 防止电气火花的规定

14.1.4 10kV 以上的变配电装置应独立设置。10kV 及以下的变配电装置的变配电间与易燃液体泵房（棚）相毗邻时，应符合下列规定：

1 隔墙应为不燃材料建造的实体墙。与变配电间无关的管道，不得穿过隔墙。所有穿墙的孔洞，应用不燃材料严密填实。

2 变配电间的门窗应向外开，其门应设在泵房的爆炸危险区域以外。变配电间的窗宜设在泵房的爆炸危险区域以外；如窗设在爆炸危险区以内，应设密闭固定窗和警示标志。

3 变配电间的地坪应高于油泵房室外地坪至少 0.6m。

14.1.7 石油库内易燃液体设备、设施爆炸危险区域的等级及电气设备选型，应按现行国家标准《爆炸危险环境电力装置设计规范》GB 50058 执行，其爆炸危险区域划分应符合本规范附录 B 的规定。

C 防 雷 规 定

14.2.1 钢储罐必须做防雷接地，接地点不应少于 **2** 处。

14.2.2 钢储罐接地点沿储罐周长的间距，不宜大于30m，接地电阻不宜大于10Ω。

14.2.3 储存易燃液体的储罐防雷设计，应符合下列规定：

1 装有阻火器的地上卧式储罐的壁厚和地上固定顶钢储罐的顶板厚度大于或等于4mm 时，不应装设接闪杆（网）。铝顶储罐和顶板厚度小于 4mm 的钢储罐，应装设接闪杆（网）。接闪杆（网）应保护整个储罐。

2 外浮顶储罐或内浮顶储罐不应装设接闪杆（网），但应采用两根导线将浮顶与罐体做电气连接。外浮顶储罐的连接导线应选用截面积不小于 50mm² 的扁平镀锡软铜复绞线或绝缘阻燃护套软铜复绞线；内浮顶储罐的连接导线应选用直径不小于 5mm 的不锈钢钢丝绳。

3 外浮顶储罐应利用浮顶排水管将罐体与浮顶做电气连接，每条排水管的跨接导线应采用一根横截面不小于 50 mm² 扁平镀锡软铜复绞线。

4 外浮顶储罐的转动浮梯两侧，应分别与罐体和浮顶各做两处电气连接。

5 覆土储罐的呼吸阀、量油孔等法兰连接处，应做电气连接并接地，接地电阻不宜大于 10Ω。

14.2.4 储存可燃液体的钢储罐，不应装设接闪杆（网），但应做防雷接地。

14.2.5 装于地上钢储罐上的仪表及控制系统的配线电缆应采用屏蔽电缆，并应穿镀锌钢管保护管，保护管两端应与罐体做电气连接。

14.2.6 石油库内的信号电缆宜埋地敷设，并宜采用屏蔽电缆。当采用铠装电缆时，电缆的首末端铠装金属应接地。当电缆采用穿钢管敷设时，钢管在进入建筑物处应接地。

14.2.7 储罐上安装的信号远传仪表，其金属外壳应与储罐体做电气连接。

14.2.8 电气和信息系统的防雷击电磁脉冲应符合现行国家标准《建筑物防雷设计规范》GB 50057 的相关规定。

14.2.9 易燃液体泵房（棚）的防雷应按第二类防雷建筑物设防。

14.2.10 在平均雷暴日大于 40d／a 的地区，可燃液体泵房（棚）的防雷应按第三类防雷建筑物设防。

14.2.11 装卸易燃液体的鹤管和液体装卸栈桥（站台）的防雷应符合下列规定：

1 露天进行装卸易燃液体作业的，可不装设接闪杆（网）。

2 在棚内进行装卸易燃液体作业的，应采用接闪网保护。棚顶的接闪网不能有效保护爆炸危险 1 区时，应加装接闪杆。当罩棚采用双层金属屋面，且其顶面金属层厚度大于0.5mm、搭接长度大于 100mm 时，宜利用金属屋面作为接闪器，可不采用接闪网保护。

3 进入液体装卸区的易燃液体输送管道在进入点应接地，接地电阻不应大于20Ω。

14.2.12 在爆炸危险区域内的工艺管道，应采取下列防雷措施：

1 工艺管道的金属法兰连接处应跨接。当不少于 5 根螺栓连接时，在非腐蚀环境下可不跨接。

2 平行敷设于地上或非充沙管沟内的金属管道，其净距小于 100mm 时，应用金属线跨接，跨接点的间距不应大于 30m。管道交叉点净距小于 100mm 时，其交叉点应用金属线跨接。

14.2.13 接闪杆（网、带）的接地电阻，不宜大于 10Ω。

D 防静电规定

14.3.1 储存甲、乙、丙 A 类液体的钢储罐，应采取防静电措施。

14.3.2 钢储罐的防雷接地装置可兼作防静电接地装置。

14.3.3 外浮顶储罐应按下列规定采取防静电措施：

1 外浮顶储罐的自动通气阀、呼吸阀、阻火器和浮顶量油口应与浮顶做电气连接。

2 外浮顶储罐采用钢滑板式机械密封时，钢滑板与浮顶之间应做电气连接，沿圆周的间距不宜大于 3m。

3 二次密封采用 I 型橡胶刮板时，每个导电片均应与浮顶做电气连接。

4 电气连接的导线应选用横截面不小于 10 mm² 镀锡软铜复绞线。

5 外浮顶储罐浮顶上取样口的两侧 1.5m 之外应各设一组消除人体静电装置，并应与罐体做电气连接。该消除人体静电装置可兼作人工检尺时取样绳索、检测尺等工具的电气连接体。

14.3.4 铁路罐车装卸栈桥的首、末端及中间处，应与钢轨、工艺管道、鹤管等相互做电气连接并接地。

14.3.5 石油库专用铁路线与电气化铁路接轨时，电气化铁路高压电接触网不宜进入石油库装卸区。

14.3.6 当石油库专用铁路线与电气化铁路接轨，铁路高压接触网不进入石油库专用铁路线时，应符合下列规定：

1 在石油库专用铁路线上，应设置两组绝缘轨缝。第一组应设在专用铁路线起始点 15m 以内，第二组应设在进入装卸区前。两组绝缘轨缝的距离，应大于取送车列的总长度。

2 在每组绝缘轨缝的电气化铁路侧，应设一组向电气化铁路所在方向延伸的接地装置，接地电阻不应大于 10Ω。

3 铁路罐车装卸设施的钢轨、工艺管道、鹤管、钢栈桥等应做等电位跨接并接地，两组跨接点间距不应大于 20m，每组接地电阻不应大于 10Ω。

14.3.7 当石油库专用铁路与电气化铁路接轨，且铁路高压接触网进入石油库专用铁路线时，应符合下列规定：

1 进入石油库的专用电气化铁路线高压电接触网应设两组隔离开关。第一组应设在与专用铁路线起始点 15m 以内，第二组应设在专用铁路线进入铁路罐车装卸线前，且与第一个鹤管的距离不应小于 30m。隔离开关的入库端应装设避雷器保护。专用线的高压接触网终端距第一个装卸油鹤管，不应小于 15m。

2 在石油库专用铁路线上，应设置两组绝缘轨缝及相应的回流开关装置。第一组应设在专用铁路线起始点 15m 以内，第二组应设在进入铁路罐车装卸线前。

3 在每组绝缘轨缝的电气化铁路侧，应设一组向电气化铁路所在方向延伸的接地装置，接地电阻不应大于 10Ω。

4 专用电气化铁路线第二组隔离开关后的高压接触网，应设置供搭接的接地装置。

5 铁路罐车装卸设施的钢轨、工艺管道、鹤管、钢栈桥等应做等电位跨接并接地，两组跨接点的间距不应大于20m，每组接地电阻不应大于10Ω。

14.3.8 甲、乙、丙A类液体的汽车罐车或灌桶设施，应设置与罐车或桶跨接的防静电接地装置。

14.3.9 易燃和可燃液体装卸码头，应设为船舶跨接的防静电接地装置。此接地装置应与码头上的液体装卸设备的静电接地装置合用。

14.3.10 地上或非充沙管沟敷设的工艺管道的始端、末端、分支处以及直线段每隔200m～300m处，应设置防静电和防雷击电磁脉冲的接地装置。

14.3.11 地上或非充沙管沟敷设的工艺管道的防静电接地装置可与防雷击电磁脉冲接地装置合用，接地电阻不宜大于30Ω，接地点宜设在固定管墩（架）处。

14.3.12 用于易燃和可燃液体装卸场所跨接的防静电接地装置，宜采用能检测接地状况的防静电接地仪器。

14.3.13 移动式的接地连接线，宜采用带绝缘护套的软导线，通过防爆开关，将接地装置与液体装卸设施相连。

14.3.14 下列甲、乙、丙A类液体作业场所应设消除人体静电装置：

    1 泵房的门外；

    2 储罐的上罐扶梯入口处；

    3 装卸作业区内操作平台的扶梯入口处；

    4 码头上下船的出入口处。

14.3.15 当输送甲、乙类液体的管道上装有精密过滤器时，液体自过滤器出口流至装料容器入口应有30s的缓和时间。

14.3.16 防静电接地装置的接地电阻，不宜大于100Ω。

14.3.17 石油库内防雷接地、防静电接地、电气设备的工作接地、保护接地及信息系统的接地等，宜共用接地装置，其接地电阻应按其中要求最小的接地电阻值确定。当石油库设有阴极保护时，共用接地装置的接地材料不应使用腐蚀电位比钢材正的材料。

14.3.18 防雷防静电接地电阻检测断接接头、消除人体静电装置，以及汽车罐车装卸场地的固定接地装置，不得设在爆炸危险1区。

Ⅲ 消 防 规 定

A 油罐区消防冷却水系统

a 消防冷却方式

12.1.5 储罐应设消防冷却水系统。消防冷却水系统的设置应符合下列规定：

    1 容量大于或等于3000m³或罐壁高度大于或等于15m的地上立式储罐，应设固定式消防冷却水系统。

    2 容量小于3000m³且罐壁高度小于15m的地上立式储罐以及其他储罐，可设移动式消防冷却水系统。

    3 五级石油库的立式储罐采用烟雾灭火或超细干粉等灭火设施时，可不设消防给水系统。

b　消防冷却水量

12.2.6　特级石油库的储罐计算总容量大于或等于 2400000m³ 时，其消防用水量应为同时扑救消防设置要求最高的一个原油储罐和扑救消防设置要求最高的一个非原油储罐火灾所需配置泡沫用水量和冷却储罐最大用水量的总和。其他级别石油库储罐区的消防用水量，应为扑救消防设置要求最高的一个储罐火灾配置泡沫用水量和冷却储罐所需最大用水量的总和。

c　消防冷却水供应范围

12.2.7　储罐的消防冷却水供应范围，应符合下列规定：

　　1　着火的地上固定顶储罐以及距该储罐罐壁不大于 1.5D（D 为着火储罐直径）范围内相邻的地上储罐，均应冷却。当相邻的地上储罐超过三座时，可按其中较大的三座相邻储罐计算冷却水量。

　　2　着火的外浮顶、内浮顶储罐应冷却，其相邻储罐可不冷却。当着火的内浮顶储罐浮盘用易熔材料制作时，其相邻储罐也应冷却。

　　3　着火的地上卧式储罐应冷却，距着火罐直径与长度之和 1/2 范围内的相邻罐也应冷却。

　　4　着火的覆土储罐及其相邻的覆土储罐可不冷却，但应考虑灭火时的保护用水量（指人身掩护和冷却地面及储罐附件的水量）。

d　消防冷却水供应强度和面积

12.2.8　储罐的消防冷却水供水范围和供给强度应符合下列规定：

　　1　地上立式储罐消防冷却水供水范围和供给强度，不应小于表 12.2.8 的规定：

表 12.2.8　地上立式储罐消防冷却水供水范围和供给强度

储罐及消防冷却型式			供水范围	供给强度	附　注
移动式水枪冷却	着火罐	固定顶罐	罐周全长	0.6（0.8）L/（s·m）	—
		外浮顶罐 内浮顶罐	罐周全长	0.45（0.6）L/（s·m）	浮顶用易熔材料制作的内浮顶罐按固定顶罐计算
	相邻罐	不保温	罐周半长	0.35（0.5）L/（s·m）	—
		保温		0.2L/（s·m）	
固定式冷却	着火罐	固定顶罐	罐壁外表面积	2.5L/（min·m²）	—
		外浮顶罐 内浮顶罐	罐壁外表面积	2.0L/（min·m²）	浮顶用易熔材料制作的内浮顶罐按固定顶罐计算
	相邻罐		罐壁外表面积的 1/2	2.0L/（min·m²）	按实际冷却面积计算，但不得小于罐壁表面积的 1/2

　　注：**1**　移动式水枪冷却栏中，供给强度是按使用 φ16mm 口径水枪确定的，括号内数据为使用 φ19mm 口径水枪时的数据。

　　　　2　着火罐单支水枪保护范围：φ16mm 口径为 8m～10m，φ19mm 口径为 9m～11m；邻近罐单支水枪保护范围：φ16mm 口径为 14m～20m，φ19mm 口径为 15m～25m。

2 覆土立式储罐的保护用水供给强度不应小于 0.3L/（s·m），用水量计算长度应为最大储罐的周长。当计算用水量小于 15L/s 时，应按不小于 15L/s 计。

3 着火的地上卧式储罐的消防冷却水供给强度不应小于 6L/（min·m²），其相邻储罐的消防冷却水供给强度不应小于 3L/（min·m²）。冷却面积应按储罐投影面积计算。

4 覆土卧式储罐的保护用水供给强度，应按同时使用不少于两支移动水枪计，且不应小于 15L/s。

5 储罐的消防冷却水供给强度应根据设计所选用的设备进行校核。

12.2.9 单股道铁路罐车装卸设施的消防水量不应小于 30L/s；双股道铁路罐车装卸设施的消防水量不应小于 60L/s。汽车罐车装卸设施的消防水量不应小于 30L/s；当汽车装卸车位不超过 2 个时，消防水量可按 15L/s 设计。

e 消防冷却水供应时间

12.2.11 消防冷却水最小供给时间应符合下列规定：

1 直径大于 20m 的地上固定顶储罐和直径大于 20m 的浮盘用易熔材料制作的内浮顶储罐不应少于 9h，其他地上立式储罐不应少于 6h。

2 覆土立式油罐不应少于 4h。

3 卧式储罐、铁路罐车和汽车罐车装卸设施不应少于 2h。

f 消防给水管道系统

12.2.1 一、二、三、四级石油库应设独立消防给水系统。

12.2.2 五级石油库的消防给水可与生产、生活给水系统合并设置。

12.2.3 当石油库采用高压消防给水系统时，给水压力不应小于在达到设计消防水量时最不利点灭火所需要的压力；当石油库采用低压消防给水系统时，应保证每个消火栓出口处在达到设计消防水量时，给水压力不应小于 0.15MPa。

12.2.4 消防给水系统应保持充水状态。严寒地区的消防给水管道，冬季可不充水。

12.2.5 一、二、三级石油库地上储罐区的消防给水管道应环状敷设；覆土油罐区和四、五级石油库储罐区的消防给水管道可枝状敷设；山区石油库的单罐容量小于或等于 5000m³ 且储罐单排布置的储罐区，其消防给水管道可枝状敷设。一、二、三级石油库地上储罐区的消防水环形管道的进水管道不应少于 2 条，每条管道应能通过全部消防用水量。

12.2.10 地上立式储罐采用固定消防冷却方式时，其冷却水管的安装应符合下列规定：

1 储罐抗风圈或加强圈不具备冷却水导流功能时，其下面应设冷却喷水环管。

2 冷却喷水环管上应设置水幕式喷头，喷头布置间距不宜大于 2m，喷头的出水压力不应小于 0.1MPa。

3 储罐冷却水的进水立管下端应设清扫口。清扫口下端应高于储罐基础顶面不小于 0.3m。

4 消防冷却水管道上应设控制阀和放空阀。消防冷却水以地面水为水源时，消防冷却水管道上宜设置过滤器。

12.2.15 消防冷却水系统应设置消火栓。消火栓的设置应符合下列规定：

1 移动式消防冷却水系统的消火栓设置数量，应按储罐冷却灭火所需消防水量及消火栓保护半径确定。消火栓的保护半径不应大于 120m，且距着火罐罐壁 15m 内的消火栓不应计算在内。

244

2 储罐固定式消防冷却水系统所设置的消火栓间距不应大于**60m**。

3 寒冷地区消防水管道上设置的消火栓应有防冻、放空措施。

12.2.16 石油库的消防给水主管道宜与临近同类企业的消防给水主管道连通。

B 油罐泡沫灭火系统

a 灭 火 方 式

12.1.2 石油库的易燃和可燃液体储罐灭火设施设置应符合下列规定：

1 覆土卧式储罐和储存丙B类油品的覆土立式油罐，可不设泡沫灭火系统，但应按本规范第12.4.2条的规定配置灭火器材。

2 设置泡沫灭火系统有困难，且无消防协作条件的四、五级石油库，当立式储罐不多于5座，甲B类和乙A类液体储罐单罐容量不大于700m³，乙B类和丙类液体储罐单罐容量不大于2000m³时，可采用烟雾灭火方式；当甲B类和乙A类液体储罐单罐容量不大于500m³，乙B类和丙类液体储罐单罐容量不大于1000m³时，也可采用超细干粉等灭火方式。

3 其他易燃和可燃液体储罐应设置泡沫灭火系统。

12.1.3 储罐泡沫灭火系统的设置类型应符合下列规定：

1 地上固定顶储罐、内浮顶储罐和地上卧式储罐应设低倍数泡沫灭火系统或中倍数泡沫灭火系统。

2 外浮顶储罐、储存甲B类、乙类和丙A类油品的覆土立式油罐，应设低倍数泡沫灭火系统。

12.1.4 储罐的泡沫灭火系统设置方式，应符合下列规定：

1 容量大于500m³的水溶性液体地上立式储罐和容量大于1000m³的其他易燃、可燃液体地上立式储罐，应采用固定式泡沫灭火系统。

2 容量小于或等于500m³的水溶性液体地上立式储罐和容量小于或等于1000m³的其他易燃、可燃液体地上立式储罐，可采用半固定式泡沫灭火系统。

3 地上卧式储罐、覆土立式油罐、丙B类液体立式储罐和容量不大于200m³的地上储罐，可采用移动式泡沫灭火系统。

b 油罐的数泡沫灭火系统

12.3.1 储罐的泡沫灭火系统设计，除应执行本规范规定外，尚应符合现行国家标准《泡沫灭火系统设计规范》GB 50151的有关规定。

12.3.2 泡沫混合装置宜采用平衡比例泡沫混合或压力比例泡沫混合等流程。

12.3.3 容量大于或等于50000m³的外浮顶储罐的泡沫灭火系统，应采用自动控制方式。

12.3.4 储存甲B类、乙类和丙A类油品的覆土立式油罐，应配备带泡沫枪的泡沫灭火系统，并应符合下列规定：

1 油罐直径小于或等于20m的覆土立式油罐，同时使用的泡沫枪数不应少于3支。

2 油罐直径大于20m的覆土立式油罐，同时使用的泡沫枪数不应少于4支。

3 每支泡沫枪的泡沫混合液流量不应小于240L/min，连续供给时间不应小于1h。

12.3.5 固定式泡沫灭火系统泡沫液的选择、泡沫混合液流量、压力应满足泡沫站服务范围内所有储罐的灭火要求。

12.3.6 当储罐采用固定式泡沫灭火系统时，尚应配置泡沫钩管、泡沫枪和消防水带等移动泡沫灭火用具。

12.3.7 泡沫液储备量应在计算的基础上增加不少于 100% 的富余量。

C 烟雾灭火设施和超细干粉灭火设施

12.6.7 采用烟雾或超细干粉灭火设施的四、五级石油库，其烟雾或超细干粉灭火设施的设置应符合下列规定：

1 当一座储罐安装多个发烟器或超细干粉喷射口时，发烟器、超细干粉喷射口应联动，且宜对称布置。

2 烟雾灭火的药剂强度及安装方式，应符合有关产品的使用要求和规定。

3 药剂及超细干粉的损失系数宜为 1.1 ~ 1.2。

12.6.8 石油库内的集中控制室、变配电间、电缆夹层等场所采用气溶胶灭火装置时，气溶胶喷放出口温度不得大于 80℃。

D 灭火器材配置

12.4.1 石油库应配置灭火器材。

12.4.2 灭火器材配置应符合现行国家标准《建筑灭火器配置设计规范》GB 50140 的有关规定，并应符合下列规定：

1 储罐组按防火堤内面积每 400m² 应配置 1 具 8kg 手提式干粉灭火器，当计算数量超过 6 具时，可按 6 具配置。

2 铁路装车台每间隔 12m 应配置 2 具 8kg 干粉灭火器；每个公路装车台应配置 2 具 8kg 干粉灭火器。

3 石油库主要场所灭火毯、灭火沙配置数量不应少于表 12.4.2 的规定。

表 12.4.2 石油库主要场所灭火毯、灭火沙配置数量

场　　所	灭火毯（块）		灭火沙（m³）
	四级及以上石油库	五级石油库	
罐组	4 ~ 6	2	2
覆土储罐出入口	2 ~ 4	2 ~ 4	1
桶装液体库房	4 ~ 6	2	1
易燃和可燃液体泵站	—	—	2
灌油间	4 ~ 6	3	1
铁路罐车易燃和可燃液体装卸栈桥	4 ~ 6	2	—
汽车罐车易燃和可燃液体装卸场地	4 ~ 6	2	1
易燃和可燃液体装卸码头	4 ~ 6	—	2
消防泵房	—	—	2
变配电间	—	—	2
管道桥涵	—	—	2
雨水支沟接主沟处	—	—	2

注：埋地卧式储罐可不配置灭火沙。

E　消防泵房

12.2.12　石油库消防水泵的设置应符合下列规定：

1　一级石油库的消防冷却水泵和泡沫消防水泵应至少各设置 1 台备用泵。二、三级石油库的消防冷却水泵和泡沫消防水泵应设置备用泵，当两者的压力、流量接近时，可共用 1 台备用泵。四、五级石油库的消防冷却水泵和泡沫消防水泵可不设备用泵。备用泵的流量、扬程不应小于最大主泵的工作能力。

2　当一、二、三级石油库的消防水泵有 2 个独立电源供电时，主泵应采用电动泵，备用泵可采用电动泵，也可采用柴油机泵；只有 1 个电源供电时，消防水泵应采用下列方式之一：

1）主泵和备用泵全部采用柴油机泵；

2）主泵采用电动泵，配备规格（流量、扬程）和数量不小于主泵的柴油机泵作备用泵；

3）主泵采用柴油机泵，备用泵采用电动泵。

3　消防水泵应采用正压启动或自吸启动。当采用自吸启动时，自吸时间不宜大于 45s。

12.2.13　当多台消防水泵的吸水管共用 1 根泵前主管道时，该管道应有 2 条支管道接入消防水池（罐），且每条支管道应能通过全部用水量。

F　消防车设置

12.5.1　当采用水罐消防车对储罐进行冷却时，水罐消防车的台数应按储罐最大需要水量进行配备。

12.5.2　当采用泡沫消防车对储罐进行灭火时，泡沫消防车的台数应按一个最大着火储罐所需的泡沫液量进行配备。

12.5.3　设有固定式消防系统的石油库，其消防车配备应符合下列规定：

1　特级石油库应配备 3 辆泡沫消防车；当特级石油库中储罐单罐容量大于或等于 100000m³ 时，还应配备 1 辆举高喷射消防车。

2　一级石油库中，当固定顶罐、浮盘用易熔材料制作的内浮顶储罐单罐容量不小于 10000m³ 或外浮顶储罐、浮盘用钢质材料制作的内浮顶储罐单罐容量不小于 20000m³ 时，应配备 2 辆泡沫消防车；当一级石油库中储罐单罐容量大于或等于 100000m³ 时，还应配备 1 辆举高喷射消防车。

3　储罐总容量大于或等于 50000m³ 的二级石油库，当固定顶罐、浮盘用易熔材料制作的内浮顶储罐单罐容量不小于 10000m³ 或外浮顶储罐、浮盘用钢质材料制作的内浮顶储罐单罐容量不小于 20000m³ 时，应配备 1 辆泡沫消防车。

12.5.4　石油库应与邻近企业或城镇消防站协商组成联防。联防企业或城镇消防站的消防车辆符合下列要求时，可作为油库的消防车辆：

1　在接到火灾报警后 5min 内能对着火罐进行冷却的消防车辆；

2　在接到火灾报警后 10min 内能对相邻储罐进行冷却的消防车辆；

3 在接到火灾报警后 20min 内能对着火储罐提供泡沫的消防车辆。

12.5.5 消防车库的位置，应满足接到火灾报警后，消防车到达最远着火的地上储罐的时间不超过 5min；到达最远着火覆土油罐的时间不宜超过 10min。

G 火灾报警系统

12.6.1 石油库内应设消防值班室。消防值班室内应设专用受警录音电话。

12.6.2 一、二、三级石油库的消防值班室应与消防泵房控制室或消防车库合并设置，四、五级石油库的消防值班室可与油库值班室合并设置。消防值班室与油库值班调度室、城镇消防站之间应设直通电话。储罐总容量大于或等于 50000m³ 的石油库的报警信号应在消防值班室显示。

12.6.3 储罐区、装卸区和辅助作业区的值班室内，应设火灾报警电话。

12.6.4 储罐区和装卸区内，宜在四周道路设置户外手动报警设施，其间距不宜大于 100m。容量大于或等于 50000m³ 的外浮顶储罐应设火灾自动报警系统。

12.6.5 储存甲 B 类和乙 A 类液体且容量大于或等于 50000m³ 的外浮顶罐，应在储罐上设置火灾自动探测装置，并应根据消防灭火系统联动控制要求划分火灾探测器的探测区域。当采用光纤型感温探测器时，光纤感温探测器应设置在储罐浮盘二次密封圈的上面。当采用光纤光栅感温探测器时，光栅探测器的间距不应大于 3m。

12.6.6 石油库火灾自动报警系统设计，应符合现行国家标准《火灾自动报警系统设计规范》GB 50116 的规定。

第四篇　石油库设计指南

1 石油库分类和分级

1.1 石油库分类

凡是用来接受、储存和发放原油或石油产品的独立设施，都称之为石油库。

石油库的分类，目前尚无统一的标准，常用的有下列几种。

1.1.1 按石油库的管理体制和业务性质分类

按管理体制和业务性质，石油库可分独立油库和企业附属油库。

（1）独立油库是指专门接收、储存和发放油品的独立企业和单位。独立油库又可分为商业油库和军用油库。

1）商业油库可细分为储备油库、中转油库、分配油库；

2）军用油库可细分为储备油库、供应油库、野战油库。

（2）企业附属油库则是工业、交通、铁路、航空机场、内燃机制造厂、热电厂等有关部门或企业为了满足本部门的需要而设置的油库。

1.1.2 按石油库的储油方式分类

按石油库的主要储油方式，石油库可分为：地面油库、覆土油库、山洞油库、地下水封石洞油库和海上油库等。

（1）地面油库是储油罐设置在地面上的一种油库，与其他油库相比，投资省、建设周期快，是分配、中转及企业油库的主要建库形式。

（2）覆土油库和山洞油库是为防止敌人袭击而发展起来的一种建库形式，多用于军用油库和储备油库。

覆土油库是将储油罐部分或全部埋入地下，上面覆土使其隐蔽并提供一定防护能力，在空中和库外不能直接看到储油设施的一种地下储油库。

山洞油库则是将储油罐建设在人工开挖或自然的山洞内，由于储油罐建在坚实的山体内，不仅隐蔽条件好，而且也有较强的防护能力。

覆土油库和山洞油库除了上述特点外，还因储油罐上面覆土或建在山洞中，油罐内油品和油气昼夜温度变化小，油品的小呼吸损耗少，既节省了油品的损耗又减少了对环境的污染。但是覆土油库和山洞油库与地面油库比较，投资大，建设周期长，操作灵活性差、建库条件要求高等缺点也是很突出的。另外山洞内和护墙内空间的油气散发及通风问题，也是需要认真对待的。

（3）地下水封石洞油库是在有稳定地下水位的岩体内，开挖出人工洞室直接作为储油罐用。洞内油品因被周围岩石内的地下水包围着，由于水的密度大于油品的密度，且有一定压力，所以油品不能外渗，只有少量地下水渗入洞内并集中到洞底。

水封洞库一般深埋于地下岩石层内，隐蔽性好、防护能力强、油品呼吸损耗少、对环境污染小，又因是岩洞直接储存油品，节省钢材，但它需要有稳定的地下水位、整体性

252 好、稳定性好、硬度好的岩石，所以对库址选择有很高要求。

（4）海上油库是适应海上石油开采而发展起来的，目前海上油库多是用来接收和转运原油。

海上油库一般可分为漂浮式和着底式两类。飘浮式油库是将储油设施制成储油船或储油舱，让其漂浮在海面上组成储油系统；着底式是将储油设施制成油罐并将其固着于海底形成水下储油系统。

1.2　石油库分级

石油库储存的都是易燃或可燃油品，油库的容量越大，油品的种类越多、业务范围越广，其危险性也越大。因此从安全观点出发，根据油库总储油量的大小，把它分成若干等级并制定与之相应的安全防火标准，以保证油库建设更合理并能长期安全运行。国家标准《石油库设计规范》GB 50074—2014 根据油罐总容量的大小将石油库划分为六个等级，见表 4 – 1 – 1。

表 4 – 1 – 1　石油库的等级划分*

等　级	石油库储罐计算总容量 TV（m³）
特级	$1200000 \leqslant TV \leqslant 3600000$
一级	$100000 \leqslant TV < 1200000$
二级	$30000 \leqslant TV < 100000$
三级	$10000 \leqslant TV < 30000$
四级	$1000 \leqslant TV < 10000$
五级	$TV < 1000$

注：1　表中 TV 不包括零位罐、中继罐和放空罐的容量。

2　甲 A 类液体储罐容量、Ⅰ级和Ⅱ级毒性液体储罐容量应乘以系数 2 计入储罐计算总容量，丙 A 类液体储罐容量可乘以系数 0.5 计入储罐计算总容量，丙 B 类液体储罐容量可乘以系数 0.25 计入储罐计算总容量。

1.3　石油库储存液化烃、易燃和可燃液体的火灾危险性分类

国家标准《石油库设计规范》GB 50074—2014 按液化烃、易燃和可燃液体的闪点高低，对油品进行了分类，见表 4 – 1 – 2。

表 4 – 1 – 2　石油库储存液化烃、易燃和可燃液体的火灾危险性分类

类　别		特征或液体闪点 F_t（℃）
甲	A	15℃时的蒸气压力大于 0.1MPa 的烃类液体及其他类似的液体
	B	甲 A 类以外，$F_t < 28$

注：*下划线文字和数字为引用规范原文，下同。

续表 4-1-2

类	别	特征或液体闪点 F_t（℃）
乙	A	$28 \leqslant F_t < 45$
	B	$45 \leqslant F_t < 60$
丙	A	$60 \leqslant F_t \leqslant 120$
	B	$F_t > 120$

易燃和可燃液体的闪点越低、类别越高，表明其越易燃烧，危险性越大。易燃和可燃液体危险性分类的目的，是为了按照易燃和可燃液体的易燃程度，在安全要求方面区别对待。

2 石油库库址选择

2.1 库址选择原则

2.1.1 储存原油、汽油、煤油、柴油等大宗油品和液体化工品的石油库库址选择，应考虑产、供、运、销的关系和国家有关部门制定的油品储运总流向的要求。

2.1.2 石油库的库址，应选在交通方便的地方。以铁路运输为主的油库，应靠近有条件接轨、铁路干线能满足油品运输量要求的地方；以水运为主的石油库，应靠近有条件建设装卸油码头的地方，且水运航道稳定，油品四季运输畅通。

2.1.3 选择石油库库址时，应充分考虑库内与库外交通及市政工程的衔接、配套（如供电、供水、通信等）。尽量减少建库投资又能保证石油库与外部保持必要联络。

2.1.4 为城镇服务的商业石油库的库址，在符合城镇环境保护与防火安全要求的条件下，应靠近城镇。以便减少运输距离，保证及时供油。

2.1.5 石油库库址选择时，应贯彻执行节约用地的原则，库址及库外需修建的市政工程、交通道路等，应尽量不占或少占耕地，按照当地规划部门的要求，符合当地城镇总体规划及农田基本建设要求。

2.1.6 石油库选址应符合国家标准《石油库设计规范》GB 50074—2014 第 4 章的下列规定：

（1）石油库的库址选择应根据建设规模、地域环境、油库各区的功能及作业性质、重要程度，以及可能与邻近建（构）筑物、设施之间的相互影响等，综合考虑库址的具体位置，并应符合城镇规划、环境保护、防火安全和职业卫生的要求，且交通运输应方便。

（2）企业附属石油库的库址，应结合该企业主体建（构）筑物及设备、设施统一考虑，并应符合城镇或工业区规划、环境保护和防火安全的要求。

（3）石油库的库址应具备良好的地质条件，不得选择在有土崩、断层、滑坡、沼泽、流沙及泥石流的地区和地下矿藏开采后有可能塌陷的地区。

（4）一、二、三级石油库的库址，不得选在抗震设防烈度为 9 度及以上的地区。

（5）一级石油库不宜建在抗震设防烈度为 8 度的Ⅳ类场地地区。

（6）覆土立式油罐区宜在山区或建成后能与周围地形环境相协调的地带选址。

（7）石油库应选在不受洪水、潮水或内涝威胁的地带，当不可避免时，应采取可靠的防洪、排涝措施。

（8）一级石油库防洪标准应按重现期不小于 100 年设计，二、三级石油库防洪标准应按重现期不小于 50 年设计，四、五级石油库防洪标准应按重现期不小于 25 年设计。

（9）石油库的库址应具备满足生产、消防、生活所需的水源和电源的条件，还应具备污水排放的条件。

（10）石油库与库外居住区、公共建筑物、工矿企业、交通线的安全距离，不得小于表 4–2–1 的规定。

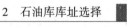
表4-2-1　石油库与库外居住区、公共建筑物、工矿企业、交通线的安全距离（m）　*255*

序号	石油库设施名称	石油库等级	库外建（构）筑物和设施名称				
			居住区和公共建筑物	工矿企业	国家铁路线	工业企业铁路线	机动车道路
1	甲B、乙类液体地上罐组；甲B、乙类覆土立式油罐；无油气回收设施的甲B、乙A类液体装卸码头	二	100（75）	60	60	35	25
		二	90（45）	50	55	30	20
		三	80（40）	40	50	25	15
		四	70（35）	35	50	25	15
		五	50（35）	30	50	25	15
2	丙类液体地上罐组；丙类覆土立式油罐；乙B、丙类和采用油气回收设施的甲B、乙A类液体装卸码头；无油气回收设施的甲B、乙A类液体铁路或公路罐车装车设施；其他甲B、乙类液体设施	一	75（50）	45	45	26	20
		二	68（45）	38	40	23	15
		三	60（40）	30	38	20	15
		四	53（35）	26	38	20	15
		五	38（35）	23	38	20	15
3	覆土卧式油罐；乙B、丙类和采用油气回收设施的甲B、乙A类液体铁路或公路罐车装车设施；仅有卸车作业的铁路或公路罐车卸车设施；其他丙类液体设施	一	50（50）	30	30	18	18
		二	45（45）	25	28	15	15
		三	40（40）	20	25	15	15
		四	35（35）	18	25	15	15
		五	25（25）	15	25	15	15

注：1　表中的工矿企业指除石油化工企业、石油库、油气田的油品站场和长距离输油管道的站场以外的企业。其他设施指油气回收设施、泵站、灌桶设施等设置有易燃和可燃液体、气体设备的设施。

2　表中的安全距离，库内设施有防火堤的储罐区应从防火堤中心线算起，无防火堤的覆土立式油罐应从罐室出入口等孔口算起，无防火堤的覆土卧式储罐应从储罐外壁算起；装卸设施应从装卸车（船）时鹤管口的位置算起；其他设备布置在房间内的，应从房间外墙轴线算起；设备露天布置的（包括设在棚内），应从设备外缘算起。

3　表中括号内数字为石油库与少于100人或30户居住区的安全距离。居住区包括石油库的生活区。

4　Ⅰ、Ⅱ级毒性液体的储罐等设施与库外居住区、公共建筑物、工矿企业、交通线的最小安全距离，应按相应火灾危险性类别和所在石油库的等级在本表规定的基础上增加30%。

5　特级石油库中，非原油类易燃和可燃液体的储罐等设施与库外居住区、公共建筑物、工矿企业、交通线的最小安全距离，应在本表规定的基础上增加20%。

6　铁路附属石油库与国家铁路线及工业企业铁路线的距离，应按本规范表5.1.3铁路机车走行线的规定执行。

（11）石油库的储罐区、水运装卸码头与架空通信线路（或通信发射塔）、架空电力线路的安全距离，不应小于 1.5 倍杆（塔）高；石油库的铁路罐车和汽车罐车装卸设施、其他易燃可燃液体设施与架空通信线路（或通信发射塔）、架空电力线路的安全距离，不应小于 1.0 倍杆（塔）高；以上各设施与电压不小于 35kV 的架空电力线路的安全距离，且不应小于 30m。

（12）石油库的围墙与爆破作业场地（如采石场）的安全距离，不应小于 300m。

（13）非石油库用的库外埋地电缆与石油库围墙的距离不应小于 3m。

（14）石油库与石油化工企业之间的距离，应符合现行国家标准《石油化工企业设计防火规范》GB 50160 的有关规定。石油库与石油储备库之间的距离，应符合现行国家标准《石油储备库设计规范》GB 50737 的有关规定。石油库与石油天然气站场、长距离输油管道站场之间距离，应符合现行国家标准《石油天然气工程设计防火规范》GB 50183 的有关规定。

（15）相邻两个石油库之间的安全距离应符合下列规定：

1）当两个石油库的相邻储罐中较大罐直径大于 53m 时，两个石油库的相邻储罐之间的安全距离不应小于相邻储罐中较大罐直径，且不应小于 80m。

2）当两个石油库的相邻储罐直径小于或等于 53m 时，两个石油库的任意两个储罐之间的安全距离不应小于其中较大罐直径的 1.5 倍，对覆土罐且不应小于 60m，对储存 I、II 级毒性液体的储罐且不应小于 50m，对储存其他易燃和可燃液体的储罐且不应小于 30m。

3）两个石油库除储罐之外的建（构）筑物、设施之间的安全距离应按本规范表 5.1.3 的规定增加 50%。

（16）企业附属石油库与本企业建（构）筑物、交通线等的安全距离，不得小于表 4-2-2 的规定。

表 4-2-2　企业附属石油库与本企业建（构）筑物、交通线等的安全距离（m）

库内建（构）筑物和设施	液体类别	企业建（构）筑物等								
		甲类生产厂房	甲类物品库房	乙、丙、丁、戊类生产厂房及物品库房耐火等级			明火或散发火花的地点	厂内铁路	厂内道路	
				一、二	三	四			主要	次要
储罐（TV 为罐区总容量，m³）	甲B、乙 $TV \leqslant 50$	25	25	12	15	20	25	25	15	10
	$50 < TV \leqslant 200$	25	25	15	20	25	30	25	15	10
	$200 < TV \leqslant 1000$	25	25	20	25	30	35	25	15	10
	$1000 < TV \leqslant 5000$	30	30	25	30	40	40	25	15	10
	丙 $TV \leqslant 250$	15	15	12	15	20	20	20	10	5
	$250 < TV \leqslant 1000$	20	20	15	20	25	25	20	10	5
	$1000 < TV \leqslant 5000$	25	25	20	25	30	30	20	15	10
	$5000 < TV \leqslant 25000$	30	30	25	30	40	40	25	15	10

续表 4－2－2

库内建（构）筑物和设施	液体类别	企业建（构）筑物等								
		甲类生产厂房	甲类物品库房	乙、丙、丁、戊类生产厂房及物品库房耐火等级			明火或散发火花的地点	厂内铁路	厂内道路	
				一、二	三	四			主要	次要
油泵房、灌油间	甲B、乙	12	15	12	14	16	30	20	10	5
	丙	12	12	10	12	14	15	12	8	5
桶装液体库房	甲B、乙	15	20	15	20	25	30	30	10	5
	丙	12	15	10	12	14	20	15	8	5
汽车罐车装卸设施	甲B、乙	14	14	15	16	18	30	20	15	15
	丙	10	10	10	12	14	20	10	8	5
其他生产性建筑物	甲B、乙	12	12	10	12	14	25	10	3	3
	丙	9	9	8	9	10	15	8	3	3

注：1 当甲B、乙类易燃和可燃液体与丙类可燃液体混存时，丙A类可燃液体可按其容量的50%折算计入储罐区总容量，丙B类可燃液体可按其容量的25%折算计入储罐区总容量。

2 对于埋地卧式储罐和储存丙B类可燃液体的储罐，本表距离（与厂内次要道路的距离除外）可减少50%，但不得小于10m。

3 表中未注明的企业建（构）筑物与库内建（构）筑物的安全距离，应按现行国家标准《建筑设计防火规范》GB 50016规定的防火距离执行。

4 企业附属石油库的甲B、乙类易燃和可燃液体储罐总容量大于5000m³，丙A类可燃液体储罐总容量大于25000m³时，企业附属石油库与本企业建（构）筑物、交通线等的安全距离，应符合本规范第4.0.10条的规定。

5 企业附属石油库仅储存丙B类可燃液体时，可不受本表限制。

（17）当重要物品仓库（或堆场）、军事设施、飞机场等，对与石油库的安全距离有特殊要求时，应按有关规定执行或协商解决。

2.2 选址时应收集的资料

选择库址时，需同时收集库址所在地区的下列有关资料，以使库址选择的方案合理可靠，也为下一步石油库的设计和施工提供良好条件。

2.2.1 地图

库址所在地区的最新出版的地形图、地区发展规划图或测量地形图。比例宜取1：1000～1：2000。

2.2.2 工程地质和水文地质资料

（1）地貌类型、地质构造、地层、岩层的成因和地质年代；

（2）影响地质稳定性的物理地质现象，如滑坡、沉陷、岩溶、崩塌、喀斯特、断层、暗河、冲蚀等现象以及可能引起的后果；

（3）人为的地表破坏现象如战壕、土坑、地下古墓、洞巷、枯井等；

（4）有用矿藏及开采价值；

（5）地震烈度、震速、震源、历史记载、鉴定设防烈度；

（6）各层土壤特性及允许承载力；

（7）土壤含水性，含水层深度，流向和流量的长期观察资料，地下水对混凝土基础的腐蚀情况，地下水水质分析资料。

2.2.3 防洪资料

（1）建设用地所在区域现有（或规划）的防洪设施及防洪标准；

（2）历史最高水位，100年、50年一遇最高水位；

（3）春讯和夏汛洪水位；

（4）夏季和冬季最低水位；

（5）海水最高、最低和平稳水位；

（6）上游有大型水库时，库容及水库破坏时可能对厂址的影响情况。

2.2.4 气象资料

1. 气温和湿度

（1）年平均、绝对最高、绝对最低温度；

（2）最热月、最冷月的平均温度；

（3）最热月的最高干球和湿球温度；

（4）最热月份14时的平均温度和相对湿度；

（5）平均、最大、最小、相对湿度和绝对湿度；

（6）严寒期日数（-10℃以下）；

（7）采暖期日数（-5℃以下）；

（8）冬季第一天结冻和春季最后一天解冻的日期；

（9）冬季及过渡季各月的平均最低温度；

（10）一年中出现一次及重复出现三次以上最高和最低昼夜平均气温；

（11）土壤深度在0.5~1.5m处的最热月、最冷月和常年平均温度；

（12）土壤冻结最大深度。

2. 降水量

（1）当地采用的暴雨强度计算公式；

（2）历年逐月的平均、最大、最小降雨量；

（3）一昼夜、一小时、十分钟最大强度降雨量；

（4）一次暴雨持续时间及其最大降雨量及连续降雨最长持续天数；

（5）初冬雪日期，积雪时间及最大积雪厚度。

3．风

（1）历年来的全年、每季、每月平均及最大风速；

（2）绝对最大风速；

（3）设计风荷载；

（4）历年来的全年和夏季风向频率、风玫瑰图；

（5）风暴、大风雪情况及其原因，山区小气候风向频率变化情况；

（6）风沙、沙暴、雷暴情况及其原因。

4．其他

（1）历年来全年晴天及阴天日数；

（2）逐月阴天的平均、最多、最少日数及雾天日数；

（3）历年平均气压、绝对最高、绝对最低气压；

（4）历年最热的三个月平均气压；

（5）历年逐月平均蒸发量；

（6）历年平均、最大、最小蒸发量。

2.2.5　交通运输资料

1．水运条件

（1）通航海、河流系统、通航里程、航运条件、通航时间；

（2）航行的最大船只吨位及吃水深度；

（3）现有码头情况，建设新码头的地点和建港条件及航运发展规划。通航河道距石油库距离、油码头位置、通航里程、航运条件、航运价格；通航时间及航运发展计划、洪水期水位、枯水期水位、主航道变化情况。

2．铁路条件

（1）临近铁路干线等级、运输能力，线路牵引定数、通信讯号、接轨点坐标及标高、距石油库距离、调车方式、运输成本，目前实际运输量及近期规划运输量增长情况等。

（2）邻近铁路车站或工业编组站的特征，到厂专用线长度，车站机务设施、运输组织、通信信号和养护分工等情况，增加工厂运输量后，可能引起车站的扩建和改造的情况。

（3）专用线可能接轨点的坐标和标高，专用线平面和纵断面规划。

（4）铁路管理部门对设计铁路线路技术条件的规定及协议文件。

3．公路条件

（1）邻近公路的情况，公路等级、路面宽度、路面结构，主要技术条件、桥等级、隧道大小，公路发展和改建计划，运输价格等。

（2）公路可能接线处的坐标和标高，进厂专用公路的长度，平面及纵断面。

4．管道条件

（1）可供利用的输油管道接口至油库的距离，接口处管径，压力、输送量，以及坐标和标高。

（2）管道输送的动力、线路条件、生产安全等情况。

2.2.6　供水条件

1．地面水源

（1）水文站名称、位置及标高；上游流域面积、建站年月；

（2）连续逐年最高洪水位、最大洪水量；

（3）连续逐年最低枯水位、最小枯水量；

（4）历史最高洪水位、最大洪水量及其相应日期；

（5）历史最低洪水位、最小枯水量及其相应日期；

（6）逐年平均流量；

（7）取水口附近河床横断面、深水主槽及其变化情况；

（8）上游水库情况及其对河道水量的调节情况；

（9）水源地区环境保护情况；

（10）该地区水量分配情况及允许对本项目的给水量。

2．水库、湖泊水源

（1）水库坝标高，频率为 1% 溢洪道水头标高，溢流道绝对最高水头标高；

（2）97% 最低枯水位，绝对最低枯水位及相应库容；

（3）水库水位、面积、库容关系曲线；

（4）取水口至水库（或湖泊）最远岸边的距离；

（5）水库地形图。

3．地下水水源

（1）地下水的性质（承压或无压）、流向、补给来源及其可靠程度和动态变化规律；

（2）各抽水孔单井出水量以及水位下降和出水量关系曲线，出水量和影响半径的关系；

（3）附近现有水井的分布位置、出水量、水位变化规律及使用情况；

（4）地下水是否已被污染（包括污染物及水温）。

4．市政供水

（1）市政供水厂至油库距离；

（2）供水量能否满足油库需要。

5．水源水质

（1）物理性质包括：水温、气味、味、色、透明度及浑浊度；

（2）细菌总数及大肠菌数；

（3）化学性质分析指标。

2.2.7　污水排放

（1）选择污水排放地点及河道，收集水系统图；

（2）污水排放河道的最高水位，最大、最小及正常流量；

（3）污水排放口下游江河、湖泊、水库的渔业、农田水利及灌溉情况；

（4）污水排放口下游工业、城市及旅游事业对江河、湖泊、水库的利用情况及规划；

（5）污水排放的江河、湖泊、水库已被污染情况及主管部门的意见；

（6）环保部门对污水排放标准有何特殊要求；

（7）库区至污水排放口的地形、河流及障碍物等情况；

（8）库区至污水排放口的地形图；

（9）若污水排放入城市下水道可能连接点的具体坐标、埋深、绝对标高、管径和坡度等资料；

（10）排污费。

2.2.8 环境保护和职业安全卫生

（1）库址附近大气环境现状，如：悬浮颗粒、氧化硫、氧化氮、一氧化碳、碳氢化合物等污染物浓度；

（2）库址附件地面水和地下水环境现状，如：工业、农业、林业、矿山排水系统，地表及地下水污染迁移情况等；

（3）库址附近噪声及振动的现状；

（4）库址附近安全和环境保护敏感目标，如：城市规划的生活居住区、文教区、水源保护区、名胜古迹、风景游览区、自然保护区等，与库区的距离；

（5）当地环保部门对工厂的环境保护标准、污染物排放标准；

（6）可利用的污染物集中处理设施；

（7）当地劳动保护及职业卫生部门对工厂的要求及当地执行的有关法规和标准；

（8）库址附近医疗及急救设施；

（9）环境评价报告书及主管各部门的批复意见。

2.2.9 供电

（1）库址地区电力系统概况，主要电源点及负荷分布、电压等级、装机容量、发供情况、供电能力。对拟建石油库能否供电的初步意见。

（2）向油库供电的发电厂和区域变电所，收集其电气主接线，布置及保护情况，落实供电可靠性、存在问题及扩建可能性。

（3）库外供电线路可能方案、架空线走向及到油库的距离。

（4）可能供电量，目前及远期供电电压。

（5）供电系统中性点接地特征及单相接地电流值。

（6）对油库继电保护形式，速断时间的要求及出线继电保护整定时间。

（7）功率因数的要求，系统短路电流参数及土壤电阻系数。

（8）库址区域内有无腐蚀性气体或导电性尘埃对露天电气设备及导体的腐蚀危险。

（9）库址附近有无通讯电台，主要电信线路及易受高压架空线路影响的设施。

（10）电力部门对石油库总变电所的拉线方式、运行方式及功率输送的初步意见。

（11）库址地区电网的运行情况，包括电压及周率质量，冲击负荷的影响、事故情况，调度管理方式等。

（12）电力部门对断电保护及自动装置的要求。

2.2.10 电信

（1）油库能依托的地方电信设施情况；

（2）已有电信设施到油库的距离、能提供利用的可能性；

（3）库外电信设计方案及需要投资数。

2.2.11 社会依托条件

（1）厂址地区的城镇规划图及其说明；

（2）地区、行业发展规划；

（3）居民生活区的位置、生活供应；

（4）当地医疗设施条件；

（5）当地消防设施；

（6）当地机修行业规模；

（7）库区需要填方或挖方时，有无取土来源或弃土场地；

（8）其他技术经济资料。

2.2.12 其他

地区概况、预算定额、建筑标准图等。

2.3 库址选择方案比较

石油库库址选择是石油库设计工作中极为重要的一个环节。在选择库址的过程中，首先应收集、掌握、分析有关建设石油库的各种资料数据，然后对建设单位提供的几个库址进行现场踏勘，进行分析比较，提出若干个可比方案，供决策部门审查确定。

库址方案比较，一般包括：技术条件比较、基建投资和经营费用比较，下面分别叙述。

2.3.1 技术条件比较

（1）库址位置与附近城乡关系；

（2）场地及线路占用农田（包括水田、旱田等）数量及拆迁情况；

（3）可提供的用地面积；

（4）地形和地貌（包括场地坡度）；

（5）土石方工程量（包括挖方、填方）；

（6）工程地质情况；

（7）总图布置情况；

（8）库址环境情况；

（9）交通运输情况；

（10）供电、供水排水、消防设施、电信设施情况；

（11）协作情况；

（12）商业及生活供应、居住情况；

（13）文教卫生及社会安全保障情况；

（14）建筑材料（包括砂、石、砖等）供应情况；

（15）施工条件。

2.3.2 基建投资和经营费用比较

1. 基建投资

（1）资金来源、计息办法、经济分析；

（2）土石方工程及场地平整；

（3）库外的市政工程、供电、供水、电信、排水、消防等的集资、增容和投资；

（4）土地征购、施工占地的青苗补偿等；

（5）拆迁工程包括民用拆迁、供电、电信设施拆迁，大型暂设费；

（6）铁路工程（包括桥涵、隧道、设备及运输设施等）；

（7）公路工程（包括桥涵、隧道、路段迁移或拓宽、设备及运输设施等）；

（8）水运工程（包括码头、防洪排洪等）；

（9）基建办公费；

（10）设计费、投标费、地质勘查费、各项政府审批要求的评估项目费。

2. 经营费用

（1）铁路运输费用；

（2）公路运输费用；

（3）水路运输费；

（4）管道转输费用；

（5）其他经营费用。

3 石油库总体布置

3.1 石油库分区、组成和功能

3.1.1 石油库分区

石油库按业务特点可分为储罐区、易燃和可燃液体装卸区、辅助作业区和行政管理区。每个业务区又可分为若干个功能不同的小区，如生产区还可分为储油区和装卸区。其中装卸区还可细分为铁路装卸区、水运装卸区、汽车油罐车装卸区等，每个区都有其特定的功能和用途。

3.1.2 分区的组成和功能

1. 储罐区

"储罐区"，顾名思义就是布置易燃和可燃液体储罐的区域。

储罐区是石油库储存大量油品（或液体化工品，以下略）的区域，也是石油库的核心部位。根据所储存的油品种类和数量，它可以由一个或几个油罐组组成。罐区内储罐的型式、规格和数量根据储存油品的性质和要求的储存量，按国家标准《石油库设计规范》GB 50074—2014 的有关规定确定。

储罐区的功能，首要的是储存油品、保证供油，同时对油库的进油和出油起调节和缓冲的作用。

储罐区由于储存着大量散装油品，所以要特别注意防火安全问题，应严格按照国家标准《石油库设计规范》GB 50074—2014 的有关规定设置安全设施（包括防火堤、消防系统、防雷及防静电接地设施、必要的监测仪表、漏油及含油污水收集系统等），以保证库区安全。

2. 装卸区

石油库的装卸区是油品进出石油库的一个操作部门，它是保证油品（或液体化工品）正常周转，石油库的经常业务得以不断进行的重要部门。油品（或液体化工品）装卸设施根据油品运输方式又可细分以下四种型式，每个石油库根据生产任务和运输条件，可设置一种或几种装卸设施。

（1）铁路装卸区。

石油库采用铁路运输方式来运输进、出库油品时，应设铁路装卸区，它包括库内外铁路专用线、油品装卸栈台、油品装卸鹤管、装卸油泵房和相应的输油管道。

铁路装卸区的功能是将由铁路运来的油品卸入油库的储油罐，或将油库油罐内的油品装入铁路油罐车，运至各用户。

铁路运油的特点是灵活、辐射面广，能充分利用四通八达的铁路网把油品运至全国各地。铁路运输比水路运输灵活性大，比汽车运输量大，且运输成本低。

装卸鹤管的设置数量和规格、型号是根据装卸油品的性质、数量而确定的。

石油库一般不配置铁路油罐车洗罐站，由铁路部门供应合格的油罐车。但是随着石油库规模越来越大，是否需要在石油库设置洗罐和检车站台，需与铁路部门协商确定。

（2）水运码头装卸区。

设置在沿海或靠近江河地区的石油库，油品往往用油轮或油驳通过水路来运输。这时石油库就在沿海或沿江河有条件的地段设置水运装卸区，接卸从油轮或油驳运来的油品或向油轮、油驳发运油品。水运装卸区一般设有码头、趸船、泵房和装卸油桶的机械吊装设备。

较大型的装卸油码头上，还要适当考虑向油船供应生活用水、生活用品和燃料油等，还要接受并处理含油的压舱水等设施。

（3）公路装卸区。

公路装卸区主要由汽车油罐车装卸油设施（包括站台、鹤管、油泵等）、灌桶间、堆桶间、桶装站台、业务管理室等组成。一般石油库（特别是商业分销油库）都是由水运或铁路将油品运入油库，再通过公路以汽车油罐车或油桶装车将油品运出石油库，所以公路装卸区的功能主要是向用户发送油品。公路运输虽然有运输能力低、成本高的缺点，但却能通过四通八达的公路网，灵活、方便、及时地将油品送到用户处。

（4）长输管道输油收发区。

用长输管道收发油品，多见于原油中转油库。商业成品油库用长输管道输入和输出油品的目前还不多，但已呈现越来越多的趋势。用长输管道输油，比铁路运输、水路运输、汽车运输油品更安全可靠、迅速有效，受外界的影响也小，油品的损耗小，油品质量有保证，运输费用低，总之优点较多，但基建投资较大。

油品通过长输管道输入石油库，进库后可直接送入相应的储罐。但应根据需要在罐区外适当位置设置长输管道用隔离塞（或清管器）接受设备和油品计量设备。油品通过长输管道输出油库时，石油库内设输油泵房，泵房内的机泵组一般按长期连续输送要求考虑。作为输油的始端，应根据工艺要求和油品性质，考虑是否设隔离塞（或清管器）发送设备、油品加温设备、油品计量仪表与油品接受单位的直通通信设备等。

3. 辅助作业区

石油库的经营活动中，除了上述生产设施外，尚需有一些相应的辅助设施，如锅炉房、变配电间、机修间、材料库、化验室、供水排水系统、污水处理设施、消防设施等。这些辅助设施是保证石油库正常运转所不可缺少的，但它们在操作上又自成体系，因此把这些设施相对地集中在一个区域组成辅助生产区，既便于管理又有利于安全。

4. 行政管理区

石油库的管理区是石油库的生产管理中心。它的主要设施包括：办公楼、电话间、警卫设施、汽车库和部分生活设施（如浴室、食堂等）。

上述情况是一般石油库的分区情况。由于石油库容量、经营性质各不相同，库内分区亦应根据具体情况作相应调整。

3.2 总平面布置

3.2.1 总平面布置原则

进行石油库总平面布置时应考虑下列原则：

（1）符合石油库总工艺流程的要求。

（2）分区合理、明确。

（3）合理利用地形，又要结合水文及地质要求。

（4）石油库装卸和发放区要尽可能地靠近交通线，使铁路专用线和公路支线较短。

（5）石油库铁路专用线不应和油库出入口的道路交叉。

（6）库内油品尽量做到单向流动，避免在库内往返、迂回。

（7）库内各种设施及建筑、构筑物之间的防火距离应符合国家标准《石油库设计规范》GB 50074—2014 第 5.1.3 条的规定。

（8）石油库通向库外道路的车辆出入口不应少于两处，且宜位于不同的方位。受地域、地形等条件限制时，覆土油罐区和四、五级石油库可只设一处车辆出入口。

（9）石油库应设高度不低于 2.5m 的非燃烧材料的实体围墙。山区石油库建实体围墙有困难时，可建刺丝网围墙，但应在漏油有可能流经的低洼处设用不燃烧材料建造的实体围墙。

（10）石油库应有适当的绿化面积，除行政管理区外不应种植油性大的树种。防火堤内不应植树，消防车道与防火堤之间不宜种树，绿化不应妨碍消防作业。

3.2.2 各区布置要求

总平面布置时，除根据以上布置原则和油库内各区的划分原则外，还应充分考虑每个区的特性和区内布置要求。各区的布置要求是与它的性质和功能及主要建筑物、构筑物的型式有关，必须深刻了解，才能合理布置。

1. 储罐区的布置要求

储罐区是石油库的核心部分，是石油库整个生产过程中不可缺少的一环。储罐区的位置在总平面布置中是个重点。它的位置在工艺上应使油品流向合理，油品收发作业比较方便，输油线路短。

储罐区由若干个罐组、油泵站和变配电间组成。罐组是指用一个防火堤围起来的若干个储罐。

关于储罐区布置，国家标准《石油库设计规范》GB 50074—2014 有如下规定：

（1）储存 I、II 级毒性液体的储罐应单独设置储罐区。储罐计算总容量大于 $600000m^3$ 的石油库，应设置两个或多个储罐区，每个储罐区的储罐计算总容量不应大于 $600000m^3$（如图 4-3-1 所示）。特级石油库中，原油储罐与非原油储罐应分别集中设在不同的储罐区内。

（2）相邻储罐区储罐之间的防火距离，应符合下列规定：

1）地上储罐区与覆土式油罐相邻储罐之间的防火距离不应小于 60m。

2）储存 I、II 级毒性液体的储罐与其他储罐区相邻储罐之间的防火距离，不应小于相邻储罐中较大罐直径的 1.5 倍，且不应小于 50m。

3）其他易燃、可燃液体储罐区相邻储罐之间的防火距离，不应小于相邻储罐中较大罐直径的 1.0 倍，且不应小于 30m。

（3）同一个地上储罐区内，相邻罐组储罐之间的防火距离应符合下列规定：

1）储存甲 B、乙类液体的固定顶储罐和浮顶采用易熔材料制作的内浮顶储罐与其他罐组相邻储罐之间的防火距离，不应小于相邻储罐中较大罐直径的 1.0 倍。

2）外浮顶储罐、采用钢制浮顶的内浮顶储罐、储存丙类液体的固定顶储罐与其他罐组储罐之间的防火距离，不应小于相邻储罐中较大罐直径的 0.8 倍。

注：储存不同液体的储罐、不同型式的储罐之间的防火距离，应采用上述计算值的较大值。

（4）同一储罐区内，火灾危险性类别相同或相近的储罐宜相对集中布置。储存 Ⅰ、Ⅱ 级毒性液体的储罐罐组宜远离人员集中的场所布置。

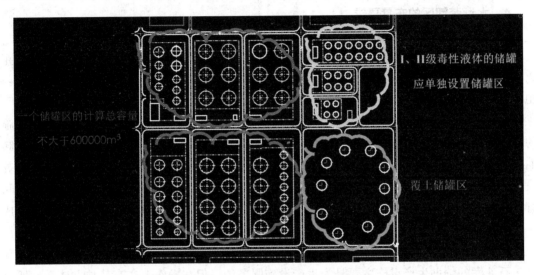

图 4-3-1　储罐区的划分示意图

罐组的组成、罐间距、防火堤的设置等应符合国家标准《石油库设计规范》GB 50074—2014 第 6 章的有关规定。

2. 铁路装卸区的布置要求

铁路装卸区的位置取决于铁路专用线的进库方位，需与铁路专用线进库线一致。而铁路专用线在库内的位置和标高又与铁路专用线接轨点的位置、标高及沿线地形有很大关系。

铁路装卸区宜布置在石油库的边缘地带，铁路线不宜与石油库出入口的道路相交叉。尽量避免铁路油罐车的进出影响其他各区的操作和管理，也减少铁路与库内道路的交叉，有利于安全和消防。

铁路装卸区应尽量布置在行政管理区和辅助生产区的地区全年最小频率风向的上风侧，与库内其他建筑物和构筑物的安全距离，应符合国家标准《石油库设计规范》GB 50074—2014 第 5.1.3 条的规定。

铁路装卸区内的平面布置，应符合国家标准《石油库设计规范》GB 50074—2014 第 8.1 节的规定。

3. 公路装卸区的布置要求

公路装卸区应布置在石油库临近库外道路的一侧，并宜设围墙与其他各区隔开。宜单独设出入口与库外公路相连接。该区的来往车辆较多，且通过灌装和销售业务直接对外联系，所以宜设围墙与其他区隔开。业务室和外来人员休息室一般应设在靠近出入口处。

油品公路装卸区内的油泵房（棚）、灌油间和汽车装卸车鹤管的防火安全距离应符合国家标准《石油库设计规范》GB 50074—2014 第 5.1.3 条的规定。

公路装卸区的场地要根据装车量和车辆大小规划行车路线和回车场地以使汽车油罐车的装卸作业能有序进行。必要时尚应在公路装卸区的出入口外设停车场地，以备汽车在此等候装车又不致造成待装车辆停在公路上影响交通。

4. 水运装卸区的布置要求

装卸油品码头宜布置在港口的边缘地区和下游，其作业区宜独立设置。

油品装卸码头与公路桥梁、铁路桥梁等建构筑物、相邻货运码头、客运码头的安全距离以及装卸油品码头之间的安全距离，应符合国家标准《石油库设计规范》GB 50074—2014 第 8.3 节的规定。

水运装卸区除装卸油品码头外，还应根据具体情况设置相应的配套设施。配套设施的多少要视装卸油码头和石油库其他生产区（通常称库区）的相对距离而定。若装卸油品码头和库区距离很小，在一个完整围墙内成为一个完整的石油库，供电、消防等设施可共用一套，则码头不需另设配套设施。若码头和库区距离较远，甚至两者之间有其他单位或公共区域隔开，此时水运装卸区就应有油品码头和相应配套设施，组成一个独立的小区。

5. 辅助生产区的布置要求

石油库的辅助生产设施主要是为生产设施服务的，但在操作上亦有其独立体系。所以一般将这些设施集中布置，形成辅助生产区以便于管理，又保证安全。但这些设施的功能和布置要求各自不同，故而布置时亦应根据具体情况，灵活处理。各类辅助生产设施的一般布置要求如下：

（1）消防站。

消防站包括消防泡沫泵房、消防水泵房、消防水池、消防人员办公室及宿舍、训练场地和消防车库等。它的服务对象主要是储油区和装卸区，所以应尽量靠近储油区布置。

消防泡沫泵房宜与消防水泵房合建，其位置靠近油罐区，且应满足启动泵后将泡沫混合液送到最远一个油罐的时间，不超过 5min 的要求。消防车库的位置，应满足在接到火警后，消防车到达火灾现场的时间，不超过 5min 的要求。

（2）污水处理设施。

污水处理设施的位置应根据地形，布置在便于接受各种污水并适合处理后污水排放的地点。同时应处于行政管理区和生活区的最小频率风向的上风侧并保持一定的距离。

（3）变配电间。

电压为 10kV 及 10kV 以上的变配电间，应单独设置；亦可和自备柴油发电机组的机房相毗邻。

独立变配电间应尽可能布置在供电负荷中心，一般靠近消防泵房或主要油泵房处。

电压 10kV 以下的变配电间，可与消防泵房或主要油泵房相毗邻布置，但要符合有关防爆距离的规定。

变配电间的位置也要便于连接外线。

（4）锅炉房。

锅炉房是有明火的辅助生产设施，它的位置应在储油区、油品装卸区的地区最小频率风向的下风侧，并尽可能地布置在供热负荷中心，以便尽量缩短管道、减少热能损耗及方便凝结水回收。

另外，还应考虑到燃料（如煤）的运进和灰渣运出的方便。

（5）机修间及材料库。

机修间及材料库宜相邻布置。机修间是有明火的辅助设施，它应位于储油区、油品装卸区及其他有油气散发的车间最小频率风向的上风侧。还应考虑材料运送的方便。

若有修、洗桶间时，应与灌桶和堆桶设施联合考虑，合理布置，以便于生产操作。

（6）化验室。

化验室会存有少量易燃和可燃液体样品，对于液体化工品库可能还会有有毒液体样品，具有一定的事故风险。所以，化验室宜单独布置；如将化验室与其他建筑物合并布置，化验室应与其他建筑物之间用防火墙隔开，并单独对外开门。

6. 行政管理区的布置要求

石油库的行政管理区宜设围墙与其他区隔开，且有单独的出入口，以便对外联系业务并使外来人员不得随意进入生产区，以保证安全生产。

3.2.3 库区道路的布置要求

石油库内的道路主要是消防车道，消防车道也可兼做检修道路。石油库内道路的布置应符合国家标准《石油库设计规范》GB 50074—2014 第 5.2 节的下列规定：

（1）石油库储罐区应设环行消防车道。位于山区或丘陵地带设置环形消防车道有困难的下列罐区或罐组，可设尽头式消防车道：

1）覆土油罐区；

2）储罐单排布置，且储罐单罐容量不大于 5000m³ 的地上罐组；

3）四、五级石油库储罐区。

（2）地上储罐组消防车道的设置（如图 4-3-2 所示），应符合下列规定：

1）储罐总容量大于或等于 120000m³ 的单个罐组应设环行消防车道。

2）多个罐组共用一个环行消防车道时，环行消防车道内的罐组储罐总容量不应大于 120000m³。

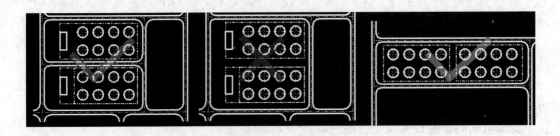

图 4 - 3 - 2 储罐区道路设置示意图

3）同一个环行消防车道内相邻罐组防火堤外堤脚线之间应留有宽度不小于 7m 的消防空地。

4）总容量大于或等于 120000m³ 的罐组，至少应有两个路口能使消防车辆进入环形消防车道，并宜在不同的方位上。

（3）除丙 B 类液体储罐和单罐容量小于或等于 100m³ 的储罐外，储罐至少应与一条消防车道相邻。储罐中心与至少两条消防车道的距离均不应大于 120m；条件受限时，储罐中心与最近一条消防车道之间的距离不应大于 80m。

（4）铁路装卸区应设消防车道，并应平行于铁路装卸线，且宜与库内道路构成环行道路。消防车道与铁路罐车装卸线的距离不应大于 80m。

（5）汽车罐车装卸设施和灌桶设施，应设置能保证消防车辆顺利接近火灾场地的消防车道。

（6）储罐组周边的消防车道路面标高，宜高于防火堤外侧地面的设计标高 0.5m 及以上。位于地势较高处的消防车道的路堤高度可适当降低，但不宜小于 0.3m（如图 4 - 3 - 3 所示）。

图 4 - 3 - 3 消防车道的路堤高度示意图

（7）消防车道与防火堤外堤脚线之间的距离，不应小于 3m。

（8）一级石油库的储罐区和装卸区消防车道的宽度不应小于 9m，其中路面宽度不应小于 7m；覆土立式油罐和其他级别石油库的储罐区、装卸区消防车道的宽度不应小于 6m，其中路面宽度不应小于 4m；单罐容积大于或等于 100000m³ 的储罐区消防车道应按现行国家标准《石油储备库设计规范》GB 50737 的有关规定执行，见图 4 − 3 − 4。

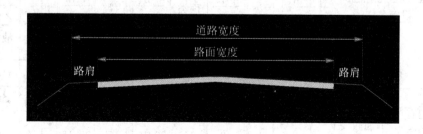

图 4 − 3 − 4 消防车道宽度示意图

（9）消防车道的净空高度不应小于 5.0m，转弯半径不宜小于 12m。

（10）尽头式消防车道应设置回车场。两个路口间的消防车道长度大于 300m 时，应在该消防车道的中段设置回车场。

（11）石油库通向公路的库外道路和车辆出入口的设计应符合下列规定：

1）石油库应设与公路连接的库外道路，其路面宽度不应小于相应级别石油库储罐区的消防车道。

2）石油库通向库外道路的车辆出入口不应少于两处，且宜位于不同的方位。受地域、地形等条件限制时，覆土油罐区和四、五级石油库可只设一处车辆出入口。

3）储罐区的车辆出入口不应少于两处，且应位于不同的方位。受地域、地形等条件限制时，覆土油罐区和四、五级石油库的储罐区可只设一处车辆出入口。储罐区的车辆出入口宜直接通向库外道路，也可通向行政管理区或公路装卸区。

4）行政管理区、公路装卸区应设直接通往库外道路的车辆出入口。

（12）运输易燃、可燃液体等危险品的道路，其纵坡不应大于 6%。其他道路纵坡设计应符合现行国家标准《厂矿道路设计规范》GBJ 22 的有关规定。

3.2.4 油库内各种设施及建筑、构筑物之间的防火距离应满足国家标准《石油库设计规范》GB 50074—2014 的下列规定：

石油库内建（构）筑物、设施之间的防火距离（储罐与储罐之间的距离除外），不应小于表 4 − 3 − 1 的规定。

表4-3-1 石油库内建（构）筑物、

序号	建（构）筑物和设施名称		易燃和可燃液体泵房		灌桶间		汽车罐车装卸设施		铁路罐车装卸设施		液体装卸码头	
			甲B、乙类液体	丙类液体	甲B、乙类液体	丙类液体	甲B、乙类液体	丙类液体	甲B、乙类液体	丙类液体	甲B、乙类液体	丙类液体
			10	11	12	13	14	15	16	17	18	19
1	外浮顶储罐、内浮顶储罐、覆土立式油罐、储存丙类液体的立式固定顶储罐	$V \geqslant 50000$	20	15	30	25	30/23	23	30/23	23	50	35
2		$5000 < V < 50000$	15	11	19	15	20/15	15	20/15	15	35	25
3		$1000 < V \leqslant 5000$	11	9	15	11	15/11	11	15/11	11	30	23
4		$V \leqslant 1000$	9	7.5	11	9	11/9	9	11	11	26	23
5	储存甲B、乙类液体的立式固定顶储罐	$V > 5000$	20	15	25	20	25/20	20	25/20	20	50	35
6		$1000 < V \leqslant 5000$	15	11	20	15	20/15	15	20/15	15	40	30
7		$V \leqslant 1000$	12	10	15	11	15/11	11	15/11	11	35	30
8	甲B、乙类液体地上卧式储罐		9	7.5	11	8	11/8	8	11/8	8	25	20
9	覆土卧式油罐、丙类液体地上卧式储罐		7	6	8	6	8/6	6	8/6	6	20	15
10	易燃和可燃液体泵房	甲B、乙类液体	12	12	12	12	15/15	11	8/8	6	15	15
11		丙类液体	12	9	12	9	15/11	11	8/6	6	15	11
12	灌桶间	甲B、乙类液体	12	12	12	12	15/11	11	15/11	11	15	15
13		丙类液体	12	9	12	9	15/11	8	15/11	11	15	11
14	汽车罐车装卸设施	甲B、乙类液体	15/15	15/11	15/11	15/11	—	—	15/11	15/11	15	15
15		丙类液体	11	8	11	8	—	—	15/11	11	15	11
16	铁路罐车装卸设施	甲B、乙类液体	8/8	8/6	15/11	15/11	15/11	15/11	见本规范第8.1节		20/20	20/15
17		丙类液体	6	6	11	11	15/11	11			20	15

设施之间的防火距离（m）

桶装液体库房		隔油池		消防车库、消防泵房	露天变配电所变压器、柴油发电机间		独立变配电间	办公用房、中心控制室、宿舍、食堂等人员集中场所	铁路机车走行线	有明火及散发火花的建（构）筑物及地点	油罐车库	库区围墙	其他建（构）筑物	河（海）岸边
甲B、乙类液体	丙类液体	150m³及以下	150m³以上		10kV及以下	10kV以上								
20	21	22	23	24	25	26	27	28	29	30	31	32	33	34
30	25	25	30	40	40	50	40	60	35	35	28	25	25	30
20	15	19	23	26	25	30	25	38	19	26	23	11	19	30
15	11	15	19	23	19	23	19	30	19	26	19	7.5	15	30
11	9	11	15	19	15	23	11	23	19	26	15	6	11	20
25	20	25	30	35	32	39	32	50	25	35	30	15	25	30
20	15	20	25	30	25	30	25	40	25	35	25	10	20	30
15	11	15	20	25	20	30	20	30	25	35	20	8	15	20
11	8	11	15	19	15	23	11	23	19	25	15	6	11	20
8	6	8	11	15	11	15	8	18	15	20	11	4.5	8	20
12	12	15/7.5	20/10	30	15	20	15	30	15	20	15	10	12	10
12	9	10/5	15/7.5	15	10	15	10	20	12	15	12	5	10	10
12	12	20/10	25/12.5	12	20	30	15	40	20	30	15	10	12	10
12	9	15/7.5	20/10	10	10	20	10	25	15	20	12	5	10	10
15/11	15/11	20/15	25/19	15/15	20/15	30/23	15/11	30/23	20/15	30/23	20	15/11	15/11	10
11	8	15/7.5	20/10	12	10	20	10	20	15	20	15	5	11	10
8/8	8/8	25/19	30/23	15/15	20/15	30/23	15/11	30/23	20/15	30/23	20	15/11	15/11	10
8	8	20/10	25/12.5	12	10	20	10	20	15	20	15	5	10	10

274

续表

序号	建（构）筑物和设施名称		易燃和可燃液体泵房		灌桶间		汽车罐车装卸设施		铁路罐车装卸设施		液体装卸码头	
			甲B、乙类液体	丙类液体	甲B、乙类液体	丙类液体	甲B、乙类液体	丙类液体	甲B、乙类液体	丙类液体	甲B、乙类液体	丙类液体
			10	11	12	13	14	15	16	17	18	19
18	液体装卸码头	甲B、乙类液体	15	15	15	15	15	15	20/20	20	见本规范第8.3节	
19		丙类液体	15	15	15	11	15	11	20/15	15		
20	桶装液体库房	甲B、乙类液体	12	12	12	12	15/11	11	8/8	8	15	15
21		丙类液体	12	9	12	10	15/11	8	8/8	8	15	11
22	隔油池	150m³及以下	15/7.5	10/5	20/10	15/7.5	20/15	15/7.5	25/19	20/10	25/19	20/10
23		150m³以上	20/10	15/7.5	25/12.5	20/10	25/19	20/10	30/23	25/12.5	30/23	25/12.5

注：1 表中 V 指储罐单罐容量，单位为 m³。

2 序号14中，分子数字为未采用油气回收设施的汽车罐车装卸设施与建（构）筑物或设施的

3 序号16中，分子数字为用于装车作业的铁路线与建（构）筑物或设施的防火距离，分母数

4 序号14与序号16相交数字的分母，仅适用于相邻装车设施均采用油气回收设施的情况。

5 序号22、23中的隔油池，系指设置在罐组防火堤外的隔油池。其中分母数字为有盖板的密闭距离。

6 罐组专用变配电间和机柜间与石油库内各建（构）筑物或设施的防火距离，应与易燃和可

7 焚烧式可燃气体回收装置应按有明火及散发火花的建（构）筑物及地点执行，其他形式的可

8 Ⅰ、Ⅱ级毒性液体的储罐、设备和设施与石油库内其他建（构）筑物、设施之间的防火距

9 "—" 表示没有防火距离要求。

4－3－1

桶装液体库房		隔油池		消防车库、消防泵房	露天变配电所变压器、柴油发电机间		独立变配电间	办公用房、中心控制室、宿舍、食堂等人员集中场所	铁路机车走行线	有明火及散发火花的建（构）筑物及地点	油罐车库	库区围墙	其他建（构）筑物	河（海）岸边
甲B、乙类液体	丙类液体	150m³及以下	150m³以上		10kV及以下	10kV以上								
20	21	22	23	24	25	26	27	28	29	30	31	32	33	34
15	15	25/19	30/23	25	20	30	15	45	20	40	20	—	15	—
15	11	20/10	25/12.5	20	10	20	10	30	15	30	15	—	12	—
12	12	15/7.5	20/10	20	15	20	12	40	15	30	15	5	12	10
12	10	10/5	15/7.5	15	10	10	10	25	10	20	10	5	10	10
15/7.5	10/5	—	—	20/15	15/11	20/15	15/11	30/23	15/7.5	30/23	15/11	10/5	15/7.5	10
20/10	15/7.5	—	—	25/19	20/15	30/23	20/15	40/30	20/10	40/30	20/15	10/5	15/7.5	10

防火距离，分母数字为采用油气回收设施的汽车罐车装卸设施与建（构）筑物或设施的防火距离。

字为采用油气回收设施的铁路罐车装卸设施或仅用于卸车作业的铁路线与建（构）筑物的防火距离。

式隔油池与建（构）筑物或设施的防火距离，分子数字为无盖板的隔油池与建（构）筑物或设施的防火

燃液体泵房相同，但变配电间和机柜间的门窗应位于易燃液体设备的爆炸危险区域之外。

燃气体回收处理装置应按甲、乙类液体泵房执行。

离，应按相应火灾危险性类别在本表规定的基础上增加30%。

4 储 罐 区

4.1 石油库总容量的确定

石油库总容量的确定要考虑的因素是较多的，它和石油库的类别和任务、油品来源的难易程度、油品供应范围、供需变化规律、进出油品的运输条件，有时还和国际石油市场的发展形势有密切关系。确定石油库容量的方法有周转系数法和储存天数法，而商业油库一般都采用周转系数法，石油化工企业的储运系统工程采用储存天数方法计算油罐容量，两种方法分述如下：

4.1.1 周转系数法

周转系数就是某种油品的油罐在一年内被周转使用的次数。即：

$$周转系数 = \frac{某油品的年周转量}{储油设备有效容量} \qquad (4-4-1)$$

可见，周转系数越大，储油设备的利用率则越高，其储油成本也越低。各种油品设计容量可由下式求得：

$$V_s = \frac{G}{K\rho\eta} \qquad (4-4-2)$$

式中：V_s——某种油品的设计容量（m^3）；

$\quad G$——该种油品的年周转量（t）；

$\quad \rho$——该种油品的储存温度下的密度（t/m^3）；

$\quad K$——该种油品周转不均衡系数；

$\quad \eta$——油罐储存系数（或称装满系数）。

K 值的大小对确定油罐容量非常关键，但 K 值的确定也是最困难的，它和油库的类型、业务性质、经济发展趋势、交通运输条件、油品市场变化规律等因素有着密切的关系，不能用公式简单计算出来，简单地指定一个数字范围也是不科学的。如有的资料提出，在我国新设计的商业油库中，对一、二级油库 K 值取 1~3，三级及其以下油库 K 值取 4~8，显然是过于保守的，即储油设备的利用率偏低，库容偏大，基建投资大，投资回收年限长。K 值的大小应根据建库指令或项目建议书要求与建库单位协商确定。

储罐的储存系数 η 是指储罐储存油品或液体化工品的容量和储罐理论计算容量之比。球罐和卧罐：$\eta = 0.90$。立式储罐：$\eta = h/H_1$，其中 h——储罐的设计储存高液位，H_1——罐壁高度。

在行业标准《石油化工企业储运系统罐区设计规范》SH/T 3007—2014 中，对储罐的设计储存高液位规定如下：

（1）固定顶罐的设计储存高液位（如图 4-4-1 所示）宜按下式计算：

$$h = H_1 - (h_1 + h_2 + h_3) \qquad (4-4-3)$$

式中：h——储罐的设计储存高液位（m）；

    H_1——罐壁高度（m）；

    h_1——泡沫产生器下缘至罐壁顶端的高度（m）；

    h_2——10min～15min储罐最大进液量折算高度（m）；

    h_3——安全裕量，可取0.3m（包括泡沫混合液层厚度和液体的膨胀高度）（m）。

（2）浮顶罐、内浮顶罐的设计储存高液位（如图4-4-2所示）宜按下式计算：

$$h = h_4 - (h_2 + h_5) \qquad (4-4-4)$$

式中：h_4——浮顶设计最大高度（浮顶底面）（m）；

    h_5——安全裕量，可取0.3m（包括液体的膨胀高度和保护浮盘所需裕量）。

其他同上。

固定顶罐的h_1参考值如下：

采用PC-4型泡沫产生器，$h_1 = 213mm$。

采用PC-8型泡沫产生器，$h_1 = 240mm$。

采用PC-16型泡沫产生器，$h_1 = 303mm$。

浮顶罐、内浮顶罐浮盘设计最大高度（浮顶底面）参考值如下：

浮顶罐：罐壁顶以下1.5m～1.6m。

采用钢浮盘的内浮顶罐：罐壁顶以下0.9m～1.0m。

采用铝浮盘的内浮顶罐（罐壁无通气口）：罐壁顶以下0.5m～0.6m。

采用铝浮盘的内浮顶罐（罐壁有通气口）：罐壁顶以下0.8m～0.9m。

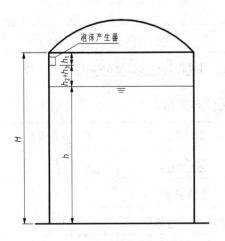

图4-4-1　固定顶罐设计
储存液位示意图

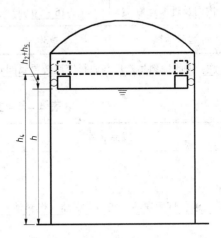

图4-4-2　浮顶罐、内浮顶罐
设计储存液位示意图

4.1.2　储存天数法

某种油品的年周转量按该油品每年的操作天数均分，作为该油品的一天储存量，再确定该油品需要多少天的储存量才能满足油库正常的业务要求，并由此计算出该种油品的设计容量。计算式如下：

$$V_s = \frac{G \cdot N}{\rho \cdot \eta \cdot \tau} \tag{4-4-5}$$

式中：V_s——油品设计容量（m^3）；

  G——油品年周转量（t）；

  N——油品的储存天数（d）；

  ρ——油品储存温度下密度（t/m^3）；

  η——油罐的储存系数；

  τ——油品的年操作天数（d）。

石油化工企业的储运系统工程油罐的储存天数取决于原油的供应来源，交通运输条件，生产装置开停工情况及油品出厂方式等因素。一般来说，储存天数越大，对经营调度越有利，但储存天数过多会增加运营成本。行业标准《石油化工企业储运系统罐区设计规范》SH/T 3007—2014 推荐原油和成品油储存天数如表4-4-1～表4-4-2所示。

表4-4-1　原油和原料油储存天数

进厂方式	储存天数（d）	适用情况
管道输送	5~7	适用于原油，指来自油田的管道
	7~10	适用于其他原料，指来自其生产厂的管道
铁路运输	10~20	
公路运输	7~10	
内河及近海运输	15~20	
远洋运输	≥30	

注：如果原料生产厂与原料使用装置属同开同停情况，可降低储存天数至5~7d。

表4-4-2　成品油储存天数

成品名称	出厂方式	储存天数
汽油、灯用煤油、柴油、重油（燃料油）	管道输送	5~7
	铁路运输	10~20
	内河及近海运输	15~20
	公路运输	5~7
航空汽油、喷气燃料、芳烃、军用柴油、液体石蜡、溶剂油	管道输送	5~7
	铁路运输	15~20
	内河及近海运输	20~25
	公路运输	5~7

续表 4 – 4 – 2

成品名称	出厂方式	储存天数
润滑油类、电器用油类、液压油类	铁路运输	25 ~ 30
	内河及近海运输	25 ~ 35
	公路运输	15 ~ 20
液化烃	管道输送	5 ~ 7
	铁路运输	10 ~ 15
	内河及近海运输	10 ~ 15
	公路运输	5 ~ 7
石油化工原料	管道输送	5 ~ 10
	铁路运输	10 ~ 20
	内河及近海运输	10 ~ 20
	公路运输	7 ~ 15
醇类、醛类、酯类、酮类、腈类等	铁路运输	15 ~ 20
	内河及近海运输	20 ~ 25
	公路运输	10 ~ 15

4.2 储罐选型

4.2.1 储罐的分类

在各类石油库中，广泛地使用着各种类型的储罐，储存不同性质的油品或液体化工品。按照这些储罐建造的特点，可分为地上储罐和地下储罐两种类型。根据规范要求，地上储罐采用钢板焊接而成，由于它的投资较少、建设周期短、日常的维护及管理比较方便，因而石油库中的储罐绝大多数为地上式。地下储罐多采用钢制材料建造，但钢制油罐在埋地环境下腐蚀较快，一般使用寿命为 10 年 ~ 15 年，一旦腐蚀穿孔，油品泄漏出来还会污染土壤和地下水。近年来，为了防止土壤污染，政府有关部门出台的法规和标准规范陆续要求埋地油罐采用双层油罐，并要求对双层油罐罐壁间隙进行渗漏检测。

地上钢制储罐有立式圆筒形储罐（包括固定顶储罐、外浮顶储罐、内浮顶储罐）、卧式圆筒形储罐、球形储罐三种类型；地下储罐有立式固定顶油罐及卧式圆筒形两种类型。下面分述之。

1. 地上钢制储罐

（1）固定顶油罐。

1）结构简介：固定顶油罐的罐顶结构有多种型式，目前使用最普遍的为拱顶罐，这种罐顶为球缺形，球缺的半径一般为罐直径的 0.8 ~ 1.2 倍，拱顶本身是承重的构件，有较强的刚性，能承受一定的内部压力，拱顶油罐的承受压力一般为 2kPa，由于受到自身

280 结构及经济性的限制，油罐的容量不宜过大，容量大于 10000m³ 时，多采用网架式拱顶罐。出于灭火需要，国家标准《石油库设计规范》GB 50074—2014 第 6.1.9 条规定：固定顶储罐的直径不应大于48m。

2）优点：结构简单，造价低，维护工作量少。

3）缺点：由于不能抑制油气挥发，只能用于储存火灾危险性较小的乙 B 和丙类可燃液体；最大罐容只能做到 30000m³。

4）安全设计注意事项：

详见本教材第二篇·专题报告二·《储油罐区重大火灾风险及防范措施研究》2.2.3 "固定顶储罐火灾防范措施"。

（2）外浮顶油罐。

1）结构简介：

外浮顶油罐的罐顶是一个浮在液面上并随液面升降的整体焊接的钢制盘状结构，浮顶分为双盘式和单盘式两种。双盘式由上、下两层钢板组成，两层钢板之间被分隔成若干个互不相通的隔舱。单盘式浮顶的周边为环形分隔的浮舱，中间为单层钢板。浮顶外缘的环板与罐壁之间有 200mm ~ 300mm 的间隙，其间装有固定在浮顶上的密封装置。密封装置的结构形式较多，有机械式、管式以及弹性填料式等。管式和弹性填料式是目前应用较为广泛的密封装置，这种密封装置主要采用软质材料，以便于浮顶的升降，严密性能较好。为了进一步降低物料静止储存时的蒸发损耗，国家标准《立式圆筒形钢制焊接油罐设计规范》GB 50341—2014 规定：浮顶油罐应采用二次密封装置。二次密封装置就是在上述单密封的基础上再增加一套密封装置。

2）优点：

外浮顶油罐的浮顶，直接覆盖在液面上，浮顶底板与液面之间基本上没有气体空间，能有效抑制油气挥发，从而大大降低了油气的蒸发损耗。由于浮顶油罐存在油气的封闭空间很少，所以不易发生整体性的爆炸和火灾事故，安全性好于固定顶储罐和内浮顶储罐，目前国内已发生过的大型外浮顶油罐火灾事故，均是浮顶密封圈处因遭受雷击而起火，都没有发展成全液面火灾，扑灭时间不超过半小时。

外浮顶油罐结构的特点，有利于做成大容量油罐，目前国内已使用最大浮顶油罐的容量达 $15 \times 10^4 m^3$。

3）缺点：

由于浮顶的密封装置与罐壁之间存在着一定的间隙，少量的雨水及沙土有可能渗入罐内，所以仅适于储存一些对防水及防尘要求不是十分严格的油品，如原油、燃料油。

外浮顶油罐浮盘以下的罐壁直接与大气环境接触，下雨时雨水会把粘在罐壁上的油品冲刷下来，形成含油污水，这些含油污水需要收集并送污水处理设施进行净化处理。单罐污水计算量为浮顶上方 30mm 厚的雨水量，对于大型原油库来说，需要处理的含油污水量是很可观的，需要建设较大规模的污水处理设施。

浮顶一、二次密封结构之间的封闭空间油气浓度较高，易遭受雷击而起火。

4）安全设计注意事项：

详见本教材第二篇·专题报告二·《储油罐区重大火灾风险及防范措施研究》2.2.4

"外浮顶储罐火灾防范措施"。

（3）内浮顶储罐。

1）结构简介：

内浮顶储罐结构的特点是，在拱顶罐内加一个覆盖在液面上、可随储存介质的液面升降的浮动顶，同时在罐壁的上部增加通风孔（如果内浮顶储罐需要充氮保护，则不用开通风孔），这种储罐与拱顶罐一样，受自身结构及安全性的限制，储罐的容量也不宜过大，直径不宜超过48m。

2）优点：

可避免外浮顶罐的几项缺点。

现在广泛采用的组装式铝制内浮顶施工快捷、造价低廉、不易腐蚀。

3）缺点：

目前广泛采用的装配式铝制内浮顶，其安全性相对钢制内浮顶要差。装配式铝制内浮顶的主要缺点是熔点低、强度低、密封性能差，现行储罐方面的技术规范对其要求较为简单，尤其在低价中标的制度下，其质量很难保证。使用劣质装配式铝制内浮顶的储罐储存石脑油、汽油等甲B类油品，由于密封性能不好，浮顶上方油气浓度容易超标，发生爆炸事故时，浮顶会被炸沉，进而发生全液面火灾，这样的火灾事故已发生多起。

4）安全设计注意事项：

详见本教材第二篇·专题报告二·《储油罐区重大火灾风险及防范措施研究》2.2.5"内浮顶储罐火灾防范措施"。

需提醒注意的是，虽然国家标准《石油库设计规范》GB 50074—2014 没有限制内浮顶储罐的容积，但出于安全考虑，内浮顶储罐的容积不宜大于30000m³。按目前的技术水平和管理水平，我们还不能保证内浮顶储罐浮盘上方的气相空间油气浓度100%不超过爆炸下限，不能保证内浮顶储罐浮盘上方的气相空间100%不会发生爆炸事故，不能保证内浮顶储罐浮顶上方的气相空间一旦发生爆炸事故浮盘100%不会沉没，而浮盘一旦沉没就会酿成全液面火灾。内浮顶储罐所设置的泡沫灭火系统扑救不了直径大于50m的储罐全液面火灾，石油库自设的消防车对这样的火灾也无能为力。对直径大于50m的内浮顶储罐只有进行充氮保护，才是可靠的防爆措施，但这样做氮气耗量巨大，成本很高。所以，须慎用直径大于50m的内浮顶储罐。

（4）球形储罐。

球形结构的油罐，由于承压的性能良好，故多用于储存要求承受内压较高的液体。罐体可在工厂预制成半成品（组装件），然后运至施工现场进行组装、焊接。这种罐对施工的质量要求比较严格。目前已建成球形储罐的最大容量为5000m³，受自身结构的限制，球形储罐的容量不宜太大。

安全设计注意事项：详见本教材第二篇·专题报告二·《储油罐区重大火灾风险及防范措施研究》2.2.2"压力罐储罐火灾防范措施"。

（5）卧式圆筒形油罐。

这种油罐由罐壁及端头组成，罐壁为卧式圆筒形结构，端头为椭圆形封头。卧式圆筒形油罐多用于要求承受较高的正压和负压的场合，储油量较少时也可采用。由于卧式圆筒

282 形油罐结构的限制，容量不大，因而便于在工厂里整体制造，质量也易于保证，运输及现场施工都比较方便，卧式圆筒形油罐的主要不足在于单位容积耗用的钢材较多，此外占地面积也较大。

2. 地下储罐

常用地下储罐，有立式圆筒形及卧式圆筒形两种，由于储罐设置在地面以下，所以土壤的地质条件、腐蚀性以及地下水的情况，是地下储罐结构设计时主要考虑的因素。

地下储罐的优点：由于有土壤遮蔽，受外界影响小，储存液体温度变化小，大规模火灾风险低；有一定的隐蔽效果，安全性较好。

地下储罐的缺点：防止罐体腐蚀难度大，造价较高（约是同等容积地上储罐造价的2倍），单罐容积较小（目前最大容积为10000m³）。直接埋地设置的单层钢制储罐易因腐蚀穿孔，造成储存油品泄漏，进而污染土壤和地下水。

（1）直接埋地立式圆筒形储罐。

这种油罐的顶板、壁板以及底板，一般情况下多采用钢筋混凝土结构，为了防止储存介质的渗漏，油罐的壁板及底板的内侧衬一层钢板，这种结构的储罐、施工技术较为复杂、要求严格、施工周期较长、投资较大。

（2）覆土立式圆筒形油罐。

立式圆筒形油罐置于被土覆盖的罐室中，罐室顶部和周围的覆土厚度不小于0.5m，多为普通碳钢钢板制造。

（3）埋地卧式圆筒形油罐。

采用直接覆土或罐池充沙（细土）方式埋设在地下，且罐内最高液面低于罐外4m范围内地面的最低标高0.2m的卧式油罐，多为普通碳钢钢板制造，由于实际需要的容积不大（大多不大于50m³），便于厂家整体制造、运输及施工。

近年来，环保要求越来越高，国家出台的有关标准规范已要求埋地油罐采取双层油罐。双层油罐是目前国外防止地下油罐渗（泄）漏普遍采取的一种措施。其过渡历程与趋势为：单层罐—双层钢罐（也称SS地下储罐）—内钢外玻璃纤维增强塑料（FRP）双层罐（也称SF地下储罐）—双层玻璃纤维增强塑料（FRP）油罐（也称FF地下储罐）。对于加油站在用埋地油罐的改造，北美、欧盟等国家在采用双层油罐的过渡期，为减少既有加油站更换双层油罐的损失，允许采用玻璃纤维增强塑料等满足强度和防渗要求的衬里技术改成双层油罐，我国香港也采用了这种改造技术。

双层油罐由于其有两层罐壁，在防止油罐出现渗（泄）漏方面具有双保险作用，再加上国外标准在制造上要求对两层罐壁间隙实施在线监测和人工检测，无论是内层罐发生渗漏还是外层罐发生渗漏，都能在贯通间隙内被发现，从而可有效地避免渗漏油品进入环境污染土壤和地下水。

内钢外玻璃纤维增强塑料双层油罐，是在单层钢制油罐的基础上外附一层玻璃纤维增强塑料（即玻璃钢）防渗外套，构成双层罐。这种罐除具有双层罐的共同特点外，还由于其外层玻璃纤维增强塑料罐体抗土壤和化学腐蚀方面远远优于钢制油罐，故其使用寿命比直接接触土壤的钢罐要长。

双层玻璃纤维增强塑料油罐，其内层和外层均属玻璃纤维增强塑料罐体，在抗内、外腐蚀方面都优于带有金属罐体的油罐。因此，这种罐可能会成为今后各国在加油站地下油罐的主推产品。

4.2.2 储罐选型

储罐选型详见国家标准《石油库设计规范》GB 50074—2014 第 6.1.1 条 ~ 第 6.1.9 条规定。

储罐选型举例：

表 4 - 4 - 3 储罐选型举例

储 存 液 体	可选储罐结构
原油	外浮顶、内浮顶（单罐容量不大于 30000m³）
汽油、溶剂油、苯、甲苯、乙苯、二甲苯、甲醇、乙醇、丙醇、异丁醇、石油醚、乙醚、乙醛、丙酮、丁醇，戊醇等甲 B 和乙 A 类易燃液体	内浮顶、卧式（单罐容量不大于 100m³）
柴油，环戊烷，硅酸乙酯，氯乙醇，氯丙醇，酚，甲酚，甲醛，糠醛，苯甲醛，环己醇，甲基丙烯酸，甲酸，乙二醇，丙二醇，辛醇等乙 B 和丙 A 类可燃液体	固定顶、内浮顶、卧式
航空煤油	固定顶、内浮顶、卧式（单罐容量不大于 200m³）
燃料油、重油	固定顶、外浮顶
润滑油、二乙二醇，三乙二醇等对质量要求较高的丙 B 类可燃液体	固定顶
液化烃、液化石油气等甲 A 类液体和液氨	球形、卧式
戊烷等沸点低于 45℃ 或 37.8℃ 的饱和蒸气压大于 88kPa 的甲 B 类液体	球形、卧式、立式低压储罐
苯乙烯等易聚合的甲 B 和乙 A 类液体化工品	固定顶 + 氮封保护 + 油气回收

4.3 油罐个数的确定

油库中某种油品的设计容量确定后，还应根据该种油品的性质及操作要求来确定设几个油罐为最佳方案。确定油罐个数时，应考虑以下几个原则：

（1）满足油品进罐、出罐、计量、加热、沉降切水、化验分析等生产要求；

（2）满足定期清罐的要求；

（3）油品性质相似的油罐，在生产条件允许的情况下可考虑互相借用的可能；

（4）满足一次进油或出油量的要求；

（5）有的油品还要满足调和、加添加剂及其他要求；

（6）企业附属石油库还要满足企业生产对储罐的个数要求。

综上所述，一种油品或液体化工品的储罐，一般不少于2个。当一种油品有几种牌号时，每种牌号宜选用2个~3个。

另外，一种油品或液体化工品的储油罐，应尽量选用同一结构型式、同一规格的储罐。

4.4　储罐附件选用和安装

储罐附件一般包括量油孔、罐壁人孔、排污孔（或清扫孔）、放水管、通气管、呼吸阀、事故泄压设备、阻火器、梯子和平台等。各种类型的储罐需要配置的附件各不相同，下面分别叙述。

4.4.1　固定顶储罐附件选用和安装

根据现行行业标准《石油化工储运系统罐区设计规范》SH/T 3007—2014 的有关规定，固定顶储罐（包括采用氮气密封保护系统的内浮顶储罐）需设置量油孔、透光孔、人孔、排污孔（或清扫孔）、排水管和通气管。量油孔、透光孔、人孔、排污孔（或清扫孔）、排水管的数量和规格宜按表4-4-4确定。

表4-4-4　固定顶储罐附件的数量和规格

储罐容量 V（m^3）	量油孔（个）	透光孔（个）	人孔（个）	排污孔（或清扫孔）（个）	排水管（个 × 公称直径 mm）
≤2000	1	1	1	1（1）	1×80
3000~5000	1	2	2	1（1）	1×100
10000	1	3	2	2（2）	1×100
20000~30000	1	3	3	3（3）	2×100
50000	1	3	3	3（3）	2×100
>50000	1	3	3	×	2×100

注：1　原油、重油和易聚合的液体储罐宜设置清扫孔，轻质油品储罐宜设置排污孔。轻质油品储罐设有带排水槽的排水管时，可不设置排污孔。

2　"×"表示不应设置。

4.4.2　外浮顶罐和内浮顶罐附件选用

根据国家标准《石油化工储运系统罐区设计规范》SH/T 3007—2014 的有关规定，外浮顶罐和内浮顶罐应设置量油孔、人孔、排污孔（或清扫孔）和排水管，其数量和规格宜按表4-4-5确定。

表 4 – 4 – 5　外浮顶罐和内浮顶罐附件的数量和规格

储罐容量 V （m³）	量油孔 （个）	人孔 （个）	排污孔 （或清扫孔） （个）	排水管 （个×公称直径 mm）
≤2000	1	1	1（1）	1×80
3000 ~ 5000	1	2	1（1）	1×100
10000	1	2	1（2）	1×100
20000 ~ 30000	1	2	2（2）	2×100
50000	1	3	2（2）	2×100
>50000	1	3	×	3×100

注：1　原油和重油储罐宜设置清扫孔，轻质油品储罐宜设置排污孔。

2　轻质油品储罐设有带排水槽的排水管时，可不设置排污孔。

3　内浮顶罐宜至少设置 1 个带芯人孔。

4　"×"表示不应设置。

实际使用经验表明，轻质油品储罐选用排污孔比较好，主要是罐内水切得比较彻底。上表所列储罐附件仅是工艺操作所需要的附件，不包括设备自身需要的附件。

根据国家标准《立式圆筒形钢制焊接油罐设计规范》GB 50341—2014 的规定，内浮顶油罐除需设置的上述附件外，还需要从罐体本身的结构和检维修考虑设置从浮顶上部进入浮盘的人孔，以及保证浮顶上方气体空间必要换气次数的通气孔。

4.4.3　呼吸阀和通气管选用

（1）业内将常压储罐排出和吸入气体的过程称之为呼吸，常压储罐的呼吸有下述几种状态：

1）大呼吸：物料进入储罐时，液位上升，压缩气相空间，同时促进液体蒸发，使罐内气相空间的气体排出罐外；物料流出储罐时，罐内气体的压力下降，会吸入罐外气体。

2）小呼吸：储罐周围环境温度升高，引起罐内的液体及气体膨胀，压力升高，储罐呼出气体；周围环境温度下降，罐内气体收缩，压力降低，储罐吸入气体。

3）紧急呼吸：发生火灾时，火焰产生的热辐射提高了罐内物料的温度，液体蒸发量加大，气体膨胀，大量气体呼出。

（2）国家标准《石油库设计规范》GB 50074—2014 第 6.4.4 条规定：下列储罐通向大气的通气管上应设呼吸阀：

1）储存甲 B、乙类液体的固定顶储罐和地上卧式储罐；

2）储存甲 B 类液体的覆土卧式储罐；

3）采用氮气密封保护系统的储罐。

说明：储罐通向大气的通气管上装设呼吸阀是为了减少储罐小呼吸排气量，进而减少油气损失；对于氮封储罐，还是维持一定氮封压力的手段。储存丙类液体的储罐因呼吸损耗很小，故可以不设呼吸阀。

（3）国家标准《石油库设计规范》GB 50074—2014 第 6.4.5 条规定：呼吸阀的排气

286　压力应小于储罐的设计正压力，呼吸阀的进气压力应大于储罐的设计负压力。当呼吸阀所处的环境温度可能小于或等于0℃时，应选用全天候式呼吸阀。

（4）国家标准《石油库设计规范》GB 50074—2014 第6.4.6 条规定：采用氮气密封保护系统的储罐应设事故泄压设备，并应符合下列规定：

1）事故泄压设备的开启压力应大于呼吸阀的排气压力，并应小于或等于储罐的设计正压力。

2）事故泄压设备的吸气压力应小于呼吸阀的进气压力，并应大于或等于储罐的设计负压力。

3）事故泄压设备应满足氮气管道系统和呼吸阀出现故障时保障储罐安全通气的需要。

4）事故泄压设备可直接通向大气。

5）事故泄压设备宜选用公称直径不小于500mm 的呼吸人孔。如储罐设置有备用呼吸阀，事故泄压设备也可选用公称直径不小于500mm 的紧急放空人孔盖。

（5）不需设呼吸阀的固定顶储罐和地上卧式储罐应设通气管。

（6）根据行业标准《石油化工储运系统罐区设计规范》SH/T 3007—2014 的规定，通气管或呼吸阀的通气量，不得小于下列各项的呼出量之和及吸入量之和：

1）液体出罐时的最大出液量所造成的空气吸入量，应按液体最大出液量考虑；

2）液体进入固定顶储罐时所造成的罐内液体气体呼出量，当液体闪点（闭口）高于45℃时，应按最大进液量的1.07 倍考虑；当液体闪点（闭口）低于或等于45℃时，应按最大进液量的2.14 倍考虑。液体进入采用氮气或其他惰性气体密封保护系统的内浮顶储罐时所造成的罐内气体呼出量，应按最大进液量考虑；

3）因大气最大温降导致罐内气体收缩所造成储罐吸入的空气量和因大气最大温升导致罐内气体膨胀而呼出的气体，宜按表4-4-6确定。

表4-4-6　储罐热呼吸通气需要量

储罐容量	吸入量（负压）	呼出量（正压）（m³/h）	
（m³）	（m³/h）	闪点≥37.8℃	闪点＜37.8℃
100	16.9	10.1	16.9
200	33.8	20.3	33.8
300	50.4	30.4	50.4
500	84.5	50.7	84.5
700	118.0	71.0	118.0
1000	169.0	101.0	169.0
2000	338.0	203.0	338.0
3000	507.0	304.0	507.0
4000	647.0	472.0	647.0
5000	787.0	538.0	787.0

续表 4 – 4 – 6

储罐容量 （m³）	吸入量（负压） （m³/h）	呼出量（正压）（m³/h）	
		闪点≥37.8℃	闪点＜37.8℃
10000	1210.0	726.0	1210.0
20000	1877.0	1126.0	1877.0
30000	2495.0	1497.0	2495.0

7. 呼吸阀和通气管的规格和数量应符合行业标准《石油化工储运系统罐区设计规范》SH/T 3007—2014 的下列规定：

通气管或呼吸阀的规格应按确定的通气量和通气管或呼吸阀的通气量曲线来选定。当缺乏通气管或呼吸阀的通气量曲线时，可按表4 – 4 – 7和表4 – 4 – 8确定，但应在呼吸阀规格表中注明需要的通气量。

表 4 – 4 – 7 设有阻火器的通气管（或呼吸阀）规格和数量

储罐容量 （m³）	进（出）储罐的最大液体量（m³/h）	通气管（或呼吸阀） 个数×公称直径（mm）
100	≤60	1×50（1×80）
200	≤50	1×50（1×80）
300	≤150	1×80（1×100）
400	≤135	1×80（1×100）
500	≤260	1×100（1×150）
700	≤220	1×100（1×150）
1000	≤520	1×150（1×200）
2000	≤330	1×150（2×150）
3000	≤690	1×200（2×200）
4000	≤660	2×150（2×200）
5000	≤1600	2×200（2×250）
10000	≤2600	2×250（2×300）
20000	≤3500	2×300（3×300）
30000	≤5500	3×300（4×300）
50000	≤6400	3×300（4×350）

注：实际设计中，储罐容量所对应的通气管（或呼吸阀）与进（出）储罐的最大液体量所对应的通气管（或呼吸阀）不一致时，应选用两者中的较大者。

举例：如果1座10000m³储罐的液体最大进（出）量小于或等于2600m³/h，则应选用2×250通气管或2×300呼吸阀；如果1座10000m³储罐的液体最大进（出）量大于2600m³/h，但小于或等于3500m³/h，则应选用2×300通气管或3×300呼吸阀。

表 4 - 4 - 8　未设阻火器的通气管规格和数量

储罐容量 V（m³）	进（出）储罐的最大液体量（m³/h）	通气管个数×公称直径（mm）
100	≤60	1×50
200	≤50	1×50
300	≤160	1×80
400	≤140	1×80
500	≤130	1×80
700	≤270	1×100
1000	≤220	1×100
2000	≤750	1×150
3000	≤550	1×150
4000	≤1500	2×150
5000	≤1400	2×150
10000	≤3400	2×200
20000	≤2700	2×200
30000	≤5200	2×250
50000	≤8500	2×300

注：实际设计中，储罐容量所对应的通气管与进（出）储罐的最大液体量所对应的通气管不一致时，应选用两者中的较大者。

4.4.4　根据国家标准《石油库设计规范》GB 50074—2014 第 6.4.7 条的规定，下列储罐的通气管上必须装设阻火器：

（1）储存甲 B 类、乙类、丙 A 类液体的固定顶储罐和地上卧式储罐；

（2）储存甲 B 类和乙类液体的覆土卧式储罐；

（3）储存甲 B 类、乙类、丙 A 类液体并采用氮气密封保护系统的内浮顶储罐。

4.4.5　立式储罐附件安装

（1）量油孔主要用于测量油罐内的物料液面及取样的，操作相对频繁，应设置在罐顶梯子平台附近，距罐壁宜为 800mm ~ 1200mm。从量油孔垂直向下至罐底板这段空间内，不得安装其他附件，如加热器、搅拌器等。

（2）通气管、呼吸阀宜设置在罐顶中央顶板范围内。呼吸人孔和紧急放空人孔盖可兼做透光孔。

（3）透光孔宜设置在罐顶并距罐壁 800mm ~ 1000mm 处。透光孔只设一个时，应安装在罐顶梯子及操作平台附近；设两个或两个以上时，可沿罐圆周均匀布置，并宜与人孔、清扫孔或排污孔相对设置，但应有一个透光孔安装在罐顶梯子及操作平台附近。

（4）从罐顶梯子平台至呼吸阀、通气管和透光孔的通道应设踏步。

（5）人孔应设置在进出罐方便的位置，并应避开罐内附件，人孔中心宜高出罐底750mm。当人孔的中心距地面的高度大于1200mm时，应在其下方设置操作平台。

（6）排污孔（或清扫孔）应安装在便于清扫油罐及罐内残渣物的外运的位置。若设有两个排污孔（或清扫孔）时，宜沿罐圆周均匀布置。

（7）排水管应布置在储罐进出口接合管附近的位置，便于阀门集中操作，一般情况下排水管应设在罐壁的下部，对含水量要求较高的储罐，其排水管应从储罐的底部引出，如带排水管的排污孔，排水管是从罐底的外侧引出，锥形罐底则是从罐底的中心引出。对于大容量的油罐需设两个以上排水管时，除第一个排水管布置在油罐的进出口结合管附近外，其他排水管应沿罐壁均称布置。排水管可单独设置亦可和排污孔（或清扫孔）结合在一起设置。

（8）罐下部采样器宜安装在靠近放水管的位置。

（9）梯子平台应设置在便于操作及检修的位置。

4.4.6 球形储罐和卧式压力储罐附件选用和安装

球形储罐和卧式压力储罐附件有：

（1）人孔。

球形油罐应设置两个人孔，一个设在罐顶的中心，另一个设在罐底的中心，卧式油罐的筒体长度小于6000mm时，设一个人孔，筒体长度大于或等于6000mm时，应设两个人孔。

（2）排水管。

球罐和卧式压力储罐应设置放水管（排水、排污）。卧罐及容积小于 $1000m^3$ 的球罐，排水管管径取 $DN50$，容积大于或等于 $1000m^3$ 的球罐，排水管的管径取 $DN80$。

（3）安全阀。

球罐和卧式压力储罐应设置全启式安全阀。并应根据现行《压力容器安全监察规程》的有关规定计算出安全阀的泄放量及泄放面积。每台储罐上宜设置两个安全阀，每个安全阀均能满足最大泄放量要求。按行业标准《石油化工储运系统罐区设计规范》SH/T 3007—2014 的规定，安全阀定压的选用原则如下：

1）安全阀的设置应符合 TSG R0004 的有关规定；

2）安全阀的规格应按现行国家标准 GB 150.1~150.4 的有关规定计算出的泄放量和泄放面积确定；

3）安全阀的开启压力（定压）不得大于储罐的设计压力；

4）压力储罐安全阀应设在线备用安全阀和 1 个安全阀副线。安全阀前后应分别设 1 个全通径切断阀，并应在设计图纸上标注 LO（铅封开）；

5）安全阀应设置在罐体的气体放空接合管上，并应高于罐顶。

6）安全阀应铅直安装。

7）安全阀排出的气体应排入火炬系统。排入火炬系统确有困难时，除 Ⅰ~Ⅲ 级有毒气体外，其他可燃气体可直接排入大气，但其排气管口应高出 8m 范围内储罐罐顶平台 3m 以上，也可将安全阀排出的气体引至安全地点排放。

8）应选用全启式安全阀。

9）下列情况应选用平衡波纹管式安全阀：

①安全阀的背压大于其整定压力的 10% ，而小于 30% 的；

②泄放气体具有腐蚀性、易结垢、易结焦，会影响安全阀弹簧的正常工作的。

10）安全阀的背压大于其整定压力的 30% 及以上时，应选用先导式安全阀。对泄放有毒气体的安全阀，应选用不流动式导阀。

4.4.7　关于常压卧式储罐的基本附件设置，国家标准《石油库设计规范》GB 50074—2014 有下列规定：

（1）卧式储罐的人孔公称直径不应小于 600 mm。筒体长度大于 6m 的卧式储罐，至少应设 2 个人孔。

（2）卧式储罐的接合管及人孔盖应采用钢质材料。

（3）液位测量装置和测量孔的检尺槽，应位于储罐正顶部的纵向轴线上，并宜设在人孔盖上。

（4）储罐排水管的公称直径不应小于 40mm。排水管上的阀门应采用钢制闸阀或球阀。

（5）常压卧式储罐的通气管设置，应符合下列规定：

1）卧式储罐通气管的公称直径应按储罐的最大进出流量确定，但不应小于 50mm；当同种液体的多个储罐共用一根通气干管时，其通气干管的公称直径不应小于 80mm。

2）通气管横管应坡向储罐，坡度应大于或等于 5‰。

3）关于通气管管口的最小设置高度，国家标准《石油库设计规范》GB 50074—2014 有规定如表 4 – 4 – 9 所示：

表 4 – 4 – 9　卧式储罐通气管管口的最小设置高度

储罐设置形式	通气管管口最小设置高度	
	甲、乙类液体	丙类液体
地上露天式	高于储罐周围地面 4m，且高于罐顶 1.5m	高于罐顶 0.5m
覆土式	高于储罐周围地面 4m，且高于覆土面层 1.5m	高于覆土面层 1.5m

4.4.8　关于其他储罐附件选用（下划线文字摘自国家标准《石油库设计规范》GB 50074—2014）

（1）立式储罐应设上罐的梯子、平台和栏杆。高度大于 5m 的立式储罐，应采用盘梯。覆土立式油罐高于罐室环形通道地面 2.2m 以下的高度应采用活动斜梯，并应有防止磕碰发生火花的措施。多个小容积油罐可储罐之间联合平台，联合平台通往地面可设置斜梯。

（2）储罐罐顶上经常走人的地方，应设防滑踏步和护栏；测量孔处应设测量平台。为便于操作人员取样、量油及对罐顶附件进行维护和管理，储罐需设置上罐梯子和操作平台。目前应用最为广泛的是沿罐壁设置的盘梯，梯子的起始点布置在便于操作的通道附近，并靠近储罐进出口接合管处。有环形圈梁结构的罐基础，应考虑罐壁上盘梯向下延伸的位置。

（3）覆土立式油罐的通气管管口应引出罐室外，管口宜高出覆土面 1.0m～1.5m。

（4）储罐进液不得采用喷溅方式。甲 B、乙、丙 A 类液体储罐的进液管从储罐上部接入时，进液管应延伸到储罐的底部。

（5）有脱水操作要求的储罐宜装设自动脱水器。

（6）储存Ⅰ、Ⅱ级毒性液体的储罐，应采用密闭采样器。储罐的凝液或残液应密闭排入专用收集系统或设备。

（7）安全活门。

安全活门是安装在进出口接合管罐内侧的安全开启及关闭装置。其作用是防止油罐控制阀破损或检修时罐内介质流出。正常情况下活门靠自身的重力及油品的静压力作用，自动关闭，物料进入油罐时活门被打开。发送物料时通过设在罐壁外侧的操作机构打开活门。

（8）搅拌器。

搅拌器用于调和或清淤。搅拌器根据安装位置和搅拌方式分为侧向搅拌器、浸没式旋转喷射搅拌器、顶部静态喷射搅拌器。侧向搅拌器有固定角度式和可调角度式两种。

1）固定角度式侧向搅拌器。

固定角度式侧向搅拌器主要用于进行罐内物料的调和，这种调和方式与一般的机泵、喷嘴以及其他方式的调和相比，物料的混合比较均匀，而且动力消耗少。

固定角度式侧向搅拌器安装在油罐罐壁的下部，搅拌器的轴线与罐底的垂直距离宜取其螺旋桨直径的 1.5 倍。搅拌器的螺旋桨轴线与油罐半径线成 7°～12°的夹角较好，油罐直径较大时，夹角可取大值。选用一台搅拌器时，搅拌器轴线与进出口接合管的轴线之间形成的圆心夹角应在 30°左右。如果选用多台搅拌器，除至少一台应满足前述要求外，其余搅拌器最好集中布置在 1/4 的圆周内；相邻搅拌器轴线之间形成的圆心角宜为 22.5°。

2）可调角度式侧向搅拌器。

可调角度式搅拌器多用于防止罐内沉积物的堆积，从而可以大大地减少油罐的清扫次数，提高油罐的利用率，可调角度式搅拌器主要用于原油罐，目前国内原油罐上普遍采用这种搅拌器。

可调角度式侧向搅拌器安装在油罐罐壁的下部，搅拌器的轴线与罐底的垂直距离宜取其螺旋桨直径的 1.5 倍。搅拌器的最大转动范围一般为 ±30°，选用一台搅拌器时，最好布置在与进出口接合管相对的罐壁处，选用多台搅拌器时，应将其均匀地布置在进出口接合管相对位置处 45°～60°的夹角范围内。

侧向搅拌器用于大型原油罐（如 $10 \times 10^4 m^3$ 罐）时，易存在死角，效果不理想。

3）浸没式旋转喷射搅拌器。

浸没式旋转喷射搅拌器安装在罐内，由泵抽出罐内原油，加压后再通过喷射器形成高速油流打回罐内。高速油流驱动旋转喷射器进行 360°旋转，同时将罐底淤泥搅起，使淤泥随同原油排出罐外，从而达到清淤目的。浸没式旋转喷射搅拌器可有效克服侧向搅拌器的"死角问题"，是近年国外开始使用的新的原油罐清淤工艺，工艺流程见图 4－4－3。

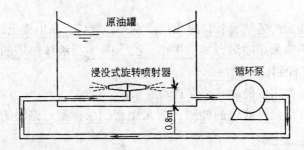

图4-4-3 浸没式旋转喷射清淤工艺流程示意图

4）顶部静态喷射搅拌器。

顶部静态喷射搅拌工艺是在浮盘上均匀设置高压油流喷射器，利用由泵提供的高压油流经喷射器产生高速油流，垂直冲击罐底，使罐底淤泥混入到清洗油品中，然后用泵抽出送入污油罐处理或销售。

顶部静态喷射搅拌器用于原油罐清罐，也是国外新发展起来的原油罐清淤工艺，工艺流程见图4-4-4：

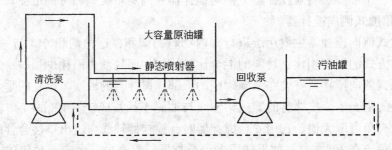

图4-4-4 顶部静态喷射清淤工艺流程示意图

（9）取样器。

以往为解决物料化验分析过程中取样的需要，往往是由操作人员从设置在罐顶上的量油孔直接手工采取物料。取样器设置在油罐的下部，除了可以减轻取样操作人员的劳动强度外，采取物料的准确性也大大提高了。

（10）加热器。

对于罐内储存高凝固点、高黏度的油品，为满足输送的要求或工艺要求需对物料进行加热脱水、调和等时才应设置加热器。油罐加热器分为排管式、U形管式、局部式。

排管式加热器布置在油罐内，适用于加热面积较小、要求物料温度较为均匀的油罐。加热器的排管，应尽可能地均匀分布，并避开罐内的立柱、量油孔等。对于黏度较大，凝固点较高的特殊物料，当需要的加热器面积较大时，加热器的排管也可分层布置。为保证加热介质在加热器的排管内流动顺畅、防止水击的产生、在加热器的入口与出口之间的排管应保持一定的坡降，不应有存液的部位。

U形管加热器类似于管壳式换热器的管程，安装在罐壁上，头部露在罐外，U形管管束插入罐内。对于加热面积较大，对物料均匀程度要求不高，或有搅拌器配合可以达到物料温度均匀时，宜采用U形管加热器。U形管加热器应沿罐壁均称布置，其结构应当紧凑，并便于施工、检修和清扫。

某些为了保证物料输送而需较高储存温度的油罐，由于其经常性的热能损耗较大，因此运行费用大大提高。若采用降低油品储存温度的方法，可很大程度上减少能耗。此时为了保证物料的正常输送，可在输送前进入局部加热器（或集中加热）加热升温，使其升至要求的输送温度。局部加热器（集中加热），应布置在罐内出口管管口附近。

油品加热终温（t_{en}）应根据作业目的来确定，一般情况下可参考以下的推荐值：

如果为了输转，加热终温一般可高于凝固点10℃～15℃。

为了防止突沸冒罐，含有水分的油罐其加热终温不应超过90℃。

4.5 油罐系列表

表4－4－10～表4－4－16给出的资料，是有关设计部门结合本系统的特点而形成的各自独立的系列，这些系列的差别不大。

表4－4－10 拱顶储罐系列 I

序号	公称容积（m³）	计算容积（m³）	罐直径（m）	拱顶曲率半径（m）	罐高（m）		设备参考总重（kg）
					总高	壁高	
1	20	22	2.65	3.50	3.99	3.72	1379
2	40	44	3.52	4.50	4.48	4.11	2146
3	60	66	3.98	5.00	5.20	4.78	2780
4	100	110	5.14	6.13	5.87	5.30	4238
5	200	220	6.58	7.86	7.20	6.47	6717
6	300	330	7.71	9.22	7.92	7.07	8820
7	400	440	8.24	9.85	9.15	8.24	10590
8	500	550	8.92	10.67	9.79	8.81	13860
9	700	770	10.20	12.20	10.53	9.41	17385
10	1000	1100	11.50	13.73	11.86	10.58	25490
11	2000	2200	15.70	18.76	13.11	11.37	43880
12	3000	3300	18.90	22.61	13.85	11.76	61510
13	5000	5500	23.64	23.30	15.14	12.53	110280
14	10000	10700	31.12	37.27	17.50	14.07	210450

表 4 - 4 - 11　拱顶储罐系列 Ⅱ

序号	公称容积（m³）	计算容积（m³）	罐直径（m）	拱顶曲率半径（m）	罐高（m）		设备参考总重（kg）
					总高	壁高	
1	100	117	4.97	6.00	6.48	5.94	5006
2	200	236	6.46	7.80	7.83	7.13	7732
3	300	315	7.46	9.00	7.94	7.13	9215
4	500	529	8.95	10.80	9.28	8.31	12793
5	700	745	9.94	12.00	10.58	9.49	15917
6	1000	1077	11.95	14.40	10.83	9.53	24188
7	2000	2096	15.44	18.60	10.80	11.10	40706
8	3000	3229	17.92	21.60	14.66	12.69	58372
9	5000	5426	21.89	26.40	16.68	14.27	96247
10	10000	10116	28.33	34.20	18.97	15.86	180697
11	20000	20200	~39.70	39.99	21.44	16.09	449793

表 4 - 4 - 12　拱顶储罐系列 Ⅲ

序号	公称容积（m³）	计算容积（m³）	罐直径（m）	拱顶曲率半径（m）	罐高（m）		设备参考总重（kg）
					总高	壁高	
1	100	110	5.00	6.00	6.15	5.60	5185
2	200	237.5	6.00	7.20	9.06	8.40	8810
3	300	319	6.50	7.80	10.32	9.60	11580
4	400	459	7.50	9.00	11.23	10.40	14919
5	500	523	8.00	9.60	11.28	10.40	16000
6	700	712.5	9.00	10.80	12.19	11.20	19720
7	1000	1100	10.80	13.20	13.88	12.69	27830
8	2000	2200	14.00	16.80	15.81	14.27	46150
9	3000	3127	16.00	19.20	17.61	15.85	67150
10	4000	4232	18.10	21.60	18.59	16.63	86710
11	5000	5049	20.00	24.00	18.28	16.08	102025
12	10000	10440	28.00	33.60	20.04	16.96	198735
13	20000	21612	37.00	37.00	25.05	20.10	359000
14	30000	32490	46.00	46.00	25.98	19.55	563300

表 4 - 4 - 13 浮顶储罐系列

序号	公称容积（m³）	计算容积（m³）	罐直径（m）	罐壁高（m）	浮顶结构	设备参考总重（kg）
1	20000	20420	40.50	15.85	单盘式	327785
2	30000	32158	46.00	19.35	单盘式	508765
3	50000	54520	60.00	19.35	单盘式	899500
4	100000	100999	80.00	21.89	单盘式	1765000

表 4 - 4 - 14 内浮顶储罐系列

序号	公称容积（m³）	计算容积（m³）	罐直径（m）	拱顶曲率半径（m）	罐高（m） 总高	壁高	设备参考总重（kg）
1	100	110	5.00	6.00	6.15	5.60	5185
2	200	237.5	6.00	7.20	9.06	8.40	8810
3	300	319	6.50	7.80	10.32	9.60	11580
4	400	459	7.50	9.00	11.23	10.40	14919
5	500	523	8.00	9.60	11.28	10.40	16000
6	700	712.5	9.00	10.80	12.19	11.20	19720
7	1000	1100	10.80	13.20	13.88	12.69	27830
8	2000	2200	14.00	16.80	15.81	14.27	46150
9	3000	3127	16.00	19.20	17.61	15.85	67150
10	4000	4232	18.10	21.60	18.59	16.63	86710
11	5000	5049	20.00	24.00	18.28	16.08	102025
12	10000	10440	28.00	33.60	20.04	16.96	198735
13	20000	21612	37.00	37.00	25.05	20.10	359000
14	30000	32490	46.00	46.00	25.98	19.55	563300

注：设备总重不包括浮盘部分。

表 4 - 4 - 15 卧式储罐系列

序号	公称容积（m³）	计算容积（m³）	罐直径（m）	筒体长度（m）	罐体总长（m）	设备参考总重（kg）
1	10	11.20	1.75	4.13	4.82	1103
2	15	16.08	1.75	6.16	6.85	1555
3	20	22.54	1.75	8.89	9.58	2153
4	25	24.92	1.75	9.59	10.28	2283
5	30	30.92	1.75	12.32	13.01	2872
6	35	35.82	1.75	14.35	15.04	3330
7	10	11.78	2.10	2.80	3.61	1074

续表 4 – 4 – 15

序号	公称容积 (m³)	计算容积 (m³)	罐直径 (m)	筒体长度 (m)	罐体总长 (m)	设备参考总重 (kg)
8	15	16.38	2.10	4.13	4.94	1400
9	25	25.88	2.10	6.86	7.67	2134
10	35	35.28	2.10	9.59	10.40	2865
11	45	44.78	2.10	12.32	13.13	3596
12	55	54.08	2.10	15.05	15.86	4335
13	20	21.05	2.54	3.43	4.42	1554
14	25	24.05	2.54	4.13	5.11	1758
15	35	34.85	2.54	6.16	7.14	2468
16	45	48.55	2.54	8.89	9.87	3368
17	50	52.15	2.54	9.59	10.57	3568
18	60	62.45	2.54	11.62	12.60	4288
19	65	66.15	2.54	12.32	13.30	4488
20	75	76.15	2.54	14.35	15.36	5188
21	80	79.15	2.54	15.05	16.06	5388
22	40	40.56	3.20	4.13	5.38	3248
23	55	56.76	3.20	6.16	7.41	4470
24	60	62.46	3.20	6.86	8.11	4800
25	75	78.46	3.20	8.89	10.41	6022
26	85	84.26	3.20	9.59	10.84	6352
27	100	102.66	3.20	11.62	12.87	7574
28	105	106.66	3.20	12.32	13.57	7904
29	120	122.46	3.20	14.35	15.60	9120

注：表中所列卧式储罐可用于地上或地下，用于地下时敷土深度不得超过 2m。

表 4 – 4 – 16　球形储罐系列

序号	公称容积 (m³)	计算容积 (m³)	罐直径 (m)
1	50	52	4.60
2	120	119	6.10
3	200	188	7.10
4	400	408	9.20
5	650	640	10.70
6	1000	975	12.30
7	1500	1499	14.20
8	2000	2025	15.70
9	3000	3053	18.00

4.6 地上储罐组布置

储罐布置应符合国家标准《石油库设计规范》GB 50074—2014 的下列规定：

4.6.1 地上储罐应按下列规定成组布置：

（1）甲 B 类、乙类和丙 A 类液体储罐可布置在同一罐组内；丙 B 类液体储罐宜独立设置罐组。

（2）沸溢性液体储罐不应与非沸溢性液体储罐同组布置。

（3）立式储罐不宜与卧式储罐布置在同一个储罐组内。

（4）储存 I、II 级毒性液体的储罐不应与其他易燃和可燃液体储罐布置在同一个罐组内。

4.6.2 同一个罐组内储罐的总容量应符合下列规定：

（1）固定顶储罐组及固定顶储罐和外浮顶、内浮顶储罐的混合罐组不应大于 120000m³，其中浮顶用钢质材料制作的外浮顶储罐、内浮顶储罐的容量可按 50% 计入混合罐组的总容量。

（2）浮顶用钢质材料制作的内浮顶储罐组不应大于 360000m³。浮顶用易熔材料制作的内浮顶储罐组不应大于 240000m³。

（3）外浮顶储罐组不应大于 600000m³。

4.6.3 同一个罐组内的储罐数量应符合下列规定：

（1）当最大单罐容量大于或等于 10000m³ 时，储罐数量不应多于 12 座。

（2）当最大单罐容量大于或等于 1000m³ 时，储罐数量不应多于 16 座。

（3）单罐容量小于 1000m³ 或仅储存丙 B 类液体的罐组，可不限储罐数量。

4.6.4 地上储罐组内，单罐容量小于 1000m³ 的储存丙 B 类液体的储罐不应超过四排；其他储罐不应超过两排。

4.6.5 地上立式储罐的基础面标高，应高于储罐周围设计地坪 0.5m 及以上。

4.6.6 地上储罐组内相邻储罐之间的防火距离不应小于表 4 - 4 - 17 的规定。

表 4 - 4 - 17　地上储罐组内相邻储罐之间的防火距离

储存液体类别	单罐容量不大于 300m³，且总容量不大于 1500m³ 的立式储罐组	固定顶储罐（单罐容量）			外浮顶、内浮顶储罐	卧式储罐
		≤1000m³	>1000m³	≥5000m³		
甲 B、乙类	2m	0.75D	0.6D		0.4D	0.8m
丙 A 类	2m	0.4D			0.4D	0.8m
丙 B 类	2m	2m	5m	0.4D	0.4D 与 15m 的较小值	0.8m

注：1　表中 D 为相邻储罐中较大储罐的直径。

　　2　储存不同类别液体的储罐、不同型式的储罐之间的防火距离，应采用较大值。

298

4.6.7　地上储罐组应设防火堤。防火堤内的有效容量，不应小于罐组内一个最大储罐的容量。

4.6.8　地上立式储罐的罐壁至防火堤内堤脚线的距离，不应小于罐壁高度的一半。卧式储罐的罐壁至防火堤内堤脚线的距离，不应小于 3m。依山建设的储罐，可利用山体兼作防火堤，储罐的罐壁至山体的距离最小可为 1.5m。

4.6.9　地上储罐组的防火堤实高应高于计算高度 0.2m，防火堤高于堤内设计地坪不应小于 1.0m，高于堤外设计地坪或消防车道路面（按较低者计）不应大于 3.2m。地上卧式储罐的防火堤应高于堤内设计地坪不小于 0.5m。

4.6.10　防火堤宜采用土筑防火堤，其堤顶宽度不应小于 0.5m。采用土筑防火堤无条件或困难的地区，可选用其他结构形式的防火堤。

4.6.11　防火堤应能承受在计算高度范围内所容纳液体的静压力且不应泄漏；防火堤的耐火极限不应低于 5.5h。

4.6.12　管道穿越防火堤处应采用不燃烧材料严密填实。在雨水沟（管）穿越防火堤处，应采取排水控制措施。

4.6.13　防火堤每一个隔堤区域内均应设置对外人行台阶或坡道，相邻台阶或坡道之间的距离不宜大于 60m。

4.6.14　立式储罐罐组内应按下列规定设置隔堤：

（1）多品种的罐组内下列储罐之间应设置隔堤：

1）甲 B、乙 A 类液体储罐与其他类可燃液体储罐之间；

2）水溶性可燃液体储罐与非水溶性可燃液体储罐之间；

3）相互接触能引起化学反应的可燃液体储罐之间；

4）助燃剂、强氧化剂及具有腐蚀性液体储罐与可燃液体储罐之间。

（2）非沸溢性甲 B、乙、丙 A 储罐组隔堤内的储罐数量，不应超过表 4-4-18 的规定。

表 4-4-18　非沸溢性甲 B、乙、丙 A 储罐组隔堤内的储罐数量

单罐公称容量 V（m^3）	一个隔堤内的储罐数量（座）
$V < 5000$	6
$5000 \leqslant V < 20000$	4
$20000 \leqslant V < 50000$	2
$V \geqslant 50000$	1

注：当隔堤内的储罐公称容量不等时，隔堤内的储罐数量按其中一个较大储罐公称容量计。

（3）隔堤内沸溢性液体储罐的数量不应多于 2 座。

（4）非沸溢性的丙 B 类液体储罐之间，可不设置隔堤。

（5）隔堤应是采用不燃烧材料建造的实体墙，隔堤高度宜为 0.5m～0.8m。

4.7 覆土立式油罐设计要点

4.7.1 概述

覆土立式油罐适用于在低山、丘陵等凹凸地形地带建设，是军队和国家成品油储备常用的一种储罐形式。目前最大单罐容量为 10000m³。由于覆土立式油罐能够充分利用地形和有掩体，故其特点为：

①不受紫外线照射，外部环境影响小，可以有效地减少油品蒸发损耗，对储罐安全防火和储存油品质量的稳定性有好处；②可以做到不占好地和基本粮田；③具有一定的防护能力和便于伪装，可以做到建成后与周围地形基本相协调；④消防设施简单，只需设置一定量的消火栓系统。

但覆土立式油罐的建设费用相对较高，通常为地上油罐的 1.5 倍~2 倍；土石方挖填量一般为油罐容量的 3.5 倍~4.5 倍。

覆土罐区平面布置、覆土罐室结构、建成的覆土罐室和覆土罐区参见图 4-3~图 4-9。

4.7.2 油罐之间的防火距离

（1）甲 B、乙、丙 A 类油品覆土立式油罐之间的防火距离，不应小于相邻两罐罐室直径之和的 1/2。当按相邻两罐罐室直径之和的 1/2 计算超过 30m 时，可取 30m。

（2）丙 B 类油品覆土立式油罐之间的防火距离，不应小于相邻较大罐室直径的 0.4 倍。

（3）当丙类油品覆土立式油罐与甲、乙类油品覆土立式油罐相邻时，两者之间的防火距离应按上述 1 执行。

4.7.3 罐室建筑设计

（1）覆土立式油罐应采用独立的罐室及出入通道。

（2）罐室应采用圆筒形直墙与钢筋混凝土球壳顶的结构形式。

（3）罐室及出入通道的墙体，应采用密实性材料构筑。

（4）罐室球壳顶内表面与金属油罐顶的距离不应小于 1.2m。

（5）罐室壁与金属罐壁之间的环形走道宽度应为 0.8m~1.0m。

（6）罐室顶部周边应均布设置采光通风孔。直径小于或等于 12m 的罐室，采光通风孔不应少于 2 个；直径大于 12m 的罐室，至少应设 4 个采光通风孔。采光通风孔的直径或任意边长不应小于 0.6m，其口部高出覆土面层不宜小于 0.3m，并应装设带锁的孔盖。

（7）罐室球壳顶的中心部位应设检修孔，直径宜为 1.0m~1.6m。检修孔宜采用暗覆方式，并随罐室顶部做防水和覆土。

（8）罐室出入通道的宽度不宜小于 1.5m，高度不宜小于 2.2m。

（9）储存甲、乙、丙 A 类油品的覆土立式油罐，通道口（或口部防火围堤顶部）应高于罐室地坪大于或等于 2.0m。

（10）出入通道应采用上下楼梯式通道。

（11）罐室及出入通道的墙体，应保证在油罐出现跑油事故时不泄漏。管道穿墙处应做密闭处理。

（12）出入通道的口部，应设向外开启的防火密闭门，其耐火极限不得低于 1.5h。

（13）阀门操作间应设积水坑。沿罐室环墙根部应设内排水明沟，沟宽宜为 100mm，并引至积水坑。

4.7.4 罐室结构设计

1. 罐室球壳顶

（1）罐室球壳顶的计算荷载，应按壳顶自重、防水层重量、覆土重量、覆土面可变荷载以及油罐的安装荷载等确定。

（2）球壳顶应采用现浇钢筋混凝土壳体，球壳顶应与环墙顶混凝土圈梁连成整体。其连接区域的构造要求：

1）圈梁附近的壳板，应根据内力大小均匀逐渐加厚至不小于 2 倍的壳体厚度。加厚范围自圈梁内边缘算起，水平距离不宜小于壳体净跨的 1/12 ~ 1/10 或斜距不小于净跨的 1/7.5；

2）在壳体增厚区内，至少配置 $\phi6 \sim \phi10$ 间距不大于 200mm 的双层双向钢筋网，且均应锚入圈梁内；

3）在壳体受压区及主拉应力小于混凝土抗拉强度的受拉区域内，可按构造要求配筋，且钢筋直径不小于 $\phi6$。单层配筋时，钢筋最大间距不大于 250mm，双层配筋时，上下两层钢筋网应错开配置，钢筋最大间距不大于 300mm。

（3）罐室球面壳被覆应作强度验算和稳定性验算。强度验算时的内力分析可按现行行业标准《建筑工程可持续性评价标准》JGJ/T 222 中的有关规定执行。计算时可只考虑圈梁侧面的弹性抗力，不考虑壳体的弹性抗力。稳定性验算时球面壳的法向均布计算荷载不应超下式计算的临界荷载值。

$$q_{cr} = 0.06 E_h (\delta_h / R_k)^2$$

式中：q_{cr}——球面壳的法向均布计算临界荷载（MPa）；

E_h——混凝土的弹性模量（MPa）；

δ_h——球面壳的厚度（m）；

R_k——球面壳的曲率半径（m）。

（4）墙顶圈梁上的计算荷载，除无侧向弹性抗力和侧向抵抗力矩外，其余荷载均与洞库罐室圈梁相同。计算圈梁顶面集中荷载时应计入罐顶可变荷载。圈梁底面与墙顶的摩擦力可不考虑。圈梁计算同洞库罐室墙顶圈梁。

2. 罐室环墙

（1）罐室环墙上的计算荷载，可按混凝土顶和墙顶圈梁传来的荷载、回填土侧压力、墙身自重及变截面台阶上的回填土重等因素进行确定。圈梁底面摩擦力和抵抗弯矩在计算时可不考虑。环墙顶面作为圈梁地基，应对其进行强度验算。

（2）罐室环墙可按上、下端铰接的圆筒壳计算，径向截面按砌体中心受压构件计算，环向截面按偏心受压构件计算，纵向弯曲系数取 1.0。

（3）罐室截面承载力计算、环墙地基基础设计，以及构造要求等，应按有关规范执行。

3．油罐基础推荐做法

（1）油罐基础构造由上而下依次为：

——100mm 厚沥青砂绝缘层（或 150mm ~ 200mm 厚中粗砂垫层）；

——200mm ~ 300mm 厚级配砂石垫层；

——防渗膜大于或等于 100mm 厚钢筋防渗混凝土底板，并与罐室环墙基础连成一体；

——填料层。

采用中粗砂代替沥青砂绝缘层时，中粗砂应采用中性、干燥和过筛的干净砂子。

采用防渗膜代替钢筋防渗混凝土层时，防渗膜的做法宜参照国家标准《石油化工工程防渗技术规范》GB/T 50934—2013 的有关规定执行。

（2）油罐罐壁下宜设钢筋混凝土环梁，环梁的上表面宜高出罐室环形通道设计地坪 20mm ~ 50mm。

（3）油罐基础宜设检漏管，检漏管应由防渗混凝土底板或防渗膜的上表面级配砂石垫层引出罐室环形通道地面以上 20mm ~ 30mm，检漏管的公称直径应为 50mm。检漏管应沿油罐基础环向均布设置，间距不大于 25m，且每罐至少 2 个。

4.7.5　外防水

（1）罐室及出入通道的外墙面和顶部外表面，应采用沥青等防水材料做防水。

（2）罐室及出入通道的外墙根部应设排水盲管或盲沟。排水盲管或盲沟沿外墙体敷设的顶部标高，应低于相应各点的室内地坪标高，且排水坡度不应小于 3‰。采用排水盲管时，排水盲管的直径不应小于 300mm；采用排水盲沟时，排水盲沟的排水断面不应小于 0.1m²。

（3）覆土立式油罐的防洪标准一般按洪水重现期 100 年考虑。山坡汇水面积较大时，应在罐室迎水面的山坡或切坡上游设置截洪沟。

4.7.6　覆土

（1）罐室、出入通道和墙体周围 1.0m 范围内应采用细土回填，压实系数一般不小于 0.85。

（2）罐室及出入通道的顶部覆土厚度应大于或等于 0.5m，周围覆土坡度不应大于 65%（约 1:1.5），并对覆土面层采取栽种草皮等相应的稳固措施。

4.7.7　事故油品防控

1．罐室要设置事故外输管道

事故外输管道的设置一般要满足下列要求：

（1）应满足用泵腾空泄漏在罐室的油品要求，其公称直径宜与油罐出油管道的公称直径相一致，但不得小于 100mm。

（2）事故外输管道应由罐室阀门操作间处的积水坑处引出罐室外，并宜满足在事故时能与输油干管相连通。

（3）事故外输管道应设控制阀门和隔离装置。控制阀门和隔离装置应设在罐室外便于人员操作和事故时不易遭受危及的部位。

（4）事故外输管道应采用无缝钢管，控制阀门应采用钢制阀门。

（5）事故外输管道在罐室阀门操作间内的管口应设防鼠网。

2．罐区要设置事故存油坑（池）

储存甲、乙、丙 A 类油品的覆土立式油罐区，应按不小于区内储罐可能发生油品泄漏事故

302 时，油品漫出罐室部分最多一个油罐的泄漏油品设置区域导流沟及事故存油坑（池）。

4.7.8　对油罐及其附件的一些特殊要求

（1）梯子踏步。

1）踏步可直接焊在罐体上，宽度宜为 0.6m ~ 0.7m；

2）高于罐室环形通道地面 2.2m 以下的高度应采用活动斜梯或移动式铝合金梯，并应有防止磕碰发生火花的措施；

3）梯子上平台要考虑在受限空间内人员能够上罐，一般低于罐拱角约 0.3m；

4）罐顶护栏高度一般为 0.7m。

（2）罐壁人孔一般设两个，其中一个应朝向阀门操作间，用于油罐检修时便于人员进出和进料。

（3）应有一个罐顶人孔设在罐顶中央板上，用于油罐检修时连接通风管道。

（4）罐顶上的仪表安装孔，与罐壁、人孔、排水槽、进出油接合管等附件的水平距离不应小于 1.0m。其公称直径应按所选的仪表安装要求确定。

（5）甲、乙类油品覆土立式油罐的量油口（带锁），不应设在罐室内（引出上部覆土地面）。

（6）油罐进出流量大于 $170m^3/h$，一般设两根通气管，引出覆土面 1.0m ~ 1.5m，且每根通气管的流速不宜超过 1.4m/s。通气管口按规定装设呼吸阀和阻火器。

4.7.9　消防

1.　消防给水

（1）只考虑灭火时掩护人身、冷却地面及储罐附件的保护用水量。

（2）供水强度不应小于 0.3L/s·m，用水量计算长度应为最大储罐的周长。当计算用水量小于 15L/s 时，应按不小于 15L/s 计。

（3）冷却水供给时间覆土立式油罐不应少于 4h。

（4）消防给水管道可枝状敷设。

（5）油罐区的消火栓保护半径不宜超过 80m；消火栓距罐室及通道口部的距离不应小于 15m；油罐周围 30m 范围内的植被应在消火栓的保护半径之内；每座油罐至少要有两个消火栓能够对其提供保护。

2.　泡沫灭火

（1）采用移动式低倍数泡沫灭火系统（一般只用泡沫消防车，不设泡沫管道系统）。

（2）油罐直径小于或等于 20m 的覆土立式油罐，同时使用的泡沫枪数不应少于 3 支。油罐直径大于 20m 的覆土立式油罐，同时使用的泡沫枪数不应少于 4 支。

（3）每支泡沫枪的泡沫混合液流量不应小于 240L/min，连续供给时间不应小于 1h。

4.7.10　其他

（1）罐室一般不允许引入强电；对甲、乙类覆土油罐，罐室内的测量仪表等应采用本安型。

（2）基本施工步骤：

罐室基础与环墙—钢筋混凝土顶—油罐安装—通道（或预留油罐安装进料口，待油罐安装完后再封口）—外防水—覆土等。

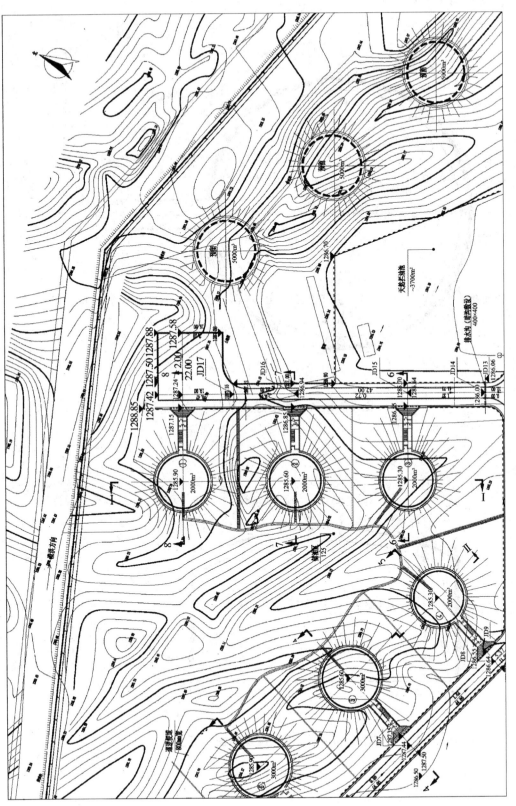

图 4-4-5　覆土罐区平面布置图举例

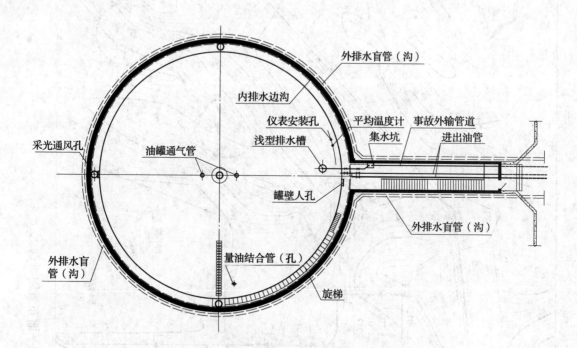

图 4-4-6 覆土罐室平面示意图

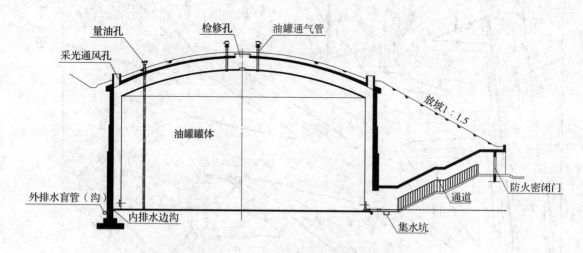

图 4-4-7 覆土罐室立面示意图

图 4 – 4 – 8　施工中的覆土罐室

图 4 – 4 – 9　施工中的覆土罐室

图 4 - 4 - 10　建成的覆土罐室

图 4 - 4 - 11　建成的覆土罐区

5 易燃和可燃液体泵站

5.1 油泵站的建筑形式

关于油泵站的建筑形式,国家标准《石油库设计规范》GB 50074—2014 第 7.0.1 条规定:

易燃和可燃液体泵站宜采用地上式。其建筑形式应根据输送介质的特点、运行工况及当地气象条件等综合考虑确定,可采用房间式(泵房)、棚式(泵棚)或露天式。

泵机组是设置在泵房内还是泵棚下或露天布置,要考虑气候条件、输送物料的性质、泵机组的运行情况及泵体的材质等因素。

5.1.1 在极端最低气温低于 – 30℃ 的地区(包括东北、内蒙古、西北大部地区),考虑到在这样严寒地区泵机组运行及管理的实际困难,需设置泵房。

5.1.2 极端最低气温在 – 20℃ ~ – 30℃ 的地区应根据输送介质的性质(黏度、凝固点)、运行情况(是长时间连续运行,还是非长时间连续运行)、泵体材质以及风沙对机泵运转及操作的影响等因素,考虑设泵房或泵棚。

5.1.3 在极端最低气温高于 – 20℃、累计平均年降雨量在 1000mm 以上的地区,推荐设置泵棚。

5.1.4 每年最热月的月平均气温高于 32℃ 的地区,宜设泵棚。

5.1.5 历年平均降雨量在 1000mm 以上的地区应设置泵棚。

5.1.6 上述以外的地区,可采用露天布置。

在泵站设计中,应尽量避免采用地下泵房。地下泵房不便于解决防排水问题,同时土方工程量大,也容易积聚油气,给建筑施工、设备安装、操作使用,特别是安全管理带来很多问题,所以推荐油泵站建成地上式。从建筑形式看,泵房虽有利于设备和操作环境,但一方面增大了建房、通风等的投资,另一方面容易积聚油气,于安全不利;露天泵站造价低、设备简单、油气不容易积聚,但设备和操作人员易受环境气候影响;泵棚则介于泵房与露天泵站之间,应当说是一种较好的泵站形式。

5.2 泵房或泵棚的建筑设计

泵房或泵棚的设计除了考虑机泵布置以外,还应考虑变电、配电、休息室、卫生间等辅助设施。

5.2.1 泵房或泵棚的柱间距和长度要根据泵机组和管道的布置来确定。

5.2.2 泵房或泵棚的跨度:单排泵的最小跨度不宜小 6m;双排泵宜为 9m。

5.2.3 泵房或泵棚的净空应满足设备安装、检修和操作的要求,且不应低于 3.5m;当采用起重机械时,应根据机械的尺寸和起重操作要求来确定净空高度。

5.2.4 泵房的门宜开设两扇以上,其中之一要满足最大泵机组通过;门应向外开。当建

308 筑面积小于 100m² 时，允许只开一扇门。

5.2.5 泵房（间）的门、窗采光面积，不宜小于其建筑面积的 15%。

5.2.6 泵房或泵棚的地面一般应比周围地区的地面标高高出 200mm 左右。泵及其他设备基础高出地面不应小于 150mm。配电间的地面至少要比泵房地面高出 300mm，比附近地面高出 600mm。

5.2.7 腐蚀性介质泵站的地面、泵基础等其他可能接触到腐蚀性液体的部位，应采取防腐措施。

5.2.8 输送液化石油气等甲 A 类液体的泵站，应采用不发生火花的地面。

5.3　泵的选用和布置

5.3.1　基本参数的确定

1. 流量

确定泵的流量具体要考虑下列因素：

（1）装卸物料用泵的流量要考虑交通运输部门对装卸时间的要求和一次装卸总量。

对于铁路装卸作业要考虑每种油品的一次装卸车辆数和装卸时间。对大宗油品，每种油品的一次装车量一般可按一列车的辆数考虑；对小宗油品，除了按年出厂量确定每种油品一次装车量以外，还应与铁路方面充分协商以最终确定一次装车的车辆数。一般情况下，每种油品每次的净装油时间为 3h ~ 4h。

原油卸车（下卸）泵的流量，要满足在两次来车的最短时间间隔内，将零位油罐里的原油完全转走的要求。可按在 12h ~ 16h 内转送完一天的卸油量考虑。

对于油船的装卸作业要考虑泊位净装卸时间和船的吨位。行业标准《石油化工码头装卸工艺设计规范》JTS 165 - 8—2007 推荐不同吨位的油船净装卸时间如表 4 - 5 - 1 所示。

表 4 - 5 - 1　装船港泊位净装卸油时间

泊位吨级（DWT）	500	1000	2000	3000	5000	10000	20000
净装船时间（h）	3 ~ 5	5 ~ 7	7 ~ 9	8 ~ 10	9 ~ 11	10 ~ 12	12 ~ 14
净卸船时间（h）	4 ~ 6	6 ~ 8	8 ~ 10	9 ~ 11	11 ~ 13	12 ~ 15	12 ~ 15
泊位吨级（DWT）	30000	50000	80000	100000	150000	200000	300000
净装船时间（h）	12 ~ 15	12 ~ 16	14 ~ 17	15 ~ 18	16 ~ 20	20	20
净卸船时间（h）	15 ~ 18	17 ~ 18	22 ~ 25	24 ~ 27	26 ~ 30	30 ~ 35	35 ~ 40

内河港口装油泵的能力应根据设计船型舱底母管内油品流速为 4.5m/s 时的流量最大值来选配。

此外，当某一种产品有可能在几个大小不等泊位上装船时，除了考虑净装油时间要求外，尚应考虑选用流量大小不等的泵来适应不同泊位的要求。

对于汽车装车泵的流量，应根据装同一种产品的车位和每个车位的装车流量来确定。当一种产品的车位数多于 3 时，由于装车时不是所有车位上的装油阀全都打开，泵的设计流量应比所有装油阀全开的流量小。

（2）对多种用途的泵，其流量要考虑主要作业的要求，使泵的主要作业在经济合理的条件下运行。

（3）在某些作业中要求泵在低流量下长期操作，应考虑泵发热的可能性。

（4）要留有一定余量，一般为 10% 左右。

2. 扬程

泵的扬程应满足在输送流量下的管道压力降、位差及静压差等的要求。具体要考虑下列因素：

（1）要考虑储罐或容器内液位变化和内压变化的不利因素。对于常压储罐，应取满罐时的最高液位。对于压力容器，在装卸或输转作业中，有气相连通管道时，除考虑液相管道的阻力降外，还应考虑气相管道的压力降。在向密闭容器内输送物料时，要考虑容器内气相压缩冷凝引起的压力升高的影响。在最不利条件下，容器内压力可能达到容器安全阀的泄放压力。

（2）要考虑各种安装在管道中的流量计、调节阀等仪表的局部阻力降。

（3）对输送黏性物料泵要考虑黏度对扬程的影响。

（4）要考虑在管道阻力降算中存在某些不可预见的因素。对扬程的选择要留有一定余量，一般为 10% 左右。

3. 泵工作点的确定

当泵的流量和扬程初步确定以后，还必须用泵的工作特性曲线和管道系统的工作特性曲线来确定泵实际的工作点，并由此来核算泵的轴功率和原动机的功率。在输送黏性液体时（运动黏度大于 $20mm^2/s$），泵的工作特性曲线要作黏度修正。在绘制管道系统的工作特性曲线时，可考虑选择不同的管径来调节泵的工作点以使其在高效区工作。

连续长期运转的泵，其工作点一定要靠近泵的高效率点。

5.3.2 泵型选择

（1）油泵的类型应根据泵的用途、输送介质性质和输送条件确定。

（2）按离心泵在输送油品及其他介质时的效率换算系数划分，该系数大于或等于 0.7 时，应选用离心泵；在 0.45 ~ 0.7 之间，可根据情况选用离心泵、螺杆泵、往复泵或其他容积泵；小于 0.45 时，应选用螺杆泵、往复泵或其他容积泵。

（3）要求泵有较强抽吸性能时，宜选用往复泵、齿轮泵、螺杆泵、滑片泵、转子泵等容积式泵。

（4）用于抽吸油罐车内油品的泵宜选用滑片泵、潜液泵或真空泵配离心泵。

（5）输送轻质油品时，在操作条件允许的情况下，宜优先选用离心式管道泵。

（6）泵型选择除按上述方法进行外，还可参考《泵、轴封及原动机选用手册》（石油工业出版社 1999 年出版）进行。

5.3.3 泵型介绍

对各种不同类型，都有其一定适用范围，简单介绍如下：

1. 离心泵

（1）适用于输送温度下介质黏度不大于 $650mm^2/s$，否则泵的效率会降低很多。

（2）流量小、扬程高时不宜选用离心泵。

（3）介质中溶解或夹带的气体量大于5%（体积）时，不宜选用离心泵。

（4）要求流量变化大、扬程变化小时，宜选用 $Q-H$ 曲线平坦的离心泵；要求流量变化小、扬程变化大时，宜选用 $Q-H$ 曲线陡斜的离心泵。

（5）介质中含有固体颗粒在3%（体积）以下时，可选用离心泵，超过3%时，要选用特殊泵。

2. 旋涡泵

（1）用于输送温度下介质黏度为 $20 \times 10^{-6} m^2/s \sim 35 \times 10^{-6} m^2/s$、温度不大于100℃、流量较小、扬程不高、 $Q-H$ 曲线要求较陡时，可选用旋涡泵。

（2）介质中夹带气体大于5%（体积）时，可选用旋涡泵。

（3）要求自吸时，可选用 WZ 型旋涡泵。

3. 容积式泵

（1）输送温度下的介质黏度小于 $10000 mm^2/s$ 时，可选用容积式泵，黏度在 $300 mm^2/s \sim 120000 mm^2/s$ 时，可选用 3GN 型高黏度三螺杆泵。

（2）介质中溶解或夹带气体大于5%（体积）时，可选用容积式泵。

（3）流量较小、扬程要求较高时，可选用往复泵。

（4）介质润滑性能较差时，不应选用转子泵，可选用往复泵。

（5）用于离心泵灌泵和抽吸运油容器底油的泵可采用容积泵。以往多采用水环真空泵引油，由于真空泵工作中常常漏水，造成泵站集水，冬天还易冻，而且必须采用真空罐，真空罐是一个危险源。另外，真空泵排出的油气易造成污染、能源浪费，并有可能引发火灾事故，所以不宜采用真空泵。现在有些容积泵（如滑片泵）完全可以替代真空泵，且无真空泵上述缺点。

5.3.4　泵的台数和备用泵

1. 正常操作台数

流量比较稳定时，一般只设一台操作泵。流量变化大的作业，可采用几台泵同时操作，但在任何情况下，均不宜采用多于三台泵。

下列情况可考虑采用两台泵并联操作：

（1）流量大，单台泵不能满足要求；

（2）对于需要一台备用泵的大型泵，如改用两台较小泵并联操作，则备用泵可变小。

（3）对于某些大型泵可采用两台70%流量泵并联操作，不设备用泵。

（4）流量变化大而扬程要求不变时，可选用两台扬程相同的泵并联操作或单台操作。当输送系统需要高扬程而单台泵不能满足要求时，可用两台离心泵串联操作。

2. 泵的备用原则

储运系统用泵情况比较复杂，要求各不相同，要综合考虑各种因素来确定泵的备用。

（1）对长时间连续操作的泵一般应设备用泵。

（2）对经常操作但非长时间连续运转的泵，不宜专设备用泵，可与输送介质性质相近且性能符合要求的泵互为备用或共设一台备用泵。当输送同一介质的操作泵超过两台时，一般不宜设备用泵。

（3）在运转中因故中断而不影响生产的泵不应设备用泵。

（4）输送剧毒介质和腐蚀性介质的泵，宜设备用泵。

（5）输送同一种介质的备用泵不得超过一台。

5.3.5 泵的材料

泵体和叶轮的材料选择应根据输送介质的性质、操作温度、操作压力和环境温度来选用。

（1）操作温度。当操作温度高于 –20℃，低于 200℃时，可选用Ⅰ类材料（铸铁）；当温度在 –20℃ ~ –45℃或 200℃ ~ 400℃时，应选用Ⅱ类材料（铸钢）。

（2）输送介质。输送液化石油气、液氨等介质时，一般选用Ⅱ类材料（铸钢）；输送酸、碱等腐蚀性介质时，一般选用合金钢材料；输送高洁净度介质时宜选用不锈钢材料。

（3）环境温度。当泵露天布置，而环境最低温度在 0℃以下时，一般不宜选用Ⅰ类材质（铸铁）。

Y型离心油泵的选材按液体操作温度和腐蚀性可分为三类，如表 4 – 5 – 2 所示。

表 4 – 5 – 2　Y型离心油泵材料类别

材料分类		Ⅰ	Ⅱ	Ⅲ
耐腐蚀程度		不耐腐蚀	不耐腐蚀	耐中等硫腐蚀
使用温度		–20℃ ~200℃	–45℃ ~400℃	–45℃ ~400℃
零件名称	泵体	HT25 – 47	ZG25	ZGCr5Mo
	叶轮	HT20 – 40	ZG25	ZG1Cr13
	轴	45	35CrMo	3Cr13

5.3.6 泵机组的布置

泵机组的布置要便于生产操作和设备维修，并要为扩建留有一定余地。油泵机组单排布置时，原动机端部至墙（柱）的净距，不宜小于 1.5m。相邻油泵机组机座之间的净距，不应小于较大油泵机组机座宽度的 1.5 倍。

易燃和可燃液体装卸区不设集中泵站时，泵可设置于铁路罐车装卸栈桥或汽车罐车装卸站台之下，但应满足自然通风条件，且泵基础顶面应高于周围地坪和可能出现的最大积水高度。（注：摘自国家标准《石油库设计规范》GB 50074—2014）

此外，泵机组的布置还要考虑下列要求：

（1）泵机组宜布置为单排，在泵机组较多时，也可采用双排布置。

（2）成排布置的泵机组，宜以泵端基础边线取齐。

（3）泵机组与泵房侧墙（或泵棚侧柱）的净距不宜小于 1.5m。

（4）泵机组单排布置时，泵房或泵棚内的主要通道宜设在动力端。

石油库的泵绝大部分从油罐自流进泵，管道一般敷设在管墩上，因此泵端主要布置泵的进出管道、管件、阀门、过滤器及操作平台，而另一端为动力（电机）端，此端设置通道，方便操作人员通行和机泵运送。

（5）泵机组双排布置时，两排泵机组之间的净距不宜小于 2m。

312 **5.4　泵的安装**

离心泵和转子泵的几何安装高度由式（4－5－1）计算。

$$H_{gs} = \frac{(P_{vs} - P_v)}{r} \times 100 - (NPSH)_r - h_{ls} \qquad (4-5-1)$$

式中：H_{gs}——泵实际几何安装高度，即进泵侧容器的最低液面至泵中心线的垂直距离（高度差），灌注时为负值，吸上时为正值（m）；

　　P_{vs}——泵进口侧容器液面压力（绝）（MPa）；

　　P_v——输送温度下液体的饱和蒸气压（绝）（MPa）；

　　r——输送温度下液体的相对密度；

　（$NPSH$）$_r$——必需汽蚀余量（由泵制造厂通过试验测定）（m）；

　　h_{ls}——进口侧管线系统的阻力（m）。

为了保证泵在不发生汽蚀的条件下长期正常运转，可采取下列措施来防止或减弱汽蚀的影响：

（1）抬高泵吸入侧容器的标高或降低泵的安装高度，如采用立式浸没式泵。对于从压力容器吸入的泵，可加大容器液面上的气相压力。这是一种较有效的措施，但要避免使构筑物过高或设地下泵房而不经济。

（2）减小泵需要的汽蚀余量，选用汽蚀余量较小的泵，如采用双吸式泵。

（3）如有可能与制造厂联系，在离心泵中加设前置诱导轮、在旋涡泵中加前置离心式轮来改善泵的吸入性能。

（4）在主泵前加设低汽蚀余量的增压泵。

（5）加大吸入管径、减少阀门、弯头数量，以减少吸入管道系统的阻力损失。

（6）叶轮采用抗气蚀性能好的材料，以减弱汽蚀对叶轮的影响，延长叶轮使用寿命。

（7）降低泵的转数，可以减少泵需要的汽蚀余量，改善泵的吸入性能。这样的措施只能在降速时泵的扬程和流量仍能满足工艺要求的情况下采用。

5.5　泵的配管

5.5.1　泵入口过滤器及其选用

为保证正常操作和维修，在泵的入口管道上要安装过滤器。容积式泵和输送原油或重质油品泵的入口管道上安装永久性过滤器；输送轻质油品或类似介质泵的入口管道上安装临时过滤器或 Y 型或 T 型过滤器。

过滤器的过滤面积（过滤网孔的有效通过面积）一般为管子截面积的 2 倍~3 倍。在输送易凝、黏稠介质时，由于很容易堵塞过滤网孔，其过滤面积可以增加到 5 倍及以上。

对于容积式泵，如螺杆泵，由于其装配间隙很小，对输送介质的过滤要求较高。在这种情况下，应结合泵的性能、对介质的要求和确保良好的吸入条件，综合考虑其过滤面积。

过滤网的网孔直径一般为 1.5mm~4mm，当要求介质颗粒极小时，可再减小。

过滤器安装在泵入口嘴子和切断阀之间，要便于安装、清理和检修。

5.5.2 泵进出口管道的设计

（1）并联操作的离心泵出口应设置止回阀；单台操作的离心泵出口管道宜设置止回阀。

（2）容积式泵的出口管道要设安全阀，当泵自带安全阀时，可不另设。

（3）泵进出口主管道的管径由计算确定，但入口管的直径不得小于泵入口嘴子的直径；离心泵入口处的有效汽蚀余量（$NPSH$）。不得低于泵必需汽蚀余量（$NPSH$）$_r$。

当泵出口管道的直径比泵嘴子大时，泵出口切断阀的直径要比泵嘴子大一级。

当泵入口管道和泵嘴子直径不同时，泵入口切断阀的直径可按表4-5-3选用。

表4-5-3　泵入口管直径、泵入口嘴子和泵入口切断阀直径关系表

主管 *DN* 泵嘴 *DN*	15	20	25	40	50	80	100	150	200	250	300
15	15	20	20	25	40						
20		20	25	25	40						
25			25	40	40	50					
32				40	40	50	80				
40				40	50	50	80				
50					50	80	80	100			
65						80	80	100	150		
80						80	100	100	150	200	
100							100	150	150	200	
125								150	150	200	250
150								150	200	200	250
200									200	250	250
250										250	300
300											300

（4）输送易凝介质的泵进出口管道要考虑防凝措施。可设置暖泵线或设固定式或半固定式扫线接头。用蒸汽或压缩空气扫线时，其扫线介质主管道上要设置切断阀、止回阀和检查阀。

（5）泵进口管道的最高点处和泵出口管道上要设置排气阀。液化石油气泵的进出口管道均应设置放空阀。放空阀不能就地排放，要排入放空油气管网。

（6）泵的进出口管道一般采用地上敷设。管道水平安装时，使其以0.003左右的坡度坡向主管带。

314

（7）离心泵进口管道要尽可能缩短，尽量减少拐弯，需要变径时，应选用偏心大小头。安装时，下部吸入时取顶平。上部吸入时取底平，如图4-5-1所示。

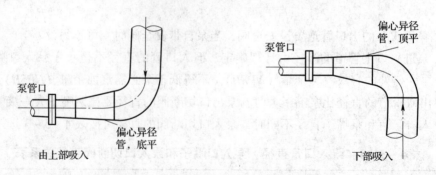

泵管口

偏心异径
管，底平

由上部吸入

泵管口

偏心异径
管，顶平

下部吸入

图4-5-1　泵进口管道上的异径管

（8）泵进出口管道上的阀门宜将阀杆布置在一条直线上。相邻两个阀门最突出部分的净距不宜小于120mm。

（9）为便于检修，泵进出口管道距地面的净空一般不宜小于200mm。架空管道在通道上空距地面的净空不宜小于2m。

（10）泵的进出口管道要设置支撑，以减少泵嘴子的受力，必要时要进行推力计算。作用于泵嘴子处的力不得超过泵嘴子允许承受力。

（11）容积式泵进出口管道间一般要设跨线。对装有泵超压报警切断系统（如电接点压力表）的泵，为了泵启动运转的安全平稳，仍应设跨线。

（12）为了便于操作，泵房或泵棚中宜设置操作平台。

5.5.3　油泵站的油气排放管的设置应符合下列规定：

（1）管口应设在泵房（棚）外。

（2）管口应高出周围地坪4m及以上。

（3）设在泵房（棚）顶面上方的油气排放管，其管口应高出泵房（棚）顶面1.5m及以上。

（4）管口与配电间门、窗的水平路径不应小于5m。

（5）管口应装设阻火器。

5.6　泵用电动机和电动葫芦

5.6.1　泵用电动机

1. 型式选择

石油库用泵一般选用鼠笼式交流异步电动机。

2. 电压选择

电源的电压由工厂的电源系统决定。高压一般为6000V或3000V，低压为380V；从低压配电元件保护考虑，按功率界限选择电压。

高压电源为6000V时：

$N_m \geqslant 200$kW，用6000V；$N_m < 200$kW，用380V；

高压电源为 3000V 时：

$N_m \geqslant 100kW$，用 3000V；$N_m < 100kW$，用 380V。

3. 电动机需要的功率计算

电动机需要功率 N_m 按式（4-5-2）和式（4-5-3）计算：

$$N_m = K \frac{N}{\eta_t} \tag{4-5-2}$$

$$N = \frac{QHr}{367\eta} \tag{4-5-3}$$

式中：N_m——配套电动机最小功率（kW）；

　　　N——泵轴功率（kW）；

　　　η_t——传动效率；直接传动 $\eta_t = 1.0$，皮带传动 $\eta_t = 0.9 \sim 0.95$，齿轮传动 $\eta_t = 0.9 \sim$

　　　　　0.97；

　　　K——电动机额定功率安全系数，可按表 4-5-4 确定；

　　　Q——输送温度下泵的流量（m³/h）；

　　　H——扬程（m）；

　　　r——输送温度下液体的相对密度；

　　　η——泵的效率（%）。

表 4-5-4　安全系数 K

泵名称	轴功率（kW）	安全系数 K	备 注
一般离心泵	≥75	1.1	
	21～74	1.15	
	3～20	1.25～1.30	
	<3	1.5	
开式旋涡泵		1.6～2.5	
闭式旋涡泵		2.2～3.3	
容积式泵		1.1～1.25	

4. 水运时电动机功率选用

泵输送液体密度小于水时，电动机功率要满足水运时的需要（不加入水运者除外），即电动机功率应不小于泵按最小连续流量输送水所需功率。在某些标准中，最小连续流量近似地采用额定流量的 30%。

5. 电力负荷分级要求

根据用电设备对供电可靠性的要求，电力负荷可以分为下列三级：

（1）一级负荷：突然停电，将造成人身伤亡危险，或重大设备损坏且难以修复，或给国民经济带来重大损失者；

（2）二级负荷：突然停电，将产生大量废品、大量原材料报废，大量减产或将发生重大设备损坏事故，但采取适当措施能够避免者；

316

（3）三级负荷：不属于一级及二级负荷的用电设备。

石油库中多数情况下，油泵供电负荷等级可为三级。

5.6.2　电动葫芦

当泵机组的重量超过 1000kg 或台数较多时，泵房或泵棚内宜设置检修用的吊装设备。

最常用的吊装设备是电动葫芦。它具有尺寸小、重量轻、结构紧凑、操作简便、使用机动性大等特点。

泵房或泵棚内常用的电动葫芦为 CD 型，是一种简便的起重机械，由运行和起升两大部分组成，一般安装在直线或曲线工字钢梁轨道上。选用时起重量一定要满足使用中出现的最大起重量的要求；起重高度要满足泵机组最大部件检修安装时的要求。

在爆炸危险区域内使用的电动葫芦应采用防爆电机。

6　铁路油罐车装卸设施

石油库的铁路装卸设施包括铁路专用线、装卸栈桥及鹤管、输油管道、真空系统及计量设备等。一般油库的铁路装卸设施均为装卸合用，也有单装、单卸的，这由石油库的进出油的方式和数量决定。

6.1　装卸油品方式的选择

油品的铁路装卸方式取决于油库的地形条件和油罐车的结构型式。由于轻质油罐车不设下部卸油接管，所以轻质油的铁路装卸方式采用上装上卸的方式；原油和重质油罐车设有下卸接管，所以其铁路装卸方式多采用上装下卸的方式。

6.1.1　上部装油

目前国内铁路油罐车装车时都采用上部装车的方式。装车时将鹤管从油罐车上部人孔插入油罐车内，然后用泵或利用油罐和油罐车之间的位差自流装油。操作时主要控制好装车流速和装油量。在开始装油时油品流速不能大于 1m/s，待油品浸没鹤管末端后流速可以加大，到最后时要降低流速，以防冒罐并减少关阀时的水力冲击。装油时的最大流速，不应大于 4.5m/s。

6.1.2　上部卸油

轻质油品采用的上部卸油是将鹤管从油罐车上部的人孔插入油罐车内，然后用泵抽吸或虹吸自流卸车。具体又可分为：

1.　用泵上部卸油

一般用离心泵上部卸油必须在卸油前保证泵吸入管道系统充满油品，并在鹤管的顶点和泵吸入系统任何部位不因存在气体而产生气阻现象。为此，应设置真空系统（包括真空泵、真空罐及其管道）或设置有自吸能力的容积式泵（如滑片泵或转子泵），满足灌泵和抽吸油罐车底油的要求。

2.　自流卸油

如果油库地形有条件的话，可将装卸栈台建在地形较高的地方，使油罐车的最低液位也能高于储油罐的最高液位时，可考虑利用其高差形成的位能，设自流卸车系统。当然必须真空系统帮助实现虹吸，造成自流卸车的条件。自流卸车可省去许多设备、能源及投资，操作上也安全、可靠。

3.　浸没泵卸油

以往用真空系统（包括真空泵、真空罐及其管道）或设置有自吸能力的容积式泵（如滑片泵或转子泵）抽真空卸汽油，在夏季很难避免产生气阻现象，故现在大多数油库采用浸没式油泵进行油品上卸。浸没式油泵安装在卸车鹤管的下端，泵利用电动机或液压（或气压）系统带动，卸车操作简单，对消除蒸气压较高的油品（如汽油）的气阻现象特别有效。浸没式油泵卸车工艺的缺点是，由于鹤管下端安装有浸设泵，鹤管比较沉重，操

318 作不便。

6.1.3 下部卸油

下部卸油是目前接卸黏油（包括原油）罐车时广泛采用的方法。它由下卸鹤管、集油管、导油管、零位罐、轻油泵等组成。下卸鹤管将油罐车和集油管连接起来，利用油罐车和零位罐之间的液位差，将油品自流入零位罐，然后再用转油泵送入油品油罐。

6.2 一列油罐车的车数

对规模较大的装、卸油设施，常是整列收发。一列罐车的车数是一次到达装、卸油设施的可能最多油罐车数，设该车数为 N，则

$$N = \frac{\text{列车途经的铁路线上机车的牵引定数}}{\text{一辆油罐车的自重} + \text{标记载重}} \qquad (4-6-1)$$

式中右侧各参数单位均为 t。

在设计工作中，一列罐车的车数不能自行计算确定，应在设计工作开始时即向铁路部门咨询，并得到装、卸油设施所在地铁路管理部门的认同。

6.3 装卸车位数确定

油品装卸栈桥的规模和数量应按油品年运输量经计算并圆整求得的该种油品日到库油罐车数，并结合每批进出库油罐车的数量和日装车批数确定。

每种油品一日内到库的最大油罐车数可按下式计算确定：

$$n = \frac{kG}{\tau V \rho A} \qquad (4-6-2)$$

式中：n——某种油品一日内到库的油罐车数（辆）；

k——铁路运输不均衡系数，原油库推荐值为 $k = 1.2$，商业成品油库推荐值为 $k = 2 \sim 3$；

G——油品的年运输量（t）；

τ——油品的年操作天数，一般为 350d；

V——油罐车的容积（m^3）；油罐车的种类和规格较多，当有几种规格时，可按其加权平均值考虑；

ρ——油品装卸温度下的密度（t/m^3）；

A——油罐车装满系数，原油、汽油、灯用煤油、轻柴油、喷气燃等可取 $A = 0.90$；润滑油、重油、液体沥青宜取 $A = 0.95$；液化石油气宜取 $A = 0.85$。

大宗油品的装卸台数量由下式计算：

$$N = \frac{n}{n_1 n_2} \qquad (4-6-3)$$

式中：N——某种油品的装卸台计算座数（座）；

n——某种油品一日内到库的油罐车数（辆）；

n_1——油品日装卸车批数（批/d）；日装卸车批数不宜大于 4 批；

n_2——每座装油台的每批装车车辆数（辆）。

对大宗油品，采用小鹤管装卸车，每座装卸油台的每批车辆数量一般宜按一列车车辆

数考虑，双侧装、卸车，每侧半列车，最大按每侧一列车考虑；采用大鹤管装车，宜按小爬车的牵引能力确定，每侧 12 辆，双侧共 24 辆。

计算所得的 N 值，如非整数，应作处理，整数部分为某种油的装卸台数，小数部分可考虑与允许同台装卸的其他油品组合设台，此时，当小数大于 0.5 时，台上可设该种油品鹤管 n_2 个，当小于 0.5 时，台上设该种油品鹤管 $n_2/2$ 个。

小宗油品的装卸油台应先根据哪些油品可以同台装卸，进行组合确定装卸台数。每个台的车位数按下式计算：

$$J = \frac{\sum n}{n_1} \qquad (4-6-4)$$

式中：J——一座小宗油品装卸台的车位数，即每批装车车辆数；

$\sum n$——同台装卸的各种油品日装卸车辆数总和（辆）；

n_1——油品日装、卸车批数（批/d）。

算得的 J 如小于 5 辆，应与有关铁路部门协商，确定每批车的最少车辆数。台上每种油品的鹤管数可取每日装卸车辆数，但不大于每批车辆数 J。

每批车的净装油时间宜为 3h～4h。

计算所得结果应与铁路管理部门充分协商，必要时则应调整计算，例如调整装车批数以满足铁路方面对每批车辆数的要求。

6.4 原油卸车

6.4.1 工艺流程

原油卸车设施是为了使罐车中的原油顺利地卸出并送至原油储罐的专用设施，应采用密闭自流、下卸式工艺流程。一般情况下，该设施包括卸油台、鹤管、汇油管、过滤器、导油管、零位罐及转油泵等内容。设施的工艺流程如图 4-6-1 所示。

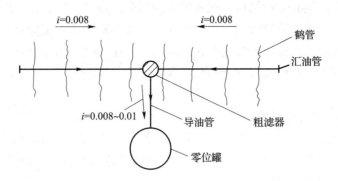

图 4-6-1 卸车流程示意图

6.4.2 原油卸油台

原油卸车设施宜设卸油台，以完成开、闭罐车顶盖及卸油中心阀等操作。台面应较铁路轨顶高 3.4m～3.6m。台面宽度应为 1.5m～2.0m。台下地面应铺砌。卸油台范围内的铁路应采用整体道床，道床两侧应设置防渗漏的排水沟。卸油台进车端应向来车方向设指示卸油作业完成情况的信号灯，灯的开关应设置在台上。

卸油台的结构设计应符合下列规定：

（1）卸油台应用耐火、不滑和不渗水的材料制作，应便于清扫。

（2）卸油台两端应各设一斜梯，台子中间应每隔60m左右设一安全梯。

（3）卸油台可用钢结构或混凝土结构，柱间距应与卸油鹤管间距协调，一般为6m或12m。

单侧卸油台的长度按式（4-6-5）计算确定：

$$L = l\left(n - \frac{1}{2}\right) \qquad (4-6-5)$$

双侧台卸油台的长度按式（4-6-6）计算确定：

$$L = \frac{l}{2}(n-1) \qquad (4-6-6)$$

式中：L——卸油台长度（m）；

l——一辆罐车的计算长度（m/辆）；可取12m，特殊情况可按实际车长计算。

n——一列车的辆数（辆/列）。

单侧台调车次数少，但占地较双侧台多，而且一列车中每辆罐车的车长不会与鹤管间距（一般均取12m）正好相同，所以列车头部与鹤管对位后，列车越长则尾部车对位就越困难，因此，一列车的卸油台应尽可能地选用双侧台，以减少对位的困难和占地面积。

6.4.3 原油卸车鹤管

由于原油卸车均为下卸，故鹤管均应选用下卸鹤管。鹤管直径应为$DN100$。它是卸油时使罐车下卸口与汇油管密闭连通的机械设备，鹤管与罐车下卸口的连接件是一活接头，活接头的螺纹应与罐车下卸口的螺纹规格一致。鹤管与汇油管应用法兰连接，一般汇油管直径均大于鹤管直径，所以汇油管应在每个鹤位处设支管，支管管径应与鹤管一致，并用法兰连接。鹤管本体则有多种结构，旧式鹤管常用耐油胶管，带伸缩套筒的钢管及螺纹套管式旋转接头组成。而新式鹤管则本体全部为钢管及滚珠轴承式旋转接头组成，不仅密封性能好，不会泄漏油品，而且旋转接头转动灵活、操作省力，由多个旋转接头组成的鹤管更可实现较大范围内的对位连接（包括水平及铅垂直两个方向），能适应各种罐车的编组情况。

6.4.4 汇油管、导油管及过滤器

罐车内的原油以自流方式流经卸油鹤管后，便进入汇油管。当汇油管较短时，汇油管可为等径管；当汇油管较长时，应考虑在汇油管的适当位置用偏心大小头变径，以适应管内流量不同对管径的不同要求。

汇油管中的油品通过一台过滤器过滤后进入导油管，然后进入零位罐。过滤器也可设在零位罐前的导油管上。

汇油管和导油管一般采用管沟敷设或埋地敷设，坡度一般为：

汇油管：0.008

导油管：0.008～0.01

过滤器应安装在井内，以便过滤器的维护及检修。该过滤器对滤网的网目数要求不

高，只要求阻止较大物件通过即可，一般采用打孔钢板代替滤网，所有孔的面积之和等于导油管断面面积 2 倍～3 倍即可。

导油管按坡度要求接至零位罐壁处后可直接进入零位罐，但应注意导油管在罐内应向下安装，直至罐底以上 100mm～150mm 为止，以防喷溅式进油在罐内产生较高的静电电位。

实际工作中，当所卸原油黏度为 $20mm^2/s$～$200mm^2/s$ 时，汇油管或导油管的直径与同时卸油的车辆数关系可按表 4-6-1 确定。

表 4-6-1　汇油管或导油管的管径（mm）

车位数	1	2	3	4	5～6	7～8	9～12	13～15	16～25
DN	250	300	350	400	450	500	600	700	800

注：本表是按双侧卸油编制的。

6.4.5　零位罐和转油泵

导油管将汇集的油流引入零位罐后，便通过转油泵将所卸油品转输至库区油罐。

如果地形条件允许，应尽量将卸油台布置在较高处，零位罐布置在较低处，使零位罐按地上油罐设计即可满足自流卸车的要求，当无自然地形条件可以利用时，则零位罐只能是地下式或半地下式油罐。

地上式油罐应采用钢结构油罐，地下或半地下式油罐一般均采用离壁式或贴壁式钢混结构油罐，混凝土罐已不再使用。

零位罐上应设通气管（不应设呼吸阀）、阻火器、透光孔、人孔及液面指示仪表等。

零位罐的有效总容积应等于一批车的卸油总量。如果每批车即是一列车，则零位罐的有效总容积应为一列罐车的总油量。

当一批车即为一列车时，在一列车的车辆数较大的情况下，卸油台过长，对位和其他操作难以进行，因此，设计时采用双侧卸油的卸油台，即将一列车分为两组，在卸油台的两侧各停放一组（每组车辆数为半列车的车数），两组车共用一条汇油管。

一般情况下，一列车由 48 辆～50 辆罐车组成，对双侧卸油台每隔 10 个～12 个车位即设一个零位罐（即该零位罐应能容纳半列车的卸油量），整列车共设两座零位罐。

转油泵可选用潜油泵（泵为离心泵，电机设于零位罐顶之上），这种做法经实践证明是成功的，所以，过去地下式零位罐的转油泵，需设在地下式泵房中的做法，目前日趋淘汰。

当日卸车批数大于 1，且转油泵的台数小于或等于 2 时，可设一台备用泵，否则，可不设备用泵。一般转油泵至少设 2 台，并联操作。

转油泵的总流量应满足在两次来车的间隔时间内即可将零位油罐中的油品全部转走的要求。

6.4.6　其他要求

（1）事故车的卸车：当下卸式罐车的下卸装置出现故障不能以下卸方式卸车时（这种车俗称瞎子车），一般均在卸油台铁路末端或另设一铁路支线，安排卸油台及上卸鹤

322 管，对事故车进行上部卸油。一般事故车卸车车位数取 1 个 ~ 2 个，布置在卸油台的一侧的尽头处，卸油泵宜选用容积式泵。

（2）卸油台进车端应设指示卸油作业完成情况的信号灯，开关应设在卸油台上。

（3）卸油区应设普遍的投光灯照明，在卸油鹤管操作处，应设照明灯。照明灯具应满足防爆要求。

（4）卸油台上值班室内应设能与生产调度及有关罐区、泵房操作者联系的电话。

6.5 轻、重油装车设施

轻、重油装车设施包括一般成品油（汽油、煤油、航空煤油、柴油、燃料油）及液化石油气、沥青及润滑油的装车设施。

目前，装油均为上装，上装又分大鹤管装车和小鹤管装车两种。

大鹤管的机械化自动化水平较高，有利于集中控制，用人较少，口径大（$DN200$）装车较快。

小鹤管（口径为 $DN100$）的品种较多，有手动、气动两大类，可按需要进行选用。

装车设施主要由铁路、装油台及安装在装油台上的油品和辅助管线及鹤管组成。另外，对特种油及润滑油还有其必需的棚或库房。

6.5.1 工艺流程

装车设施应满足炼厂油品铁路出厂的要求，该设施的工艺流程如图 4 – 6 – 2 及图 4 – 6 – 3 所示。

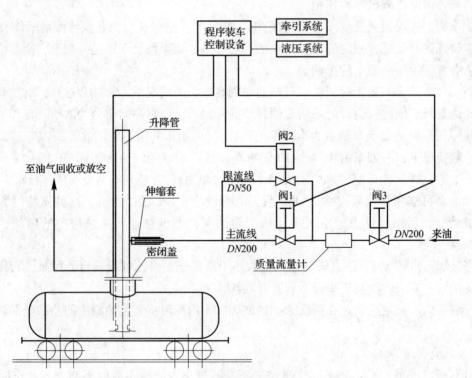

图 4 – 6 – 2 大鹤管装油台工艺流程图

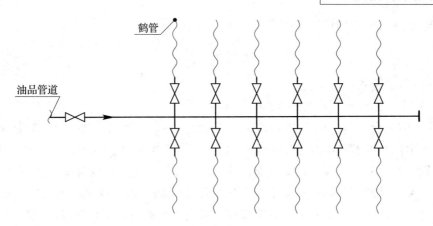

图 4 – 6 – 3　小鹤管装油台工艺流程图

所装油品由油品管道流入各装车鹤管，通过插入罐车内的鹤管而注入罐车，一般情况装油均按双侧装车考虑。

6.5.2　一般要求

液体沥青、重质燃料油、润滑油、液化石油气宜单独设台装车，其余大宗产品均可同台装车。

性质相近且少量混合又不影响质量的油品，可共用鹤管。但液化石油气、特种油的鹤管应专管专用。喷气燃料和航空汽油装车前应通过精密过滤器过滤。

对甲、乙类油品，鹤管出口最低点与罐车底的距离不宜大于 200mm，装油时鹤管出口未完全浸入油中之前，管口流速应限制在 1m/s 内。装油鹤管出口完全浸入油中以后，鹤管内的油品流速，不应大于 4.5m/s。

装油管线在装油台内装油阀后的最高点应设真空破坏措施。但当鹤管出油口带有可开关的密封装置时，则可免设真空破坏措施。

当储油罐的液位和装油鹤管最高处的高差足够大时，应选用自流方式装车。

6.5.3　大鹤管装油台

大鹤管装油台宜采用双侧装车，每侧设一台大鹤管，当一辆罐车装满后，则罐车引设备将罐车向前牵引一个车的距离，使下一辆空车进入大鹤管对位装车的范围内，操纵大鹤管对准车口，插入罐车，然后开始装车。直到将装油台一侧所停放的罐车全部装完为止。

由于这种装油台一侧只有一台大鹤管工作，所以装油台长度较小鹤管装油台短得多。

大鹤管装车台一侧一批次装车辆数的最大值应为 12 辆，这是因为罐车牵引设备最多只能牵引 12 辆车，超过 12 辆则易发生"小爬车"在罐车车轮下钻过车轮的"钻车"事故。所以一个大鹤管装油台在双侧装油时，每批车的最大辆数为 24 辆。

当一列车为 48 辆罐车时，则可在一股道上设两个大鹤管装车台，两个装车台间留 12 辆车的距离，即可实现一次装一列车的要求。

6.5.4　装油台的结构

装油台及其附属的建（构）筑物均应使用耐火、不渗水的材料制作；台面、台柱可采用钢或钢筋结构混凝土，台柱间距应协调一致，一般选用 6m，台面应有防滑措施。

小鹤管装油台的结构长度应按式（4-6-7）计算：

$$L = l\left(N' - \frac{1}{2}\right) \qquad (4-6-7)$$

式中：L——装油台长度（m）；

l——车位的间距（一般取12m）（m）；

N'——装油台一侧的车位数。可根据每侧装车数量，适当增加1个~2个车位。

小鹤管单侧台的宽度不宜小于1.5m，双侧台的宽度应为2m~3m。

小鹤管装油台除两端应各设1座斜梯外，台子中间每隔60m左右应设安全梯1个。

大宗产品的小鹤管装油台在多雨或炎热地区应设棚，其他地区可不设棚。航空汽油、喷气燃料等特种油品的小鹤管装油台应设棚。润滑油小鹤管装车台应设库房或棚。

棚的高度应视鹤管的结构尺寸而定，棚宽宜使与铅垂线夹角为45°的斜向飘落的雨滴淋不到罐车的灌油口，库房内的净高应为8m（自轨顶算起），库房宽度应根据装油台宽度、铁路限界尺寸及人行走道宽度结合建筑模数确定。

当小鹤管装油台不设棚或库房时，其结构长度超过6辆铁路罐车总长者，应在台上设值班室。

大鹤管装油台长度不宜小于3辆铁路罐车的总长。轨顶以上3.5m高的主台面宽度宜为3.5m~4m（3个车位间的连接走道的宽度可取1.5m~2m）。

大鹤管装油台应设棚，棚高视鹤管结构尺寸而定，棚应使雨水淋不到铁路罐车的灌油口。在多雨或多风沙地区，棚的两侧宜设挡雨（风）板。主台面的中央部位应设操作室，操作室内应安装大鹤管的操作、控制台。

6.5.5 装油台的安全措施及其他要求

（1）装油管道上除每个鹤管前应设切断阀外，在进装油台前的油品总管上应设便于操作的紧急切断阀，该阀应在装油台外。与装油台边缘的最小距离至少应为10m。

（2）无隔热层的轻质油装油管在没有放空措施时，应有泄压措施。以免日照较强时管内油品受热膨胀，使管道上的薄弱环节处破裂。

（3）各种重油、润滑油的装油管（包括鹤管）应有放空、扫线或伴热措施。

（4）装油台的工艺及热力管道应考虑水击及热补偿问题。

（5）喷气燃料、特种润滑油的装油管宜用氮气扫线。

（6）装油台上的值班室应设有与装油泵房操作室以及生产调度室联通的电话。

（7）装油台上可适当设置冲洗用水接头。

（8）装油台上的鹤管、管道、配件均应作电气接地，接地电阻不得大于30Ω。

（9）装油台下不应设置变配电间，装油台本身需用的电气设备应按国家标准《爆炸环境电力装置设计规范》GB 50058及有关规定，采取严格的防爆安全措施。

（10）装油台进车端应设有指示本台装油作业是否完成的信号灯，其开关应设在装油台上。

（11）在装油台作业范围内，对原油及重质油装油台，铁轨道床应用整体道床，对轻质油及润滑油宜用整体道床。整体道床应设排水明沟，使含油污水和含油雨水排入厂内含油污水系统。装油台附近的地面应铺砌。

（12）在各操作部位应设局部照明，装油区应用投光灯作普遍照明。在防爆区内的灯具及开关器件，均应注意防爆。

（13）装油台灭火器材配置应执行现行国家标准《建筑灭火器配置设计规范》GB 50140 的有关规定。

6.6 轻重油卸车设施

6.6.1 上卸、下卸工艺及其流程

我国目前的铁路油罐车中轻质油的罐车没有下卸口，所以只能上卸，只有原油及重质油（燃料油即渣油及重质润滑油）的罐车才有下卸口，可以下卸。

下卸的工艺及流程可参照本章的"6.4 原油卸车"部分进行设计。

上卸的主要工艺方法是利用卸油泵入口的抽吸能力，将所卸油品通过集油管、吸入管及鹤管吸入泵中，然后将这些油品泵送至储罐，其工艺流程如图 4–6–4 所示。

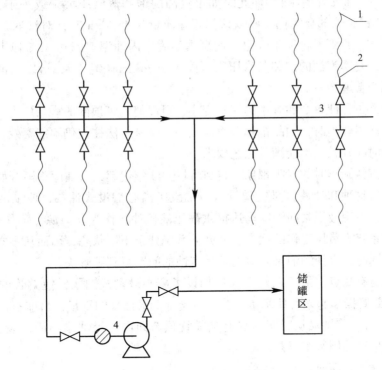

图 4–6–4　上卸工艺流程图

1—鹤管；2—吸入管；3—集油管；4—卸油泵

6.6.2 卸油鹤管的类型及选择

对于下卸，可参照本章第 6.4 节原油卸车的"原油卸车鹤管"进行设计。

对于上卸，所用鹤管均为小鹤管，口径为 $DN100$，鹤管口应能伸至罐车内壁的最低处，以使车内油品尽可能地卸净。其类型与装车用小鹤管基本相同。在鹤管选型时，卸车用的鹤管应特别注意鹤管的密封性能。这是因为鹤管通常是在负压条件下工作，密封不良将造成鹤管漏气，使卸油效率大大下降，甚至不能正常工作。其他鹤管选型要求与装油用

326 鹤管基本相同。

6.6.3 卸油台的结构及平面布置

可参照本章6.5节"轻、重油装车设施"中"装油台的结构"部分。

6.6.4 轻油上卸的气阻现象及其克服方法

在轻油上卸系统中，如果某处的压力小于或等于操作温度下的该油品的饱和蒸汽压，则该处油品将迅速汽化，从而使卸油泵发生断流，造成卸油不能正常进行，这就是轻油上卸的气阻现象。

这种现象常在夏季罐车内油温较高时发生。在同一温度下饱和蒸汽压越高、该地大气压力越低，则气阻现象就越容易发生。

一般情况下，卸油鹤管的最高点处，管内油品压力最低，气阻最容易在该处发生，例如，罐车内油温37℃，当鹤管内流量为45m³/h时，鹤管顶高于油品液面4.2m，鹤管管长5m，管径100mm，大气压力为0.1MPa，汽油容重为730kg/m³，则鹤管顶部压力最低处的压力值为63.5kPa（绝压），而此时如果汽油的饱和蒸汽压大于或等于63.5kPa（绝压），则汽油在鹤管顶部会气化，所以该鹤管在流量为45m³/h时，对汽油只能在37℃以下才能正常工作，否则即将发生气阻。而夏季油罐车内油温普遍达37℃以上，而根据汽油的产品标准，夏季汽油的饱和蒸汽压很可能大于74kPa（绝压），所以汽油罐车卸车时发生气阻是相当普遍的。

减小卸油流量，使每个鹤管中的流量变小，可以使鹤管顶部的剩余压力提高，从而克服气阻。但当油温较高时，油品饱和蒸汽压较高，这种方法往往仍不能奏效，而且这样做也必定使卸油时间延长，不能满足工艺要求。

为了克服汽油卸车时的气阻现象，自20世纪90年代起，石油库逐渐开始采用液压潜油泵卸车方式。这种卸油装置是在鹤管入口加设了离心潜没式油泵，该泵由液动马达驱动，卸油台下的专用液压站向液动马达提供高压液压油，作为动力源，工作安全、可靠。它改变了上卸系统为负压工作的状态，使卸油系统处于正压状态，因而从根本上解决了气阻问题。与此同时，也使卸油泵入口处发生气蚀的问题得到了解决。

卸槽装置也有缺点，由于在鹤管入口加设了离心潜没式油泵，使鹤管的重量增加了10kg～15kg，鹤管操作起来有些笨重。为了尽量降低潜油泵的重量，目前石油库主要采用低扬程（5m～6m，将油品从罐车内提升到鹤管顶部即可）潜油泵与固定设置的大流量、高扬程离心泵串联使用卸车工艺。

新型电动潜油泵简介：

20世纪末也曾采用过电动潜油泵卸车，但由于在电机和电缆的防爆方面做得不够好，再加上电动潜油泵自身重量过大而未能得到推广应用。随着技术进步，近年来出现了一种新型电动潜油泵，与以往使用的液压式潜油泵相比有如下优势：

（1）节约能源：电动潜油泵电机功率只有0.75kW～1.5kW，而液压式潜油泵油箱配置的电机功率为3kW～3.3kW；

（2）维护工作量少：电动潜油泵没有易损件，投入使用后维护工作量少；

（3）无污染：不会像液压式潜油泵那样有液压油泄漏污染槽车内油品的风险。

（4）运行费用低：除省电外，无须像液压式潜油泵那样经常更换或补充液压油。

该种新型电动潜油泵有效地解决了电机和电缆的防爆问题，在中石油系统成品油库和部队油库已有多年应用经历，技术成熟，性能优越。

缺点是泵体重量偏重，用于卸车的电动潜油泵（$Q = 50\text{m}^3/\text{h}$，$H = 5\text{m}$）重量约为 33kg。

6.7　铁路限界

石油库内建（构）筑物及各种设备与铁路的间距应符合国家标准《石油库设计规范》GB 50074—2014 的下列有关铁路限界的规定：

6.7.1　油品装卸线中心线至无装卸栈桥一侧其他建筑物或构筑物的距离，在露天场所不应小于 3.5m，在非露天场所不应小于 2.44m。

注：①非露天场所系指在库房、敞棚或山洞内的场所。

②油品装卸线的中心线与其他建筑物或构筑物的距离，尚应符合本规范表 3-1 的规定。

6.7.2　铁路中心线至石油库铁路大门边缘的距离，有附挂调车作业时，不应小于 3.2m；无附挂调车作业时不应小于 2.44m。

6.7.3　铁路中心线至油品装卸暖库大门边缘的距离，不应小于 2m。暖库大门的净空高度（自轨面算起）不应小于 5m。

6.7.4　桶装油品装卸站台的顶面应高于轨面，其高差不应小于 1.1m。站台边缘至装卸线中心线的距离应符合下列规定：

（1）当装卸站台的顶面距轨面高差等于 1.1m 时，不应小于 1.75m。

（2）当装卸站台的顶面距轨面高差大于 1.1m 时，不应小于 1.85m。

6.7.5　新建和扩建的油品装卸栈桥边缘与油品装卸线中心线的距离，应符合下列规定：

（1）自轨面算起 3m 及以下不应小于 2m。

（2）自轨面算起 3m 以上不应小于 1.85m。

6.8　铁路罐车的类型

在我国，石油化工产品的运输仍以铁路运输为主。所用的罐车类型按功能分类，主要有以下四种：

（1）轻油罐车；

（2）重油罐车；

（3）沥青罐车；

（4）液化石油气罐车。

每种罐车的结构大体相同，但不同车型的尺寸等数据却有许多差别。我国铁路罐车主要车型的有关数据见表 4-6-2。

6.8.1　轻油罐车

该车在装、卸、洗工艺方面的特点是全部为上部装卸。此外，轻油罐车也一概没有使用蒸汽对罐车加热的设施。罐体允许的最高工作压力为 0.15MPa（呼吸阀的呼气定压为 0.15MPa），罐体允许最大工作负压为 -0.01MPa（呼吸阀吸气定压为 -0.01MPa）。下面介绍几型主要轻油罐车：

表4-6-2 国产主型铁路罐车技术经济指标

罐车车型式		重量参数				容积参数			最大尺寸 (mm)				罐体 (mm)			载荷		转向架中心距 (mm)
车型	用途	自重 (t)	标记载重 (t)	实际载重 (t)	自重系数	总容积 (m³)	有效容积	容积计表	钩舌内侧距	两端梁间长	高	宽	内径	总长	罐体中心线距轨面高	轴载荷 (t/轴)	每延米载荷 (t/m)	
G10	浓硫酸	20.6	50	50	0.41	28.15	27.3	700	11408	10500	4098	2850	1890	9700	2173	17.5	6.21	6800
G11	酸碱	20.2	63.8	63.8	0.32	38.3	36		11958	11050	4127	2910	2200	10300	2265	21	7.02	7300
G12	黏油	23.3	50	44	0.53	52.5	51		11608	10700	4638	2892	2600	10260	2463	16.8	5.8	6800
G12	黏油	22.7	50	44	0.52	52.5	50	604	11748	10840	4442	2892	2600	10160	2463	16.7	5.68	6800
G16	轻油	19.1	50	42	0.46	52.5	50	605	11808	10900	4428	2882	2600	10160	2404	15.3	5.2	7500
G17	黏油	23.5	52	52	0.45	62.09	60	661	11958	11050	4747	3100	2800	10410	2567	18.8	6.3	7300
G17A	黏油	20.2	52	52	0.39	62.09	60	662	11992	11050	4442	2930	2800	10410	2530	18.05	6.03	7300
G17DK	轻油	22.5	52	52	0.39	62.09	60	662	11988	11050	4485	2950	2800	10410	2530	19.9	6.65	7300
G19	轻油	20.7	63	63.4	0.34	80.36	77		14082	13140	4617	3080	2800	12960	2491	20.15	5.7	9620
G50	轻油	23.5	50	42	0.56	52	50	600	12408	11500	4638	3020	2600	10000	2465	16.6	5.36	7820
G50	轻油	22	50	42	0.53	52	50	604	11708	10800	4620	3020	2600	10000	2468	16	5.47	7120
G50	轻油	21.5	50	42	0.51	52.5	50	604	11408	10500	4612	2892	2600	10026	2437	15.9	5.57	6800
G50	轻油	19.8	50	42	0.47	52.5	50	605	11542	10634	4528	3100	2600	10160	2445	15.5	5.35	6800
G60	轻油	21.0	50	50	0.4	62.09	60	662	11958	11050	4747	2930	2800	10410	2567	17.8	5.94	7300
G60A	轻油	18.53	52	52	0.37	62.09	60	662	11992	11050	4442	2921	2800	10410	2530	17.1	5.72	7300
G60K	轻油	21.0	52	53		62			11988	11050	4481	2921	2800	10410	2567	18.5	6.18	7300
G70K	轻油	20.4	62	62		72	69.7		11988	11050	4515	3020	3000	10410	2567	20.6	6.87	7500
GQ70	轻油	23.6	70	70		80.3	78.7		12216	16525	4494	3320	中间3150 两端3050	—	—	—	7.66	8050
DLH9	液化气体	35.3	50	48.7	0.705	110	93.5		17467	16525	4704	3136	2800~3100	16225	2334~2484	21.3	4.9	12925
HG-100/20	液化气体	35.1	50	—	—	100			17904	17000	4350	3200	2600~3000	16832	—	21	4.7	13100

G60K 型轻油罐车：是我国目前运用的主型轻油罐车之一，车辆长度 11988mm，罐体内径 $\phi2800mm$，有效容积 60m³，载重 52t，材质为低合金高强度结构钢，设有两个呼吸式安全阀。装卸方式为上装上卸（人孔兼做油品装卸口），采用手动式人孔盖，无助开装置。

G17DK 型轻油罐车：是由 G17 型黏油罐车改造而来，原本为装运原油、润滑油、重柴油等黏油类介质、带加温装置的上装下卸式四轴铁路罐车。经改造后的 G17DK 型轻油罐车，车辆长度：11988mm，内径 $\phi2800mm$，载重 52t，自重 22.5t，容积 60m³，装卸方式为上装上卸。有效容积 60m³。设有两个呼吸式安全阀。装卸方式也改为上装上卸（人孔兼做油品装卸口），采用手动式人孔盖，无助开装置。

G70K 型轻油罐车：是我国目前运用的主力轻油罐车，是 G60 的升级换代产品，车辆长度 11988mm，罐体内径 $\phi3000mm$，有效容积 69.7m³，载重 62t。材质为低合金高强度结构钢，设有两个呼吸式安全阀。装卸方式为上装上卸（人孔兼做油品装卸口），采用手动式人孔盖，无助开装置。该车在总结无底架罐车的经验基础上，充分利用轴重和限界，载重较 G60K 提高 10t。

GQ70 型轻油罐车：同 G70K 相比，有效容积增大 9m³；载重增加 8t，提高 13%。每延米载重由 6.87t/m 提高到 7.66t/m，提高 11%。GQ70 型轻油罐车的车辆长度比现有主型轻油罐车 G70K 加长 228mm。经调查、计算，可以使用现有的地面装卸设施进行成列装卸作业。现有轻油罐车筒体多为圆柱状，筒体中部容易产生上挠，卸油作业时油品卸不干净，留有残液。为方便用户使用，GQ70 型轻油罐车采用了斜底结构，便于油品卸出，提高卸净率。为了改善人孔密封性能，同时降低工人开启人孔劳动强度，采用助开式人孔。人孔盖装有弹簧助开机构，开启时更加轻松、方便。

6.8.2 重油罐车

重油罐车均有下卸装置和加温装置。装油一般均在上部进行。下卸装置由中心排油阀、侧排油阀和排油管组成。排油管口有螺纹，以便与卸油鹤管的活接头连接，实现卸油操作。加温装置由设在罐体下半部的加温套及蒸汽管道组成，蒸汽管道与卸油台的蒸汽甩头通过带有管螺纹的活接头连接后，打开阀门即可实现对罐体及排油阀的加热；当罐内油品达到所需温度后就可打开排油阀进行自流式卸油。排油管口的螺纹有多种规格，如 G12 型车为 M140，G17 型车为 M130×3 等等。蒸汽管口的螺纹一般均为2″管螺纹。

6.8.3 沥青罐车

沥青罐车是沥青运输专用罐车，沥青的装卸作业应在 120℃～180℃ 范围内进行，低于 120℃ 则由于沥青黏度太大，将给卸油造成困难，所以，沥青罐车的保温十分重要。

沥青罐车罐体内径 2.6m，有效容积 50m³，罐内设有火管，供罐内沥青加热升温之用，装车采用上部装油，卸车与重油罐车一样采用下卸方式。

6.8.4 液化石油气罐车

液化气罐车是常温下运载液化气体的罐车，车型较多，一般由石化厂或化工机械厂生产罐体，再安装在铁路工厂制造的底架上，其容积以 36m³、50m³、55m³ 规格为主，较新的车型为 100m³ 和 110m³ 的无底架液化气罐车。

一般罐体工作压力最高允许 2MPa，允许的工作温度范围是 −40℃ ~ +50℃。

装、卸油的管口均设在罐车上部，管径为 DN50，同时罐车上部还设有气相管接口（DN40），装车时排气，卸车时进气，一般还在罐上部设双管式滑管液位计，显示罐车内液位高度。

7 汽车罐车装卸设施

汽车罐车是散装液体公路运输的专用工具，适用于近距离运输小量的油品和液体化工品。在某些分销油库，油品直接运输至加油站或当地不具备接卸铁路油罐车或油船的用户，汽车罐车运油就成为油品出库的主要运输方式。

汽车油罐车装卸设施一般包括：装车泵站、汽车罐车装车台、装车鹤管和装车管道、回车场地、控制室等。

7.1 装车方式

汽车罐车灌装方法有多种，可采用储罐直接自流灌装、高架罐自流灌装及泵送灌装。当有地形高差可利用时，采用由储罐自流灌装是最经济的，若受地形限制，也可用泵将油品送至高架罐，然后利用高差自流装车，但目前较常采用的是泵送灌装方式，由于采用流量计及电磁阀控制系统，需要的阻力降较大，利用高架罐难于满足要求。

储罐自流灌装和高架罐自流灌装的装油速度主要取决于灌装液面和装油臂出口之间的标高差和输油管径大小、阀门、仪表的阻力等，装油速度随着液位的降低越来越慢。

泵送装车可根据需要的灌装流量和管路的摩阻损失来选定装车泵。

汽车罐车装车分上部装车和下部装车两种方式。

上部装车是液体从罐车顶部的灌装口装入，一般是敞口灌装，鹤管与罐车顶部的灌装口为非密闭连接，如需要对装车排放的油气予以回收，则需在鹤管上安装一个密封塞。由于罐车的灌装口规格和形式多种多样，鹤管的密封塞与罐车的灌装口很难充分密闭连接，密闭性不好的话会大大影响油气回收效率。

下部装车是鹤管与位于罐车下部的进出油接口通过快速接头密闭连接，下装罐车一般在罐车的右侧有 2 个 ~3 个舱，每个舱可以灌装一种油品，所以下装罐车接口一般有 3 个 ~4 个，其中一个是油气接口。快速接头连接方式密闭性非常好，非常有利于油气回收，所以，环保部出台的标准《储油库大气污染物排放标准》GB 20950—2007 要求："储油库应采用底部装油方式。"

为防止静电危害和减少水击振动，国家标准《石油库设计规范》GB 50074—2014 规定"当采用上装鹤管向汽车罐车灌装甲 B、乙、丙 A 类液体时，应采用能插到罐车底部的装车鹤管。鹤管内的液体流速，在鹤管口浸没于液体之前不应大于 1m/s，浸没于液体之后不应大于 4.5m/s。"

采用自流方式灌装汽车罐车时，若设有控制仪表，要注意电动阀、电磁阀和计量仪表等的阻力降。有的电磁阀，要求在阀前液体压力较高才能进行操作，因此，应根据实际采用的仪表、阀件来核算位差是否满足要求。

7.2　汽车罐车、装油臂的型式

7.2.1　汽车罐车

国产的汽车罐车有多种类型，可装轻质油、重质油、化工产品和食品等，主力车型载重量为20t～30t。上装汽车罐车一般只有一个液舱，罐内装有两个带孔的挡板，把油罐隔成三个可以相通的隔舱，以减轻油料在运输时的水力冲击，罐顶前端装有量油口，量油孔下方导管连至罐底，罐车中部设有人孔及安全阀，罐底装有排水阀、排油阀。车上配有扶梯、二氧化碳灭火器及拖地铁链等，装载黏油的罐车还设有保温层，有的还设有加热器，汽车罐车的结构见图4－7－1。

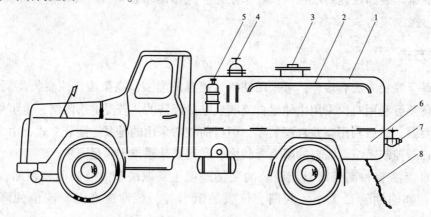

图4－7－1　汽车油罐结构示意图

1—罐体；2—扶手；3—灌油口；4—量油口；5—灭火器；

6—工具箱；7—排油口；8—拖地铁链

7.2.2　装油臂

汽车罐车的装油臂有手工操作方式和气压传动方式两种。按装油方式分上装式下装式。上装式又分敞开喷溅式和密闭液下式。

我国生产的汽车罐车，除液化石油气、液氨等罐车外，均为上装式。

敞开喷溅式装车，油气损耗大，易产生静电，油气污染空气，影响操作人员的身体健康，对轻质油不应采用喷溅式装车，应采用鹤管口能插到罐车底部的浸没式装车。为了防止油气污染，还应采用密闭装车，鹤管上安装一个橡皮塞，装油时把槽车口封住，油气由附在装油臂的导管引走，集中排放或油气回收。但对沥青、燃料油等丙B类油品，可采用喷溅式装车。

装油臂的结构型式有多种多样，可以根据实际情况选用或设计，许多生产厂家都能按用户的要求进行设计制造。

根据输送介质的不同，装油臂可用碳钢、低温钢、不锈钢或聚四氟乙烯衬碳钢制造。

装油臂的口径有$DN50$、$DN80$和$DN100$的，一般上装车型多选用$DN80$装油臂，下装车型多选用$DN100$装油臂。

根据操作介质的黏滞性、凝固点，装油臂可以配备电加热系统或蒸汽加热系统，装油臂还可根据需要采用仪表定量控制、液位控制或人工目测监护控制装载量。

7.3 装车台车位计算

轻质油、重质油、润滑油、液化石油气，由于介质性质相差较大，宜分别设置装车台。汽车罐车装油台宜设遮阳防雨棚，特别是在炎热多雨地区。当每一种产品的装车量较小时，一个车位上可设置多个装油臂。当装载的介质性质相近，相混不会引起质量事故时，几种介质可以共用 1 个装油臂。

每种油品的装油臂数量可按式（4-7-1）计算。

$$N = \frac{KBG}{TQ\gamma} \tag{4-7-1}$$

式中：N——每种油品的装油臂数量（个）；

K——装车不均衡系数。要考虑车辆运行距离，来车的不均衡性，装车时间与辅助作业时间的比例等因数，可取 2~3；

B——季节不均衡系数，对于有季节性的油品（如农用柴油、灯用煤油），B 值等于高峰季节的日平均装油量与全年日平均装油量之比。对于无季节性的油品，$B=1$；

G——每种油品的年装油量（t）；

T——每年装车作业工时（h）；

Q——一个装油臂的额定装油量（应低于限制流速）（m³/h）；

γ——油品密度（t/m³）。

国外某工程公司对一次装一种产品的顶部装车的车位数是按式（4-7-2）确定的。

$$N = \frac{VPB\eta}{tQ} \tag{4-7-2}$$

式中：V——平均日装车量，按年装油体积除以年工作日数（m³/d）；

P——最大班装车量百分数；

对两班作业，如两个 8h 或两个 10h，通常每班装车量是日装油量的 50%，但有时在某些地区或某种产品，一个班的装车量是装油量的 60%；对于三班作业，最大班的装车量通常取日装油量的 40%。

B——高峰日发油量与年平均日发油量之比，一般应按现场的历史记录加以确定；

η——辅助作业时间系数，即罐车在装车台的时间（从停车到离开）与装油臂以全速装车所需的理论时间之比；辅助作业时间包括车辆进站，装油臂与车对位，开车盖，用同一装油臂从一个隔舱切换到另一个隔舱，或用不同装油臂从一个隔舱切换到另一个隔舱（目前中国没有这两种操作），闪点测定，车辆离站等时间。如果有油气回收系统和自动定量装车，还应包括连接油气管道，打印计量卡，给定流量计流量等操作时间。罐车在装车台停留的时间等于辅助时间加装油时间。

t——每班装油时间（h）；通常每班有 2h 的装油高峰时间，等于每班装车 4h。如果作业的汽车罐车平均每班往返 1.5 次，则每班总的装车时间为 1.5×2=3h。

Q——装油速率（m³/h）。

推荐的设计速率见表4－7－1。

表4－7－1　装油臂的设计速率

装车臂规格	设计速率（m³/h）
DN80	50～70
D100	80～110

7.4　装车台的布置

汽车罐车的装车作业区，人员较杂，宜设围墙（或栏栅）与其他区域隔开。作业区应设单独的汽车出口和入口，当受场地条件限制，只能设一个出入口（进出口合用）时，站内应设回车场。作业区不可避免会有滴油、漏油，需要用水冲洗地面，因此应采用现浇混凝土地面。站内停车场和道路路面不得采用沥青地面，这是因为沥青地面容易受到泄漏油品的侵蚀，沥青层易于破坏，此外，发生火灾事故时沥青将发生熔融而影响车辆辙离和消防工作正常进行。

汽车罐车运送油品、液化石油气等，都属于危险品运输，因此装车台的位置应设在厂（库）区全年最少频率风向的上风侧。为便于车辆的进出，作业区要靠近公路，在人流较少的库区边缘。出口和入口道路不要与铁路平面交叉。

除非使用的罐车的高度和容量已经预先确定，否则装车台的设计应该要适应当前运行中的罐车的全部车型。

装车台可以根据装车的车位、场地的大小、自动化程度、装载的品种等因素来确定其型式，一般分通过式和旁靠式两种，见图4－7－2～图4－7－4。

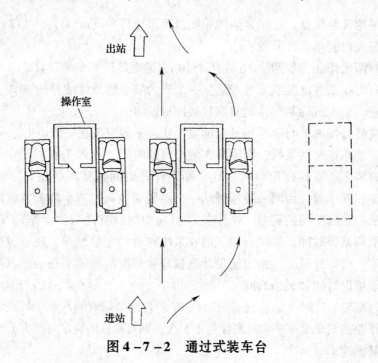

图4－7－2　通过式装车台

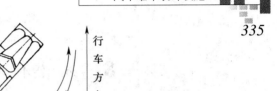

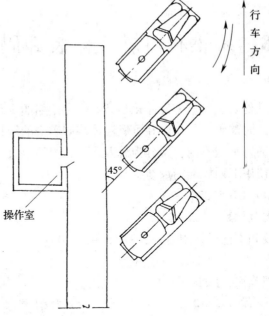

图 4-7-3 旁靠式装车台（1）

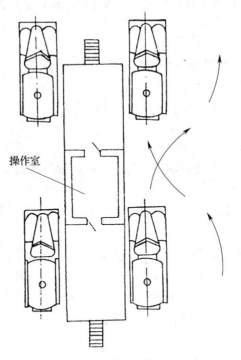

图 4-7-4 旁靠式装车台（2）

装车台内应采取防爆、防火、防静电措施。在装车台上设有仪表操作间时，电气仪表要考虑防爆要求，装车台处要设导静电的接地装置。

汽车罐车装车臂与储罐、建筑物之间的防火距离，应符合国家标准《石油库设计规范》GB 50074—2014 第 5.1.3 条的规定。

8 易燃和可燃液体装卸码头

原油、成品油及其他易燃和可燃液体化学品通过专用船舶水路运输进出石油库的装卸设施，称为油码头，此时油码头是易燃和可燃液体装卸码头的统称。

油码头根据船舶通行水域不同，又分为海港码头和内河码头。

油码头的设计应使用下列标准的最新版本。

《石油库设计规范》GB 50074—2014

《海港总体设计规范》JTS 165—2013

《石油化工码头装卸工艺设计规范》JTS 165—8—2007

《河港工程设计规范》GB 50192—93

《河港总体设计规范》JTJ 212—2016

注：《河港总体设计规范》JTJ 212—2016 是在国家标准《河港工程设计规范》GB 50192—93 基础上，结合内河水运码头建设和发展特点而制定完成，现水运行业以《河港总体设计规范》JTJ 212—2016 为准，而不使用国家标准《河港工程设计规范》GB 50192—93，但国家标准《河港工程设计规范》GB 50192—93 并没有废止。

《装卸油品码头防火设计规范》JTJ 237—99

注：该规范正在修编中，行业标准名称更改为《油气化工码头设计防火规范》，国家标准名称更为《装卸油品码头设计防火规范》。

8.1 港口及码头简介

8.1.1 港口

港口是指供船舶安全进出和锚泊，进行水、陆或水、水转运，以及为船舶提供各种服务设施的场所。

港口从广义来说，是由多个码头集群组成，也称为港区；狭义来说也可指一个码头，如图 4 - 8 - 1 所示。

港口按功能分类，分为商港、工业港、渔港、轮渡港、军港、旅游港。

港口按自然条件分类，分为海岸港、河口港、潟湖港、河港、湖港、运河港。

港口按建设方式分类，分为天然港、人工港。

港口按潮汐关系分类，分为闭合式、开敞式。

8.1.2 码头

供船舶停靠的水工建筑物叫码头，码头前沿线即为岸线，使用时需经港口主管政府审批。码头根据靠泊船舶数量不同，分为多泊位码头和单泊位码头，单泊位码头是指靠泊一艘船舶，泊位长度因船型不同而不同。

码头按平面布置形式，分为顺岸式码头、突堤式码头、岛式码头、栈桥式码头等。

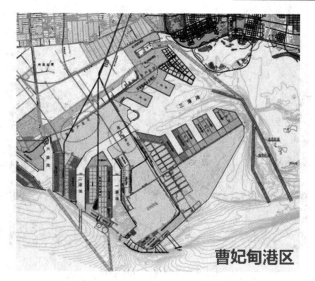

图 4 - 8 - 1　曹妃甸港区规划图

　　码头按装卸货物类型不同，分为集装箱码头、件杂货码头、干散货码头（煤炭码头、矿石码头、粮食码头）、液体散货码头（油码头）等。

　　如图 4 - 8 - 2 ~ 图 4 - 8 - 4 所示。

图 4 - 8 - 2　集装箱码头

图 4 - 8 - 3　煤炭码头

图 4-8-4 油码头

其中，油码头按照其功能和服务的对象可分为：为炼油化工企业提供原料和产成品水运服务的企业附属码头；为腹地油气化工品运输提供储存、中转、分拨等物流服务的公共码头；为国家原油、成品油储备库或商业油品储备库服务的专用码头等。

8.2 油船发展简介

8.2.1 油船

世界油轮船队的发展受世界经济和石油市场变化的影响而起伏变化，但为了寻求运输成本最小化，逐步完成了大型化发展的历程。目前，世界万吨级以上油轮共有 5287 艘、4.36 亿载重吨，平均为 8.25 万载重吨。其中，12 万吨级以上船舶虽然在艘数上只占17.7%，但在吨位上占总数的 51%。从吨位上看，VLCC 型船（20 万吨级~32 万吨级）的比重最大，占 36.2%，其次为 8 万吨级~12 万吨级船占 20.1%。

全球万吨级以上油船的订单共有 1340 艘、1.32 亿载重吨、平均为 9.85 万载重吨。从船舶数量上看，3 万载重吨~6 万载重吨的船舶为 421 艘，占 31.4%，但船舶吨位占14.4%；20 万载重吨~32 万载重吨的船舶共有 152 艘，占 11.3%，但总吨位占35.6%，远远超过其他船型。订造的 32 万吨级以上船舶共 42 艘。从船队的现状结构和订单的结构对比分析可以看出，当今世界原油运输是以大型油轮为主，在今后相当长时期内，世界油船队的结构将基本稳定，各类船型分担不同航线的运输任务。油船设计船型尺度见表 4-8-1。

表 4-8-1 油船设计船型尺度一览表

船舶吨级 DWT（t）	设计船型尺度（m）			
	总长 L	型宽 B	型深 H	满载吃水 T
1000（1000~1500）	70	13.0	5.2	4.3
2000（1501~2500）	86	13.6	6.1	5.1
3000（2501~4500）	97	15.2	7.2	5.9

续表 4－8－1

船舶吨级 DWT（t）	设计船型尺度（m）			
	总长 *L*	型宽 *B*	型深 *H*	满载吃水 *T*
5000（4501～7500）	125	17.5	8.6	7.0
10000（7501～12500）	141	20.4	10.7	8.3
20000（12501～27500）	164	26.0	13.4	10.0
30000（27501～45000）	185	31.5	17.3	12.0
50000（45001～65000）	229	32.2	19.1	12.8
80000（65001～85000）	243	42.0	20.8	14.3
100000（85001～105000）	246	43.0	21.4	14.8
120000（105001～135000）	265	45.0	23.0	16.0
150000（135001～185000）	274	50.0	24.2	17.1
250000（185001～275000）	333	60.0	29.7	19.9
300000（275001～375000）	334	60.0	31.2	22.5
450000	380	68.0	34.0	24.5

8.2.2 成品油船

国际成品油市场跨地区运输量日益增大带动运力需求的增长，目前，世界成品油船队5000载重吨以上的成品油船总计2760艘，总吨位达10698万载重吨，平均吨位为3.88万载重吨；其中5000载重吨～10000载重吨的船舶为667艘，吨位达436万载重吨，分别占总数的24.2%和4.07%，1万载重吨～3万载重吨的船舶为367艘和682万载重吨，分别占到总数的13.3%和6.38%，而3万载重吨～5万载重吨的船舶为1088艘和4564万载重吨，分别占到总数的39.4%和42.7%。1万载重吨左右的成品油船是近洋支线的主力，5万载重吨左右的船舶则是远洋干线的主力，但随着全球成品油贸易的增长，在远东地区以及阿拉伯湾—远东等远程航线的10万载重吨以上超大型成品油船将越来越多。

8.2.3 化学品船

由于化学品以小批量运输为主，因此小型船舶数量较多。目前，世界千吨级以上化工品船3682艘、载重吨7234万t，平均吨位1.96万载重吨，其中1万吨级以下船舶艘数占到了41.7%，1万吨级～2万吨级为24.7%，2万吨级～4万吨级为15.3%，4万吨级以上为18.4%。

全球千吨级以上化工品船的订单共有849艘、2072万载重吨、平均为2.44万载重吨。从船舶数量上看，1000载重吨～5000载重吨的船舶为29艘，占3.4%，船舶吨位占0.5%；5000载重吨～10000载重吨的船舶共有206艘，占24.3%，总吨位占7.2%；1万

载重吨 ~ 5 万载重吨的船舶共有 511 艘，占 60.2%，但总吨位占 66.9%，远远超过其他船型。从船队的现状结构和订单的结构对比分析可以看出，当今世界化工品船向大型化方向发展。化学品船设计船型尺度见表 4 – 8 – 2。

表 4 – 8 – 2　化学品船设计船型尺度一览表

船舶吨级 DWT (t)	设计船型尺度（m）			
	总长 L	型宽 B	型深 H	满载吃水 T
1000（1000 ~ 1500）	86	11.3	5.3	4.3
2000（1501 ~ 2500）	87	12.5	5.9	5.0
3000（2501 ~ 4500）	99	14.6	7.6	6.0
5000（4501 ~ 7500）	114	17.6	8.8	7.0
10000（7501 ~ 12500）	127	20.0	11.0	8.4
20000（12501 ~ 27500）	160	24.2	13.4	9.8
30000（27501 ~ 45000）	183	32.2	17.6	11.9
50000（45001 ~ 65000）	183	32.2	19.1	12.9
80000（65001 ~ 85000）	229	32.3	21.7	14.1
100000	244	42.0	21.0	14.9

8.3　油码头选址

一般情况下，港口总体规划均将油码头布置在相对独立的港区内，位于城市或港区的边缘地带，并远离其他重要设施或危险源，通过安全专项评价，分析事故风险后果，提出选址建议、安全及环保措施，确定安全距离。

由于油码头在发生火灾或爆炸时，可能影响到周围码头的安全，因此，油码头宜布置在远离城市或港区的边缘区域。内河港口的油码头宜布置在港区或重要水上设施的下游，当岸线布置确有困难时，也可布置在港区上游，但防火间距应适当加大。

油码头不宜布置在人口密集区域等敏感区域的全年最大频率风向的上风侧，也不宜布置在明火或散发火花地点的全年最大频率风向的下风侧。

同时，油码头选址在保证安全情况下，应尽量靠近石油化工厂、炼油厂、油库等收发货设施，以减少运输距离。

油码头与桥梁等建构筑物的距离应符合国家标准《石油库设计规范》GB 50074—2014 的下列规定：

（1）油码头与公路桥梁、铁路桥梁等建筑物、构筑物的安全距离，不应小于表 4 – 8 – 3 的规定。

表4-8-3　油码头与公路桥梁、铁路桥梁等建筑物、构筑物的安全距离

油码头位置	液体类别	安全距离（m）
公路桥梁、铁路桥梁的下游	甲B、乙	150（75）
	丙A	100（50）
公路桥梁、铁路桥梁的上游	甲B、乙	300（150）
	丙A	200（100）
内河大型船队锚地、固定停泊所、城市水源取水口的上游	甲、乙、丙A	1000（500）

注：表中括号内数字为停靠小于500t船舶码头的安全距离。

（2）油品装卸码头之间或油品码头相邻两泊位的船舶安全距离，不应小于表4-8-4的规定。

表4-8-4　油品装卸码头之间或油品装卸码头相邻两泊位的船舶安全距离（m）

停靠船舶吨级	船长 L（m）	安全距离（m）
>1000t级	$L \leqslant 110$	25
	$110 < L \leqslant 150$	35
	$150 < L \leqslant 182$	40
	$182 < L \leqslant 235$	50
	$L > 235$	55
≤1000t级	L	0.3L

注：1　船舶安全距离系指相邻油品泊位设计船型首尾间的净距。
　　2　当相邻泊位设计船型不同时，其间距应按吨级较大者计算。
　　3　当突堤或栈桥码头两侧靠船时，可不受上述船舶间距的限制，但对于装卸甲类油品泊位，船舷之间的安全距离不应小于25m。

（3）油品装卸码头与相邻货运码头的安全距离，不应小于表4-8-5的规定。

（4）油品装卸码头与相邻客运站码头的安全距离不应小于表4-8-6的规定。

表4-8-5　油品装卸码头与相邻货运码头的安全距离

油品装卸码头位置	液体类别	安全距离（m）
内河货运码头下游	甲B、乙	75
	丙	50
沿海、河口 内河货运码头上游	甲B、乙	150
	丙	100

注：表中安全距离系指相邻两码头所停靠设计船型首尾间的净距。

表4－8－6　油品装卸码头与相邻港口客运站码头的安全距离

油品装卸码头位置	客运站级别	液体类别	安全距离（m）
沿海	一、二、三、四	甲B、乙	300（150）
		丙	200（100）
内河客运站码头的下游	一、二	甲、乙	300（150）
		丙	200（100）
	三、四	甲、乙	150（75）
		丙	100（50）
内河客运站码头的上游	一	甲B、乙	3000（1500）
		丙	2000（1000）
	二	甲B、乙	2000（1000）
		丙	1500（750）
	三、四	甲B、乙	1000（500）
		丙	700（350）

注：1　油品装卸码头与相邻客运站码头的安全距离，系指相邻两码头所停靠设计船型首尾间的净距。

　　2　括号内数字为停靠小于500t船舶码头的安全距离。

　　3　客运站级别划分应符合现行国家标准《河港工程设计规范》GB 50192的规定。

8.4　油码头分级

根据现行《装卸油品码头防火设计规范》JTJ 237—99，码头防火设计应按设计船型的载重吨分级，见表4－8－7。

表4－8－7　码头分级

防火分级	海港（船舶吨级）DWT（t）	河港（船舶吨级）DWT（t）
一级	≥20000	≥5000 <10000
二级	≥5000 <20000	≥1000 <5000
三级	<5000	<1000

根据《油气化工码头设计防火规范》码头防火设计应按设计船型的载重吨分级，见表4－8－8。

表 4 - 8 - 8 码头分级

防火分级	海 港		河 港	
	船舶吨级 DWT（t）	船舶总吨 GT	船舶吨级 DWT（t）	船舶总吨 GT
特级	≥100000	≥10000	≥10000	≥3000
一级	≥20000 <100000	<10000	≥5000 <10000	<3000
二级	≥5000 <20000		≥1000 <5000	
三级	<5000		<1000	

注：液化天然气、液化烃船舶吨级以总吨 GT 分级。

8.5 泊位通过能力计算

码头泊位的年通过能力按下式计算：

$$P_t = \frac{T_y A_\rho t_d}{t_z + t_f + t_p + t_h} G$$

$$t_z = \frac{G}{P} \qquad (4-8-1)$$

式中：P_t——泊位年通过能力（t）；

T_y——泊位年营运天数（d）；

A_ρ——泊位有效利用率（%），取 55% ~ 70%，泊位数少宜取低值，泊位数多宜取高值；

t_d——昼夜小时数，取 24h（h）；

G——设计船型的实际装卸量（t）；

t_z——装卸一艘设计船型所需的净装卸时间（h），可根据同类泊位的营运资料和船舶装卸设备容量综合考虑。当无准确资料时，油船可采用表 4 - 8 - 9 中的数值，化工品船应按实际情况对表中数值进行修正，液化天然气船净卸船时间可取 14h ~ 24h；

t_f——船舶的装卸辅助作业、技术作业及船舶靠离泊时间之和（h），当无统计资料时，部分单项作业时间可采用表 4 - 8 - 10 和表 4 - 8 - 11 中的数值，非外贸船联检时间为 0；原油等需预加热的驳船另加 6h ~ 12h 加热时间；

t_p——油船排压舱水时间（h），可根据同类油船泊位的营运资料分析确定；

t_h——液化天然气船候潮、候流及不在夜间进出航道和靠离泊需增加的时间（h），可根据船舶从进港到出港全过程的各个操作环节，绘制流程图来确定；对石油化工品船 t_h 为 0；

p——设计船时效率（t/h），按品种、船型、设备能力和营运管理等因素综合分析确定。

表4-8-9 码头泊位净装卸船时间

泊位吨级 DWT（t）	500	1000	2000	3000	5000	10000	20000	30000
净装船时间（h）	3~5	5~7	7~9	8~10	9~11	10~12	12~14	12~15
净卸船时间（h）	4~6	6~8	8~10	9~11	11~13	12~15	12~15	15~18
泊位吨级 DWT（t）	50000	80000	100000	120000	150000	200000	250000	300000
净装船时间（h）	12~16	14~17	15~18	15~18	16~20	20	20	20
净卸船时间（h）	17~18	22~25	24~27	24~27	26~30	30~35	35~40	35~40

表4-8-10 码头部分单项作业时间（500吨级~5000吨级）

项目	靠泊时间	开工准备	联检	商检	结束	离泊时间
时间（h）	0.25~1.00	0.50	1.00~2.00	1.00~2.00	0.25~1.00	0.25~0.50

表4-8-11 码头部分单项作业时间（1万吨级~30万吨级）

项目	靠泊时间	开工准备	联检	商检	结束	离泊时间
时间（h）	0.50~2.00	0.50~1.00	1.00~2.50	1.00~2.50	0.25~1.00	0.50~1.00

8.6 船泵

油船所配备的船泵参数应根据实船选取，当无资料时可参照表4-8-12。

表4-8-12 船泵参数一览表

油轮泊位吨级（DWT）	满载量（m³）	卸油泵流量（m³/h）	卸油泵扬程（m）	卸油泵数量（台）
1000	1250	500	75~80	2
2000	2200	600	75	2
3000	3250~3750	1000	75~85	2
5000	5400~5550	1200~1500	95	2
10000	11550	300	80	4
30000	42970	1300	125	3
70000	84240	2000	125	3
100000	120950	2400~2700	125	3
150000	166990	4000	135	3
250000	315480~318150	4500~5000	135	3
300000	330720~350340	5000~5700	140	3

8.7 码头工艺设备

码头工艺设备布置应根据码头平面、船舶接管口位置、设备工作及检修要求等综合确定。装卸臂应布置在码头平台前沿中部，装卸软管区的布置应考虑软管吊机设备及软管存放要求。码头装卸臂选用及布置可按表 4 - 8 - 13 确定。

表 4 - 8 - 13 码头装卸臂选用及布置尺寸表

码头吨级 DWT（t）	装卸臂口径 （mm）	装卸臂 配置台数	装卸臂中心至码头 平台前沿距离（m）	装卸臂间距 （m）	设备驱动 方式
1000 ~ 3000	150	1	2.0 ~ 2.5	2.0 ~ 2.5	手动/液动
5000	150 ~ 200	1	2.0 ~ 2.5	2.0 ~ 2.5	手动/液动
10000	200 ~ 250	1 ~ 2	2.0 ~ 2.5	2.5 ~ 3.0	液动
20000	200 ~ 250	1 ~ 2	2.0 ~ 2.5	2.5 ~ 3.0	液动
30000	250	2	2.0 ~ 2.5	2.5 ~ 3.0	液动
50000	250 ~ 300	2 ~ 3	2.5 ~ 3.0	2.5 ~ 3.0	液动
80000	250 ~ 300	3	2.5 ~ 3.0	2.5 ~ 3.0	液动
100000	250 ~ 300	3	2.5 ~ 3.0	2.5 ~ 3.0	液动
120000	300 ~ 350	3	2.5 ~ 3.0	3.0 ~ 3.5	液动
150000	300 ~ 350	3	2.5 ~ 3.0	3.0 ~ 3.5	液动
250000	400	3	3.0 ~ 3.5	3.5 ~ 4.0	液动
300000	400 ~ 500	3	3.0 ~ 3.5	3.5 ~ 4.0	液动

注：表中装卸臂数量为码头装卸单一货种情况，实际配置台数可根据装卸货种和设备备用条件等确定。性质相近的货种可共用装卸臂。

8.8 码头工艺设计

8.8.1 装卸工艺设计

码头工艺流程根据货物流向分为装船流程和卸船流程，装船流程为：储罐→机泵→计量仪表→输油臂→油轮油舱；卸船流程为：油轮油舱→油轮输油泵→输油臂→计量仪表→储罐。

一般情况下从油罐向船装油，有的炼油厂在向大型油轮装油时，是用多台泵抽组分油，经管道调和器和在线质量仪表监控直接装船，国外大型炼油厂有很多这种实例。有的码头卸船不设流量计，而以装船港的计量为准，或油进储罐后以储罐液位计进行计量。

在设计装卸管道流程时，要特别注意管道的排气、吹扫、置换、循环、保温、伴热、泄压等措施。

输油臂坡向油轮部分可以自流入船舱内，输油臂内的存液可用扫线介质吹扫入船舱内，也可用泵抽吸打入输油母管内，也可自流排入泊位上的放空罐内。吹扫介质最好是氮气，也可用蒸气、压缩空气和水。

装卸油母管，在正常情况下，油品可以滞留在管道中，对易凝黏油要长期保温伴热或定期循环置换。在母管中保留余油能节省动力，简化操作，由于管子充满油品，隔绝了空气，可以延缓管内壁腐蚀，也有利于油品的计量和结算。

管道免不了有检修动火的时候，应该考虑吹扫措施。管内存油有扫向船舱的，但更多是扫向岸上储罐，也有的是在管道低点设排空罐，油品自流入排空罐，再用泵抽走，也有的是设置地下或半地下泵，直接把母管中的油送回储罐。

利用氮气吹扫原油、轻质油是最安全可靠的，但成本很高。炼油厂的附属码头，由于蒸汽供应方便，习惯用它来吹扫原油、重油。蒸汽扫线固然安全，但由于温度高和有凝结水，也带来许多不利因素，如管道要按蒸汽来考虑热补偿，容易产生水锤，管道振动，管道接头易泄漏，增加油品含水量，促进管壁腐蚀等。

用压缩空气扫线，对柴油、重质油是可行的。原油可先用轻质油或热水顶线，再用蒸汽吹扫，汽油、煤油则用水顶线或用氮气扫线。

用水顶线后放空，会增加油罐沉降脱水时间，影响油罐周转和油品质量，加大了含油污水的处理量，增加管内壁腐蚀机会，费用也很高。

不论何种扫线方法，在计量仪表处均应走旁通线，避免直接通过流量计。扫线管与油品管道连接处要设双阀，在隔断阀中间加检查阀，以便及时发现串油。不经常操作时，也可在切断阀处加盲板。

油品的膨胀系数大约在 $0.06\% \sim 0.13\%$，随着温度升高，体积要膨胀，在油品管道上可设定压泄压阀，把膨胀的液体引回储罐。液态烃随着温度升高，蒸气压急剧增大，为了防止超压，在密闭的管段内可设安全阀，将泄放的气体排入回气管。

8.8.2　其他设施

1. 码头如要考虑为油船上水，上水量见表 4 – 8 – 14。

表 4 – 8 – 14　油船用水量指标 （m³/艘·次）

泊位吨级 DWT （t）	3000	4000	5000	10000	15000	20000	25000	30000
用水量 （m³/h）	150~200	150~200	200~250	300~350	350~400	350~400	350~400	350~400
泊位吨级 DWT （t）	35000	40000	50000	60000	70000	80000	100000	>100000
用水量 （m³/h）	350~400	350~400	400~450	400~450	400~450	400~450	450~500	500

2. 油码头应设有卸压舱水的管道及储存和处理压舱水的设施。老式油船通常是利用货舱兼作压载舱，自执行 1973 年防船舶造成污染公约及其 1978 年议定书之后，载量超过 20000t 级的油船或载量超过 30000t 级的成品油船，都设专用压载舱，不必卸压舱水。沿海单艘船压舱水量可取载重量的 12% ~ 14%，内河单艘船可取载重量的 5% ~ 10%。

8.9 驳船卸油设计

（1）驳船卸油需用码头或趸船上的泵抽卸，卸油泵应尽量采用离心泵，在特殊情况下，如油品加热不匀，易产生汽蚀等时，可备用螺杆泵。卸油泵的灌泵、清底收舱等作业应采用容积式泵，不必设真空泵。

（2）泵并联操作时的吸入总管内的流速不得大于单泵操作时吸入管内的流速。

（3）抽卸轻油的泵，可装底阀。抽卸黏油的泵，不应装底阀，如特殊需要装底阀时，底阀及吸入管必须有加热设备。

（4）各种泵的高点要设置放气管。放气管通回油舱或罐。放气管上应装看窗，以便监视放气情况。

（5）趸船上各种管道的支座及卡具都要有减震功能。管道的支座应装在趸船的梁、柱上，不得装在船舱的壁板上。管道的跨度不宜过大，一般取陆上跨度的0.5倍~0.7倍。

（6）趸船上的热油设备、管道，应有良好的保温隔热措施，以避免夏季舱房温度过高，保温结构必须牢固、耐震。

（7）趸船上的泵舱、通风机舱等要考虑消声、减震措施。

9 易燃液体装车油气回收系统

9.1 概述

易燃液体（甲B、乙A类）装车时，由于液体扰动的作用，加速了车内易燃液体的挥发，以致装车时从罐车灌装口逸出的气体中含有大量的可燃气体，这种浓度较大的可燃气体从罐车灌装口逸散开来，既不安全又污染环境，而且物料的损耗量也相当大。

近几年来，国家的环保力度越来越大，陆续出台了一些关于油气回收的标准规范，如《储油库大气污染物排放标准》GB 20950—2007、《油品装载系统油气回收设施设计规范》GB 50759—2012、《石油库设计规范》GB 50074—2014，这些规范均要求甲B、乙A类液体装车应采用密闭装车方式，并应设置油气回收设施。

对于上部装车，需采用密闭装车鹤管，这种鹤管带有能密封车口的罐车盖，罐车盖上增设了油气出口，使车内油气靠装油时车内气相空间的正压力从油气出口流出，每个鹤管上的油气口均用管线与油气干管连接，这就形成了油气回收系统管线。油气干管可与油气回收装置连接，也可引至高处，将各鹤管的油气集中放空。

对于下部装车，需采用带快速接头的装车鹤管，与位于罐车下部的进出油接口的快速接头密闭连接。下装罐车的油气排放口也带有快速接头，与油气回收鹤管的快速接头可实现非常好的密闭连接，大大提高油气回收效率。

9.2 油气回收技术简介

根据工艺方法的不同，可将国内外现有主要油气回收技术分为下述几种。

1. 吸附分离 + 液体吸收（或冷凝液化）回收法

此种方法利用活性炭（或碳纤维）吸附油气，使油气与空气分离，再抽真空解吸，然后将解吸出来的富集油气送入喷淋吸收塔，气体在填充式喷淋塔中自下而上前进，吸收剂（可以是装车液体）进入喷淋塔自上而下运动，于是油气被吸收剂所吸收；或将解吸出来的富集油气送入冷凝装置冷凝液化，从而直接回收油气。这种方法工艺复杂，活性炭易过热造成停机（活性炭在吸附油气过程中会升温），活性炭（或碳纤维）需定期更换，其优点是能达到较高的废气排放指标。由于活性炭在吸附油气未饱和之前，不必开机解吸，所以这种方法尤其适用于装车量较少，且间断作业的场合，如中小型油库的汽车油罐车灌装作业。欧美发达国家很早就采用这种油气回收工艺，技术成熟，实际应用最多。其工艺流程见图4-9-1，实物照片见图4-9-2。

2. 膜分离 + 液体吸收（或冷凝液化）回收法

膜技术回收油气的原理是利用高分子膜材料对油气分子和空气分子的不同选择透过性，实现两者的物理分离。油蒸气空气混合物在膜两侧压差推动下遵循溶解扩散机理，使得混合气中的油蒸气优先透过膜得以富集回收，而空气则被选择性地截留从而在膜的截留

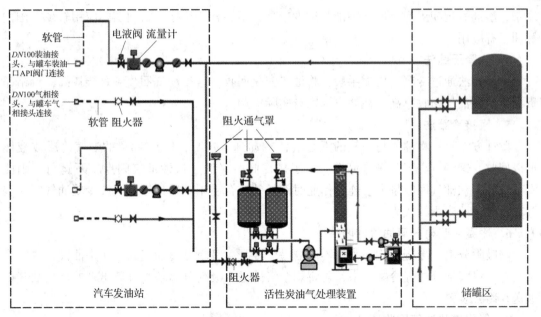

图4-9-1 吸附分离+液体吸收回收法工艺流程

图4-9-2 吸附分离+液体吸收法油气回收装置实物照片

侧得到脱除油气的洁净空气,而在膜的透过侧得到富集的油气达到油蒸气空气分离的目的。然后将分离出来的富集油气送入喷淋吸收塔吸收或将解吸出来的富集油气送入冷凝装置冷凝液化。

与吸收、吸附及冷凝法油气回收相比,膜分离气体混合物是一种更简单有效的技术,尤其是许多性能优异的高分子膜和无机膜开发成功,使膜法气体分离成为更有效、更经济的新型分离技术。

3. 溶剂吸收法

此种方法利用溶剂吸收油气,使油气与空气分离,再对吸收了油气的富溶剂减压解吸,使油气释放出来,然后用冷凝器使油气液化,或用装车液体喷淋吸收。这种方法工艺

350 复杂，溶剂需定期更换，尾气中油气浓度较高，不能直接达标。目前实际应用较少，国内炼油厂有应用。

4. 冷凝压缩法

此种方法通过冷凝、压缩手段，将油气液化回收。这种油气回收装置能耗高，价格昂贵，优点是油气回收率高，在西方国家有实际应用。

5. 直接冷凝法

此种方法直接将油气与空气的混合气体冷却到 −70℃，使约90%的油气冷凝成液体加以回收。这种方法工艺操作简单，由于是在低温（低于汽油油气闪点）下运行，因此安全性好，在油气回收量大、连续作业时间长的场合使用效果最好。直接冷凝油气回收装置在世界各地应用的较为广泛。

6. 冷凝+吸附分离油气回收法

与吸附分离+冷凝液化回收法不同的是，冷凝+吸附分离油气回收法是油气先进入冷凝装置，将大部分油气冷凝下来，再将剩余气体送入吸附分离塔，分离出来的富集油气再被送入冷凝装置。

7. 催化氧化油气回收法

工艺描述：通过防爆引风机引入经稀释后的低浓度的 VOCs 气体，控制油气浓度小于爆炸极限下限值的25%左右。之后混合气体进入热交换器，热交换器热进热出分别是经反应之后的净化热气体，温度一般在 400~500℃ 之间。通过换热作用后，混合气体温度上升至 200~250℃ 左右，之后进入防爆电加热器。通过电加热器精确温升控制，使电加热器出口温度稳定在 260℃ 左右，达到催化反应器初始反应温度，并进入催化反应器。在催化反应器内填充有低温催化剂、少量高温催化剂及蓄热陶瓷。VOCs 气体在反应器内转化为二氧化碳和水，并释放热量。通过三层催化反应后，VOCs 接近全部转化，转化效率一般在99.9%以上。最终净化达标气体通过烟囱排入大气。

低温催化氧化单元作为其他油气回收处理技术的补充，它对经过活性炭吸附单元、柴油（或汽油）吸收单元、冷凝单元后的贫气作进一步处理，以确保油气回收装置排放的稳定达标，其工艺流程见图4-9-3。

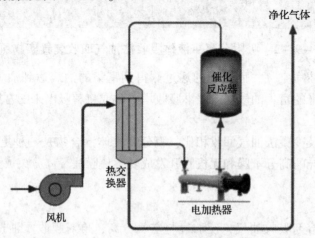

图 4-9-3 催化氧化油气回收法工艺流程示意图

9.3　油气回收系统设计

9.3.1　需执行的主要标准规范

《石油库设计规范》GB 50074—2014；

《储油库大气污染物排放标准》GB 20950—2007；

《油品装载系统油气回收设施设计规范》GB 50759—2012。

注：需注意使用上述标准的最新版本。

9.3.2　油气回收处理装置设置

（1）油气回收处理装置与库外设施的安全距离应符合国家标准《石油库设计规范》GB 50074—2014 第 4.0.10 条的规定。

（2）油气回收处理装置宜靠近油罐车装车站布置，与油库内其他建筑物、构筑物之间的防火距离应按 GB 50074—2014 表 5.1.3 中"甲、乙类油品泵房"确定。

（3）应选用工艺先进、成熟可靠、价格合理、适用性强、能耗少、经济效益好的油气回收处理装置。

（4）油气回收处理装置应达到下列指标：

1）排放的尾气中，非甲烷总烃的浓度小于或等于 $25g/m^3$，苯的浓度小于或等于 $12mg/m^3$，甲苯的浓度小于或等于 $40mg/m^3$，二甲苯的浓度小于或等于 $70mg/m^3$。（注：摘自国家标准《储油库大气污染物排放标准》GB 20950—2007 和国家标准《油品装载系统油气回收设施设计规范》GB 50759—2012）

2）在不低于 20℃ 的环境温度下，油气处理效率大于或等于 95%（注：摘自国家标准《储油库大气污染物排放标准》GB 20950—2007）；

3）装置噪声（距装置 1m 处）应小于或等于 85dBA。

（5）油气回收处理装置的油气处理能力宜按下式确定：

$$Q = K \cdot \sum q \qquad (4-9-1)$$

式中：Q——汽油装车设施计算排气量（m^3）；

K——汽油发油鹤管同时工作系数，可取 $K = 0.6 \sim 1.0$；

$\sum q$——所有汽油发油鹤管排气量之和。

（6）油气回收处理装置应按国家标准《储油库大气污染物排放标准》GB 20950—2007 附录 B 的要求设置采样接口。

（7）油气回收处理装置所有单体设备应符合相关国家标准和行业标准的规定。

（8）油气回收处理装置的电气设备应选用适用于爆炸危险 1 区的防爆类型，并应取得国家指定的检验单位颁发的防爆合格证。

（9）油气回收处理装置的各种压缩机、风机、泵等的安装与施工应符合国家标准《风机、压缩机、泵安装工程施工及验收规范》GB 50275—1998 的规定。

（10）油气回收处理装置的油气和油品管线系统安装应符合行业标准《石油化工有毒、可燃介质管道工程施工及验收规范》SH 3501 的规定。

（11）油气回收处理装置应有较高的自动控制水平，应做到不需人工现场手动操作。

（12）油气回收处理装置自动控制系统的控制柜宜设置在控制室或值班室内；如需放

352 置在设备现场，应集中设置在带正压通风的防爆小屋内或采用防爆电气元器件，并应符合行业标准《石油化工仪表工程施工技术规程》SH 3521 的规定。

（13）油气回收处理装置所有设备、仪表、仪表盘、供电箱、电线保护管、铠装电缆、钢带、支架槽板等均应依据相关标准进行电气连接和保护接地，应设置专用的接地螺栓，并置于明显的位置和具有接地符号标志。接地电阻不应大于4Ω。

9.3.3　油气回收管道系统设计

（1）汽油上装发油鹤管应选用带油气回收功能的密闭发油鹤管，密封装置应能适应各种形状的罐车灌装口，如图4−9−4所示；下装发油鹤管及油气回收管应与油罐车接口匹配，如通过快速接头连接，如图4−9−5和图4−9−6所示。

（2）油气回收主管道的直径应根据油罐车的承压能力、油气回收装置及其油气回收管道系统允许的压力损失，经水力计算确定，可参照表4−9−1选用。

图 4−9−4　汽油上装发油鹤管密封装置实物照片

图 4−9−5　下装发油鹤管及油气回收管实物照片

图4-9-6 下装发油鹤管及油气回收管快速接头连接实物照片

表4-9-1 油气回收主管道直径选取表

最大发油量（m³/h）	≤200	201~400	401~700	701~1000	>1000
油气回收主管道公称直径（mm）	150	200	250	300	350

（3）油气回收处理装置及其油气回收管道系统压力应低于或等于4.5kPa（G），否则应在油气回收管道上装设抽气机并应保证油罐车内气相空间压力低于或等于4.5kPa（G）。

（4）汽油装车采用上装方式的，宜在油气回收管道上装设抽气机。抽气机的抽气量宜为汽油装车流量的1.05~1.1倍，并应能根据汽油装车鹤管的启停数量而自动调整。

（5）抽气机应具有整体防爆功能，抽气机的电机应选用适用于爆炸危险1区的防爆电机，抽气机与油气接触的部件应选用不发火花材料。

（6）油气回收管道的水平段宜有不小于5‰的坡度，任何情况下管道敷设坡度不应小于2‰。若线路中间有低点，管道应坡向低点并应在低点处设置凝液收集容器。

（7）每个汽油装车鹤管所配置的油气回收支管道直径宜比鹤管直径小一个规格等级，即 DN100 鹤管配 DN80 油气回收支管，DN80 鹤管配 DN50 油气回收支管。

（8）应在油气回收支管靠近与鹤管的连接法兰处安装截断阀和阻火器。

（9）应在油气回收主管靠近与油气回收处理装置的连接法兰处安装截断阀和阻火器。

（10）油品管道的设计压力不应低于 P +0.18MPa（G）（P 为管道的最高操作压力），且不得低于1.0MPa（G）；油气管道的设计压力不应低于0.17MPa（G）。

（11）应在油气回收主管设置供油气回收处理装置故障或检修时用的排气管，其设置应符合下列规定：

1）排气管直径宜比主管道的直径小二个规格等级；

2）排气管与油气回收处理装置（容器、机泵、现场控制柜、仪表盘、供电箱等）的距离不应小于4m；

3）排气管管口应高出地面4m及以上，并应在操作方便的位置安装1个截断阀；

4）排气管管口应安装带挡雨帽的阻火器。

10　油桶灌装设施

10.1　油桶灌装设施组成和平面布置

10.1.1　油桶灌装设施主要由灌装油罐、灌装油泵房、灌桶间、计量室、空桶堆放场、重桶库房（棚）、油桶装卸车站台以及必要的辅助生产设施和行政、生活设施组成，设计可根据需要设置。

10.1.2　油桶灌装设施的平面布置，应满足国家标准《石油库设计规范》GB 50074—2014 的下列规定：

（1）灌桶设施的平面布置，应符合下列规定：

1）空桶堆放场、重桶库房（棚）的布置，应避免油桶搬运作业交叉进行和往返运输。

2）灌装油罐、灌桶操作、收发油桶等场地应分区布置，且应方便操作、互不干扰。

（2）灌装油泵房、灌桶间、重桶库房可合并设在同一建筑物内。

（3）对于甲、乙类油品，油泵与灌油栓之间应设防火墙。甲、乙类油品的灌桶间与重桶库房之间应设无门、窗、孔洞的防火墙。

（4）油桶灌装设施的辅助生产和行政、生活设施、可与邻近车间联合设置。

10.2　油桶灌装

10.2.1　灌桶流程

灌桶流程目前基本上有两种，一种是高位槽（罐）自流灌桶，另一种是泵直接灌桶。

从操作方式分，灌桶作业可分为人工操作和自动灌装两种方式。灌桶作业量大的石油库往往采用自动灌桶流程，一些小型油库多采用人工操作灌桶。有的还采用在汽车上向油桶灌装油品。

自动灌桶主要是通过以下几个方面的控制：

（1）自动控制的仪表和行程开关；

（2）轻、重桶的输送采用自动移动的链条来实现；

（3）计量仪表主要是采用流量计或称重台称，其精度可达到国家要求的精度（0.2%）。

10.2.2　油桶灌装场所的设计，应满足国家标准《石油库设计规范》GB 50074—2014 的下列要求：

（1）甲 B、乙、丙 A 类液体宜在棚（亭）内灌装，并可在同一座棚（亭）内灌装。

（2）润滑油等丙 B 类液体宜在室内灌装，其灌桶间宜单独设置。

（3）灌油枪出口流速不得大于 4.5m/s。

（4）有毒液体灌桶应采用密闭灌装方式。

10.2.3　灌桶设备选用

1. 灌桶油泵

一般采用离心泵，泵出口设止回阀，并设回油线至油罐。必要时可设减压阀。泵的排量应根据灌装的桶（位）数、灌装速度确定。泵的扬程应根据装桶总管、支管的操作压力降确定。一般情况下，装油总管的压力为 0.3MPa，装油支管的压力为 0.1MPa 左右（表）。

2. 灌装管道

装油总管的大小应根据泵的排量、灌油操作压力确定。目前装油支管多选用 *DN*40，装油嘴子 *DN*40（外径 ϕ48mm）。轻质油的装油嘴子应采用有色金属材质，如铜质的最好。装油主管和支管应接地。开启油桶的小盖必须使用特制的有色金属扳手。

3. 高位槽（罐）

高位槽（罐）的容量，一、二级石油库不大于日灌装量的一半；三、四级石油库不大于一日的灌装量。

10.3　灌桶间、空桶间和重桶间的布置

10.3.1　根据灌桶流程，在灌桶间的前后应布置空桶间、重桶间。空桶间、重桶间的占地面积应根据灌桶数量确定。

10.3.2　灌桶间的布置应遵循空桶进、重桶出的单向进出流向，不得逆行。

10.3.3　灌桶油品管道的总管一般是布置在上方，距地面 2m 左右。装油支管从总管向下接出与灌油栓连接。

10.3.4　类别相同的油品可在同一灌油间灌装。在同一灌油间灌装的油品管道应有明显的标志加以区分。不同油品的灌油栓应分开使用，最好不要公用。

10.3.5　灌油栓的间隔一般为 2m 左右。灌油栓上的控制阀门安装在地面以上 1.5m 左右。

10.3.6　称重的磅秤秤面与输送桶的链条辊床面保持同一水平，便于空桶、重桶的推上、推下及移动。

10.3.7　灌桶间应设有坡度的集油沟。集油沟的最低处应设集油井，便于收集灌桶时不慎漏出的油品或排到油库的含油污水管网系统。

10.3.8　灌桶间的建筑宽度一般为 6m 左右，房高为 3.5m 左右。

对外发油的灌油间（包括重桶间）的地坪应高出室外地坪 1.1m，便于重桶装车。重桶间出口处应设停靠汽车或火车的站台，站台高 1.1m。

10.3.9　采用流量计计量的灌桶间可直接向汽车上的油桶灌装油品，其建筑可建成圆盘式的。

10.3.10　灌油间的设置位置还应满足石油库内建筑物、构筑物之间的防火间距。

10.3.11　桶装液体库房的设计应满足国家标准《石油库设计规范》GB 50074—2014 的下列要求：

（1）空、重桶的堆放，应满足灌装作业及空、重桶收发作业的要求。空桶的堆放量

356 宜为1天的灌装量,重桶的堆放量宜为3d的灌装量。

(2)空桶可露天堆放。

(3)重桶应堆放在库房(棚)内。桶装液体库房(棚)的设计,应符合下列规定:

1)甲B、乙类液体重桶与丙类液体重桶储存在同一栋库房内时,两者之间宜设防火墙。

2)Ⅰ、Ⅱ级毒性液体重桶与其他液体重桶储存在同一栋库房内时,两者之间应设防火墙。

3)甲B、乙类液体的桶装液体库房,不得建地下或半地下式。

4)桶装液体库房应为单层建筑。当丙类液体的桶装液体库房采用一、二级耐火等级时,可为两层建筑。

5)桶装液体库房应设外开门。丙类液体桶装液体库房,可在墙外侧设推拉门。建筑面积大于或等于100m²的重桶堆放间,门的数量不应少于两个,门宽不应小于2m。桶装液体库房应设置斜坡式门槛,门槛应选用非燃烧材料,且应高出室内地坪0.15m。

6)桶装液体库房的单栋建筑面积不应大于表4-10-1的规定。

表4-10-1 桶装液体库房单栋建筑面积

液体类别	耐火等级	建筑面积（m²）	防火墙隔间面积（m²）
甲B	一、二级	750	250
乙	一、二级	2000	500
丙	一、二级	4000	1000
	三级	1200	400

10.4 油桶类型

目前我国生产和使用的油桶、扁桶和方听主要有200L闭口铁桶、30L扁桶和19L方听三种规格,桶的规格见表4-10-2～表4-10-4。

表4-10-2 200L桶的尺寸表

项 目	单 位	规 格
公称容量	L	200
实际容量	L	213±2
铁皮厚度	mm	1.25、1.50
桶的内径	mm	560±2
桶的高度	mm	900±3
桶的重量	kg	21.5～22.5

表4-10-3 30L扁桶的尺寸表

项 目	单 位	规 格
公称容量	L	30
理论容量	L	30.2±1
铁皮厚度	mm	0.8
桶的高度	mm	429±1
桶的宽度	mm	416±1
桶的厚度	mm	206±1

表4-10-4 200L桶、30L扁桶、19L方听装油量表（kg）

油品名称	200L桶		30L扁桶	19L方听
	夏季	冬季		
汽油	138	140	21	13
120#溶剂油	136	138	20	12
200#溶剂油	140	142	21	13
灯用煤油	158		24	15
轻柴油	160		24	15
重柴油	165		25	16
工业汽油	140	142	21	13
轻质润滑油①	165		25	16
中质润滑油②	170		26	17
重质润滑油③	175		26	17
皂化油	175		26	17
刹车油	165		25	16
润滑脂	180		—	18
凡士林	180		—	18

注：①轻质润滑油包括仪表油、变压器油、冷冻机油、专用锭子油、电容器油、5#、7#机械油、稠化机油、软麻油。

②重质润滑油包括100℃时运动粘度为20mm²/s以上的润滑油，如汽缸油、齿轮油等。

③中质润滑油指除上述两类油以外的油料。

10.5 修洗桶

10.5.1 洗桶

1. 油桶刷洗要求及检验标准

油桶重复使用时应按表4-10-5的规定进行刷洗。灌装与容器中残存油品相同时，可根据具体情况简化刷洗程序，但必须确认合乎要求，以保证油品质量。

表 4－10－5　油桶刷洗要求

刷洗要求要装入的油类 ＼ 残存油类	航空汽油	喷气燃料	汽油	溶剂油	煤油	轻柴油	重柴油	燃料油（重油）	一类润滑油	二类润滑油	三类润滑油
航空汽油	3	3	3	3	3	3	0	0			
喷气燃料	3	3	3	3	3	3	0	0			
汽油	1	2	1	1	2	2	0	0			
溶剂油	3	2	3	1	2	2	0	0			
煤油	2	1	2	2	1	2	0	0			
轻柴油	2	1	2	2	1	1	0	0			
重柴油	0	0	0	0	0	0	1	1			
燃料油（重油）	0	0	0	0	0	0	1	1			
一类润滑油									2	3	3
二类润滑油									1	1	2
三类润滑油									1	1	1

注：（1）当残存油与要装入油的种类、牌号相同，并认为合乎要求时可按"1"执行。食用油脂抽提用溶剂油不包括在本项目中，应用专门容器储运。

（2）符号说明：

0——不宜装入。但遇特殊情况，可按"3"的要求，特别刷洗装入。

1——不需刷洗。但要求不得有杂物、油泥等；车底残存油宽度不宜超过的300mm，油船、油罐残存油深不宜超过30mm（判明同号油品者不限）。

2——普通刷洗。清除残存油，进行一般刷洗。要求达到无明水浊底、油泥及其他杂质。

3——特别严洗。用适宜的洗刷剂刷净或溶剂喷刷（刷后需除净溶剂），必要时用蒸汽吹刷，要求达到无杂质、水及油垢和纤维，并无明显铁锈。目视或用抹布擦拭检查不呈现锈皮、锈渣及黑色。

（3）润滑油类别说明。

一类润滑油：仪表油、变压器油、汽轮机油、冷冻机油、真空泵油、航空润滑油、电缆油、白色油、优质机械油、高速机油、液压油等。

二类润滑油：机械油、汽油机润滑油、柴油机润滑油、压缩机油等。

三类润滑油：气缸油、车轴油、齿轮油、重机油等。

（4）装运食用油、抽提用溶剂油和医药用溶剂油或白油、凡士林等须用专用清洁容器。

（5）装运出口石油产品油船油舱的检验还须按外贸部商品检验局的有关规定执行。

（6）重油、原油铁路运输时一律使用粘油罐车，不需刷洗。

（7）苯类产品铁路运输时，除尽量使用专用罐车外，可以使用装过汽油等的轻油罐车，根据所运苯类产品的用途，刷洗（如医药、国防用特洗，农药、油漆用普洗）后装运。为防止洗罐中毒起见，凡残存有苯类的罐车，除确认原装品种可重复装同种产品外，一律只允许装运车用汽油，以避免洗苯类罐车。

2. 刷洗方式和程序

原装汽油、灯用煤油和柴油、预装汽油、灯用煤油和柴油的油桶间歇机械清洗要求如下：

第一种洗法：把油桶放在摇摆机上，倾入 5kg 的 12% ~20% 碱液，桶内装有四根链条，每根长约 0.8m，链条圆钢 ϕ5mm ~6mm，开机摇洗 8min，以清除锈、污。

另一种洗法是泵入或倾入 10kg ~15kg 的 2% 的碱水，桶内放有 5kg ~6kg 的 ϕ10mm ~30mm 的石子，在摇摆式洗桶机上摇洗 30min 后，倒出，污液排入下水道，石子和链条重复使用。

通过倒立的油桶小盖孔，泵入 40℃ ~50℃ 热水冲洗 5min，污水排入下水。通过 DN15 橡胶软管抽真空，清除残液 0.5min。通过倒立的油桶的小盖孔，泵打轻柴油油洗 5min，以清除水渍，避免生锈。柴油自流入地下油池循环使用。

如无锈蚀，则不需摇洗，只用热水洗，真空抽和油洗共 10min ~11min 即可，这是第一种方法。适用于原装和预装都是汽油、灯用煤油和轻柴油。

另一种方法是用泵打清水冲洗 5min 后立即送入干燥炉内，通过倒立的油桶的小盖孔鼓入 60℃ ~70℃ 热风 10min ~15min。入孔擦洗 5min ~10min，以清除锈迹。最后，开动真空泵，通过 DN15 橡胶软管抽净绒毛 0.5min。

一般每台摇摆式洗桶机可同时洗三个桶，一班 8h，纯操作时间按 4h ~6h 计。

原装润滑油、预装润滑油的油桶清洗要求如下：

通过倒立的油桶的小盖孔，泵打 40℃ ~50℃ 热水 5min，一面冲洗，一面污水自流入下水。通过 DN15 橡胶软管和钢管，真空抽吸残液，在钢管端部附有 2.5V ~6.0V 电池小灯，以查看并保证抽净。真空抽吸后即送入暖房或干燥炉内，装入时，暖房温度为 35℃ ~40℃，升温至 120℃ 时烘干 12h 或在干燥炉内鼓风干燥后，即完成了洗桶作业。

洗桶作业一般都在库内进行。根据气候条件，有些过程，例如热水或清水冲洗、油洗等作业也可在棚内进行。除洗桶流水作业过程、设备和操作所需要的面积以外，库内还要考虑一定数量（例如一班或一天）的净、脏桶堆放面积。

10.5.2 修桶

（1）水压整形是把油桶放在水压机上，装满水后，通过小盖孔风压整形，风压 0.25MPa ~0.3MPa。

（2）如果桶身基本平整或凹陷很小时，则不必整形，只需在滚边机上滚边整形、人工补焊、空气试压试漏。但在滚边机整形之前必须蒸汽蒸洗 10min ~15min，以清除油污、赶除油汽，保证滚边机作业的安全。

（3）修桶作业皆在库或棚内进行。

11 工艺及热力管道系统

11.1 一般要求

工艺管道系统是石油库的工艺网络，它将储罐、装卸设施、输油泵等连接成一个整体，使油品和液体化工品按业务需要传递于各工艺设施之间。石油库的输油管道系统应能满足油库的正常业务要求，并使生产操作方便、调度灵活、保证油品质量、经济合理、安全可靠。为了达到这个目的应做好下列几项工作：

(1) 制定合理而灵活的工艺流程；

(2) 用经济管径计算公式或推荐经济流速确定管道的管径；

(3) 根据工艺要求选用必要的设备；

(4) 根据介质性质和操作条件合理选择管道器材；

(5) 根据工艺和操作要求确定热力管网和辅助管道系统；

(6) 合理进行管道安装设计；

(7) 设置合理有效的管道保温、伴热、清扫及泄压保护系统。

11.2 管道设计条件原始资料

设计库内管道时，应具备下列设计条件：

(1) 管道的起止点和走向；

(2) 管道输送的介质名称和性质（毒性、闪点、爆炸极限、蒸气压、黏度、比重、凝点等）；

(3) 管道的输送量和输送特性（连续或间断）；

(4) 管道的操作条件（温度和压力）；

(5) 管带沿线的地形、地质资料；

(6) 工程所在地区气象资料，包括：气温、风速和风压、冰雪负荷等；

(7) 地震烈度及设防要求；

(8) 和管道设计有关的国家和行业标准。

11.3 管道的分级和分类

油库的工艺管道和热力管道操作时发生事故的危险性和事故发生后的危害程度，与管道的输送介质和操作参数有关。为了保证各种管道既能安全可靠地运行，又不过分的花费人力和投资，就有必要根据管道的性质，将管道分成不同的级别，以便在设计、制造和施工中分别提出相适应的要求。

11.3.1 国内管道分级分类

目前国内有关标准对工业管道有几种分级（类）的方法，分别用于各种管道或不同用途。

（1）国家标准《工业金属管道设计规范》GB 50316—2000（2008 年版）的管道分类。

该规范把工业管道内输送的流体分为五类，管道类别与输送流体相对应。见表4-11-1。

表4-11-1 工业金属管道分类

流体类别	适 用 范 围
A1 类流体	剧毒流体，在输送过程中如有及少量的流体泄漏到环境中，被人吸入或与人体接触时，能造成严重中毒，脱离接触后不能治愈。相当于现行国家标准《职业性接触毒物危害程度分级》GB 5044 中 I 级（极度危害）的毒物
A2 类流体	有毒流体，接触此类流体后，会有不同程度的中毒，脱离接触后可治愈。相当于《职业性接触毒物危害程度分级》GB 5044 中 II 级以下（高度、中度、轻度危害）的毒物
B 类流体	在环境或操作条件下是一种气体或可闪蒸产生气体的液体，这些流体能点燃并在空气中连续燃烧
C 类流体	不包括 D 类流体的不可燃、无毒的流体
D 类流体	指不可燃、无毒、设计压力小于或等于 1.0MPa 和设计温度高于 -20℃ ~186℃ 的流体

（2）国家标准《石油化工金属管道工程施工质量验收规范》GB 50517—2010 和行业标准《石油化工管道设计器材选用通则》SH/T 3509—2012。

这两个标准根据管道输送介质的危险程度和设计条件来划分石油化工管道的级别，见表4-11-2。

表4-11-2 石油化工管道分级

管道级别	输 送 介 质	设 计 条 件	
		设计压力 P（MPa）	设计温度 t（℃）
SHA1	（1）极度危害介质（苯除外）、高度危害丙烯腈、光气介质	—	—
	（2）苯介质、高度危害介质（丙烯腈、光气除外）、中度危害介质、轻度危害介质	$P \geqslant 10$	—
		$4 \leqslant P < 10$	$t \geqslant 400$
		—	$t < -29$
SHA2	（3）苯介质、高度危害介质（丙烯腈、光气除外）	$4 \leqslant P < 10$	$-29 \leqslant t < 400$
		$P < 4$	$t \geqslant -29$

续表 4 – 11 – 2

管道级别	输 送 介 质	设 计 条 件	
		设计压力 P（MPa）	设计温度 t（℃）
SHA3	（4）中度危害介质、轻度危害介质	$4 \leqslant P < 10$	$-29 \leqslant t < 400$
	（5）中度危害介质	$P < 4$	$t \geqslant -29$
	（6）轻度危害介质	$P < 4$	$t \geqslant 400$
SHA4	（7）轻度危害介质	$P < 4$	$-29 \leqslant t < 400$
SHB1	（8）甲类、乙类可燃气体介质和甲类、乙类、丙类可燃液体介质	$P \geqslant 10$	—
		$4 \leqslant P < 10$	$t \geqslant 400$
		—	$t < -29$
SHB2	（9）甲类、乙类可燃气体介质和甲 A 类、甲 B 类可燃液体介质	$4 \leqslant P < 10$	$-29 \leqslant t < 400t$
	（10）甲 A 类可燃液体介质	$P < 4$	$t \geqslant -29$
SHB3	（11）甲类、乙类可燃气体介质，甲 B 类、乙类可燃液体介质	$P < 4$	$t \geqslant -29$
	（12）乙类、丙类可燃液体介质	$4 \leqslant P < 10$	$-29 \leqslant t < 400$
	（13）丙类可燃液体介质	$P < 4$	$t \geqslant 400$
SHB4	（14）丙类可燃液体介质	$P < 4$	$-29 \leqslant t < 400$
SHC1	（15）无毒、非可燃介质	$P \geqslant 10$	—
		—	$t < -29$
SHC2	（16）无毒、非可燃介质	$4 \leqslant P < 10$	$t \geqslant 400$
SHC3	（17）无毒、非可燃介质	$4 \leqslant P < 10$	$-29 \leqslant t < 400$
		$1 < P < 4$	$t \geqslant 400$
SHC4	（18）无毒、非可燃介质	$1 < P < 4$	$-29 \leqslant t < 400$
		$P \leqslant 1$	$t \geqslant 185$
		$P \leqslant 1$	$-29 \leqslant t < -20$
SHC5	（19）无毒、非可燃介质	$P \leqslant 1$	$-20 \leqslant t < 185$

注：混合物料应以其主导物料作为分级依据。

（3）《压力容器压力管道设计许可规则》TSG R1001—2008 的管道分类分级。

该规则将压力管道分为 GA 类（长输管道），GB 类（公用管道）、GC 类（工业管道）和 GD 类（动力管道）。每类类管道又分为若干级，见表 4 – 11 – 3。

表 4 – 11 – 3　压力管道分级

类别	级别	适　用　范　围
GA	GA1	（1）输送有毒、可燃、易爆气体介质，最高工作压力大于4.0MPa的长输管道； （2）输送有毒、可燃、易爆气体介质，最高工作压力大于或等于6.4MPa，并且输送距离大于或等于200km的长输管道
	GA2	GA1以外的长输（油气）管道
GB	GB1	城镇燃气管道
	GB2	城镇热力管道
GC	GC1	（1）输送国家标准《职业接触毒物危害程度分级》GB 5044规定的毒性程度为极度危害介质、高度危害气体介质和工作温度高于标准沸点的高度危害液体介质的管道； （2）输送国家标准《石油化工企业设计防火规范》GB 50160及《建筑设计防火规范》GB 50016中规定的火灾危险性为甲、乙类可燃气体或甲类可燃液体介质，且设计压力$P \geqslant 4.0$MPa的管道 （3）设计压力$P \geqslant 10.0$MPa，或设计压力$P \geqslant 4.0$MPa，并且设计温度$t \geqslant 400$℃的流体介质管道
	GC2	除GC3级管道外，介质毒性程度、火灾危险性、设计压力和设计温度小于GC1级的管道
	GC3	输送无毒、非可燃流体介质，设计压力小于或等于1.0MPa，并且设计温度大于−20℃但是小于185℃的管道
	GC4	设计压力$P \geqslant 4.0$MPa且设计温度$t \geqslant 400$℃的可燃流体、有毒流体管道
GD	GD1	设计压力$P \geqslant 6.3$MPa，或设计温度$t \geqslant 400$℃的动力管道
	GD2	设计压力$P < 6.3$MPa且设计温度$t < 400$℃的动力管道

　　压力管道详细工程设计的管道平面布置图上必须加盖压力管道印章，并在印章中管道级别GC1、GC2下作出标记。

11.4　设计压力

　　管道的设计压力是管道工程设计的重要参数，如何确定管道的设计压力，各管道设计规范均有各自的规定。

11.4.1　行业标准《石油化工管道设计器材选用通则》SH/T 3509—2012对管道设计压力作如下规定：

　　（1）管道组成件的设计压力，不应低于正常操作过程中，由内压（或外压）与温度构成的最苛刻条件下的压力。最苛刻条件是指导致管道组成件最大壁厚或最高压力等级的

364 条件。

（2）与设备和容器连接的管道，其设计压力不应低于所连接设备或容器的设计压力，并应按下列情况确定，管道系统有安全泄压装置时，设计压力不应低于安全泄压装置的设定压力与静液柱压力之和，管道系统未设安全泄压装置时，设计压力不应低于压力源可能引起的最高压力与静液柱压力之和。

（3）无安全泄压装置的离心泵排出管道的设计压力，应取离心泵的正常吸入压力加泵进出口额定压差的 1.2 倍，或离心泵的最大吸入压力加泵进出口额定压差中的较大值。

（4）真空系统管道的设计压力，应取 0.1MPa 外压。

11.4.2 国家标准《工业金属管道设计规范》GB 50316—2000（2008 年版）对管道设计压力作如下规定：

（1）管道及其组成件的设计压力，不应小于运行中遇到的内压或外压与温度相偶合时最严重条件下的压力。最严重条件应为强度计算中管道组成件需要最大厚度和最高公称压力时的参数。

（2）下列特殊条件的管道，设计压力应同时按下面条件确定，然后与按（1）确定的设计压力进行比较，取两者的较大值。

1）输送制冷剂、液化烃类等气化温度低的流体管道，设计压力不应小于阀被关闭或流体不流动时在最高环境温度下气化所能达到的最高压力；

2）离心泵出口管道的设计压力不应小于吸入压力与扬程相应压力之和；

3）没有压力泄放装置保护或与压力泄放装置隔离的管道，设计压力不应低于流体可达到的最大压力。

（3）真空管道按受外压设计，当装有安全控制装置时，设计压力取 1.25 倍最大内外压差或 0.1MPa 两者中的低值；无安全控制装置时，设计压力取 0.1MPa。

（4）凡装有泄压装置的管道的设计压力不应小于泄压装置开启的压力。

总之，设计压力是导致管道组成件最大厚度和最高压力等级的压力，根据各条管道的具体条件确定。

11.5 设计温度

管道的设计温度是指正常操作过程中，由压力和温度构成的最苛刻条件下的材料温度。管道的设计温度是管道工程设计的重要参数，设计温度的确定，各设计规范并不完全一致。

11.5.1《石油化工管道设计器材选用通则》SH/T 3509—2012 对管道设计温度作如下规定：

（1）管道组成件的设计温度，不应低于正常操作过程中，由压力和温度构成的最苛刻条件下的温度；

（2）无绝热层的管道，介质温度小于 65℃时，管道组成件的设计温度应与介质温度相同，但应考虑阳光敷设或其他可能导致介质温度升高的因素。

（3）无绝热层的管道，介质温度大于或等于 65℃时，可按下列原则确定：

1）管子、对焊管件、承插焊或对焊阀门及壁厚与管子相近的其他管道组成件，设计温度不应低于 95% 介质温度；

2）除松套法兰外，法兰、垫片及法兰连接阀门的设计温度不应低于 90% 介质温度；

3）松套法兰外的设计温度不应低于 85% 介质温度；

4）螺栓、螺母等紧固件的设计温度，不应低于 80% 介质温度。

（3）带外绝热层管道的设计温度，除经计算、试验或测定证明可采用其他温度外，应取介质温度作为设计温度。

（4）夹套或有外伴热的管道，当工艺介质温度高于伴热介质温度时，取工艺介质温度作为设计温度，当伴热介质温度高于工艺介质温度时，夹套管道的设计温度取伴热介质温度，而有外伴热的管道应取伴热介质温度减 10℃ 与工艺介质温度二者中较高值作为设计温度；

（5）安全泄压管道的设计温度，应取排放时可能出现的最高或最低温度；

（6）有衬里或内隔热层管道的设计温度，应经传热计算或实测确定；

（7）需吹扫管道的设计温度，应根据具体条件确定。

11.5.2 国家标准《工业金属管道设计规范》GB 50316—2000（2008 年版）对管道设计温度作如下规定：

（1）管道的设计温度应为管道在运行时，压力和温度相偶合的最严重条件下的温度。对于 0℃ 以下的管道，应考虑液体及环境温度的影响，设计温度应取小于或等于管道材料可达到的最低温度；

（2）采用外伴热或夹套管道，应以外加热介质和管内流体温度中较高的温度为设计温度；

（3）无隔热层管道上的不同管道组成件可具有不同的设计温度，流体温度低于 65℃ 时，管道组成件的设计温度与流体温度相同；液体温度高于 65℃ 时，除了由传热计算和试验确定者外，阀门、管子、焊接管件和厚度与管子相似的其他管道组成件，设计温度取流体温度的 95%；除松套法兰外的其他法兰取流体温度的 90%；松套法兰取流体温度的 85%，法兰紧固件取流体温度的 80%；

（4）外保温管道的设计温度按上述第（1）条、第（2）条确定、当另有计算、试验或测定结果时，可取其他温度；

（5）内保温管道的设计温度，应根据传热计算或试验确定；

（6）非金属材料衬里的金属管道，设计温度取流体的最高工作温度，当无外隔热层时，外层金属的设计温度按上述第（3）条确定或通过传热计算或试验确定。

11.6 管道工艺计算

11.6.1 管径的确定和摩擦阻力计算

油库内的油品管道除泵的吸入管道、自流管道和其他对压力降有要求的管道需按工艺要求确定管径外，其余管道都可按经济管径公式确定管径。用这种方法确定的管径，在管道投资的偿还期内，每年的操作费用，维修费用和投资偿还费用之和最低，使管道投资达到经济合理的目的。

　　在工程设计中，通常用推荐流速来初步确定管径，推荐流速是在积累了大量工程设计数据的基础上提出的，由此计算出来的管径基本上在经济合理的范围之内，必要时可再进行管道压力降计算，并对管径作适当的调整，管径计算公式如式4-11-1。

$$d_i = 1.13\sqrt{Q/V} \tag{4-11-1}$$

式中：d_i——管子内径（m）；

　　　Q——管内介质流量（m^3/s）；

　　　V——管内介质流速（m/s）。

　　液体、气体的推荐流速见表4-11-4、表4-11-5。

表4-11-4　液体管道的推荐流速

泵吸入管道		泵出口管道和一般压力管道	
运动粘度（mm^2/s）	流速（m/s）	运动粘度（mm^2/s）	流速（m/s）
1~10	0.5~2.0	1~10	1.0~3.0
10~30	0.5~1.8	10~30	0.8~2.5
30~75	0.3~1.5	30~75	0.5~2.0
75~150	0.3~1.2	75~150	0.5~1.5
150~450	0.3~1.0	150~450	0.5~1.2
450~900	0.3~0.8	450~900	0.5~1.0

表4-11-5　气体管道的推荐流速

气体管道种类	流速（m/s）	气体种类	流速（m/s）
压力可燃气体管道	8~30	高中压蒸汽（3.5MPa~9.0MPa）管道	40~52
低压可燃气体（小于0.1MPa）管道	4~6	低压蒸汽（1.0MPa）管道	30~50
压缩空气管道	8.0~15	饱和蒸汽管道	20~40

　　根据表4-11-4选取流速时，应结合管道的操作条件和作业要求考虑，如管道的长度较短，输送泵的扬程有富余，允许的压力降较大，可取较大流速；相反，对允许的压力降较小的管道，如自流管道、饱和状态液体的泵入口管道，应选用较小的流速。大流量、大口径管道可选用较大流速；小流量、小口径管道应选取较小流速，年操作时数较少的间歇操作管道可取较大流速；连续操作的管道则应取较小流速。

　　为了防止管道内流速过高引起静电起火、管道冲蚀、振动、噪声等现象，一般液体流速不宜超过4m/s；气体在管道末端流速不宜超过0.2马赫，特殊管道和紧急泄放管道不宜超过0.5马赫，含固体颗粒的流体，其流速不应低于0.9m/s，也不宜超过2.5m/s。

　　管道内流体摩擦阻力详细计算可参见有关教材或手册。

　　油品管道的管径和摩擦阻力可按表4-11-6~表4-11-8估算。

表 4 −11 −6　油品管道的管径和摩擦阻力估算表（运动粘度小于或等于 5mm²/s）

管　子		泵入口管道			泵出口管道和一般压力管道		
DN	内径（mm）	V（m³/h）	u（m/s）	ΔP	V（m³/h）	u（m/s）	ΔP
20	22	—	—	—	<1	<0.7	—
25	29	<1	<0.4	<1.5	1～3	0.4～1.2	1.5～2
40	42	1～3	0.2～0.6	0.2～2	3～6	0.6～1.2	2～7
50	54	3～6	0.4～0.7	0.6～2	6～14	0.7～1.7	2～9
80	82	6～14	0.3～0.7	0.2～1.2	14～24	0.7～1.3	1.2～3
100	106	14～24	0.4～0.75	0.3～0.8	24～60	1.0～1.9	0.8～5
150	158	24～60	0.3～0.85	0.12～0.6	60～140	0.9～2.0	0.7～3
200	207	60～140	0.5～1.2	0.2～0.8	140～250	1.2～2.1	0.8～2.5
250	259	140～250	0.7～1.3	0.25～0.75	250～400	1.3～2.1	0.75～1.8
300	309	250～400	0.9～1.5	0.3～0.8	400～600	1.5～2.2	0.8～1.6
350	359	400～600	1.1～1.7	0.4～0.8	600～850	1.6～2.3	0.8～1.6
400	406	600～850	1.3～1.8	0.4～0.8	850～1100	1.8～2.4	0.8～1.3
450	458	850～1100	1.4～1.8	0.4～0.7	1100～1500	1.8～2.5	0.7～1.3

注：ΔP 为 100m 管长的压力降（米液柱），是按运动粘度 5mm²/s 计算的。

表 4 −11 −7　油品管道的管径和摩擦阻力估算表（运动粘度 5mm²/s～30mm²/s）

管　子		泵入口管道			泵出口管道和一般压力管道		
DN	内径（mm）	V（m³/h）	u（m/s）	ΔP	V（m³/h）	u（m/s）	ΔP
25	29	—	—	—	<1.2	<0.5	<6.0
40	42	<1.2	<0.2	<1.4	1.2～5	0.2～1.0	1.4～6.0
50	54	1.2～5	0.2～0.6	0.4～2.0	5～10	0.6～1.2	2.0～6.0
80	82	5～10	0.3～0.5	0.4～0.8	10～25	0.5～1.3	0.8～5.0
100	106	10～25	0.3～0.8	0.3～1.2	25～45	0.8～1.5	1.2～4.0
150	158	25～45	0.4～0.6	0.2～0.6	45～110	0.6～1.6	0.6～2.5
200	207	45～110	0.4～0.9	0.1～0.7	110～200	0.9～1.6	0.7～2.0
250	259	110～200	0.6～1.0	0.3～0.7	200～350	1.0～1.6	0.7～2.0
300	309	200～350	0.7～1.3	0.3～0.8	350～500	1.3～1.9	0.8～1.6
350	359	350～500	1.0～1.4	0.4～0.7	500～700	1.4～1.9	0.7～1.3
400	406	500～700	1.1～1.5	0.4～0.8	700～1000	1.5～2.1	0.8～1.4
450	458	700～1000	1.2～1.7	0.4～0.8	1000～1300	1.7～2.1	0.8～1.2

注：ΔP 为 100m 管长的压力降（米液柱），是按运动粘度 30mm²/s 计算的。

表 4 –11 –8　油品管道的管径和摩擦阻力估算表（运动粘度 30mm²/s ~ 100mm²/s）

管　子		泵入口管道			泵出口管道和一般压力管道		
DN	内径（mm）	*V*（m³/h）	*u*（m/s）	Δ*P*	*V*（m³/h）	*u*（m/s）	Δ*P*
25	29	—	—	—	< 0.5	< 0.2	< 8.0
40	42	< 0.5	< 0.1	< 2.0	0.5 ~ 1.5	0.1 ~ 0.3	2.0 ~ 6.0
50	54	0.5 ~ 1.5	0.1 ~ 0.2	0.7 ~ 2.0	1.5 ~ 4.5	0.2 ~ 0.6	2.0 ~ 6.0
80	82	1.5 ~ 4.5	0.1 ~ 0.3	0.4 ~ 1.2	4.5 ~ 18	0.3 ~ 1.0	1.2 ~ 5.0
100	106	4.5 ~ 18	0.2 ~ 0.6	0.5 ~ 2.0	18 ~ 40	0.6 ~ 1.3	2.0 ~ 5.0
150	158	18 ~ 40	0.3 ~ 0.6	0.4 ~ 0.8	40 ~ 100	0.6 ~ 1.4	0.8 ~ 2.5
200	207	40 ~ 100	0.3 ~ 0.8	0.3 ~ 0.7	100 ~ 180	0.8 ~ 1.5	0.7 ~ 3.0
250	259	100 ~ 180	0.5 ~ 0.9	0.3 ~ 0.7	180 ~ 300	0.9 ~ 1.6	0.7 ~ 1.4
300	309	180 ~ 300	0.7 ~ 1.1	0.3 ~ 0.8	300 ~ 450	1.1 ~ 1.6	0.8 ~ 1.7
350	359	300 ~ 450	0.8 ~ 1.2	0.5 ~ 0.9	450 ~ 600	1.2 ~ 1.6	0.9 ~ 1.3
400	406	450 ~ 600	1.0 ~ 1.3	0.5 ~ 0.8	600 ~ 800	1.3 ~ 1.7	0.8 ~ 1.2
450	458	600 ~ 800	1.0 ~ 1.3	0.5 ~ 0.7	800 ~ 1100	1.3 ~ 1.8	0.7 ~ 1.2

注：Δ*P* 为 100m 管长的压力降（米液柱），是按运动粘度 100mm²/s 计算的。

11.6.2　局部摩擦阻力

　　流体通过管道时，除了在直管段产生水力摩阻外，在阀门管件等处还产生局部摩阻。在油库中，有些管道线路较短，但管件和阀门较多，因而管道的局部摩阻也不可忽视。这种摩阻详细计算可参见有关教材或手册，也可按表 4 – 11 – 9 估算。

表 4 –11 –9　各种阀门、管件的当量长度和局部摩阻系数

序号	名　称	L_d/d_i	ξ_0
1	无单向活门的油罐入口	23	0.50
2	有单向活门的油罐入口	40	0.90
3	有升降管的油罐入口	100	2.20
4	油泵入口	45	1.00
5	30°单缝焊接弯头	7.8	0.17
6	45°单缝焊接弯头	14	0.30
7	60°单缝焊接弯头	27	0.59
8	90°单缝焊接弯头	60	1.30
9	90°双缝焊接弯头	30	0.65
10	30°冲制弯头，$R = 1.5D$	15	0.33
11	45°冲制弯头，$R = 1.5D$	19	0.42
12	60°冲制弯头，$R = 1.5D$	23	0.50
13	90°冲制弯头，$R = 1.5D$	28	0.60

续表 4 –11 –9

序号	名　　　称	L_d/d_i	ξ_0
14	$R = 2D$ 90°弯管	22	0.48
15	$R = 3D$ 90°弯管	16.5	0.36
16	$R = 4D$ 90°弯管	14	0.30
17	通过三通	2	0.04
18	通过三通	4.5	0.10
19	通过三通	18	0.40
20	转弯三通	23	0.50
21	转弯三通	40	0.90
22	转弯三通	45	1.00
23	转弯三通	60	1.30
24	转弯三通	136	3.00
25	$DN80 \times 100$ 大小头（由小到大）	1.5	0.03
26	$DN100 \times 150$，$DN150 \times 200$，$DN200 \times 250$ 大头（由小到大）	4	0.08
27	$DN100 \times 200$，$DN150 \times 250$，$DN200 \times 300$ 大小头（由小到大）	9	0.19
28	$DN100 \times 250$，$DN150 \times 300$ 大小头（由小到大）	12	0.27
29	各种尺寸大小头（由大到小）	9	0.19
30	$DN20 \sim DN50$ 全开闸阀	23	0.50
31	$DN 80$ 全开闸阀	18	0.40
32	$DN100$ 全开闸阀	9	0.19
33	$DN150$ 全开闸阀	4.5	0.10
34	$DN200 \sim DN400$ 全开闸阀	4	0.08
35	$DN15$ 全开截止阀	740	16.00
36	$DN20$ 全开截止阀	460	10.00
37	$DN25 \sim DN40$ 全开截止阀	410	9.00
38	$DN50$ 以上全开截止阀	320	7.00
39	各种尺寸轻油过滤器	77	1.70
40	各种尺寸粘油过滤器	100	2.20
41	波纹补偿器	74	1.60
42	涡轮流量计	$h_j = 2.5\text{m}$	
43	椭圆齿轮流量计	$h_j = 2.0\text{m}$	
44	罗茨式流量计	$h_j = 4.0\text{m}$	

注：L_d——阀门或管件的当量长度（m）；d_i——管道内径（m）；h_j——液流通过该设备时的摩阻损失；ξ_0——局部摩阻系数。

370 **11.6.3　管道强度计算**

管道壁厚选择需要进行管道强度计算，管道安装也需要进行管道强度计算。

1. 钢管的壁厚计算。

根据国家标准《工业金属管道设计规范》GB 50316—2000（2008 年版）的规定，受内压的直管段在 $t_s < D_0/6$ 时，管子壁厚按式（4-11-2）~式（4-11-4）计算。

$$t_s = \frac{PD_0}{2([\sigma]'E_j + PY)} \tag{4-11-2}$$

$$t_{sd} = t_s + C \tag{4-11-3}$$

$$C = C_1 + C_2 \tag{4-11-4}$$

式中：t_s——管子的计算壁厚（mm）；

　　P——设计压力（MPa）；

　　D_0——管子外径（mm）；

　　$[\sigma]'$——设计温度下材料的许用应力（MPa）；

　　E_j——焊缝系数；

　　Y——系数，见表 4-11-10；

　　t_{sd}——直管设计壁后（mm）；

　　C——厚度附加量之和（mm）；

　　C_1——厚度减薄附加量，包括加工、开槽和螺纹深度及材料厚度负偏差（mm）；

　　C_2——腐蚀或磨蚀附加量（mm）。

表 4-11-10　系数 Y 值

材料	温　　度（℃）					
	≤482	510	538	566	593	≥621
铁素体	0.4	0.5	0.7	0.7	0.7	0.7
奥氏体	0.4	0.4	0.4	0.4	0.5	0.7
其他韧性金属	0.4	0.4	0.4	0.4	0.4	0.4

无缝钢管的焊缝系数为 1，焊接钢管的焊缝系数应根据焊接方法，焊缝型式及探伤要求确定，见表 4-11-11。

表 4-11-11　管子焊缝系数 E_j

序号	焊接方法	接头形式	接缝形式	检验要求	E_j
1	炉焊（锻焊）	对焊	直线		0.6
2	电阻焊	对焊	直线或螺旋形		0.85
3	电弧焊	单面对焊	有线或螺旋形	无 X 射线探伤	0.8
				10% X 射线探伤	0.9
				100% X 射线探伤	1.0

续表 4 – 11 – 11

序号	焊接方法	接头形式	接缝形式	检验要求	E_j
3	电弧焊	双面对焊	直线或螺旋形	无 X 射线探伤	0.85
				10% X 射线探伤	0.9
				100% X 射线探伤	1.0

钢管的厚度减薄附加量各种标准有不同的规定，油品常用的各种钢管中，输送流体用无缝钢管，热轧钢管为 12.5%，冷拔为 10%；低压流体输送用镀锌焊接钢管和焊接钢管为 15%；承压流体输送用螺旋埋弧焊钢管，管径小于 500mm，为 12.5%，管径大于 500mm，碳钢为 10%，低合金钢为 8%。

用螺纹连接的管子，应考虑管螺纹深度。我国 55°圆锥状管螺纹，管径 15mm ~ 20mm 为 1.162mm，管径 25mm ~ 150mm 为 1.479mm；美国 ANSI 管螺纹，管径 15mm ~ 20mm 为 1.45mm 管径 25mm ~ 50mm 为 1.77mm，管径 80mm 以上为 2.54mm。

管子的腐蚀裕量根据输送介质对管子材料的腐蚀速率确定，对碳素钢管，年腐蚀不大于 0.1mm 时，取 1.5mm；腐蚀率超过 0.1mm 时，应考虑在管线寿命期限（10 年 ~ 15 年）内的腐蚀量和磨损量。

金属管道材料的许用应力可采用国家标准《工业金属管道设计规范》GB 50316—2000（2008 年版）中列出的常用钢管许用应力表和常用钢板许用应力表。

2. 管子的轴向应力校核。

管道的轴向应力包括受内压作用而产生的轴向拉应力，因外荷载产生的轴向应力和弯曲应力及因温度变化或其他位移而产生的轴向应力。前二者属于一次应力，是非自限性的，后者属于二次应力，具有自限性。

轴向的一次应力不应超过钢材在计算温度下的许用应力：

$$\sigma_1 + \sigma_2 \leqslant [\sigma]^t \tag{4 – 11 – 5}$$

即

$$\frac{P(D_0 - t)}{4t} + \left(\frac{P_w}{F} + \frac{M_w}{W_\varphi}\right) \leqslant [\sigma]^t \tag{4 – 11 – 6}$$

式中：P——管道的设计压力（MPa）；

D_0——管子外径（mm）；

t——管子壁厚（mm）；

P_w——持续外载轴向力（N）；

F——管壁横断面积（mm^2）；

M_w——持续外载当量力矩（N·mm）；

W——管子断面抗弯矩（mm^3）；

φ——焊缝系数；

σ_1、σ_2——分别为由内压和外载产生的轴向应力（MPa）。

11.7 管道常用器材

管道由管子、管件、法兰、阀门及管道上常用小型设备等组成。管道器材选用是否正

372 确、合理，不仅会影响到管道的工程费用，也关系到管道是否能安全、可靠地运行，因此，管道设计时必须了解工艺条件及掌握各种管道元件的材质、规格、性能等知识和必要的技术和安装尺寸数据。

11.7.1　管子

1. 管子的分类

管子的种类繁多，有许多种不同的分类方法，按材质可分为金属管和非金属管两大类，其中金属管可分为黑色金属管（铸铁管、钢管等）和有色金属管（铝管、铜管等），非金属管有橡胶管、塑料管、玻璃管、陶瓷管、石棉水泥管、混凝土管、玻璃钢管等。钢管按用途可分为用于流体输送、结构、传热、其他用途等。按制造工艺又可分为无缝钢管、螺旋缝电焊钢管、直缝电焊钢管、钢板卷管等。

在石油库的油品和液体化工品管道中，使用最多的是输送流体用无缝钢管，在操作条件（温度、压力）较低，输送非剧毒介质时，也可采用各种有缝钢管，少数场合下也采用橡胶管和塑料管。

2. 钢管的种类和壁厚系列

（1）钢管的种类。

钢管一般按国家、行业及厂家标准生产。油品储运系统常用的钢管种类、标准号和使用条件见表 4 – 11 – 12。

表 4 – 11 – 12　常用的国产钢管

钢管名称及标准号	规格尺寸范围	常用钢号	适用条件	适用介质
低压流体输送 用焊接钢管 GB/T 3091	$DN6 \sim 150mm$ δ：普通管 加厚管	Q195、Q215A（B）、 Q235A（B）、 Q295A（B）、 Q345A（B）	0℃ ~ 100℃ ≤ 0.6MPa	生活用水、 净化压缩空气
输送流体用无缝钢管 GB/T 8163	热轧外径 $\phi 32 \sim \phi 630$ 冷拔外径 $\phi 6 \sim \phi 200$	10# 20# Q295 Q345 等	− 20℃ ~ 450℃ − 20℃ ~ 450℃ − 70℃ ~ 100℃ − 40℃ ~ 450℃	剧毒、易燃、 可燃介质
流体输送用不锈钢 无缝钢管 GB/T 14976	热轧、（挤、扩） 外径 68 ~ 426 冷拔（轧） 外径 6 ~ 159	0Cr19Ni9（304） 06Cr19Ni10 022Cr19Ni10 06Cr17Ni12Mo2 022Cr17Ni12Mo2 （3162） 0Cr26Ni5Mo2	− 196℃ ~ 800℃	腐蚀性或要求 高洁净的介质

续表 4 –11 –12

钢管名称及标准号	规格尺寸范围	常用钢号	适用条件	适用介质
石油天然气工业管线输送系统用钢管 GB/T 9711	ϕ10.3 ~ ϕ2134 主要用于大于 DN500 的焊接钢管	L175、L210、L245、L290、L320、L360、L390、L415、L450、L485、L555 等	– 20℃ ~425℃	易燃、可燃介质、非可燃介质
低中压锅炉用无缝钢管 GB 3087	≤ϕ273	10# 20#	– 20℃ ~425℃	蒸汽、凝结水、锅炉给水
普通流体输送管道用螺旋缝埋弧焊钢管 SY/T 5037	ϕ273 ~ ϕ2540	Q235 Q215 Q195	0℃ ~200℃ ≤1.0MPa 的非剧毒介质	无毒介质

上述各种钢管标准，低压流体输送用镀锌焊接钢管（GB/T 3091）主要用于输送要求洁净的介质如净化压缩空气、生活用水等，其操作温度不宜超过100℃，操作压力不超过0.6MPa；管子间或管子与管件、阀门、设备的连接，主要用螺纹连接，必要时用螺纹法兰连接。管子间或管子与管件、阀门等的连接，一般 DN40 及其以下采用螺纹连接，DN50mm 及其以上采用焊接或法兰连接。普通输送管道用螺旋缝焊接钢管（SY/T 5037）宜用于设计温度0℃ ~200℃，设计压力不超过1.0MPa 的无毒介质管道；其公称直径宜大于 DN300mm；管道连接方式一般采用焊接。输送流体用无缝钢管（GB/T 8163）用于输送剧毒、易燃、可燃介质或操作参数（温度、压力）较高及有机械振动、压力脉动、温度剧烈变化的管道；因此它可以用来代替除镀锌焊接钢管以外的其他焊接钢管；目前使用的公称直径至 DN500mm。DN600mm 及其以上的口径采用 GB/T 9711 焊接钢管；管道连接方式 DN40mm 及其以下采用焊接或承插焊，DN50mm 及其以上用焊接或法兰连接。输送腐蚀性或要求高洁净的介质，或操作温度超过碳钢和低合金钢适用范围的条件下选用流体输送用不锈钢无缝钢管，其材质根据输送介质性质及操作条件确定。

（2）钢管的壁厚系列。

钢管的壁厚分级主要有下述三种表示方法：

1）以管子表号（Sch）表示壁厚系列。

这是美国国家协会 ANSI B16.10 标准规定的，适用于焊接钢管和无缝钢管。管子表号（Sch.）表示一定的壁厚值，管子表号（Sch.）是设计压力与设计温度下材料的许用应力的比值乘以 1000，并经圆整的数值：

$$Sch = \frac{P}{[\sigma]_t} \times 1000 \qquad (4-11-7)$$

管子表号（Sch）所对应的具体壁厚各国均有各自的规定值，不完全相同，但比较接近。中国石化总公司标准《石油化工企业钢管尺寸系列》SH 3405—2012 按表号规定了不同管径的壁厚，见表 4-11-13。表 4-11-13 中的壁厚值已经考虑了钢管、钢板的负偏差及 1.5mm 的腐蚀裕度，但没有考虑螺纹深度等加工附加值。如果腐蚀裕度大于 1.5mm 或管子需车螺纹，管子壁厚应调整，并尽量向上选用表号所对应的壁厚。

2）以管子重量表示管子壁厚的系列。

美国 MSS 协会和 ANSI 协会规定的以管子重量表示壁厚的方法中，将管子壁厚分为以下三种系列：

标准重量钢管系列，以 STD 表示；

加厚钢管系列，以 XS 表示；

特厚钢管系列，以 XXS 表示。

以管子重量表示管子壁厚的方法与以管子表号表示壁厚的方法有如下对应关系：

公称直径 DN 小于或等于 250mm 的管子，Sch40 相当于 STD 管；

公称直径 DN 小于或等于 200mm 的管子，Sch80 相当于 XS 管。

3）以钢管壁厚尺寸表示的壁厚系列

表 4-11-14 是中国石化总公司标准 SH 3405—2012 奥氏体不锈钢焊接钢管壁厚系列；表 4-11-15 是中国石化总公司标准 SH 3405—2012 碳素钢、合金钢焊接钢管壁厚系列。

3. 有色金属管

在石油库中，有色金属管只在少数场合使用，如某些油品装卸鹤管等活动性的连接部件上，以减轻重量、方便操作，也防止操作过程中因与钢设备或钢结构碰撞产生火花而引起火灾；有时也用于输送某些腐蚀性介质。常用的有色金属管有铝及铝合金管和铜管。冷拉和热挤的铝及铝合金圆管和规格见《铝及铝合金管材外形尺寸及允许偏差》GB/T 4436，拉制铜管规格见《铜及铜合金拉制管》GB/T 1527，挤制铜管规格见《挤制铜管》GB 1528，拉制黄铜管规格见《拉制黄铜管》GB 1529，挤制黄铜管规格见《铜及铜合金拉制管》GB 1530。

4. 橡胶管

在石油库中橡胶管作为软性管路用于可移动设备的连接管道或活动性的软管接头上，如油品或其他介质的装卸软管和蒸汽、空气、水的扫线和清扫用软管。

5. 塑料管与玻璃钢管

塑料管包括聚氯乙烯管，高、低密度聚乙烯管，聚丙烯管，聚四氟乙烯管，酚醛塑料管，耐酸酚醛塑料管等。玻璃钢管有聚酯钢管、环氧玻璃钢管、酚醛钢管等。一般用于在较低操作条件下（温度、压力）输送某些腐蚀介质或对铁离子有严格要求的介质，以代替昂贵的不锈钢管。

表4-11-13　中国石化总公司标准 SH 3405—2012 无缝钢管壁厚系列

公称壁厚（mm）

公称直径 DN	外径（mm）	Sch5s	Sch10s	Sch20	Sch20s	Sch30	Sch40	Sch40s	Sch60	Sch80	Sch80s	Sch100	Sch120	Sch140	Sch160	XXS
10	17	1.2	1.6	—	2.0	—	2.5	2.5	—	3.5	3.2	—	—	—	—	—
15	22	1.6	2.0	—	2.5	—	3.0	3.0	—	4.0	4.0	—	—	—	5.0	7.5
20	27	1.6	2.0	—	2.5	—	3.0	3.0	—	4.0	4.0	—	—	—	5.5	8.0
25	34	1.6	2.8	—	3.0	—	3.5	3.5	—	4.5	4.5	—	—	—	6.5	9.0
(32)	42	1.6	2.8	—	3.0	—	3.5	3.5	—	5.0	5.0	—	—	—	6.5	10.0
40	48	1.6	2.8	—	3.0	—	4.0	3.5	—	5.0	5.0	—	—	—	7.0	10.0
50	60	1.6	2.8	3.5	3.5	—	4.0	4.0	5.0	5.5	5.5	—	7.0	—	8.5	11.0
(65)	76	2.0	3.0	4.5	3.5	—	5.0	5.0	6.0	7.0	7.0	—	8.0	—	9.5	14.0
80	89	2.0	3.0	4.5	4.0	—	5.5	5.5	6.5	7.5	7.5	—	9.0	—	11.0	15.0
100	114	2.0	3.0	5.0	4.0	—	6.0	6.0	7.0	8.5	8.5	—	11.0	—	14.0	17.0
(125)	140	2.8	3.5	5.0	5.0	—	6.5	6.5	8.0	9.5	9.5	—	13.0	—	16.0	19.0
150	168	2.8	3.5	5.5	5.0	6.5	7.0	7.0	9.5	11.0	11.0	—	14.0	—	18.0	22.0
200	219	2.8	4.0	6.5	6.5	7.0	8.0	8.0	10.0	13.0	13.0	15.0	18.0	20.0	24.0	23.0
250	273	3.5	4.0	6.5	6.5	8.0	9.5	9.5	13.0	15.0	15.0	18.0	22.0	25.0	28.0	25.0
300	325	4.0	4.5	6.5	6.5	8.5	10.0	9.5	14.0	17.0	17.0	22.0	25.0	28.0	34.0	26.0
350	356	4.0	5.0	8.0	—	9.5	11.0	—	15.0	19.0	—	24.0	28.0	32.0	36.0	—
400	406	4.5	5.0	8.0	—	9.5	13.0	—	17.0	22.0	—	26.0	32.0	36.0	40.0	—
450	457	—	—	8.0	8.0	11.0	14.0	—	19.0	24.0	—	30.0	35.0	40.0	45.0	—
500	508	—	—	9.5	—	13.0	15.0	—	20.0	26.0	—	32.0	38.0	45.0	50.0	—
550	559	—	—	9.5	9.5	13.0	17.0	—	22.0	28.0	—	35.0	42.0	48.0	54.0	—
600	610	—	—	9.5	—	14.0	18.0	—	25.0	32.0	—	38.0	45.0	52.0	60.0	—

注：1　Schxx 后带 s 者示不锈钢钢管的表号；

　　2　公称壁厚超过 Sch80s 的不锈钢钢管壁厚与碳钢、合金钢钢管壁厚一致；

　　3　带括号者不推荐使用。

表 4 –11 –14 中国石化总公司标准 SH 3405—2012 奥氏体不锈钢焊接钢管壁厚系列

公称直径 DN	公称壁厚（mm）													
80	2.0	2.5	3.0	3.5	4.0	4.5	5.0	6.0	7.0	8.0	—	—	—	—
100	2.0	2.5	3.0	3.5	4.0	4.5	5.0	6.0	7.0	8.0	9.0	—	—	—
(125)	—	2.5	3.0	3.5	4.0	4.5	5.0	6.0	7.0	8.0	9.0	10.0	—	—
150	—	2.5	3.0	3.5	4.0	4.5	5.0	6.0	7.0	8.0	9.0	10.0	11.0	—
200	—	2.5	3.0	3.5	4.0	4.5	5.0	6.0	7.0	8.0	9.0	10.0	11.0	12.0
250	—	—	—	3.5	4.0	4.5	5.0	6.0	7.0	8.0	9.0	10.0	11.0	12.0
300	—	—	—	—	4.0	4.5	5.0	6.0	7.0	8.0	9.0	10.0	11.0	12.0
350	—	—	—	—	4.0	4.5	5.0	6.0	7.0	8.0	9.0	10.0	11.0	12.0
400	—	—	—	—	4.0	4.5	5.0	6.0	7.0	8.0	9.0	10.0	11.0	12.0
450	—	—	—	—	4.0	4.5	5.0	6.0	7.0	8.0	9.0	10.0	11.0	12.0
500	—	—	—	—	—	4.5	5.0	6.0	7.0	8.0	9.0	10.0	11.0	12.0
550	—	—	—	—	—	—	5.0	6.0	7.0	8.0	9.0	10.0	11.0	12.0
600	—	—	—	—	—	—	5.0	6.0	7.0	8.0	9.0	10.0	11.0	12.0
(650)	—	—	—	—	—	—	—	6.0	7.0	8.0	9.0	10.0	11.0	12.0
700	—	—	—	—	—	—	—	6.0	7.0	8.0	9.0	10.0	11.0	12.0
(750)	—	—	—	—	—	—	—	—	7.0	8.0	9.0	10.0	11.0	12.0
800	—	—	—	—	—	—	—	—	7.0	8.0	9.0	10.0	11.0	12.0
850	—	—	—	—	—	—	—	—	—	8.0	9.0	10.0	11.0	12.0
900	—	—	—	—	—	—	—	—	—	8.0	9.0	10.0	11.0	12.0
(950)	—	—	—	—	—	—	—	—	—	8.0	9.0	10.0	11.0	12.0
1000	—	—	—	—	—	—	—	—	—	8.0	9.0	10.0	11.0	12.0

表 4 –11 –15 中国石化总公司标准 SH 3405—2012 碳素钢、合金钢焊接钢管壁厚系列

公称直径 DN	公称壁厚（mm）													
150	4.0	5.0	6.0	7.0	8.0	9.0	10.0	—	—	—	—	—	—	—
200	4.0	5.0	6.0	7.0	8.0	9.0	10.0	11.0	12.0	13.0	—	—	—	—
250	4.0	5.0	6.0	7.0	8.0	9.0	10.0	11.0	12.0	13.0	14.0	—	—	—
300	—	5.0	6.0	7.0	8.0	9.0	10.0	11.0	12.0	13.0	14.0	15.0	—	—
350	—	—	6.0	7.0	8.0	9.0	10.0	11.0	12.0	13.0	14.0	15.0	—	—
400	—	—	6.0	7.0	8.0	9.0	10.0	11.0	12.0	13.0	14.0	15.0	16.0	—
450	—	—	6.0	7.0	8.0	9.0	10.0	11.0	12.0	13.0	14.0	15.0	16.0	—
500	—	—	6.0	7.0	8.0	9.0	10.0	11.0	12.0	13.0	14.0	15.0	16.0	—
550	—	—	6.0	7.0	8.0	9.0	10.0	11.0	12.0	13.0	14.0	15.0	16.0	—
600	—	—	6.0	7.0	8.0	9.0	10.0	11.0	12.0	13.0	14.0	15.0	16.0	—
(650)	—	—	6.0	7.0	8.0	9.0	10.0	11.0	12.0	13.0	14.0	15.0	16.0	—
700	—	—	6.0	7.0	8.0	9.0	10.0	11.0	12.0	13.0	14.0	15.0	16.0	—
(750)	—	—	—	7.0	8.0	9.0	10.0	11.0	12.0	13.0	14.0	15.0	16.0	—
800	—	—	—	7.0	8.0	9.0	10.0	11.0	12.0	13.0	14.0	15.0	16.0	—
850	—	—	—	—	8.0	9.0	10.0	11.0	12.0	13.0	14.0	15.0	16.0	—
900	—	—	—	—	8.0	9.0	10.0	11.0	12.0	13.0	14.0	15.0	16.0	—
(950)	—	—	—	—	8.0	9.0	10.0	11.0	12.0	13.0	14.0	15.0	16.0	—
1000	—	—	—	—	8.0	9.0	10.0	11.0	12.0	13.0	14.0	15.0	16.0	—
1100	—	—	—	—	—	—	10.0	11.0	12.0	13.0	14.0	15.0	16.0	—
1200	—	—	—	—	—	—	10.0	11.0	12.0	13.0	14.0	15.0	16.0	18.0
1300	—	—	—	—	—	—	10.0	11.0	12.0	13.0	14.0	15.0	16.0	18.0
1400	—	—	—	—	—	—	10.0	11.0	12.0	13.0	14.0	15.0	16.0	18.0

11.7.2　管件

1. 管件的用途和分类

管件用于管道的方向、标高、管径改变和由主管引出分支管的地方也用于管子的连接和管端的封堵。常用的管件包括弯头（45°、90°、180°）、三通、四通、异径管（同心、偏心）、异径短节、异径管箍、内外丝、管帽、堵头、活接头、管箍、螺纹短节等。

根据管件的连接方法不同，管件可分为对焊管件、承插焊管件、螺纹连接管件和法兰连接管件。对焊管件根据制造工艺不同又可分为对焊无缝管件和对焊钢板焊接管件，前者由无缝钢管热推制或液压成形，后者由钢板成型后焊制。管件中弯头有长半径弯头和短半径弯头，前者曲率半径为 1.5DN，后者曲率半径为 1.0DN；45°弯头都为长半径弯头，90°和 180°弯头有长半径和短半径两种，异径弯头的曲率半径为大端的 1.5DN。异径管（大小头）有同心大小头和偏心大小头。三通有等径三通和异径三通，异径三通中支管比主管通常小 1 级 ~ 4 级。对焊无缝管件的管径范围为 DN15 ~ DN500；对焊钢板焊接管件的管径范围为 DN200 ~ DN1200。对焊管件的壁厚分级一般采用表号，也有按重量分为薄壁级、标准级、加厚级的。

承插焊接管件一般用于小直径的管道上，其管径范围为 DN15 ~ DN80，壁厚等级有 Sch80 和 Sch160 两个等级，种类有等径 45°弯头、90°弯头、三通、四通、45°Y 型三通、双承口管箍、单承口管箍、管帽和异径三通、四通等。

螺纹连接管件有锻钢螺纹管件和可锻铸铁螺纹管件。管径范围为，可锻铸铁螺纹管件自 DN6 到 DN150，锻钢螺纹管件自 DN8 到 DN100。管件种类，可锻铸铁管件有等径 90°弯头、90°内外丝弯头、45°弯头、45°内外丝弯头、三通、内外丝三通、外方管堵、内方管堵、管帽、活接头、活接弯头、活接三通、管箍、内接头、内外丝接头、异径弯头、异径内外丝弯头、异径三通、异径偏心三通、异径内接头、异径外接头、内外丝等。锻钢管件有 45°弯头、90°弯头、三通、四通、单或双接口管箍、方头管塞、六角头管塞、圆头管塞、内外螺纹接头等。锻钢螺纹管件的壁厚等级有 Sch80、Sch160 和特加厚等级（XXS）。

法兰连接管件多用于特殊配管场合，如铸铁管、衬里管及与设备的连接等，因此没有标准的法兰管件，由制造厂确定规格尺寸。

2. 管件的选用

管件应根据操作介质的性质、操作条件（温度、压力）管径及用途来选用。一般管件的压力等级，壁厚规格应与所连接的管子一致或相当。但是管件的壁厚等级（表号）通常比管子的壁厚等级少，所以有时只能选用比管子壁厚等级高的管件。

DN50 及其以上的管件，一般采用对焊管件（无缝管件和钢板焊制管件），DN40 及其以下的管道需要使用管件时，对操作介质为有毒和可燃介质或操作条件较高时选用承插焊管件或锻钢螺纹管件；对操作介质为水、空气及惰性气体，工作压力小于或等于 1.0MPa，工作温度小于或等于 150℃时，可选用可锻铸铁螺纹管件。对镀锌可锻铸铁管件使用管径最大可达 DN150。

对管道方向改变处，除使用弯头外也可使用管子直接弯制的弯管，弯管的曲率半径不宜小于管子公称直径的 3.5 倍 ~5 倍，弯管弯曲后的最小壁厚不应小于直管扣除壁厚负偏差的壁厚值。斜接弯头（虾米腰弯头）的弯曲半径不宜小于公称直径的 1.5 倍，斜接角不大于 45°，一般取 22.5°。

分支管可以选择使用三通等管件，也可将支管直接焊在主管上。这要根据主管环向应力大小和支管与主管直径之比及操作条件决定。一般支管与主管的直径比小于 1/4 或管子环向应力小于钢材许用应力的 1/2，且支管与主管的直径比小于 1/2，可将支管直接焊在主管上，不用补强。否则就应进行补强核算并根据计算结果采取适当的补强措施或采用三通等管件。对设计压力大于或等于 2.0MPa，设计温度超过 250℃ 以及支管与主管公称直径之比大于 0.8，或承受机械振动、压力脉冲和温度急剧变化的管道，宜采用三通、45° 斜三通、四通等管件。

管子需要变径时使用异径管件，对焊管件有同心对焊异径管接头（大小头）和偏心异径管接头。一般同心大小头用在立管上，偏心大小头用在水平管上，使管道的管顶或管底根据需要保持齐平。螺纹管件的变径管件可采用异径管箍、异径内外丝、异径内接头、异径外接头等。承插管件一般用异径管箍。除螺纹异径外接头有偏心管件外，其他都是同心管件。

管端封闭管件，对 *DN*40 以上可选用无缝管帽或钢板焊接管帽。*DN*150 以下，PN2.5MPa 以下也可用平盖封头；对 *DN*40 及其以下可选用承插焊管帽或螺纹管帽。

目前，国内油品储运管道上常用的主要管件标准系列有中国国家标准（GB）原中国石油化工标准（SH）以及部分尚未纳入标准的标准图（或施工图，如钢制活接头 HGS 04—03—01），常用的国外标准有国际标准协会（ISO）和美国国家标准协会（ANSI）。

常用的对焊管件标准主要有：

《钢制对焊无缝管件》GB 12459；

《钢板制对焊管件》GB/T 13401；

《钢制对焊无缝管件》SH 3408；

《钢板制对焊管件》SH 3409；

《工厂制钢制对焊管件》ANSI B16.9；

《钢制对焊短半径弯头和回弯头》ANSI B 16.28。

常用的承插焊管件、螺纹管件标准主要有：

《锻钢制承插焊管件》GB/T 14383；

《锻钢制螺纹管件》GB/T 14626；

《锻钢制承插焊管件》SH 3410；

《锻钢承插焊、螺纹和对焊接管台》HGJ 529；

《锻钢制承插焊和螺纹连接的管件》ANSI B16.1l。

可锻铸铁管件选用《可锻铸铁管路连接件型式尺寸》GB 3289.1～39。

常用的仪表嘴有管嘴、直式温度计管嘴、直式双金属温度计管嘴、斜式温度计管嘴、斜式双金属温度计管嘴，一般按 SYJT 3000 选用。

工艺管道设计经常需要一些如活接头、螺纹短节一类的锻钢螺纹管件，但这些管件还没有纳入标准，因此设计选用标准施工图，常用到的施工图如下：

《钢制活接头》HGS 04—03—01；

《单头螺纹短节》HGS 04—04—01—1；

《双头螺纹短节》HGS 04—04—02—1。

管件的公称直径、外径和壁厚系列与对应的管子的尺寸系列是一致的，有的管件标准中壁厚等级比管子的壁厚等级少。

11.7.3 法兰及其紧固件

管道法兰是工业管道系统最广泛使用的一种可拆连接件，法兰及其紧固件包括法兰本身和起紧固密封作用的螺栓、螺母和垫片，由这三部分组成的可拆连接整体是管道的重要环节。法兰连接件密封不好容易造成向外泄漏，而泄漏的原因除施工因素外，正确选用法兰及其紧固件也是关键。

法兰及其紧固件的选用，可按有关国家标准或行业标准执行。

11.7.4 阀门

阀门是管道中的重要组成部件，主要的作用为截断或开通管道，调节管道中介质的流量或压力，保证管道和设备的安全运行等。某些专用的阀门能完成其特定的功能。

阀门的选用一般应根据管道内介质的性质、操作条件（温度、压力）及对阀门的功能要求等因素进行考虑。各种阀门手册和阀门样本都注有阀门的功能、适用介质、适用条件（温度、压力）等参数，设计时可参照这些阀门手册和阀门样本选用阀门，这里不再赘述，但"输油管道上的阀门，应采用钢制阀门。"

11.8 管道安装设计基本要求

11.8.1 管道敷设方式简介

管道敷设方式可以分为地上敷设和地下敷设两大类。地上敷设也称架空敷设，根据管道敷设标高的不同又可分为管架敷设和管墩敷设。管架敷设还可分为通行式和不通行式。通行式管架敷设最下层的管道底标高离地面不少于 2.2m；不通行式管架管底离地面不大于 1.6m。架空敷设的外部管道数量较多时，可采用多层敷设，但一般不超过三层。多层管架的层间距一般取 1.2m，如下面一层有大口径的管道时，也可适当加大。管墩敷设的管道一般贴地面敷设，管底标高距地面宜为 0.3m～0.4m。管墩敷设的管道阻碍人的通行，所以必要时应在人行道通过管带处设行人过桥跨越管带。管架和管墩应用不可燃的材料建造，一般采用钢筋混凝土结构或钢结构，也可采用钢和钢筋混凝土混合结构。

地下敷设管道有直埋敷设和管沟敷设两种。直埋管道应作防腐层，其埋设深度宜使管道在当地最高地下水位以上。管沟敷设有地下式和半地下式两种，前者整个管沟包括沟盖都在地面以下，后者一部分沟壁和沟盖板露出地面。管沟应有一定的坡度，最低处应设排水点。管道上设阀门处应有阀门井，阀门井都采用半地下式结构。

11.8.2 管道敷设方式的选择原则

<u>石油库内工艺及热力管道宜地上敷设或采用敞口管沟敷设；根据需要局部地段可埋地敷设或采用充沙封闭管沟敷设。</u>（下划线文字为国家标准《石油库设计规范》GB 50074—2014 规定原文，下同）

<u>Ⅰ、Ⅱ级毒性液体管道不应埋地敷设，并应有明显区别于其他管道的标志；必须埋地敷设时应设防护套管，并应具备检漏条件。</u>

地上敷设管道都有施工、操作方便，检查、维修容易以及较为经济的特点，所以是油库中最主要的管道敷设方式，一般连接各工艺设施的外部管道多采用多层通行式管架敷设；在储罐区由于储罐和油泵等都是地面设备，设备上连接管道的嘴子标高较低，而且自储罐至泵进口的管道绝大多数是自流管道，所以管道敷设方式多采用管墩敷设或底层为管墩的地上多层敷设的方式。管墩敷设虽然比管架敷设更经济、方便，但占地多，妨碍人、车通行，所以一般只在库区的边缘地带采用。

埋地管道的优点是管道埋于地下，地面上空间大，对车和人的通行妨碍小，同时管道的支承也最简单；但是它的缺点也不少，主要是管道在地下受土壤和地下水侵蚀腐蚀较快，又不易检查和维修，管道埋于地下低点排液不便，易凝油品凝固在管中时处理困难等。因此只有在没有架空敷设条件下才予采用。直埋管道一般只宜使用于输送无腐蚀性或微腐蚀性且又不易凝结可以常温输送的管道。

封闭管沟对管道有一定的保护作用和美观作用，但如果有漏油不易被发现，易积聚油气，相对埋地敷设和架空敷设事故风险较大。所以，安全起见，不推荐在库区内采用封闭管沟。

11.8.3 管道安装设计基本要求

（1）管道的布置不应妨碍与其连接设备、机泵的操作和维修，应为设备和机泵的起吊或抽出内部构件留出足够的空间。

（2）管道的敷设应尽量少出现低点（液袋）和高点（气袋），尽量避免"盲肠"。

（3）管道系统应有正确和可靠的支承，避免发生管道产生过大的下垂、歪斜、摇晃和脱离它的支承件。

（4）有隔热层的管道在管架或管墩处应设管托，管托的长度应保证管道在发生最大位移时管托仍不会掉落管架或管墩。无隔热层的管道如无特殊要求可不设管托。

（5）自流管道和泵的吸入管道的坡度宜与管内介质的流向一致。泵吸入管道的进泵支线允许向上抬起，但其管道标高不应高于储罐出口管道标高。

（6）金属管道之间及管道与管件之间应采用焊接连接。管道与设备、阀门、仪表之间宜采用法兰连接，采用螺纹连接时应确保连接强度和严密性要求。法兰连接也可用于因清扫、排空、切断、预留续接的需要处。

（7）蒸汽、油气和其他公用工程管道的支管宜从管道顶部引出，在支管靠近主管处装设阀门。当设施内已装有阀门且离主管不远时，外部管道上可不另设切断阀。

（8）水平敷设的外部管道改变管径时，宜采用偏心大小头，使管底齐平；垂直管段可采用同心大小头。水平管段的大小头宜靠近管架或管墩并使大头朝向附近管架或管墩。

（9）管道敷设时如发生平面或立面上碰撞时，一般应服从小管让大管、碳素钢管让合金钢管或塑料管、压力管道让自流管道的原则。

（10）管道的对接焊缝的中心，距弯管起弯点的距离不应小于管子外径，且不小于100mm；焊缝距支架边缘的距离不应小于50mm。

（11）管道两相邻对接焊缝的中心间距，对公称直径小于150mm时，不应小于管子外径，且不应小于50mm；公称直径大于或等于150mm时，不应小于150mm。

（12）管带上的阀门应尽量集中布置，并应便于操作和维修。

（13）阀门手轮的安装高度（阀门手轮中心与操作面的距离）宜为1.2m，最高不超过1.8m。对于公称直径大于200mm的手动阀门，手轮水平安装时，其安装高度不应大于1.2m。

（14）当在地面上无法操作阀门时，一般可采用下列措施：

1）公称直径小于50mm且不经常操作的阀门可以用固定梯子或活动梯子进行操作。

2）公称直径大于或等于50mm的不经常操作的阀门可用链轮、延伸杆进行操作，在技术经济合理的情况下，也可选用气动阀或电动阀门。

3）经常操作的阀门或集中布置的成组阀（低点放水阀除外），应设操作平台。

（15）布置在平台周围的阀门，其手轮距操作平台边缘的最大距离，不宜大于450mm；手轮最低标高不宜低于平台面。当阀杆和手轮伸入平台上方空间且标高小于2m时，应不影响操作人员在平台上操作和通行。

（16）在输送腐蚀性液体和Ⅰ、Ⅱ级毒性液体管道上，不宜设放空和排空装置。如必须设放空和排空装置时，应有密闭收集凝液的措施。

（17）地上或管沟内的管道以及埋地管道的出土端（包括局部管沟、套管内的管道及非弹性敷设管道的转弯部分等可能产生伸缩的管段），均应进行热应力计算，并应采取补偿和锚固措施。

（18）管道的防护，应符合下列规定：

1）钢管及其附件的外表面，应涂刷防腐涂层，埋地钢管尚应采取防腐绝缘或其他防护措施。

2）管道内液体压力有超过管道设计压力可能的工艺管道，应在适当位置设置泄压装置。

3）输送易凝液体或易自聚液体的管道，应分别采取防凝或防自聚措施。

（19）自采样及管道低点排出的有毒液体应密闭排入专用收集系统或其他收集设施，不得就地排放或直接排入排水系统。

（20）有毒液体管道上的阀门，其阀杆方向不应朝下或向下倾斜。

（21）酚和其他少量与皮肤接触即会产生严重生理反应或致命危险的液体，其管道和设备的法兰垫片周围宜设置安全防护罩。

（22）对酚等腐蚀性液体和有毒液体的设备和阀门，在人工操作区域内，应在人员容易接近的地方设置淋浴喷头和洗眼器等急救设施。

（23）当管道采用管沟方式敷设时，管沟与泵房、灌桶间、罐组防火堤、覆土油罐室的结合处，应设置密闭隔离墙。除此之外，尚应符合下列规定：

1）热力管道、加温输送的工艺管道，不得与输送甲、乙类液体的工艺管道敷设在同一条管沟内。

2）管沟内的管道布置应方便检修及更换管道组成件。

3）非充沙封闭管沟的净空高度不宜小于1.8m。沟内检修通道净宽不宜小于0.7m。

4）非充沙封闭管沟应设安全出入口，每隔100m宜设满足人员进出的人孔或通风口。

（24）当管道采用埋地方式敷设时，应符合下列规定：

1）管道的埋设深度宜位于最大冻土深度以下。埋设在冻土层时，应有防冻胀措施。

382

2）管顶距地面不应小于0.5m；在室内或室外有混凝土地面的区域，管顶埋深应低于混凝土结构层不小于0.3m。

3）输送易燃和可燃介质的埋地管道不宜穿越电缆沟，如不可避免时应设防护套管；当管道液体温度超过60℃时，在套管内应充填隔热材料，使套管外壁温度不超过60℃。

4）埋地管道不得平行重叠敷设。

5）埋地管道不应布置在邻近建（筑）物的基础压力影响范围内，并应避免其施工和检修开挖影响邻近设备及建（筑）物基础的稳固性。

（25）管道间距和常用安装尺寸。

平行敷设的两条相邻管道之间应保持适当的距离以满足施工和维修的需要，间距的大小与管子的外径、管法兰的外径、管道有无隔热层和隔热层的厚度、两管之间的要求净距有关，通常按下列原则确定相邻两管道中心线之间的距离和管道与邻接的建筑物或构筑物的距离：

（1）无隔热层管道的外壁或有隔热层管道的隔热层外表面之间的净距不小于50mm，也不宜大于100mm。

（2）有法兰管道，法兰外缘至邻管外壁或隔热层外表面的净距不小于25mm。

（3）管子外壁或隔热层外表面距管架柱子、建筑物墙壁或管沟壁的距离不应小于100mm。

（4）相邻管道上阀门的手轮外缘之间及手轮外缘与建筑物之间的净距不应小于100mm。

（5）管带上管道如果直径有改变，则在改变排列位置前与相邻管道的间距应按最大直径考虑。

（6）有较大横向位移的管道，与相邻管道的间距应相应加大。

（7）交叉管道之间的管子外壁或隔热层外表面之间的净距也不应小于50mm。

（8）埋地敷设的热力管道与埋地敷设的甲、乙类工艺管道平行敷设时，两者之间的净距不应小于1m；与埋地敷设的甲、乙类工艺管道交叉敷设时，两者之间的净距不应小于0.25m，且工艺管道宜在其他管道和沟渠的下方。

11.8.4 管道安全措施

1. 防止水击

（1）水击现象产生的原因及危害。

管道中的液体在流动时，如果下游管道上的阀门突然关闭，造成管道断流，液体在源头压力和惯性的作用下，仍然会涌向关闭的阀门，并形成压力积聚。如果液体流速较快，流速变化也很快的话，关闭的阀门处压力会急剧升高，甚至远远大于源头压力，结果产生向上游传递的压力波。这种压力波压力高，速度快，会对管道系统造成强烈冲击，这就是水击现象。如果水击压力超过管道系统的承压能力，则会对管道和阀门造成损害，乃至于破裂。水击产生的压力增值与流速成正比例关系，见式4-11-7：

$$\Delta H = -\frac{\alpha \Delta V}{g} \tag{4-11-7}$$

式中：ΔH——压力增值（米液柱）；

ΔV——流速变化量（m/s）；

g——重力加速度，$g = 9.8\text{m/s}^2$；

α——压力波传递速度（m/s）。α 可按式 4-10-8 计算；简单计算时，大管道可取 $\alpha = 1000\text{m/s}$，高压小管道可取 $\alpha = 1200\text{m/s} \sim 1400\text{m/s}$。

$$\alpha = \sqrt{\frac{K}{\rho\left(1 + \frac{K \cdot d}{E \cdot \delta}\right)}} \qquad (4-11-8)$$

式中：K——液体的体积弹性模数（Pa）。对于油品可取 $K = 1.35 \times 10^9 \text{Pa}$；

E——管材在操作温度下的弹性模量（Pa）；

ρ——液体密度（kg/m^3）；

d——管道内径（m）；

δ——管道壁厚（m）。

例如，当大管道流速为 2.5m/s 时，突然停泵或关闭阀门，压力增值为 255 米液柱。对于密度为 730kg/m^3 的汽油来说，水击压力为 1.86MPa；对于密度为 840kg/m^3 的柴油来说，水击压力为 2.14MPa，而石油库管道系统设计压力一般都不大于 1.6MPa。可见由于操作不当造成管内压力急剧升高产生的水击现象，是应该引起注意和设法防止的。

此外，气体管道在停输后，管道内可能会有积液，再次开启阀门通气时，气流会带动积液高速流动，具有很高的动能，产生很大的冲击力，这也是一种水击现象。

管道内液体产生水击分直接水击和间接水击两种：

当 $\tau \leqslant \dfrac{2L_\text{h}}{\alpha}$ 时，为直接水击；

当 $\tau > \dfrac{2L_\text{h}}{\alpha}$ 时，为间接水击。

式中：τ——管道末端阀的关闭时间（s）；

L_h——传播水击波的管道长度（m）；

α——压力波传递速度（m/s）。

（2）防止或减少水击的方法。

1）控制管道内介质流速不宜太大。防止直接水击水击的控制流速可按式 10-8 计算，防止间接水击水击的控制流速可按式 4-11-9 计算：

$$V_\text{c} = \frac{\Delta P \cdot 10^6}{\rho \cdot \alpha} \qquad (4-11-9)$$

$$V_\text{c} = \frac{\Delta P \cdot \tau \cdot 10^6}{2L_\text{h} \cdot \rho} \qquad (4-11-10)$$

式中：V_c——控制流速；

ΔP——管道允许的水击增压（MPa）。

2）在管道上加装缓冲罐、缓冲器，亦即装蓄能器来吸收因水击产生的压力增值，起到减少水击危害的目的。

3）在操作过程中应注意缓慢开、关阀门，减少阀门在完全关闭时的介质流速骤减。例如，对一个流速为 2m/s 的 *DN*200 柴油管道，阀门的关闭时间应在 4s 以上。

4）为防止蒸汽管道的水击危害，应采用低点放水措施。蒸汽管道的低点放水操作应缓慢开启阀门、必须按规定时间放水。实践证明此种操作是减少蒸汽管道水击现象的有效措施。

2. 管道的泄压

管道采取泄压措施，是指地上不保温、不放空管道中的油品，被晒后应有一个油品膨胀压力升高的泄压出路。实际生产过程中经常发生一些油库地上管线因无泄压措施致使被晒后的油品膨胀、管线内液体压力升高造成管道配件、法兰垫片等处破裂、发生跑油等事故，甚至引起火灾。

管道泄压的措施：

（1）对不保温的油品，如液化石油气、汽油、煤油等油品管道可能被切断阀封闭的管段均应设泄压设施。

（2）同一罐区内的每一种油品至少设一组泄压管道。

（3）管道泄压一般采用安全阀自动泄压。安全阀定压可根据管道配件的压力等级确定，即定压值不得高于所选用油品管道配件的公称压力。

（4）管道泄压设施的安装流程。

管道泄压设施的安装流程如图 4 – 11 – 1 所示。应该注意的是当油罐设有总阀门时，该总阀门应处于常开操作状态。

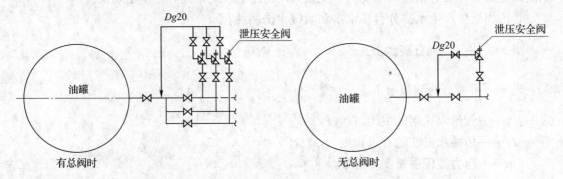

图 4 – 11 – 1 管道泄压设施安装流程图

11.9 罐组管道安装设计

11.9.1 罐组管道安装应满足相关的工艺流程、热力流程及其他方面的要求。

11.9.2 罐组管道应采用地上管墩敷设，便于施工、操作和维修改造，且便于消防。管墩顶高出罐组区设计地面标高宜为 300mm；尽量避免管架敷设，若必须采用管架敷设时，管底标高高出罐组设计地面不应小于 2.2m，并注意处理好与防火堤顶面及消防管道之间的高差关系，不应影响消防人员和操作人员在防火堤顶上正常行走。

11.9.3 管道穿过防火堤处应设置套管，管道和套管应保持同心状态，套管两端的应采取密封措施。为减少管道热胀冷缩对套管密封的影响，罐组内靠近防火堤的管墩宜设置为固定管墩。

11.9.4 进出罐组的工艺管道（除液态烃储罐）均应有被吹扫干净的措施。每根管道都应由罐组外向罐组吹扫，且管内介质应被吹扫至该管道末端所连接的一个或两个罐内。

　　扫线介质为水时，可通过罐壁处的进出油管将管内介质扫入罐内；当扫线介质为气体时，管内介质应从罐顶扫入罐内。

11.9.5　轻质油品及其性质相近的液体管道，未设隔热层的情况下，由于日照会使管道及管内液体温度升高，从而引起压力升高，若此时管道两端阀门切断，则压力高到一定值，会造成管道及配件的破裂、出现事故。所以该类管道应设置有效的泄压设施，防止出事故。

11.9.6　确定罐前支管道的管墩（架）顶标高时，应考虑到储罐基础下沉的影响；一般应比按坡度计算值减少50mm～60mm；若罐基础处地质条件差，结构专业能预计出罐基础的下沉量时（包括罐建成后试压时一次性下沉量和使用后在一段时间内继续下沉到基本稳定时的下沉量），可按预计的下沉量减少。

11.9.7　立式储罐的进液管，应从储罐下部接入；如确需从上部接入时，甲、乙、丙A类液体的进液管应延伸到储罐的底部。卧式储罐的进液管从上部接入时，甲、乙、丙A类液体的进液管应延伸到储罐底部。

11.9.8　可燃液体进罐温度大于或等于120℃时，必须从罐顶部进入罐内，不该从罐下部进入罐内；否则罐底部一旦有水，高温液体会使水汽化，体积突然膨胀造成突沸冒罐事故。

11.9.9　储存液化石油气的球罐或卧罐放水管上应设置有防冻和防漏措施的密闭切水设施，以保证从罐内放出的水不带液化石油气，避免火灾危险事故的发生。

11.9.10　根据有关规范要求，储罐进出口管道至少应安装两道阀门。靠近罐壁的第一道阀门，宜常开。当进出油管道出事故或更换其他阀门、垫片时可关闭此阀。

11.9.11　压力储罐的气体放空管接合管应安装在罐体顶端，安全阀应安装在放空管接合管上，并应垂直安装。安全阀与罐体之间应安装一个钢闸阀、正常运行时，该阀必须保持全开并加铅封。放空管接合管和铅封常开闸阀的直径不应小于经计算选定的安全阀入口直径。

　　当放空管接合管管径大于安全阀入口直径时，大小头应靠近安全阀入口处安装。

　　安全阀要尽量靠近罐体，并应设旁通线，旁通线直径不应小于安全阀的入口直径，以便安全阀检修时可暂时手动放空。

　　液化石油气类的储罐的安全阀出口管，可在罐区内连接成一根直接引至火炬系统。一般不就地放空。如确有困难（无火炬或距火炬很远），可就地放空，但其排气管口应高出相邻最高储罐罐顶平台3m以上。

11.9.12　压力储罐的设计压力相同，储存介质性质相近时，储罐之间宜设气相平衡管道。平衡管道的直径不宜大于储罐的气体放空管直径，亦不应小于40mm。

11.9.13　在历年一月份平均温度的平均值不高于－15℃的地区，原油和重质油品储罐前阀门集中的地方，可设阀室，以保证阀门前后管内的介质不会凝固，操作人员能迅速地开闭阀门。

11.9.14　现行国家标准《石油库设计规范》规定：<u>与储罐等设备连接的管道，应使其管</u>

系具有足够的柔性，并应满足设备管口的允许受力要求。柔性连接可以采用三种形式，一是对于直径不是很大，安装空间较为充裕的管道，可以通过线路设计使管道自身具有足够的柔性；二是在罐根阀与生根在地面的支撑之间设置金属软管，增加管道柔性；三是管道支撑采用弹簧支吊架，改善管道柔性。需提醒注意的是，在金属软管与管壁之间安装的管道支（吊）架应生根在储罐基础环梁上或罐壁上（如图4－11－2所示），使该支架能够与罐体同步沉降，不影响柔性连接。支架切不可生根在地面或生根在落地的平台上，因为这样该支架不能与罐体同步沉降，使金属软管失去作用，就成为刚性连接了。

11.9.15 地震烈度大于或等于7度、地质松软的情况下，管径大于或等于150mm时，罐前支管道与主管道的连接，可设置储罐抗震用金属软管，其安装形式见图4－11－2。金属软管应布置在靠近罐壁的第一道阀门和第二道阀门之间。

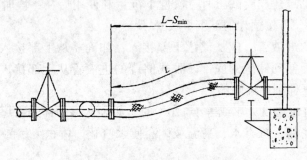

图4－11－2　金属软管安装图

金属软管的横向补偿量 Y 值与地震烈度有关，可参照表4－11－16所列数值，并参见图4－11－3。若同时考虑地质条件不良而引起的下沉量，则 Y 值应考虑为两者的综合值。

表4－11－16　地震烈度与横向补偿 Y 对照表

地震烈度	横向补偿量 Y（mm）	地震条件
7度区	±100	加速度
8度区	±200	$a = 0.1g \sim 0.4g$ 地震周期
9度区	±400	$T = 0.2s \sim 2s$

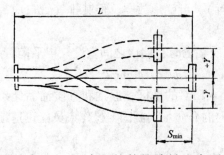

图4－11－3　金属软管补偿量示意图

金属软管与管道的连接，应采用法兰连接，便于安装、调节和更换。

金属软管的直径，不应小于储罐的进出油接合管的直径，一般可与储罐的进出油接合管的直径相等；金属软管承受压力应大于或等于1.0MPa。

管道直径（金属软管直径）与金属软管的长度同横向补偿量 Y、安装距离 S_{min} 的对应数值，可参照表4－11－17所示或由制造厂家提供。

表4－11－17　金属软管直径、横向补偿量 Y、金属软管长度
及安装位移最小距离 S_{min} 基本参数（mm）

公称直径 DN ＼ 横向补偿量 Y ＼ L/S_{min}	±50（100）	±100（200）	±150（300）	±200（400）	±250（500）	±300（600）	±400（800）
40	650/21	850/59	1000/102	1100/164	1200/218	1300/288	1500/404
50	750/20	950/53	1100/96	1200/147	1400/206	1500/272	1600/363
65	850/18	1100/48	1300/86	1400/130	1500/180	1700/237	1800/300
80	900/18	1200/44	1400/78	1500/118	1700/163	1800/214	2000/269
100	1100/16	1300/40	1500/70	1700/107	1900/148	2000/193	2200/241
125	1200/15	1500/37	1700/64	1900/98	2100/134	2300/174	2400/217
150	1300/14	1600/34	1900/60	2100/89	2300/122	2500/160	2600/200
175	1400/14	1700/33	2000/57	2200/85	2500/115	2700/150	2700/187
200	1400/13	1800/30	2100/54	2400/80	2600/109	2800/141	3000/176
225	1500/11	1900/30	2200/51	2500/72	2700/104	3000/135	3200/168
250	1600/10	1800/29	2400/50	2600/73	2900/100	3100/128	3300/160
300	1800/10	2200/27	2600/47	2900/69	3200/93	3500/120	3700/144
350	1800/10	2400/26	2900/44	3200/66	3500/89	3700/112	4000/140
400	2100/10	2600/25	3100/43	3400/62	3700/85	4000/108	4200/134

11.10　罐组外管道安装设计

11.10.1　管带布置

罐组的外部管道应在统一规划下做到管道集中布置、走向合理、排列整齐、施工和维修方便。为此应注意下列各点：

（1）合理确定各设施进出口管道的方位和敷设型式，使大多数管道走向合理、排列有序，避免管道迂回、往返，减少管道相互交叉。

（2）各设施的进出口管道应尽量集中，以减少管带数量，避免外部管带三面甚至四面包围生产设施，影响安全和生产操作。

（3）管道宜沿库区道路布置。工艺管道不得穿越或跨越与其无关的易燃和可燃液体的储罐组、装卸设施及泵站等建（构）筑物。

（4）外部管带应布置整齐，走向与库内道路平行。

（5）地上管道不应环绕罐组布置，且不应妨碍消防车的通行。设置在防火堤与消防

388 车道之间的管道不应妨碍消防人员通行及作业。

（6）地上工艺管道不宜靠近消防泵房、专用消防站、变电所和独立变配电间、办公室、控制室以及宿舍、食堂等人员集中场所敷设。当地上工艺管道与这些建筑物之间的距离小于 15m 时，朝向工艺管道一侧的外墙应采用无门窗的不燃烧体实体墙。

（7）地上管道与铁路平行布置时，其与铁路的距离不应小于 3.8m（铁路罐车装卸栈桥下面的管道除外）。

（8）地上管道沿道路平行布置时，与路边的距离不应小于 1m。埋地管道沿道路平行布置时，不得敷设在路面之下。

（9）分期建设的工程项目，外部管道应一次规划、分期建设。前期设计时，管带上应预留后期管道的位置。外部管带应考虑石油库今后发展的需要，管带上宜预留 10% ~ 30% 的空位。

11.10.2 管道穿（跨）越铁路和道路：

（1）管道穿越铁路和道路时，应符合下列规定：

1）管道穿越铁路和道路的交角不宜小于 60°，穿越管段应敷设在涵洞或套管内，或采取其他防护措施。管道桥涵应充沙（土）填实。

2）套管端部应超出坡脚或路基至少 0.6m；穿越排水沟的，应超出排水沟边缘至少 0.9m。

3）液化烃管道套管顶低于铁路轨面不应小于 1.4m，低于道路路面不应小于 1.0m；其他管道套管顶低于铁路轨面不应小于 0.8m，低于道路路面不应小于 0.6m。套管应满足承压强度要求。

（2）管道跨越道路和铁路时，应符合下列规定：

1）管道跨越电气化铁路时，轨面以上的净空高度不应小于 6.6m。

2）管道跨越非电气化铁路时，轨面以上的净空高度不应小于 5.5m。

3）管道跨越消防车道时，路面以上的净空高度不应小于 5m。

4）管道跨越其他车行道路时，路面以上的净空高度不应小于 4.5m。

5）管架立柱边缘距铁路不应小于 3.5m，距道路不应小于 1m。

6）管道在跨越铁路、道路上方的管段上不得装设阀门、法兰、螺纹接头、波纹管及带有填料的补偿器等可能出现渗漏的组成件。

11.11 库外管道安装设计

11.11.1 库外管道宜沿库外道路敷设。库外工艺管道不应穿过村庄、居民区、公共设施，并宜远离人员集中的建筑物和明火设施。

11.11.2 库外管道应避开滑坡、崩塌、沉陷、泥石流等不良的工程地质区。当受条件限制必须通过时，应选择合适的位置，缩小通过距离，并应加强防护措施。

11.11.3 库外管道与相邻建（构）筑物或设施之间的距离不应小于表 4-11-18 的规定。

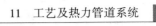
表 4 - 11 - 18 库外管道与相邻建（构）筑物或设施之间的距离（m）

序号	相邻建（构）筑物		液化烃等甲 A 类液体管道		其他易燃和可燃液体管道	
			埋地敷设	地上架空	埋地敷设	地上架空
1	城镇居民点或独立的人群密集的房屋、工矿企业人员集中场所		30	40	15	25
2	工矿企业厂内生产设施		20	30	10	15
3	库外铁路线	国家铁路线	15	25	10	15
		企业铁路线	10	15	10	10
4	库外公路	高速公路、一级公路	7.5	12	5	7.5
		其他公路	5	7.5	5	7.5
5	工业园区内道路	主要道路	5	5	5	5
		一般道路	3	3	3	3
6	架空电力、通信线路		5	1 倍杆高，且不小于 5m	5	1 倍杆高，且不小于 5m

注：1 对于城镇居民点或独立的人群密集的房屋、工矿企业人员集中场所，由边缘建筑物的外墙算起；对于学校、医院、工矿企业厂内生产设施等，由区域边界线算起。

2 表中库外管道与库外铁路线、库外公路、工业园区道路之间的距离系指两者平行敷设时的间距。

3 当情况特殊或受地形及其他条件限制时，在采取加强安全保护措施后，序号 1 和 2 的距离可减少 50%。对处于地形特殊困难地段与公路平行的局部管段，在采取加强安全保护措施后，可埋设在公路路肩边线以外的公路用地范围以内。

4 库外管道尚应位于铁路用地范围边线和公路用地范围边线外。

5 库外管道尚不应穿越与其无关的工矿企业，确有困难需要穿越时，应进行安全评估。

11.11.4 库外管道采用埋地敷设方式时，在地面上应设置明显的永久标志，管道的敷设设计应符合现行国家标准《输油管道工程设计规范》GB 50253 的有关规定。

11.11.5 易燃、可燃、有毒液体库外管道沿江、河、湖、海敷设时，应有预防管道泄漏污染水域的措施。

11.11.6 架空敷设的库外管道经过人员密集区域时，宜设防止人员侵入的防护栏。

11.11.7 沿库外公路架空敷设的厂际管道距库外公路路边的距离小于 10m 时，宜沿库外公路边设防撞设施。

11.11.8 埋地敷设的库外工艺管道不宜与市政管道和暗沟（渠）交叉或相邻布置，如确需交叉或相邻布置，则应符合下列规定：

（1）与市政管道和暗沟（渠）交叉时，库外工艺管道应位于市政管道和暗沟（渠）的下方，库外工艺管道的管顶与市政管道的管底、暗沟（渠）的沟底的垂直净距不应小于 0.5m。

（2）沿道路布置时，不宜与市政管道和暗沟（渠）相邻布置在道路的相同侧。

（3）工艺管道与市政管道和暗沟（渠）平行敷设时，两者之间的净距不应小于1m，且工艺管道应位于市政热力管道热力影响范围外。

（4）应进行安全风险分析，根据具体情况，采取有效可行措施，防止泄漏的易燃和可燃液体、气体进入市政管道和暗沟（渠）。

11.11.9 库外管道穿越工程的设计，应符合现行国家标准《油气输送管道穿越工程设计规范》GB 50423 的有关规定。

11.11.10 库外管道跨越工程的设计，应符合现行国家标准《油气输送管道跨越工程设计规范》GB 50459 的有关规定。

11.11.11 库外管道应在进出储罐区和库外装卸区的便于操作处设置截断阀门。

11.11.12 库外埋地管道与电气化铁路平行敷设时，应采取防止交流电干扰的措施。

11.11.13 当重要物品仓库（或堆场）、军事设施、飞机场等，对与库外管道的安全距离有特殊要求时，应按有关规定执行或协商解决。

11.11.14 Ⅰ、Ⅱ级毒性液体管道不应埋地敷设，并应有明显区别于其他管道的标志；必须埋地敷设时应设防护套管，并应具备检漏条件。

11.11.15 金属管道之间及管道与管件之间应采用焊接连接。管道与设备、阀门、仪表之间宜采用法兰连接，采用螺纹连接时应确保连接强度和严密性要求。

11.11.16 在输送腐蚀性液体和Ⅰ、Ⅱ级毒性液体管道上，不宜设放空和排空装置。如必须设放空和排空装置时，应有密闭收集凝液的措施。

11.11.17 工艺管道上的阀门，应选用钢制阀门。选用的电动阀门或气动阀门应具有手动操作功能。公称直径小于或等于600mm 的阀门，手动关闭阀门的时间不宜超过 15min；公称直径大于600mm 的阀门，手动关闭阀门的时间不宜超过 20min。

11.11.18 钢管及其附件的外表面，应涂刷防腐涂层，埋地钢管尚应采取防腐绝缘或其他防护措施。

11.11.19 管道内液体压力有超过管道设计压力可能的工艺管道，应在适当位置设置泄压装置。

11.11.20 输送易凝液体或易自聚液体的管道，应分别采取防凝或防自聚措施。

11.12 其他

管道安装设计还应做好下列工作：

管道跨距确定、管道热膨胀和应力分析，管道保温计算及保温材料选择，管道伴热设计等。有关管道设计手册有这些方面的详细介绍，限于篇幅，本教材不再赘述。

12　石油库自动化系统

12.1　概述

自动化系统是提升石油库运营和安全管理的重要手段，也是体现石油库建设水平的重要方面。在国内外石化企业爆炸起火事故频发的今天，确保安全生产是政府和企业共同关注的第一要务。不遵守安全实践规范，就无所谓利润可言。这就是我们为什么特别强调确保油库的安全保障以及提高产能的原因。

在过去 10 年中，分布油库的作业理念经历了飞速的变化。1990 年初，产品的危险性特征使得作业的重点只能局限于作业的安全性与计量的准确性。如今市场发生了巨大的变化。因此，作业重点也延伸到其他多个领域，如库存控制、产品的安全性、效率、客户满意度、添加剂与底部装卸。油库深刻认识到了手动甚至半自动操作所固有的缺陷。设计出能够满足甚至超越这些需求的自动化罐区系统。

进入 21 世纪，传统的自动控制技术与信息化技术得到了成熟的发展和大规模的应用。智能化技术成为一个新的热门话题和世界大国竞相研究的前沿。2008 年在美国国家科学基金会的赞助下，在 UCLA 成立了一个由企业、院校、政府组成的 SPM 智能制造协会。中国政府和各大企业，也开始兴起以智能制造、物联网、云技术为背景的新技术研究。

随着中国国家发展战略概念的不断提升，要实现和达到国际上发达工业国家的技术水平，以中国制造 2025、工业 4.0 和物联网为战略发展目标的一次新的革命正在到来。智能化工厂和智能化罐区的方案雏形乃至具体思路已经形成，自动化罐区的概念正在向智能化扩展和升级。

今天我们在罐区的设计、建设和运行主要考虑的问题：

（1）安全问题

罐区安全从设计到操作都是我们需要考虑重要因素。

（2）合规问题

设计选型、采购和操作符合相关国家和国际标准和规定。

（3）可靠性问题

在产品的物权发生转移时，可靠和精确地输转是罐区业务的根本。

（4）效率问题

自动化和智能化追求的目标是利用最少的人力成本达到最大的经济效益和结果。

12.2　罐区自动化的构架

石油库自动化系统，按照一般的架构划分为：

1. 现场仪表层

包含各种计量仪表、监控仪表、泵阀、安全监控和标定设备。

2. 监控层

由 DCS/PLC 组成的阀门和泵的控制系统和现场仪表的数据采集系统平台。MA 油品移动自动化。

3. 信息化和业务管理层

用油库业务管理的专门软件贯穿业务和操作的层面，使 ERP 的命令在自动分解之后，直接作用在控制和计量系统之上，在自动完成现场操作和自动计量之后，将作业的结果自动返回到 ERP 系统，并对物料平衡和生产效能自动做出评估。其示意图如图 4 – 12 – 1 所示。

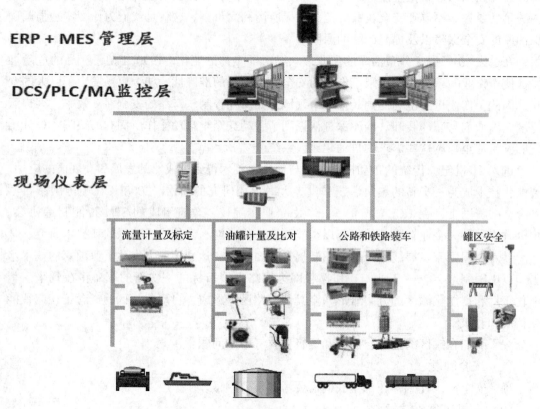

图 4 – 12 – 1　信息化和业务管理层示意图

12.3　油库自动化的主要功能模块

12.3.1　产品接收和库存管理

该模块支持通过管道、船只、驳船或轨道车接收产品，卸油流量专为安全性和速度进行规范与优化。此外，模块还支持根据流量计量和油罐计量仪器调整接收的油品，从而实现输油监测。同时对油罐的位置进行持续监视，以便于及时纠正同相排齐，以防产品遗失和污染。在装有多个产品的管道中，在线密度计用于根据进入的油品自动切换至正确的油罐。

12.3.2 油罐防溢流

由不同测量原理的连续测量液位计、独立的液位开关和控制器组成的液位安全联锁系统。

12.3.3 储罐管理模块

该模块实现了与油罐计量系统的无缝集成，支持高效统一油库，并远程监视原料罐数据，如产品级、温度、密度、水位，以及各种经过计算的数据，包括总容量、净容量和水量。存储管理模块对于实现油库的完全自动化起着至关重要的作用。

该模块为每个油罐提供了三种模式：接收、输送或闲置。多个安全联锁可以使用。HH 与 LL 罐内液面自动关闭合适的泵和阀门。选择性地避免收油罐进行排队输送。避免同相排列不整齐问题，或者及时修改此类问题，避免产品混合或遗失问题。可提供在线计时油库调整报告，其中包括有关每个油罐以及每个产品的已接收量、当前库存量以及输送量信息。

12.3.4 装卸模块

（1）作业：利用发油装置装油台批量控制器完成调和、添加剂注入、灌装油罐车和装桶等作业。

批量控制器（如图 4 - 12 - 2）的具体功能：

紧急停车按钮（红色按钮）；

防溢与车接地系统（每辆车一个）；

数字化或开/关阀控信号（输出）；

流量计（单脉冲或双脉冲输入）；

温度传感器或 PT100（输入）；

添加剂注入系统（输入、输出）；

泵启停信号（输出）；

批量控制器 RS485 计算机（接口）；

图 4 - 12 - 2 装油台批量控制器

密钥磁性或数字密码。

每个批量控制器有三种模式可以选择：远程、本地或维护。在远程模式中，控制器完全由上位机控制。如果选择手动操作，此时可进行本地操作。这样可避免出现人为失误，如产品或数量有误。该模块支持时装载多个产品或多个油罐（每个控制器最多六个），这样大幅缩短了整个装油过程所耗费的时间。

（2）监控：操作人员可以根据突发情况选择暂停、再继续或中止任何当前装油操作。

（3）警报：温度故障、未经许可流量等装油台警报都将在操作员工作站予以公布，并通过同一通信线路采取适当的纠正措施。这样可以节约大量布线成本和 I/O 作业成本。读卡器经过许可供司机在每个进料台的危险位置使用，或者用于装油认证。控制系统可提供在线计时油库调整报告，其中包括有关每个油罐以及每个产品的已接收量、当前库存量以及输送量信息。并标明具体时间，以备日后分析使用，同时定期生成油罐每辆罐车的 MTS 报告。

（4）读卡器 Card Reader：

最后，当操作人员在每个进料台刷相同的卡时，读卡器可确保将正确的产品装入正确

394 的油罐车。

12.3.5　地衡模块

当油罐车车站根据油的重量而不是体积（产品 LPG，沥青）来作为计量单位时，控制系统将通过与地衡传感器的秤控制器相连接，获得货物的皮重、净重和总重量，自动完成油品计价以及其他库存报告。模块支持两种称重方法：在装油过程中在每个进料台在线称重，以及常见的称进和称出。

12.3.6　调和模块

部分油库需要在油库端进行比例调和，以生产出诸如乙醇汽油和生物柴油等特殊油品。装车系统能够在装油过程中调和两种或更多组分。按序调和与按比例调和。产品数据库既支持基础油，也支持调和油。调和油的合成物可在系统的数据库中予以设置。

12.3.7　添加剂注入模块

许多石油公司不断尝试使用特殊的添加剂来改进其油品性能，它们需要一种复杂但不失灵活性的添加剂系统来满足其油库端要求。手动添加添加剂容易产生错误，或者数量不准确，或者添加剂使用有误。而且，操作者还要解决保持记录并计算添加剂库存的问题。装车系统实现了这一复杂作业的自动化操作。将正确的添加剂按照正确比例添加到正确的产品中，并确保无任何错误。

添加剂的选择（客户、产品）和数量可针对每路控制回路进行合理调配。注入的故障警报以及选择性的中止装油。在 BOL 中打印添加剂详细资料并维护库存。

12.3.8　流量计标定模块

利用标准体积量器、标准流量计、标准体积管完成流量计的在线标定（固定式或移动式）。

12.3.9　泵管理模块

泵有三种模式可以选择：远程、本地或维护。在远程模式中，控制系统根据需要和联锁状态自动启动和停泵。如果选择手动操作，则由操作人员自己选择并全权负责。当泵无法启动/停止时，此时会发出警报。泵房是油库中非常重要的耗能单元。只有运行合理数量的泵才能达到能效最高预期的要求。这不仅能够节约能源，同时还可以避免出现危险情况，如由于泵过载导致泵过热。此外，控制系统还支持所有泵同时工作，以降低设备磨损与维护，从而确保所有泵拥有等同的使用期限。控制系统能够自动检定维护模式，根据需要选择使用其他备用泵。

12.3.10　流量计系统撬装技术

为了到达流量计系统的标准化和模块化，在设计时采用 3D 制图技术，在图纸上充分考虑好设备的安装、维护和操作空间，设备在工厂完成制造和组配之后，进行功能性测试，甚至液体标定，在经过 SAT 后运抵现场就位、接通管线和电缆、最终完成系统联调。这项技术避免了水联运、系统打压对流量计和电液阀的损坏。由于把很多现场制作和安装的工作前移到工厂，除可以提高产品质量、确保工期外，还可以操作培训前移到工厂。这种技术在装车台改造项目时，可以大大节省改造和系统切换时间。

12.3.11　门禁控制模块

确保油库的安全性至关重要，控制系统为每位司机提供了一张专有的门禁卡（感应卡或智能卡），该卡可用于多种用途，包括进门——只有经过授权的司机才能进入油库，还用于记录进出油库的每位司机。

12.3.12 数字视频管理模块

数字模式是传统模拟 CCTV 的最佳替代品，它将视频作为相当于传感器数字输入信号进入控制系统。视频显示更加清晰、快速，这无疑有助于实现控制台安全监视的一体化。

范围：有关出入口、进料台、无人区域或难以到达区域（储罐区）的现场和录制的视频图像。

智能录制：录制可选择事件触发式（未经许可的流量或溢油）或预定式。这样可避免不必要的录像以及连续无选择地搜索录像带。

观看角度：在 LAN（本地或远距离）中带有 PTZ 功能的任意控制台。

12.3.13 安防集成管理平台架构

由 TCP/IP 网络结构搭建的安防管理平台以数字信号连接各现场视频设备门禁系统和报警设备，可以根据预设弹出报警，或与工艺控制系统联动，关断或切换设备，构成工艺操作和安防一体的安全系统（图 4 - 12 - 3）。

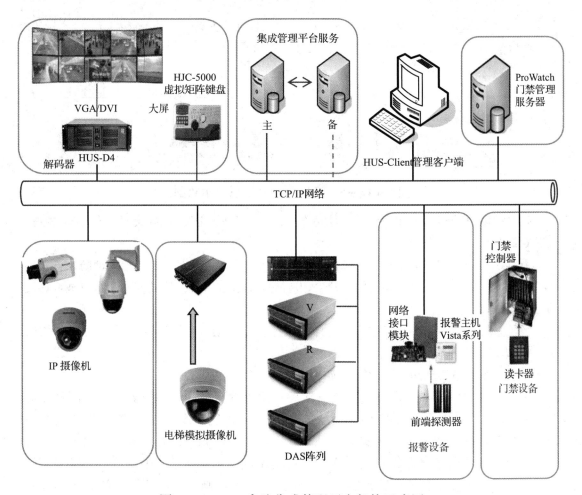

图 4 - 12 - 3 安防集成管理平台架构示意图

396 **12.3.14 自动消防监控系统**

自动消防监控系统（图4-12-4），能实时监控储油罐区报警信号。检测消防泵工作状态、故障状态、就地/远控状态，并控制消防泵的启、停。

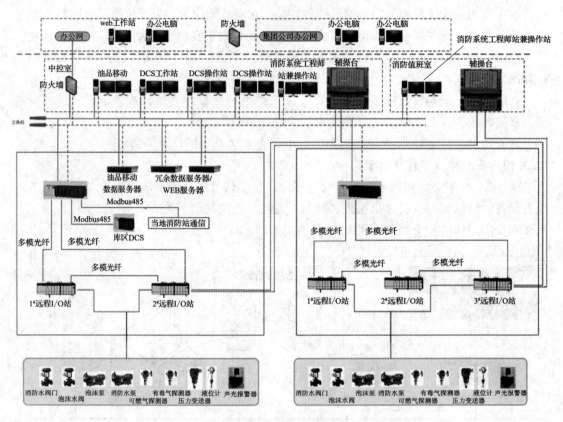

图4-12-4 自动消防监控系统示意图

检测消防电动阀门全开、全关、就地/远控、故障等状态，并对阀门（包括雨淋阀）进行控制。

系统接收到火灾报警信号后，经操作人员确认，手动或延时后自动启动消防泵，并按预定逻辑顺序开、闭相关电动阀门，开启相应罐的雨淋阀、将泡沫液与冷却水以最快速度喷洒到事故罐，实现自动灭火。

显示系统的自动、手动工作状态，自动状态锁定手动操作（即无论在何种工作模式手动操作始终保持优先），满足消防规范要求。

系统具备紧急启动和切断功能，即一键到底功能。

系统具有自诊断和诊断工具，进行常规和预防诊断维护。系统能够实时检测现场输入/输出部件、电源及连接线等设备的故障。诊断过程及结果在屏幕上显示并记录。故障报警信号区别于火灾报警信号，且火灾报警优先信息存储管理与操作权限管理。系统能够自动记录操作员的操作。并可给不同的操作人员分配不同的操作权限，明确了责任，方便了管理。系统能够采集罐区、就地控制室等场所的消防系统相关报警参数。

12.3.15　SAP/ERP 界面模块

传统的手动数据录入可能产生人为错误、重复输入或延迟。现代的罐区智能化系统提供了一种经过认证 SAP 界面接口，当客户下了订单并且与会计系统（SAP/ERP）相集成时，交易就此开始。这是整个自动化的关键所在。一强大的界面采用被推荐的 tRFC/IDoc 方法或 SAP 的 XI 服务，而不是传统的"批处理文件 – FTP – 计时器"方法。

两者的紧密集成使得两个系统从技术角度来看就像是一个整体一样，无需任何人为干涉或鼠标点击即可轻松地在 SAP 和 ERP 之间输送数据。Scada 平台支持与 SAP 的双向集成，以便于实现基本数据和交易数据从 SAP 到 TAS 的在线同步，即操作人员、油罐车、订单，以及载荷数据从 TAS 到 SAP 的下载和传送。

12.3.16　油品移动自动化模块

移动自动化集成了库存监视，移动监视、控制、执行和跟踪于一体的解决方案，用于提高油品移动的可靠性、安全性和效率。

移动自动化解决方案是一个有效的、经过现场验证的软件，用于控制炼油厂全厂范围内物料的移动作业。该解决方案实现了油品和其他物料在复杂罐区管网上灵活、高效的移动。它节省了库存，防范了可能导致巨大损失的事故，提高了人员的工作效率，所有这些都有助于提高炼油企业的盈利能力，是一个彻底在工艺操作上避免操作失误、减轻劳动强度的有效工具。

12.4　移动自动化解决方案

12.4.1　概述

移动自动化解决方案，是调和和移动自动化（Blending and Movement Automation，简称 BMA）应用软件家族（含服务）中的一部分，是一个全面包括炼油厂和油库，物料移动作业计划，执行和性能监视在内的综合解决方案。这个业界认可的解决方案包括三个紧密集成的模块：库存监视（Inventory Monitor），移动监视（Movement）和移动控制（Movement Control）。调和和移动自动化解决方案不仅可以大大节约人力成本和减小人工的干预所导致的错误，更可以最大限度地提高作业效率、系统运行的安全性和计量的准确性，是现代化罐区的升级产品，也是智能化罐区所必要的手段。

（1）Inventory Monitor——操作人员可以通过库存监视模块（IM）采集、验证并管理炼油厂和油库储罐的状态及所存物料的确切信息，IM 是移动自动化解决方案的基础软件。

（2）Movement Monitor——移动监视模块提供接收或创建移动指令的功能，该模块虽不具备自动执行移动指令的功能，但具备对移动作业进行自动监视，并自动产生移动报表的功能。

（3）Movement Control——移动控制模块建立在上述两个应用软件的基础上，提供移动作业的计划、移动作业的自动执行、自动监视、自动生成报表的功能。

移动自动化解决方案基于 Scada 平台，提供一个易于使用的图形化移动计划和执行界面实施一个完整的移动自动化解决方案，能极大地提高炼油业务决策和执行之间的协同能力。例如，生产调度员可以用移动自动化应用软件将移动指令下达给操作员，操作员可以依次执行这些移动指令，而无须重新输入相同的数据。另外，调度好的移动指令可以直接

398 传送给移动自动化软件。生产会计师可以通过移动自动化应用软件访问移动作业完成后的实际数据记录，即通过将这些数据自动传递给霍尼韦尔的物料平衡应用软件（Production Balance），完成库存的平衡和炼油业务经济核算的功能。

12.4.2 移动自动化功能介绍

移动自动化（Movement Automation）（图4-12-5）提供一个需执行的物料移动作业的操作清单，使这个移动作业有一条优化的路径（一组优化的相关设备），保证该移动作业在物料开始流动之前被正确地贯通，并监视移动状作业的状态，确保所有的移动作业数据被全面、准确地记录下来。移动作业的定义数据只需输入一次，且检索方便快捷。移动自动化系统报告的信息，可以用来将移动计划与实际执行结果进行比较，由此获得关键绩效指标（KPIs），以推动业务持续改进。

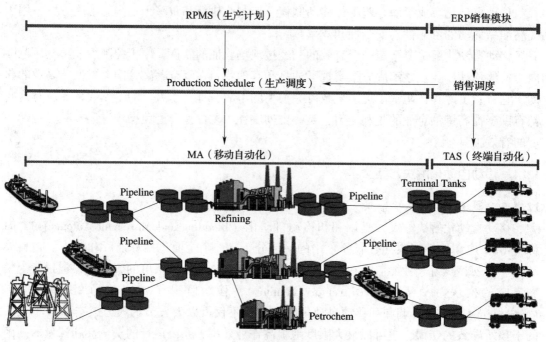

图4-12-5 移动自动化系统示意图

移动自动化系统（Movement Automation）由移动监视（Movement Monitor）和移动控制（Movement Control）组成，提供以下功能：

（1）移动作业计划和记录；

（2）移动作业的监视和报警；

（3）移动作业控制；

（4）直接设备控制。

移动作业订单可以从 ERP 系统获取，也可以由操作员通过 TFG（Tank Farm Graphic）图手动输入。

12.4.3 移动监视（Movement Monitor）

移动计划和记录——在移动自动化系统中，移动作业在定义阶段称为移动订单。从业务系统和调度应用软件接收订单的过程，建立新的订单，修改已有的订单，记录移

动作业信息并传递给业务系统和物料平衡整定应用软件，所有这些通称为移动的计划和记录。

12.4.4　移动监视和报警

移动监视和报警功能帮助操作员管理、优化并监视炼油厂罐区物料的移动作业。物料移动作业可以由一个或多个移动源，也可以有一个或多个移动目标。物料移动源和目标可以是储罐，码头，调和头和炼油装置移动路径选择功能可以为一个移动作业自动生成路径，操作员可以根据需要修改这条路径，以确保找到符合操作员要求的优化路径。

12.4.5　移动控制（Movement Control）

移动控制模块是一个用来选择并操作设备，以完成物料移动的应用软件，这些功能概述如下：

（1）路径选择——必须为物料从订单阶段定义的移动源和目标之间的传输选择一条路径。路径选择包括指定路径选择条件，路径的选择（可以从管网中动态选择，也可以从预定义路径库中选择），检查系统选出的路径，将所有相关设备绑定到所选路径。对于每个移动源和目标，都需要重复这个过程。

（2）路径隔离——路径被选择后，系统确定如何将被选择的路径与管网中可能存在的其他移动作业隔离开来。移动自动化系统（Movement Automation）支持两种路径隔离方法：一种称为优化隔离，使路径所需要的隔离操作最少。另一种称为直接隔离，所有不在流动路径内但在相邻路径管线上的阀门均被作为隔离阀，而不管它当前是否处于恰当的位置来提供隔离。这种方法强制所有隔离阀的状态，尽可能保证隔离操作与其他移动作业无关。

（3）顺控程序的生成——当呈现给操作员审批的路径被认可时，会产生一个与路径相关的标准顺控程序，它定义了移动从开始到完成过程中路径元件如何操作。

（4）路径的批准——系统建议的路径通过各种界面展示给操作员检查。如果路径不妥当，诸如因泵或者其他元件已被列入了维修清单之类的原因，操作员必须调整路径选择条件后重新选择。

（5）顺控程序动作步骤检查——移动自动化系统用一个称为"Sequence Actions"的页面，显示用于隔离和贯通路径所拟订的元件（含储罐、阀、泵、边界点）指令清单，并在该页面中显示"关键元件"，所谓"关键元件"是指在接下来的移动执行过程中，系统用来控制移动作业状态在"启动（Start）"和"停止（Stop）"之间进行切换的元件。一旦批准后，顺控程序可以被组成自动执行，例如，自动启动贯通过程。路径贯通后，所需要的操作一旦完成，"Sequence Actions"页面中就不再显示。

移动作业可以通过 TFG（Tank Farm Graphic）图进行方便地选择和监视。

（6）移动执行——一旦批准后，移动顺控程序执行进入移动作业启动准备阶段。移动监视和报警功能负责管理移动生命周期内移动作业状态的转换。在整个移动作业过程中，顺控程序响应由移动自动化应用软件（Movement Automation）或由操作员直接发布的指令。另外，手动操作指令可以通过无线巡检手持终端设备发给操作员，当现场操作员完成该操作后，无线巡检手持终端设备会给移动自动化系统返回一条相应的自动确认信息。

12.5 储罐自动计量技术

12.5.1 现代储罐计量的体系和支持标准

现代储罐计量技术今天已经发展到一个相当高的水平，无论从计量精度还是罐区安全都无法离开液位计计量系统。特别是罐区信息化和智能化对油罐计量信息的准确、实时、可靠和无人删改要求，以及现代化罐区高效和低成本运行的期望，使得液位计计量技术不断地向前发展和提高。

同时我们需要注意罐区最新的安全要求，把液位计计量系统和安全管理的要求有机地结合在一起，做到液位计的选择合规合法，符合长远的经济利益和社会效益。

储罐计量顾名思义就是对储存在储罐内的液体产品通过各种测量的手段进行静态的计量和数量管理。现代的油罐计量技术基于三种体系：

（1）以标准体积为库存和交接目标的计量系统，建立在对液位和温度的精确测量基础上，最终计算得到标准体积的方法。这种系统多流行于欧美等发达国家和地区；我们一般称为标准体积法（ATG）。支持标准为：API MPM CH3.1B，ISO 4266 - 1，GB/T 21451—1。

（2）以质量为库存和交接目标的计量系统，建立在对液体产生的静压力的精确测量基础上，通过罐底部的压力和油罐等效面积直接计算得到油品质量的方法。这种系统曾经应用于中国和苏联等国家和地区；我们一般称为：质量法或静压测量系统（HTG）。支持标准为：API，ISO 11223 - 1，GB/T 18273—2000

（3）以标准体积和质量为库存和交接目标的计量系统，这种方法把标准体积法和质量法结合在一起，同时以标准体积质量为库存和交接目标的计量系统，该方法起源与欧美，但应用与中国，东欧和俄罗斯。我们一般称其为：混合测量系统（HTMS）。支持标准为：API MPMS CH3.6，ISO15169，GB/T 25964—2010。

12.5.2 储罐计量的目的

储罐计量的目的就是要搞清楚到底在储罐内有多少液体产品，并且将这些数据用于企业的日常管理之中。至于用户使用何种计量手段则由具体的应用和操作环境所决定。

一般来说，可以把储罐计量的目的进行以下的分类：

1. 库存管理（Inventory Management）

对于任何炼油厂、油库或者储运公司来说，库存管理是最为重要的管理活动之一。库存（Inventory）代表了业主所拥有的一大笔资产，产品的库存相当于银行的金库，是整个罐区产品进、销、存三个环节的核心所在。只有准确高效的库存管理，才能真正做到物料平衡损耗的跟踪。库存管理可以是以体积为准，也可以是以质量为准，这两种方式都可以实现对库存的精确管理。

炼油厂、化工厂或者储运公司生产、售出或者买入的液体产品往往使用不同的体积或者质量单位。在这种情况下，以体积为基准的计量数据和以质量为基准的计量数据之间可能存在频繁的单位转换操作，这对计量系统提出了很高的要求。显然传统的人工计量手段很难准确、快速和实时地完成这个过程，这就是为什么发达国家在数十年前就已经开始使用自动计量系统计算库存的原因。

随着技术的发展，一般认为一个合格的用于库存管理的自动计量系统应该能够提供产品液位、水位、密度和温度这四个对应手工计量的基本测量信参数，除此以外，而且，这里的"自动"不仅仅包括对储罐内液体产品的液位和温度进行实时的跟踪，还包括可以对储罐内可能存在的水位和液体产品的密度进行自动测量，比如操作员可以设定让测量仪表在每天的固定时间进行水位测量和密度测量。当然操作员可以随时通过库存管理软件向所有或者特定的现场仪表发出指令，完成相同的工作，这是传统人工操作完全无法比拟的。

使用自动计量系统可以省去大量的人力消耗，同时具有很高的系统可靠性和灵活性。西方发达国家普遍采用自动计量系统的重要原因之一，还必须能够提供相关的库存管理结果的计算数据，比如液体产品的标准体积、质量等信息。对于一个企业内部的库存管理来说，与精度同样重要的还有计量系统数据的可靠性和安全性，这些都是确保企业 ERP 系统获得真实和正确数据的基础。

2. 计量交接（Custody Transfer）

用户使用自动计量系统的目的，除了库存管理的同时，更重要的目的是用于液体产品的计量交接和贸易结算，包括船舶和码头之间、长输管线系统和末端用户之间等。相比较于流量计量系统，现代储罐计量系统在一般情况下具有更高的准确度和性价比，特别是当流量很高，或者交易量很大时，这种优势就特别明显。如果用户已经使用了流量计量系统，那么油罐计量系统就可以用来对流量系统计量数量的实时比对和核查。

我们知道，当计量交接过程中牵扯到各类的税金（比如关税）时，所使用的计量交接系统就必须要获得相关管理部门的认证。

在计量系统使用过程中，地方管理部门或者计量系统的使用者需要对所使用的计量系统，根据 OIMLR85 的规定，除了对液位计系统进行工厂的出厂标定外，还必须对液位计安装的现场条件进行认真的核查，以确保液位计的仪表精度能够最大限度地复现到油罐测量的现场。进行全面的测试和检定，以确认该系统是否符合标准的安装要求和工作状态。在专业人员确认所有一切都满足要求后，由专业人员对液位计系统进行组态和赋值，这个过程十分复杂，专业人员必须反复地对当前液位进行人工捡尺，同时使用便携式温度计和取样器进行温度和密度的测定，当完成这个过程之后，为确保现场校准后的准确性被保持不变，一定要对罐上液位计和控制室的计算单元进行铅封，油罐自动计量系统由此建立起来，完全代替手工计量完成油罐计量的工作。当然罐容的准确度是必须要保证的。一般来说，这种人工鉴定工作非常消耗人力和时间，操作也不是随时可以进行的。

当第一次的赋值和校准完成后，油罐自动计量系统可以在下一次的正式校准到来之前，通过液位计本身的自校准功能，不定期地完成液位计的自校准。将过去需要大量人力的比对工作交给液位计自己完成，而且自动计量系统所采取的步骤和人工过程几乎是相同的。当用户使用自动计量系统后，所需要的人工校准的工作量将大大减少，人工校准的周期也可以延长。

用液位计系统进行计量交接的另一个优势是，绝大部分的计量过程发生在进出油口之上的批量计量，即发生在储罐的一个初始量和一个结束量之间，通常所说的前尺减后尺，这样液位计的某些系统误差就会自动被减去。所以说在超过一定数量的油品计量时，用液

402 位计进行的计量误差通常要小于流量计，一般流量计在计量过程中都存在累计误差，而这一误差是不可消除的，其绝对数是随通过量的增加而加大的。另一方面，就罐容表的准确度而言，在油品交接时，误差最大的罐底量部分不参与计算，所以液位计计量交接的准确度要好于库存管理。

3. 油品输送和操作（Oil Moment and Operation）

现代化的罐区，通常在工艺流程阀上配备了电动执行机构，所有油罐油品进出的流程全部在严格的流程控制之下进行，这就是所谓的油品移动自动化的一部分，要想实现移动的自动化，这里面有几个移动的先决条件必须满足和达到，首先要明确移动的源头和移动目标；第二要明确地知道移动的数量；比如，我们要从 A 罐向 B 罐输油 2000t，在这个信息中就包含了上面的两个内容。而这些最基本的信息就来自油罐自动计量系统。在现代化复杂的罐区中，通常会有成百上千座油罐，产品在罐区之间的移动，或收入或输出的作业时刻都在进行，如果不依靠液位计计量系统配合油品移动系统，要想高效和准确地完成频繁和复杂的移动流程是不可能的。在油品移动的流程中，相较于计量交接目的，所进行的计量操作不需要太高的测量精度，但是对于测量仪表设备的可靠性和重复性有更高的要求。为了确保工艺操作的安全，液位计必须有非常可靠的液位报警手段。只有测量仪表具有很高的可靠性和重复性，操作人员才可能放心地靠自动流程控制系统完成油品的移动作业。油品输送和操作计量流程示意图如图 4 - 12 - 6 所示。

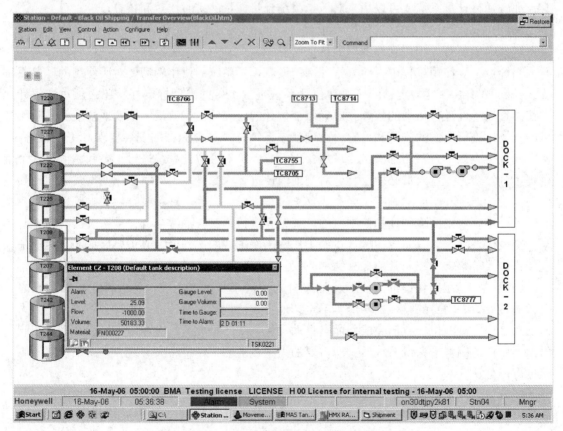

图 4 - 12 - 6　油品输送和操作计量流程示意图

由于采用自动计量系统，日常的人工检尺工作可以完全交给自动系统来完成。

由于手工计量工作存在很多不足，当下罐区在 HSE 的安全操作的要求下，对现场和人员的安全提出了严苛的要求，比如在某些恶劣的天候时，从安全角度出发不允许工人上罐作业，但是油库的日常运转却不能因此停止；而且，由于手工计量的精度的重复性不好，量油的精度受到计量员的经验、技术甚至情绪的影响。

但是，自动计量系统可以每天 24h，不受气候的影响，不受节假日的影响，365d 全天候地对储罐进行计量。现代伺服液位计的重复精度可以达到 +/－0.1mm，这是手工计量无法达到的程度。

4. 溢流控制管理（Overfill Protection and Control）

据统计全世界 80% 以上的罐区爆炸起火事故，最直接的原因是油品从油罐或管道溢出，扩散后的油品在遇到明火导致爆炸和起火，虽然在油罐的高低液位报警方面，根据现有标准已经有成熟的设计和产品，但从实际的使用上我们发现其中存在相当多不可知或难以确认的控制盲点，而这一事实被普遍性地忽视。例如，独立的液位开关作为高高液位报警，一般安装于最高一节罐壁，有的位置更远离盘梯，在一般的操作规程中，可能仅对液位开关的回路做通断的检查和测试，但是几乎没有人检查或标定液位开关探头本身是否在可靠工作的状态之下，很多的溢油事故就是在液位开关故障而没有报警的情况下发生的，可以肯定地说，大多数罐区的安全责任人，很少有人可以肯定他们的液位开关是没有问题的。

从最新的油罐安全要求来说，一般的油罐至少要同时有两种不同测量原理的液位计或液位开关实现溢流保护的功能。由于在高端的液位计中都有用于液位报警用途的 SPDT 触点开关，而且这个开关可以随时脱离实际液位在线进行报警输出的测试，而不需要向独立的液位开关，需要从罐上拆下来进行测试；另外，液位计在正常的工作状态下，始终跟随液位的变化，当液位即将到达报警点时，液位计会自动发出预先的报警，当液位真的到达高高报警位置时，SPDT 的触点开关会立即发出接点的报警信号到报警控制器。液位计能够给出完整的液位变化过程，使我们对液位的变化了如指掌。而在这一点上，独立的液位开关是无法做到的。

现在的防溢流标准，基于 EN－IEC61511 和 EN－IEC61508 的要求，更强调了液位计的作用，高标准的防溢流设计，一般会采用两台不同测量原理的，具有德国 DIBT 防溢流认证和 TUV SIL 2 认证的液位计，再加独立的液位开关，构成 3 选 2 的报警控制回路。报警用途的液位计和开关的选型至关重要，必须要根据罐型、储存介质、储存温度等条件进行选择，例如 LNG 罐，由于介质组分大部分在 C3 以下，储存温度为 －162℃，液位开关根本无法工作，所以液位的报警只能依靠液位计来完成，所以一般大型 LNG 储罐，至少有 3 台液位计参与液位报警。

5. 泄漏检测和损耗控制（Leaking detection &loss control）

自从石油工业出现以来，液体石油产品的泄漏检测和损耗控制一直是倍受企业和政府关注的问题。特别是在最近的一二十年中，随着环境保护要求的进一步提高，加上国内外罐区溢油事故频频发生，各大石油公司和各级政府，对由于事故所造成的经济和自然环境的损失已再也无法忍受，对罐区安全—溢油和环境保护—挥发物的管理出台了明确的强制性安全措施和惩罚性规范。

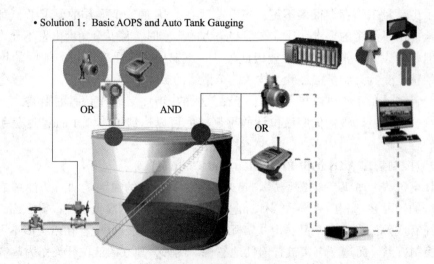

图 4 – 12 – 7　油罐防溢控制示意图

正因如此，世界各国的石化企业纷纷采用了各种降低油品泄漏和损耗的手段，其中很重要的一条就是采用高性能的自动计量系统。由于自动计量系统可以实时对储罐内产品的总量进行精确监测，所以当任何持续的产品泄漏发生时，系统就可以提供警告。

另一个实现泄漏检测和损耗控制的重要手段是利用多种计量系统，比如把液位自动计量的库存或交接数据和流量计、地重衡等计量设备的数据放在一起做综合的比较，进行总体的物料平衡分析，从中发现和找出误差和损耗的根源，从而有效地控制泄漏和减少损耗。

6. 为企业 ERP 系统提供真实可靠的计量数据

随着信息技术的发展，越来越多的企业开始使用 ERP 系统，既企业资源管理系统（Enterprise Resource Planning）。

各类液体产品作为企业拥有的一大笔主要资产，对液体产品的管理就显得格外重要。自动计量系统能够实时地向 ERP 系统提供真实的库存管理数据，为 ERP 系统的实施打下了基础，是 ERP 系统实施的有效保障。

12.5.3　储罐现代计量的手段和方法

1. 手工投尺

可以说，储罐计量技术是从人工投尺开始的，操作人员使用一套经过标定的钢卷尺或电子量油尺对储罐内液体产品进行液位高度的测量。人工投尺的方法在当今世界仍然得到非常广泛的使用，因为有相当数量的罐上或船上计量交接是由第三方利用他们自己手上的手工计量工具，通过投尺和采样分析完成的。如遇油品数量的纠纷，也是由仲裁者或买卖双方依靠同一手工计量工具和方法，对油品数量进行计量，其结果作为法律上的裁决依据。另外，根据 OIMLR85 对自动计量系统现场部分校准的规定，自动液位计计量系统在使用的初期和后期都必须进行现场校准，在现有技术中，手工计量工具是唯一可以使用的工具。所以说手工计量在我们可见的未来是不会退出历史舞台的。

用于计量交接用途的手工量油尺的精度大约为：$\pm(0.1+0.1L)$ mm，其中 L 是液位的高度，单位是 m。通常情况下，最终的测量误差由量油尺的固有误差，人员的读数误差和测量基准位移的误差组成，其中对手工计量影响最大的其实是手工计量的基准位移。我国在油罐设计和手工计量标准中，都没有对手工液位测量的基准做仔细和严格的规定，90% 的量油基准固定于罐底。众所周知，油罐的罐底板在装载后会发生局部形变而向下位移的，这在很大程度上，直接造成了手工实尺的计量误差，而且这一误差是完全随机和无法修正的。在油罐手工计量的标准中，提出了建立在油罐底部的实尺量油基准板，和建立在量油口的参考高度（这个高度值通常有罐容标定者给出，并标注在量油口上）这两个在油罐计量上需要锁定的参考位置，如果这两个位置发生了位移，这里所指的位移是指相对于罐外标高来说的绝对位移，即使量油口总高没有变化，并不代表它们没有发生位移，因为罐顶和罐底在装载后的位移方向是一致的。如果这个位移发生，即量油的基准位移，无论是空尺测量还是实尺测量，油高的值都是完全错误的。这里打一个也许并不十分准确的比方，我们的量油基准板位置和量油口参考高度相当于竖立在油罐量油口位置的游标卡尺的"0"点和满量程刻度值，如果卡尺的 0"点和满量程刻度值发生变化，怎能保证测量精度？而影响人工投尺精度的因素还不止于此，当出现刮风、低温、夜间操作等情况，手工计量的精度会受到更多因素的干扰和影响。人工捡尺的另一个缺点就是占据大量的人力。当用户企业的储罐数量较多，且作业量较大时，人工作业就变成了人海战术。频繁的爬罐作业，容易造成疲劳，操作人员难保测量的精度，甚至人身的安全都可能出现问题。

手持式电子液位计（PEGD）是近 10 年发展起来的技术，在国家标准《石油和液体石油产品储罐液位手工计量设备》GB/T 13236 第 11 章中，完整和详细地给出了电子手持式液位计的基本要素，使用和校准方法。它的最大优点是：一把尺可以同时测量液位、油水界面和产品任意一点的温度，它对操作者不需要做很多的操作培训，极易掌握和使用，而且不论是谁，不论其投尺技术的好坏，都不会影响计量结果，不管谁量油都可以得到唯一的量值。

手持式电子液位计有两种结构，一种是开放式结构，用于普通油罐的计量，第二种是密闭式结构，它专门用于氮封罐和带有油气回收系统的微压力密闭储罐，例如加油站的地下卧式罐。这种密闭测量罐，通常需要在油罐计量口上安装密闭阀门。与之配合使用的还有密闭取样设备。

2. 钢带式液位计

钢带式液位计（图 4-12-9）是世界上第一种"自动"液位计，它大概诞生在 20 世纪 30 年代。该设备用一个大型的浮筒用于产生足够大的浮力，浮筒通过一根钢缆和滑轮连接到一组配重，在储罐的底部配有液位指示装置。较新的型号将恒扭矩电机代替了配重。

当液位发生变化时，浮子在浮力的作用下会跟随液位上下活动，带动钢缆活动，安装在储罐底部的指示器会显示液位的读数。一般来说，钢带式液位计的精度大约是 10mm。由于存在滑轮结构和钢缆之间的频繁摩擦，电机和指示设备的可靠性很差。虽然可以配备远传设备，但是并不能提高设备本身的机械可靠性。

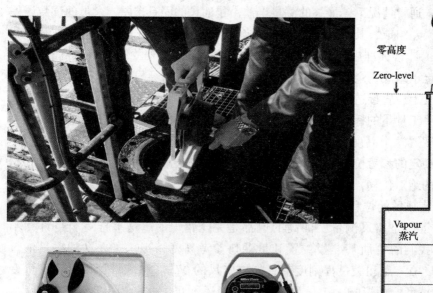

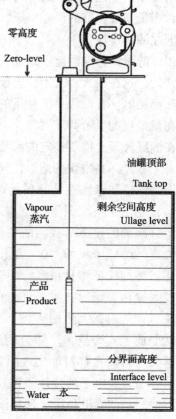

零高度
Zero-level

油罐顶部
Tank top

Vapour
蒸汽

剩余空间高度
Ullage level

产品
Product

分界面高度
Interface level

Water 水

图 4-12-8 人工捡尺示意图

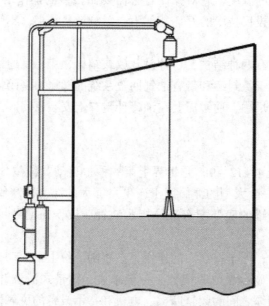

图 4-12-9 钢带式液位计示意图

钢带式液位计的另一个主要缺点是液面出现扰动时（比如空罐进料时），机械部件的运动可能非常猛烈，同时恒扭力电机很难及时跟踪扭力的变化，导致出现读数的误差，同时猛烈的电机运转会大大降低其机械寿命。

应该说，今天在世界范围内，钢带式液位计已经被完全淘汰。

3.　静压式液位测量系统（HTG）

静压式液位测量系统（图 4 - 12 - 10）是另一种非常古老的液位测量技术。在过程工业当中，用测量液位静压差的方式来测量液位是非常普遍的。通常情况下会使用带有模拟量输出能力的差压变送器，测量精度大约是 1%。

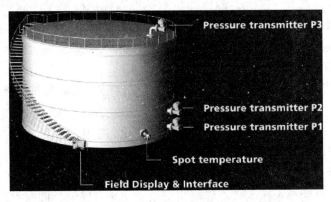

图 4 - 12 - 10　静压式液位测量系统示意图

但是，对于库存管理或者更高要求的计量交接来说，传统的模拟信号是远远不够的，必须使用现代高精度的数字压力变送器。

静压式液位计测量系统的配置和功能：

（1）最简单的静压液位测量系统仅仅用一个安装在罐底部的压力变送器（P_1）就可以了。储罐内全部产品的质量可以通过罐底 P_1 压力和储罐等效截面积计算得出。

（2）如果在一个特定的高度增加第二个压力变送器（P_2），得到 P_1 和 P_2 之间的压力差并通过计算就可以获得这段内液体产品的视密度。液体产品的液位可以通过计算出的密度和 P_1 的读数计算得出。

（3）如果在储罐顶部再安装第三个压力变送器（P_3），则可以用来减去附加在 P_1 上的气相压力，得到真正的液柱压力。

直接质量：

$$M = A \times (P_1 - P_3) \tag{4-12-1}$$

P_1 与 P_2 间的密度：

$$\rho = (P_1 - P_2) / (H_2 - H_1) \times g \tag{4-12-2}$$

液位高度：

$$H = (P_1 - P_3) / g \times \rho + H_1 \tag{4-12-3}$$

式中：M——HTG 法直测质量；

　　A——等效截面积；

　　P_1——罐底部压力；

P_2——罐中部压力；

P_3——储罐气相空间压力；

H_1——P_1 所在油高；

H_2——P_2 所在油高；

g——当地的重力加速度；

ρ——P_1 和 P_2 之间的密度；

H——折算高度。

静压式液位测量系统在 20 年前曾得到了非常广泛的应用，但是它也有其自身的先天不足。

首先，在一个普通常压罐上，静压测量系统可以提供的质量测量精度大约是 0.5%，取决于具体的应用环境和所选用的压力变送器。但是，静压式测量系统能够提供的液位精度，由于收到储罐几何特征的影响，有 40mm～60mm 的误差，完全达不到库存管理和计量交接的要求。

其次，静压式测量系统提供的液体密度信息仅仅是靠近罐底部分的液体产品的密度值，而且当液位低于 P_2 的安装高度时（一般是 1.5m～2m），无法得出密度的测量值。通常情况下，储罐内液体产品的密度会随着高度的变化而变化，在某些情况下会出现分层现象，无法获得全面的密度信息会给后续的库存管理计算带来巨大的问题。

最后，对于非常压罐，静压式测量系统也不适用。由于储罐本身的巨大压力，导致很难准确测量液体本身的静水压，这会导致很大的液位测量误差。同时在罐上安装倒压管也不容易，有时候甚至是禁止的。

4. 伺服式液位计

伺服液位计被业内公认为计量精度最高的液位计，如 Enraf 的伺服液位计计量精度可达 +/−0.4mm，水位测量精度达到 +/−2mm，液位计可以接入多点温度计和 HART 压力信号，同时有两路数字信号输出，一路通过 Enraf 的 BPM 通信总线将现场的所有测量数据（包含液位、水位、液相平均温度、气相温度、多点温度分布、压力和液位报警等数据）和液位计状态信息传输给控制室的 880 CIU Prime 通信接口单元；另一路输出至 977TSI 罐边显示单元。除此之外，伺服液位计还有一路 4mA～20mA 信号和两对 SPDT 硬接点输出。

伺服式液位计由鼓室、接线端室和电子室三部分组成，三个腔室完全相互隔离分开。鼓室连通罐内油气，位于鼓室当中的测量鼓缠绕着测量钢丝，测量钢丝的下端悬挂着一个重量为 223g 的测量浮子，测量鼓通过磁偶合的方式被电子室的伺服电机所控制。

接线端室有四个进线口，可以接入电源、温度信号和压力信号，并用一对双绞线送出液位计所有的测量参数（液位、油水界面、温度、密度、报警和液位计状态）。

电子室内有电子板、伺服电机、力传感器和伺服控制器。

测量浮子处于被测液体的表面，测量浮子的底部通常沉入液面 2mm～3mm。此时，测量浮子受到其本身的重力和液体的浮力（阿基米德浮力原理），在测量钢丝上则表现为测量浮子所受重力和浮力之合力，即测量钢丝上的张力。

● 当液位静止时，测量浮子处于相对静止状态。此时，测量钢丝、测量鼓及力传感器以杠杆滑轮原理构成力平衡，工厂给定静止状态下测量钢丝上的张力为 208g，力传感器上张力丝以相应的频率震动，减震器不断地检测到平衡张力为 208g 之对应频率。

图 4 –12 –11　伺服液位计实物图 1

图 4 –12 –12　伺服液位计实物图 2

- 当液位下降时，测量浮子所受浮力减小，则测量钢丝上的张力增加，张力的改变立即传达至力传感器的张力丝上，使其拉紧，减震器检测到张力丝上的频率增加，伺服控制器随即发出命令，令伺服电机带动测量鼓逆时针转动，伺服电机以 0.005mm 的步幅放下测量钢丝，测量浮子不断地跟踪液位下降的同时，计数器记录了伺服电机的转动步数，并自动地计算出测量浮子的位移量，即液位的变化量。

- 当液位上升时，这个过程相反。

- 油水界面的测量，只要将平衡张力改为 120g，测量浮子则会自动地穿过油层到达油水界面，通过测量浮子的位移量，即可算出水位的高度。

- 油品密度的测量，用于测量密度的测量浮子是经工厂精确标定出其体积（D_v）和重量（D_w）的特殊测量浮子，当测量密度的指令发出后，伺服控制器便去改变力传感器上的平衡张力，使测量浮子下潜至液下某一确定位置，测量浮子在该位置停留，感受液体的浮力，而此处的浮力为浮子体积（D_v）与该处密度 ρ 之积，测量钢丝上的张力（F）被力传感器精确测量。此时，测量浮子上的力平衡关系如下：

$$F = D_w - D_v \cdot \rho \qquad (4 -12 -4)$$

则：

$$\rho = （D_w - F）/D_v \qquad (4 -12 -5)$$

一般伺服密度的测量，是从液位向下分十点进行，取其平均值，即为液位计所在位置纵向的在线平均密度，同时，还可以得到油品纵向的密度分布情况。

- 油品的平均温度、点温和压力测量，则仅仅是将测温元件或设备、智能压力变送器接入伺服液位计，即可得到。

- 伺服液位计配置了 4 个可编程的软报警，用于高高、高、低、低低液位报警，同时，还可以利用其做倒罐、收发油的定量控制。

- 伺服液位计配置了 2 个可编程的硬报警，用于紧急状况下，直接切断设备。

- 伺服液位计设计了积分处理器，保证在油品液面波动时，正常测量。

- 伺服液位计设计了防雷击电路，保证了罐区在雷击时，液位计及系统正常运行。

- 伺服液位计取得了国际和中国的防爆认证。

- 伺服液位计取得了国际和中国的计量认证，用于计量交接和贸易结算。

5. 雷达液位计

雷达液位计具备 +/ -0.4mm 的仪表精度，具有 VITO 多点温度计和 HART 压力信号输入功能，同时有两路输出，一路通过 Enraf 的 BPM 通信总线将现场的所有测量数据（包含液位、液相平均温度、气相温度、多点温度分布、压力和液位报警等数据）和液位计状态信息传输给控制室的 888 CIU 通信接口单元；另一路输出至 SmartView 罐边显示单元。

雷达技术到目前已应用了数十年。在最初，雷达技术只用于探测远距离的物体。例如应用脉冲原理的雷达用来探测飞机等飞行物。

为了测量储罐中产品的液位，雷达系统在很多方面都做了改进。除了在信号发射方面，同时在信号处理及处理过程都是专门设计的。

- 什么是雷达波（伺服液位计实物图见图 4 – 12 – 13）

简单地来了解雷达波，可以参考电容的特性。

电容其中一个极板接地，在另一个极板加上一直流的电压。在两个极板之间就会产生一个电场（E 场）。（在电场中的带正电荷的粒子会在电场的作用下向接地的极板移动。）

如果，我们用一个交流电压代替以上所说的直流电压，我们将会得到一个交变的电场，其变化的速度取决于交流电压的频率。

图 4 – 12 – 13　伺服液位计实物图 3

根据麦克斯韦尔第二定律：当有一个变化的电场存在时，则会自动产生一个变化的磁场（H 场）。两个场的方向相互垂直。

- 脉冲式雷达原理

脉冲式雷达的原理主要是基于时间的测量，即测量雷达发出信号和接收到反射信号的时间差。雷达信号以固定的速度发射到达物体表面并返回（通过的距离是雷达到物体距离的两倍）。雷达波在真空中传播的速度是光速。在其他介质中速度会小一些。

根据时间的不同，可以计算出距离。

$$d = C \cdot \Delta t/2 \qquad\qquad (4 – 12 – 6)$$

式中：d——雷达天线到被测介质的距离；

　　　C——光速；

　　　Δt——时间差，即雷达波从发出到达液位，然后返回到天线所用的时间。

当测量的距离为 7500m 时，时间差仅为 50ms（0.00005s）。当测量距离为 0.1mm 时，需要测量的时间差将为 0.7ps（0.0000000000007s）。这时对时间的测量要求非常精确，而依靠当今的科技是很难实现精确的时间测量的。其次，在雷达波信号离开天线之前，反射信号已经返回，这也给测量带来了难度。由此，我们可以得出这样的结论，脉冲式雷达不适合于高精度近距离的测量。即不适用于油罐的精确测量。

- 复合式脉冲（调频连续波技术）雷达测量原理

储罐液位的测量采用了高精度雷达扫描技术。通过天线在一小段时间内发射一连串不同频率的扫描波，而不是一个固定频率的雷达波。

每种频率的雷达波在离天线相同距离的位置上都有不同的相位差，这种相位差取决于交流电信号本身，它的频率差与天线到目标的距离成正比。

将脉冲式雷达系统和相位差的原理结合在一起就构成了复合式脉冲雷达测量方式。即：

$$\Delta f/f_o = \Delta t/t_o, \qquad (4-12-7)$$

所以：

$$\Delta t = \Delta f \cdot t_o/f_o; \qquad (4-12-8)$$

由（式11-7）和（式11-8）得：

$$d = C \cdot \Delta f \cdot t_o/2f_o \qquad (4-12-9)$$

式中：d——雷达天线到被测介质的距离；

C——光速；

Δt——时间差，即雷达波从发出到达液位，然后返回到天线所用的时间。

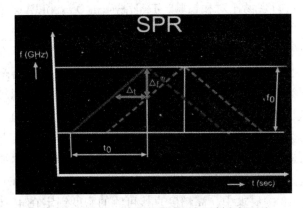

图4-12-14　雷达液位计测量原理图

- SmartRadar雷达液位计配置了4个可编程的软报警，用于高高、高、低、低低液位报警，同时，还可以利用其做倒罐、收发油的定量控制。同时雷达液位计还可以配置2个可编程的硬报警，用于紧急状况下，直接切断设备。

- 雷达液位计设计了防雷击电路，保证了罐区在雷击时，液位计及系统正常运行。

通过使用最先进的信号处理算法，最先进的雷达液位计可以达到全量程范围内±0.4mm的测量精度，达到了由伺服液位计所建立的工业标准。通过使用强大的数字信号处理器，先进雷达液位计可以接入多点平均温度计等计量信号，并通过数字通信总线将全部测量数据无损的远传到控制室。

但是雷达液位计也并非完美，不同于伺服液位计，即使是当前先进的雷达液位计也无法直接测量液体产品的界位和水位，无法直接测量密度。而且，由于收到气相产品对电磁波吸收的影响，高压球罐或者某些具有高挥发性的液体都不适合使用雷达液位计。

6. HTMS混合计量系统

HTMS混合计量系统即基于液位和质量测量技术的混合式计量系统。

Honeywell Enraf早在20世纪80年代，第一次提出了HIMS混合测量法，它是集产品液位、温度、密度，体积和质量测量的完整方案，它结合了高精度的伺服液位计或雷达液位计、高精度压力变送器、多点平均温度计技术的各种优势，是一种同时满足体积交接和质量交接的完美解决方案，该方案早在 1990 年即在 NMI 取得了计量认证用于贸易交接和结算。

这种包含两种测量技术的系统提供了计量交接级别的液位、体积和质量信息。整个系统包括了一台从罐顶测量产品液位的高精度液位计和一台安装在罐底的高精度压力变送器。如果产品是在密闭状态下储存的，那么就需要在罐顶安装另一台压力变送器用于补偿气相产品的压力。在温度测量方面，可以选择单点温度计或者多点温度计。压力变送器可以直接连接到伺服液位计或者雷达液位计。

这些液位计会扮演信号处理器的角色，无须使用额外的罐前处理器。所有的现场数据通过现场通信总线传输到通信接口单元 CIU 888，进入 Entis Pro 库存管理系统中。上位系统可以通过 CIU 或者 Entis Pro 软件获得现场的数据。

在混合法使用的过程中，必须考虑日后该系统的在线比对和校准问题，比较理想的工具是具有计量交接认证的 Tank System 便携式三用尺和采样器可以简单方便对液位、温度和密度自动测量结果进行现场比对和校验，Tank System Otex 和 Gtex 系列三用量油尺是目前世界上最广泛使用的便携式电子计量装置（PEGD）。

HIMS 混合测量法（图 4 - 12 - 15 所示）完全符合和满足美国石油协会 API 第 3.6 章，国际标准化组织 ISO15169 以及现行国家标准《石油和液体石油产品采用混合式油罐测量系统测量立式圆筒形油罐内油品体积、密度和质量的方法》GB/T 25964—2010 和现行行业标准《混合式油罐测量系统校准规范》JJF 1440—2013 等标准的建议与规范，是各类型罐区至今为止最为理想的计量手段。它是一套真正可以免去人工日常爬罐之苦的油罐计量系统，随着传感器和液位计技术的不断进步，HIMS 系统的整体精度越来越高，高精度密度直接可测的范围至少可以抵达 1m 左右的液位以上，而在 ISO15169 以及现行国家标准 GB/T 25964—2010 的要求中，高精度直接可测的密度锁定在 4 ±0.5m 的液位上。而我们通常操作的液位，应该不会低于这个水平。

HIMS 混合法的技术要求（如表 4 - 12 - 1 所示）：

液位计的测量精度 < ±1mm，平均温度计测量精度 <0.1℃，其中液位计安装引入的误差是我们需要特别关注的问题。

压力变送器的选择依据现行国家标准《石油和液体石油产品采用混合式油罐测量系统测量立式圆筒形油罐内油品体积密度和质量的方法》GB/T 25964—2010。

12.5.4　液位计计量系统的选择

以上我们对现行的几种液位计量系统做了简单的描述，但当我们真正面临液位计的选择时，应该如何下手呢？

首先我们必须考虑计量要达到的目的，是用于精确库存管理或交接，还是简单的库存控制。其次，我们必须针对不同的测量介质，选出最为恰当的液位计，可以肯定地说，没有任何一种液位计可以覆盖所有介质和罐型，通常易挥发和大多轻质产品的测量，毫无疑问需要采用伺服液位计，例如 LNG，LPG 和典型的溶剂类产品；而原油、沥青和其他重质产品，则只能采用雷达液位计。高精度的伺服液位计和雷达液位计普遍被全世界各大石油公司和计量机构认可的两种用于计量交接目的的液位计，到目前为止，我们还没有看到用于贸易交接和结算的第三种液位计和技术的出现。

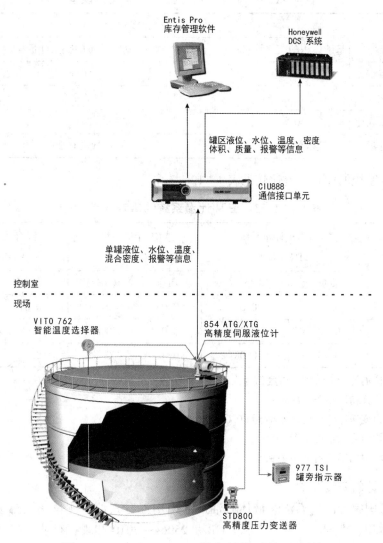

图 4 – 12 – 15 HTMS 混合计量系统示意图

表 4 – 12 – 1 HIMS 混合法的技术要求

要　求	液　位
工厂标定	±1mm
安装允许引入的误差	3mm
初次比对的总误差	4mm
后续比对的总误差	4mm
比对频率	一次/月

压力传感器的最大允许误差见表 4 – 12 – 2。

表 4 – 12 – 2　压力传感器的最大允许误差

精度类型		最大允许误差	
		基于体积的交接计量	基于质量的交接计量
P_1	零点误差	100Pa	50Pa
	线性误差	读数的 0.1%	读数的 0.07%
P_3	零点误差	40Pa	24Pa
	线性误差	读数的 0.5%	读数的 0.2%

三种计量系统的库存误差比较见表 4 – 12 – 3。

表 4 – 12 – 3　三种计量系统的库存误差比较

液位（m）	标准体积计量系统 ATG（%）		静压计量系统 HTG（%）		混合法计量系统 HIMS（%）	
	质量	G. S. V	质量	G. S. V	质量	G. S. V
20	0.12	0.06	0.04	0.06	0.04	0.06
10	0.12	0.07	0.08	0.41	0.08	0.07
2	0.13	0.08	0.40	0.34	0.01	0.08

注：1　液位的计量系统中，密度值为人工输入的实验室分析数据，精度为 ±0.05%。
　　2　液位计精度小于 ±1mm。
　　3　压力变送器线性度误差小于 ±0.0025% URL。
　　4　平均温度计精度小于 ±0.1℃。
　　5　罐容表的不确定度小于 ±0.1%。

12.5.5　液位计的安装要求

根据现行国家标准《石油和液体石油产品采用混合式油罐测量系统测量立式圆筒形油罐内油品体积、密度和质量的方法》GB/T 25964—2010 和现行行业标准《混合式油罐测量系统校准规范》JJF 1440—2013 的规定，除液位计要求出厂的精度必须小于 ±1mm 外，对液位计的安装提出了明确的要求，即在油罐上安装液位计允许引入的误差必须小于 3mm，一般的圆柱形油罐都存在静水压变形，如果液位计直接安装与罐顶，其安装引入的误差将难以保证在 3mm 以内。所有液位计的测量原理决定了它是基于空尺测量，实尺的得来是它的安装总高与空尺的差。

因此，对于大多数油罐来说，稳定液位计的安装基准是保证液位计的测量基本条件，按照现行国家标准《石油和液体石油产品采用混合式油罐测量系统测量立式圆筒形油罐内油品体积、密度和质量的方法》GB/T 25964—2010 和现行行业标准《混合式油罐测量系统校准规范》JJF 1440—2013 的推荐，安装稳液管变成了保证测量精度的必选项，这一点在我们国内多年的液位计应用实践中，被充分证明，安装了稳液管的液位计测量准确，而没有安装稳液管的液位计的误差呈现毫无规律超差，特别是在今天中国普遍采用 HIMS

混合测量技术时，为保证 HIMS 密度测量准确，液位计的安装基准相对于压力变送器的安装基准必须保持不变。

液位计具体的安装方法，需要参考 API 第 3.6 章和现行行业标准《混合式油罐测量系统校准规范》JJF 1440—2013 的推荐，如图 4 – 12 – 16 所示：

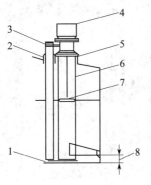
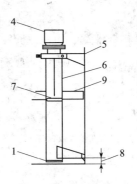

a）通过立管安装在固定顶罐　　　　　b）通过立管安装在外浮顶罐或
　　顶部的 ALG　　　　　　　　　　　　　内浮顶罐顶部的 ALG

图 4 – 12 – 16　液位计安装示意图

1—实尺测量基准板；2—手工投尺管柔性密封；3—手工计量管（用于投尺和取样）
4—自动液位计；5—液位计导向管柔性密封；6—带有液位平衡开孔的液位计导向管；
7—液位计测量浮子；8—液位计和手工计量管距罐底距离（通常为 250mm）

国内外有许多专家和学者指出，液位计计量系统最终测量结果的表现。至少有 50%取决于液位计的安装是否符合标准要求，以及手工计量是否符合标准。有相当数量关于液位计计量不准的投诉，实际上责任并非在于液位计系统本身，而应该对整个的比对体系做认真的调查，找到误差的来源。

12.5.6　通信接口和库存管理软件

利用现代技术构成的液位计计量系统已经远远超出人们的想象，最重要的技术就是现场总线技术，通过高质量的总线通信，可以按照液位计的地址寻址的方式把远在 10km 以外的液位计的液位、水位、温度、密度、报警信息和液位计状态实时地传回控制室的通信接口上，最新技术的通信接口具有硬件算量的功能，接口中内嵌了所有算法，当把罐容表组态输入接口后，通信接口可以根据采集到的现场数据，计算出标准体积、质量的最终结果。这一计算过程是由接口自行完成，无须人的干预。这项技术被世界各大石油公司、海关、税务和第三方（SGS）普遍接受，并成为作为液位计计量系统用于贸易交接和结算的必要条件和手段。而通常意义上的库存管理软件只承担显示、上位机通信和报表的功能。

12.5.7　储罐温度测量

假如油罐的罐高为 16m，直径为 36m，则等效面积为 1000m²，总罐容在 15m 的油高之下为 15000m³，1mm 的油高则相当于 1m³，碳氢化合物的体涨系数大约为 0.1%／℃，如果在测量上引入 0.5℃ 的误差，相当于体积 7.5m³ 的误差，而在一般的手工计量中，由于温度的采样方法和工具的限制，引入 0.5℃ 甚至更大的误差在所难免。

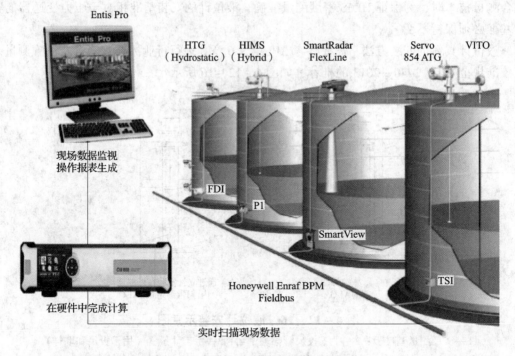

图 4 – 12 – 17 罐区管理系统示意图

　　储罐内储存介质的温度测量根据储罐的性质，工艺操作情况，介质特性的不同，也有不同的要求，对于计量精度要求不高的储罐一般采用单点温度测量即可。对于成品罐、原料罐及价格昂贵的介质一般多采用平均温度测量法，以提高计量精度。平均温度测量有两种方法。一种是利用平均温度计进行测量。另一种是在储罐的不同位置设置多个单点温度测量点，最后计算得平均温度。根据 API MPMS CH7、ISO 4266 – 2 和 GB/T 21451—1 的要求，需要对体积进行温度修正到标准温度 20℃下的标准体积。为取得罐内产品良好的温度代表性，一般采用多点温度计。按照 API MPMS CH7 的推荐多点平均温度计的结构可以有两种形式，一种是底端的基准温度点为 Pt100，而上面的各点为高精度热电偶，第二种是所有温度点为 Pt100。

　　至于到底应该选择多少个点来测量平均温度，API MPMS CH7 给出的推荐为在 1 个罐大约 15m 的测量高度下，安装 10 点。如表 4 – 12 – 4 所示。

表 4 – 12 – 4 储罐温度测量安装点

点	1	2	3	4	5	6	7	8	9	10
英尺	3	5	7	10	14	20	26	32	40	50
米	0.91	1.52	2.13	3.00	4.27	6.10	7.92	9.75	12.19	15.24
间隔		2/0.61	2/0.61	3/0.87	4/1.27	6/1.83	6/1.83	6/1.83	8/2.44	10/3.05

　　各种温度测量仪表按其温度方式分为接触式和非接触式两大类。其分类和主要性能见表 4 – 12 – 5。

表 4 – 12 – 5　各类温度测量仪表性能比较

仪表名称	测量方式	简单原理	测量范围（℃）	精确度	特点	应用场合
工业玻璃温度计	接触式	水银或有机液体热膨胀	– 80 ~ +500	±0.5	现场指示，可带电接点，可带金属保护套管	中低温就地指示或报警联锁
双金属温度计		用不同膨胀系数的金属片做感温元件	– 80 ~ +600	1.0 级 1.5 级 2.5 级	示值清楚，机械强度好，可带电接点	中低温就地指示或报警联锁
压力式温度计		密封于温包、毛细管或弹簧管内的液体或气体热膨胀	– 200 ~ +500	1.0 1.5 2.5 级	指示式或电接点式，现场易集中进行显示，但毛细管易损坏	中低温就地指示或报警联锁
金属热电阻		金属导体（铂、铜、镍）电阻阻值随温度变化	– 200 ~ +850	±(0.3 + 0.006t)℃	测量准确，可耐高压	可测距离 20m 内的介质温度，可报警或联锁
半导体热电阻		半导体材料（储、碳、金属氧化物）电阻阻值随温度变化	– 270 ~ +300	±(0.3 + 0.006t)℃	反应快，其余同上	与显示仪表配套可测气、液或固体表面温度
热电偶		两种导体连在一起热电势随温度变化	– 200 ~ +1800		测温范围广，可耐高压、耐用，需用补偿导线	与显示仪表配套，可测气、液或固体表面温度
光电温度计	非接触式	采用光反馈原理测量物体辐射能量以确定温度	+150 ~ +2500	1.0 级	反应快	可与显示仪、调节器联用，可做控制报警用
红外辐射温度计		物体表面发射的红外辐射能量随物体温度变化	– 20 ~ +160	1.0 1.5 2.5 级	稳定、可靠、重复性好、结构简单、维护方便、有便携式	同上，便携式应用较广泛

12.5.8　流量测量

流量测量一般是通过流量计进行。流量仪表种类繁多，常用的流量测量仪表的主要技术性能参见表 4 – 12 – 6（见书后插页）。在流量计量仪表的选用前，除了要对仪表的主要技术性能及适合场合熟悉外，还要对工艺的要求做深入了解。在选择流量计量时，主要是从仪表的刻度、功能、精确度、经济性、工况条件和对介质的适用性等方面去考虑。这些内容在表 4 – 12 – 6 中均有反映。

12.6 油泵监控系统

12.6.1 概述

油品储运输转过程的一个重要环节就是机泵，机泵操作常与油罐操作一起进行，其工作特点是启停频繁，在没有特殊需要时，一般泵出口流量不需控制。油库内机泵自动化，主要包括泵出口压力、机泵电流等参数的监测和泵出口阀门的遥控，以及机泵运行状态和阀门开关状态监视，机泵的联锁控制、程序控制等。

12.6.2 机泵运行参数的监测与阀门控制

1. 泵出口压力监测

泵出口压力是反映泵正常运行的重要参数，泵在正常运行时，泵压都在一定范围内，工况不同，相应的压力反映也不同，但一般变化不大，当泵运行不正常时，如出现泵抽空现象则压力会急剧下降，而管道阻力增加，泵压则会升高，因此泵压变化超出了一般正常范围，就可据此判断某些泵的不正常状况：

泵出口一般均装有压力表就地指示，通过压力变送器可将压力信号远传至控制室二次表或微机系统进行监视。

2. 机泵电流监测

储运工艺常用电动离心泵，其电机电流也是泵操作需观测的重要参数，操作员可据电流是否在正常范围内判断电机运行正常与否。功率在几十千瓦以上的电机，无论在现场还是在配电间都设有电流表监视，但要将电流传至控制室供远距离操作监视，还需要采用一个电流变送器，将交流转换成统一的直流信号，电流变送器是一种电量变送器，它通过本身的互感器（二次互感器）进一步把电流表回路电流减少至毫安级，再经整流、分压、限流及调整电阻，最终输出 $0 \sim 1mA$ 或 $0 \sim 5V$ 的统一直流信号。将此统一信号送控制室的二次仪表或微机系统，供远距离操作监视。电流变送器原理见图 $4-12-18$。

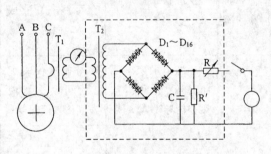

图 4 – 12 – 18 电流变送器原理示意图

3. 机泵启停状态监视

机泵的启停无论是在控制室还是操作现场，其启停状态信号均要远传至控制室监视。机泵启停信号由配电间电机启停磁力启动器上引取，或继电器后由继电器的输出触点上引出，将接点信号送至控制室的信号灯显示或微机系统的 CRT 屏幕上显示。

12.7 油品灌装控制系统

12.7.1 概述

油品进出油库的方式多种多样，按运输工具分，可以是铁路槽车、汽车槽车、油轮及长输管线等等，按发货方式又可分为桶装、散装等等，各种油品灌装自动化系统随工艺要求和油品运输方式、发货方式不同而不同，油库多以铁路槽车及汽车槽车装载油品进出油库为主，因此下面将主要简略介绍铁路槽车及汽车槽车灌装自控系统，其他自动灌桶设施、装卸油码头及长输管道自动控制均从略。

近年来汽车槽车及火车槽车灌装自动化系统发展较快，除了完成定量控制、程序控制、联锁控制、运行监视等功能外，增加了多项灌装自动化管理功能，在安全生产、高效节能、减少环境污染、提高经济效益等方面都取得显著效果，灌装自动化是自动化的重要组成部分。下面简介几种近年来经用户使用证明，在硬件、软件、结构方面都较为先进、性能可靠、稳定的装车控制系统。

装车控制系统有集中式和分布式（分散式），二者具有基本相同的技术指标和主要功能，但由于系统结构形式不同，也存在一些差异。应用场合不同。

（1）集中式装车控制系统，它所有功能集中，便于实现操作管理及实现各种逻辑判别，对提高装车安全性、加强销售管理具有较大意义，因而对于栈台装车鹤位相对集中，控制室距离现场不远的用户可采用集中式装车控制系统。

（2）分布式（分散式）装车控制系统，它的操作功能分散，管理和监视又可以集中，操作人员在现场进行所有装车操作和监视装车情况，现场每个鹤位都装有一台防爆的定量控制仪，控制仪执行该鹤位的定量装车控制，而在控制室（或调度室）装有一台监控管理机，通过通信网络与各控制仪进行通信，执行装车的监督管理任务，也可以在控制室关闭现场控制仪上的参数设置功能，改由在控制室的监控管理机直接进行装车操作。对于要求防爆的火车装车栈桥、操作室远离栈桥或栈桥很长的场合。采用分布式装车控制系统为宜。

各现场应用的经验表明，集中式和分布式（分散式）各有其优点，一般说，汽车装车鹤管和操作室设在栈桥上的装车场合采用集中式为宜，而操作室远离栈桥的装车系统采用分布式控制系统为宜。

12.7.2 定量装车控制仪

1. 概述

定量装车控制仪是以单片机为控制器核心的智能化仪表。它可以和各种高精度流量计、温度计、液位开关、气动阀门或数控电动阀等仪表配套，对被测流体的流量进行累积和进行温度补偿，而整个装车过程进行程序控制、定量控制、防溢联锁，接地联锁控制等。控制仪为隔爆型，可安装于现场，由操作人员现场控制、监视装车过程，也可通过通信线路将信号送至控制室（调度室）进行显示、制表及打印等工作，以达到分散控制、集中管理的目的。

2. 主要功能

（1）流量系数设定：使用不同的脉冲输出流量计可设定不同的流量系数，以便进行单位换算，系数设定范围为 0.0001L/脉冲～9999L/脉冲。

（2）定量设置：可预先设定装车的量，当累计流量达到此值时，仪表发出控制信号关闭阀门，达到定量控制目的。

（3）温度补偿：根据介质温度可实时地将流量换算成20℃时的标准体积流量。

（4）防溢联锁：当装车的液位超限时，装于鹤管上部的12位开关动作，仪表则发出信号控制装车停止并发出报警信号，防止液体溢出。

（5）接地联锁：在装车（油槽车）过程中，要求槽车良好接地，以防静电过高，定

420　量控制仪在检测到槽车接地电阻大于 100Ω 时，立即发出信号停止装车，关闭阀门并发出警报提示。

（6）通信：通信接口为 RS – 422/485。

（7）两种工作方式：两种工作方式为本地和遥控，控制仪装于鹤管边上（或附近），本地工作方式即操作员在现场通过控制仪面板上的按键进行装车参数设置等工作，而遥控方式是所有参数设置都由控制室内的管理计算机给出，控制仪随时将现场装车信号送给计算机实现装车管理，此方式中控制仪的就地操作除启动和急停外均被禁止，启动也只有在计算机给出允许启动的指令后才能执行。

12.8　电子轨道衡与电子汽车衡

12.8.1　电子轨道衡

1．工作原理

电子轨道是一种使用于铁路轨道上的电子衡器，它由台面、力传量器和测量系统组成，测量系统包括 A/D 转换及计算机数采集、数据处理、显示、打印等部分，系统组成框图见图 4 – 12 – 19。

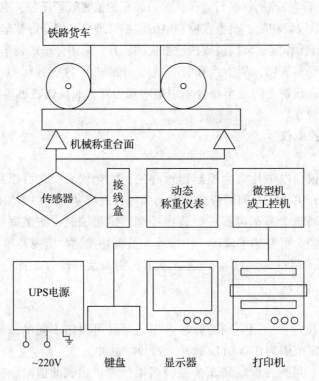

图 4 – 12 – 19　电子轨道衡系统组成框图

电子轨道衡由于使用要求不同，又分为静态电子轨道衡和动态电子轨道衡，适用于对标准轨距（1435mm）四轴货车或罐车进行连挂动称、分节溜放及静态称重等领域。

机械称重台面安装在基础之上，列车按一定的速度（3km/h～15km/h）通过道床及称重台面，称重台面将重台传给仪表系统，仪表系统完成力与电的转换、数据采集、数据处理、打印报表等工作。

作为石油化工炼油厂，进出厂计量可以采用双台面双向全自动整车动态称量电子轨道衡。

2.　计量方式

（1）整车计量：整个货车（槽车）进入台面一次称出重量。

（2）转向架计量：一辆车的两个转向架先后通过轨道衡台面，累计两次称量结果得到整车重量。

（3）轴计量：一辆车的四个轮对，先后通过轨道衡台面，累加四次称重结果得到整车重量。

对于石油库而言，输送的基本为液态物品，由于液体在槽车内会产生波动，从而增加称量的变动误差，所以一般都只用整车计量方式，但是用一个大机械台面，不仅制造运输、施工困难，而且由于槽车车体长短差别也太大，对于连挂称量不适应，所以将大台面改为按一定间隔排列的两个小台面，共用一套控制检测系统，当两个台面同时分别称量同一节槽车的两个转向架时，就构成了整车计量，也称之为双台双转向架同步整车计量方式。

3.　动态电子轨道衡的基本组成

（1）机械称重台面。

机械称重台面是列车支撑与传力机构，由称重梁、横梁、纵向及横向限位、基础梁、休止装置及基础埋件等组成，完成列车运行中的导向、支撑及力的传递工作。

（2）传感器。

传感器是电子轨道衡的关键设备，一般为电阻应变式称重传感器。它由弹性体、电阻应变片、补偿电阻、引线及外壳等部分构成。由于其安装在室外，自然条件较恶劣，温度、潮湿等都是影响其精度与寿命的因素，目前大多采用温度范围宽、密封防潮性好、过载能力强、性能稳定可靠的进口优质称重传感器。

（3）称重仪表系统。

称重仪表系统，是一台高分辨率、高灵敏的 A/D 系统，将传感器的信号经 A/D 转换后送计算机，同时含有传感器所用的高精度、高分辨率、高抗干扰能力的专用供桥电源（±10V/250mA 或 6V，250mA）。

（4）计算机系统。

计算机系统是电子轨道衡的核心部分，它完成数据采集、数据处理、显示、打印及管理等工作，计算机性能的好坏，直接关系到电子轨道衡的可靠性。计算机选择一般有两种，一种是通用微机，如 IBM 系列，其特点是运算速度快、存储容量大、通用性强等，但它对环境要求高，长期连续使用可靠性会下降。另一种是采用 STD 总线工业微机，它的 MTBF（平均无故障可维修间隔时间）可达几年到几十年，适用恶劣环境、可连续长时间运行。

（5）动态电子轨道衡动态称重软件。

电子轨道衡必须有动态称重软件支持才能完成数据采集、预处理、设备自检、车种车

422 位判别、数据处理、速度计算、收尾判别、显示、打印、存盘等一系列与称重有关的工作。

（6）动态电子轨道衡静态称重软件。

动态电子轨道衡静态称重软件是完成轨道衡静态标定及列车静态称重等而用，包括数据采集、滤波、均值、显示、打印、求和等程序，程序需在人工干预下完成。其应用场合为：

1）双台面动态电子轨道衡液体罐车超标；

2）双台面动态电子轨道衡静态检定；

3）双台面动态电子轨道衡静态称重；

4）单台面动态电子轨道衡静态检定。

（7）基坑与道床。

动态电子轨道衡是在列车连挂运动状态下称重，为了减小由列车振动、连挂及车体水平度不够引起的称重误差，要求称重台面及其两端一定长度范围内的线路平直，并且在使用若干年后，台面基础及平直段内的道床倾斜度、下沉量均应小于规定值，所以动态电子轨道衡的秤体基础及道床是按所处地质条件专门设计和施工的。

一般电子轨道衡称重梁长为3800mm，秤体基础长度约为5000mm、宽约为2500mm，秤体要求25m的整体道床，整体道床以外要求10m～15m长的过渡段，槽床与基础部分开挖均应超过冻土深度。

基坑深度——一般为−600mm～−800mm（以轨顶标高为零计算）。另外还有无基坑、深基坑的可根据需要选定。

4. 主要技术指标（以 GCU 系列为例）

（1）技术规格：见表 4 – 12 – 7。

表 4 – 12 – 7　电子轨道衡技术规格

产品类别	产品型号	最大称量 （t）	秤台 个数	传感器量程 （t）	传感器 个数	称量对象
GCU – D 系列	GCU – 100D	100	1	20	4	固态列车
	GCU – 150D	150		30		
	GCU – 200D	200				
GCU – S 系列	GCU – 100S	100	2	20	8	固态列车 液态列车
	GCU – 150S	150		30		
	GCU – 200S	200				
GCU – G 系列	GCU – 100G	100	3	20	12	固态列车 液态列车
	GCU – 150G	150		30		
	GCU – 200G	200				

（2）称量方式：GCU－D 系列转向架计量、GCU－S 系列整车称量、GCU－G 系列转向架称量与整车称量。

（3）称量速度：3km/h～15km/h。

（4）称量精度：优于现行行业标准《动态称量轨道衡检定规程》JJG－90 的允差规定。

（5）输出方式：CRT 彩色显示器、打印机打印、磁盘存贮。

（6）功率消耗：不大于 500V·A。

5. 电子轨道衡的特点

（1）称重过程快，缩短厂货车、槽车在厂停留时间，提高物品和车辆的周转速度。

（2）计量精度高，静态精度可达 0.1 级，动态称重精度可达 0.3 级～0.5 级。

（3）使用寿命长，无磨损件。

（4）自动校准零点，使用方便。

（5）称量空车、重车、除皮及算出净重均由计算机系统自动完成。

6. 检定

电子轨道衡是计量器具，其检定由铁道部电子轨道衡检定站负责，检定依据《动态称量轨道衡检定规程》进行，检定内容包括静态检定、感量测定、抗干扰能力、动态检定等。静态检定是用不同重量的砝码车或动态检衡车停放在台面上对轨道衡进行检定，所用器具为砝码车与机车。感量测定使用 20kg 砝码分别在空秤和静检时加在秤上，示值变化应大于 10kg。抗干扰检验是在静检过程中启动其他用电设备，观察轨道衡示值是否超过允差。动态检定是用机车牵引 5 节标准检衡车往返称重，以检定示值与标准值之差是否超允差。动态检定中还要包括混编，就是用 5 节以上的载重车辆与标准检衡车混合编组，主要检查对不同车型的判别能力。只有拿到检定合格证后，才能投入使用。

12.8.2 电子汽车衡

1. 工作原理

电子汽车衡是一种称量汽车载物重量的电子衡器。对以一定车速通过称重台面的汽车进行称量的电子汽车衡称之为动态电子汽车衡，对需要将汽车停止在台面上再进行称重的汽车衡称之为静态电子汽车衡。

电子汽车衡工作原理框图见图 4－12－20，当车辆通过台面或在台面上加载时，承重台面将所受的力传递给传感器，传感器在供桥电源激励下，将重量信号转换成与之成比例的弱电压信号，此信号再经放大后转换成计算机系统可接收的数字信号，数字信号经计算机作相应处理后显示并打印出来，即完成了一次称重计量。

2. 基本构成

电子汽车衡一般由承重台面、传感器和二次仪表（含微机系统）构成。

（1）传感器。传感器是电子汽车衡的关键设备，经它将重量信号转换成弱电信号，一般都是电阻应变式重量传感器。

（2）称重台面。机械称重台面作为汽车衡的支撑与传力机构，由秤台、传感器、纵向及横向限位器、底座及基础等组成，秤台采用板块式，由型钢和钢板焊接而成，具有足够的强度、刚度和良好的稳定性，秤台通过传感器安放在基础之上。

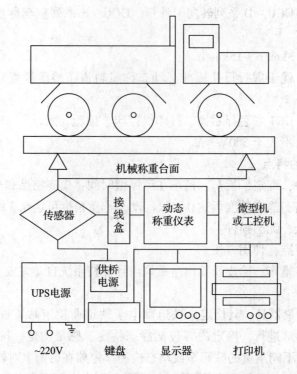

图 4 – 12 – 20　电子汽车衡工作原理框图

（3）二次仪表（含微机系统）。二次仪表包括供桥电源、本机电源、放大器、A/D 转换及微机系统。动态称重仪表与静态称重仪表 A/D 转换速度不同，前者每秒可转换数百次以上，后者每秒仅转换数次。而所选用微机的档次高低也影响到电子汽车衡管理功能的强弱，所以在选择电子汽车衡时要考虑上述因素。

双台面动态电子汽车衡是用同一台二次表（含微机系统），管理两个台面的称重计量，可以完成双向双台自动称重计量及管理。

称重程序主要包括系统自检、称重判别、采样控制、数字滤波、自动调零及显示等；管程序则主要包括自动去皮、分类统计、定时统计、数据处理、贮存、打印制表等。

3. 主要技术指标（以 SCU 系列为例）

（1）计量精度：静态优于 0.05% F. S，动态优于 0.2% F. S。

（2）感量：加 1 – 4d 负荷，示值不小于 1d 的变化（d 为分度值）。

（3）计量速度：静态计量车辆上台面停稳后 4s 显示稳定，动态计量车速不大于 5kin/h。

（4）零点漂移：全系统零点漂移 30min 不大于 1d（d 为分度值）。

（5）称重范围：10t ~ 100t。

（6）工作方式：自动计量、LED 显示或 CRT 显示，自动或手动打印、软盘或硬盘存贮。

（7）电源：220V、AC、+10%， –15%，50Hz ±2%。

（8）功耗：不大于 300V · A。

（9）管理功能：最强配置可记忆序号，车号、分类号、毛重、皮重、净重、品名、用户、货主、单价、金额等，并可作多层次、长时间的分类统计，如班、日、月、年等累计，按用户分类累计，按产品分类累计，按货主分类累计等。

（10）型号规格：见表4-12-8。

表4-12-8　电子汽车衡技术规格

型号	最大称量（t）	台面尺寸（m） （长×宽×高）	台面数 （个）	传感器数 （只）	最小分度值 （kg）
SCU-2007	20	7×3×0.3	1	4	5.10
SCU-3007	30	7×3×0.3	1	4	5.10
SCU-3012	30	12×3×0.3	1.2	4.6	5.10
SCU-5012	50	12×3×0.35	2	6	10.20
SCU-5014	50	14×3.5×0.35	2	6	10.20
SCU-10018	100	18×3.5×0.35	3	8	20.50

4．电子汽车衡工程设计中几点注意事项

当确定采用动态电子汽车衡作汽车槽车（固体货车）装载产品进出厂计量时，自控专业应向有关专业了解进出厂的车流量大小、车型种类以便确定电子汽车衡的吨位及秤体尺寸，在不同设计阶段向相关专业提出道路、基础、控制室等要求，并提供制造厂商给出的具体基础土建要求图。

汽车衡的秤体及微机系统安装、配线、调试，一般均由制造厂负责，施工单位及用户配合，提供必要的安装工具及安装调试工具，这些在工程设计文件及订货时应明确提出。

5．检定

电子汽车衡是自动化的计量设备，其检定由当地计量部门使用标准砝码按国家现行技术法规进行，动态电子汽车衡应首先进行静态柱定并达到规程要求，然后建立动态临时标准并进行动态检定。当计量部门检定合格后发给用户检定合格证书，电子汽车衡才能正式投入使用。

12.9　油品码头自控设计

12.9.1　油品码头油品的计量

油品码头自控设计的一项主要内容就是油品的计量，油品码头装卸船的油品计量有三种方法。第一种是利用油库内的储罐进行计量，第二种是利用油轮上的计量设施进行计量，第三种是利用码头的流量仪表计量炼油厂或油库内的储罐计量。

油库内的储罐计量主要是依靠储罐上的仪表进行计量的，仪表的选型和安装使用等前面已有阐述，本节不再赘述。采用这种计量方法，其计量精度受储罐测量仪表类型的影响，储罐标定问题的影响，而且一般情况下储罐至油码头的距离较远，输油管线较长，所以这种计量方法容易引起交易双方争执。一般不推荐采用这种计量方法，但这种计量方法可为计量部门提供参考。

利用油轮上自带的计量设施进行计量，是指用油轮上的液位计或人工检尺计算输送到炼油厂或油库的油品的数量，也可以用油轮上的流量计对输送到炼油厂或油库的油品进行计量。这种计量方法也同样存在一些问题，船只的液位计、流量计形式不同其测量精度也不同，同一船只运送不同品种的油品时测量精度也不相同，因此在做油码头自控设计时，不推荐采用这种计量方法，但这种方法的计量值同样可供计量部门参考。

油品码头输送或接收油品的第三种计量方法是利用安装在码头的流量仪表进行计量，这是一种较好的计量方法。关于流量仪表的选型可参见本章第一节，在此流量仪表选型时还应注意以下几个方面的问题：①所选用的流量仪表的精度必须满足国家（或国际）关于贸易交接的计量精度的要求，持有有关计量部门颁发的计量许可证书；②要注意仪表对使用环境的要求，所选用的流量计要适用于油码头的环境，由于油码头一般设置在海岸边或距海岸有一定距离的海中，油码头的空气湿度较大，尤其是夏季相对湿度可达 98% 以上，有时还可能受到风浪甚至台风的侵袭。因此，在流量计的安装方面还应注意安装的牢固程度，这还包括与流量计有关的分线盒、电缆、电缆槽的安装牢固程度。

12.9.2　控制室的设置

油品码头的控制室宜设置在岸上油库的储罐区，因为即使控制室设置在码头上，由于码头的建筑物不宜设大玻璃窗，所以也不便观察码头上各鹤位的操作情况，加之码头上的环境较差，各鹤位的操作不像汽车或火车装车那样频繁，因此油码头控制室宜设置于岸上的储罐区内，控制室与码头现场的联系系统则采用无线对讲机、电话、工业电视等手段。

装卸船控制阀安装于码头上，安装位置应尽可能靠近装卸船的位置。

12.10　控制阀门的执行机构

12.10.1　气动执行机构及气源系统

1. 气动执行机构

执行机构是控制阀的推动装置，按驱动能源，分为气动执行机构、电动执行机构和液动执行机构三大类。液动执行机构在油品储运系统中使用较少，故本节不对这种执行机构进行介绍。

气动执行机构由于结构简单、动作可靠、安装维修方便，适用于防火防爆场合，故在石油化工系统中被广泛采用。

气功执行机构分薄膜式、活塞式、长行程和滚筒膜片式四种，本节仅对油库中最常用的二位式活塞执行机构进行介绍。

二位式气动活塞执行机构，操作压力可达 0.5MPa ~ 0.8MPa，且无弹簧抵消推力，具有输出力大，结构简单，安全防爆，维护方便等特点。主要用于大口径闸阀，以及大口径高静压，高压差调节阀和蝶阀的推动装置，结构见图 4 - 12 - 21。

　　气动活塞执行机构的输出力与气源压力、活塞直径有关，其计算公式如下。

$$-F = \frac{\pi}{4}\eta\,(D^2 - d^2)\,P_s \qquad (4-12-10)$$

$$+F = \frac{\pi}{4}\eta\,(D^2 - d^2)\,P_s \qquad (4-12-11)$$

式中：$-F$——活塞杆推进气缸方向为" $-$ "（kgf）；

　　　　$+F$——活塞杆出气缸方向为" $+$ "（kgf）；

　　　　η——气缸效率，一般取0.9；

　　　　D——活塞直径（cm）；

　　　　d——活塞杆直径（cm）；

　　　　P_s——气源压力，最高达5kgf/cm²。

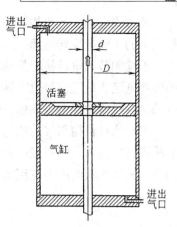

图 4 – 12 – 21　活塞执行机构

　　由上式可知，输出力是随着气源压力和活塞直径的增大而增大。当最大操作压力及气缸效率一定时，输出力的大小决定活塞直径大小。

　　无弹簧活塞式执行机构按动作方式可分为：二位式和比例式两种。

　　二位式是根据进入到活塞两侧的操作压力差，使活塞完成开、关两位式动作的。它主要用于二位式控制系统。

　　比例式动作要使输入信号与推杆行程成比例，因此必须带阀门定位器，利用它的位置反馈，使二位式动作变成比例动作。

2．气源系统

　　合理的供气，可为正确使用所选用的仪表的执行机构减少故障，为运行的可靠性提供保证。

　　供气设计内容包括：气源装置，对气源质量要求，供气配管等。

3．气源装置

　　气源主要来自气源装置，或称空压机。它的作用是为仪表提供净化的带压空气。

4．气源要求

　　对气源要求下列几点是要考虑的：

　　（1）气源压力范围；

　　（2）设计容量的确定；

　　（3）允许含湿量（即露点）；

　　（4）允许含尘量；

　　（5）允许含油量；

　　（6）碳氢化合物及有毒气体的限制；

　　（7）备用气源（指备用空压机、贮气罐）。

12.10.2　电动执行机构

　　电动执行机构是直接接收电信号，并把它转变为执行机构输出轴的角位移或直行程位移，以推动阀门动作，实现自动控制或调节。电动执行机构也可分为两位式调节机构和连续式调节机构两种形式。

两位式电动执行机构适用于要求控制阀门只处于开或关两种状态的场合，通过控制执行机构的正转或反转电源，实现阀门的开或关。

连续调节式电动执行机构一般需配用电动伺服放大器。电动伺服放大器把调节器输出的标准电流或电压信号放大转换，按偏差信号的极性控制电动执行机构的正转或反转，使电动执行机构按调节仪表输出信号的规律动作。

电动执行机构与气动执行机构相比，能源取用方便，信号传输迅速，传送距离远，调节精度高。目前，除一般产品外，还有隔爆结构产品适用于防爆场合。由于上述特点，电动执行机构在石油库中应用得越来越多。

13　石油库污水处理

13.1　石油库污水排放标准

石油库的污水排放应执行国家标准《污水综合排放标准》GB 8978—1996。现将该标准的主要内容摘录如下：

1. 标准分级

（1）本标准按地面水域使用功能要求和污水排放去向，对向地面水域和城市下水道排放的污水分别执行一、二、三级标准。

特殊保护水域，指国家标准《地面水环境质量标准》GB 3838 规定的 I、II 类水域和 III 类水域中划定的保护区和游泳区，国家标准《海水水质标准》GB 3097 规定的 I 类水域，如城镇集中式生活饮用水水源地一级保护区、国家划定的重点风景名胜区水体、珍贵鱼类保护区及其他有特殊经济文化价值的水体保护区，以及海水浴场和水产养殖场等水体，不得新建排污口，现有的排污口应按水体功能要求，实行污染物总量控制，由地方环保部门从严控制，以保证受纳水体水质符合规定用途的水质标准。

重点保护水域，指国家标准《地面水环境质量标准》GB 3838 规定的 III 类水域（划定的保护区和游泳区除外）和国家标准《海水水质标准》GB 3097 规定的 II 类水域，如城镇集中式生活饮用水水源地二级保护区、一般经济渔业水域、重要风景游览区等，对排入本区水域的污水执行一级标准。

一般保护水域，指国家标准《地面水环境质量标准》GB 3838 规定的 IV、V 类水域和国家标准《海水水质标准》规定的 III 类水域，如一般工业用水区、景观用水区及农业用水区、港口和海洋开发作业区，排入本区水域的污水执行二级标准。

对排入城镇下水道并进入二级污水处理厂进行生物处理的污水执行三级标准。

（2）对排入未设置二级污水处理厂的城镇下水道的污水，必须根据下水道出水受纳水体的功能要求，依照重点保护水域和一般保护水域的规定，分别执行一级或二级标准。

2. 标准值

本标准将排放的污染物按其性质及控制方式分为两类。

（1）第一类污染物，指能在环境或动植物体内蓄积，对人体健康产生长远不良影响者，含有此类有害污染物质的污水，不分行业和污水排放方式，也不分受纳水体的功能类别，一律在车间或车间处理设施排出口取样，其最高允许排放浓度必须符合表 4 - 13 - 1 的规定。

（2）第二类污染物，指其长远影响小于第一类的污染物质，在排污单位排出口取样，其最高允许排放浓度必须符合表 4 - 13 - 2 的规定。

表 4 - 13 - 1   第一类污染物最高允许排放浓度（mg/L）

序　号	污　染　物	最高允许排放浓度
1	总汞	0.05
2	烷基汞	不得检出
3	总镉	0.1
4	总铬	1.5
5	六价铬	0.5
6	总砷	0.5
7	总铅	1.0
8	总镍	1.0
9	苯并（a）芘	0.00003
10	总铍	0.005
11	总银	0.5
12	总 α 放射性	1Bq/L
13	总 β 放射性	10Bq/L

表 4 - 13 - 2   第二类污染物最高允许排放浓度（mg/L）
（1998 年 1 月 1 日之后建设的单位）

序号	污　染　物	一级标准	二级标准	三级标准
1	pH 值	6～9	6～9	6～9
2	色度（稀释倍数）	50	80	—
3	悬浮物	70	150	400
4	生化需氧量（BOD_5）	20	30	300
5	化学需氧量（COD_{cr}）	100	150	500
6	石油类	5	10	20
7	动植物油	10	15	100
8	挥发酚	0.5	0.5	2.0
9	氰化物	0.5	0.5	1.0
10	硫化物	1.0	1.0	1.0
11	氨氮	15	25	—
12	氟化物	10	10	20
13	磷酸盐（以 P 计）	0.5	1.0	—
14	甲醛	1.0	2.0	—
15	苯胺类	1.0	2.0	5.0

续表 4 -13 -2

序号	污 染 物	一级标准	二级标准	三级标准
16	硝基苯类	2.0	3.0	5.0
17	阴离子表面活性剂（LAS）	5.0	10	20
18	总铜	0.5	1.0	2.0
19	总锌	2.0	5.0	5.0
20	总锰	2.0	2.0	5.0

除表中所列项目外，还有其他一些污染物的排放指标，具体使用时可以按国家标准《污水综合排放标准》GB 8978—1996 中的表 4 执行。

13.2　石油库污水来源及处理

13.2.1　石油库污水来源

石油库污水的来源主要有三个途径：

（1）生活污水：石油库内的生活污水，主要来源于食堂、厕所及浴室。

（2）地面雨水：地面雨水分为受到污染的地面雨水和未受污染的地面雨水。受污染的地面雨水要来自储油罐区和装卸油设施（不包括码头）。当储油罐区和装卸油设施出现跑油、漏油时，其地面、栈桥和部分罐顶罐壁会有残油，如不及时清除掉，雨水会被污染。一般情况下是不会出现被污染的雨水的。

（3）生产污水：石油库中生产设施及辅助生产设施排放的污水，统称为生产污水。生产污水又可分为不受污染的污水和受污染的污水：

1）不受污染的生产污水：如锅炉房定期排出的污水和备用柴油发电机组用冷却水，一般不被油污染，可直接排放，冷却水亦可循环使用。

2）受污染的生产污水：主要是含油的生活污水。少量有修洗桶（200L 油桶）业务的油库排出的污水除含油外，还可能含有酸或碱。

受污染的污水主要来源是从油罐中排放的罐底水（油中含的水经沉降脱水沉积在油罐底部，达到一定量时要定期切水；还有的油库习惯在轻油罐底加装一定量的水垫层，超量时也定量放出一部分），油罐定期清洗时产生的含油污水，泵房、装卸油栈台、修洗桶车间产生的污水，若有水运（特别是海运）时，则压舱水和洗舱水也是生产污水的重要组成部分。表 4 -13 -3 和表 4 -13 -4 给出了商业石油库油罐清洗污水量估计值。

表 4 - 13 - 3　油罐清洗污水量

油罐容量（m^3）	油罐直径 D（m）	油罐高度 H（m）	球顶半径 R（m）	球顶矢高 h（m）	总污水量（m^3）
100	5.00	5.942	6.00	0.539	1.44
200	6.50	7.125	7.80	0.702	2.30

续表 4 – 13 – 3

油罐容量 （m³）	油罐直径 D（m）	油罐高度 H（m）	球顶半径 R（m）	球顶矢高 h（m）	总污水量 （m³）
300	7.50	7.125	9.00	0.811	2.79
500	9.00	8.308	10.80	0.975	3.94
700	10.00	9.491	12.00	1.085	4.95
1000	12.00	9.525	14.40	1.302	6.37
2000	15.50	11.108	18.60	1.693	20.04
3000	18.00	12.691	21.60	1.966	26.76
5000	22.00	14.274	26.40	2.403	38.13
10000	28.50	15.857	34.20	3.112	58.89
20000	39.00	17.82	39.00		96.91

注：油罐容量 100m³ ~ 1000m³ 时清洗时间为 8h，2000m³ ~ 10000m³ 时清洗时间为 16h。

表 4 – 13 – 4 卧式油罐清洗用水量

油罐容量（m³）	油罐筒体内径（m）	油罐筒体长度（m）	总内表面积（m²）	污水量（m³）
10	1.60	5.00	28.05	0.303
15	2.00	4.80	34.66	0.374
20	2.00	6.40	44.71	0.483
30	2.60	5.60	53.27	0.575
60	2.60	11.20	99.01	1.069
60	2.80	9.60	93.15	1.006

在有润滑油再生装置的油库，油品沉淀之后排出的污水，一般不但被油和机械杂质污染，而且还含有一定的酸和碱。

对于地下水封油库、水封罐的排水量与地下水的渗入量有关。在固定水位法储罐中，可根据每个罐定期排出的裂隙水量进行考虑。

油品主要由油轮运输的水运油库，由于油轮需排出大量压舱水，其含油量高达 5000mg/L ~ 10000mg/L。例如装载 50000t 的油轮，卸油后残留在舱壁和舱底的油量可达 150t ~ 200t。

如用重油进行洗舱，而在油罐或专门装置中脱水时，这时形成的污水，含油量为 76000mg/L ~ 112000mg/L，机械杂质为 7400mg/L ~ 9560mg/L 和接近 90000mg/L 的碱。

一般油库污水水质大致的成分为：

含油量：400mg/L ~ 12000mg/L

悬浮物：100mg/L ~ 600mg/L

残渣：600mg/L ~ 850mg/L

四乙铅：1.0mg/L ~ 2.0mg/L

五日生化需氧量（BOD₅）：150mg/L ~ 670mg/L

pH 值：7.2～7.8

压舱水及洗舱水量一般为油轮载油量的 20%～30%，航道风浪大时可达 40%。但压舱水量根据船载油量大小而变化。大型油船有的设有专用压载舱，不与油舱连通，所以是固定的、不含油，一般占油船载油量的 30% 左右，亦不必考虑污水处理问题。小些的油船，无专用压载舱，是将水打入油舱内，使空船航行时稳定，抗风浪、待装油时将舱内水卸掉，此时卸出的压舱水是带油的。所以，压舱水量应视运油船情况而定。据资料介绍，我国自行设计的 50000t 油船的专用压载舱容量占该船载油量的 33%。

以总的情况分析，石油库的污水主要是生活污水和含油污水。而含油污水中压舱水和洗罐水占比例很大，油罐切水、泵房地面冲洗等产生的含油污水，虽然是经常的，但水量很少，在考虑石油库污水量及污水性质时，必须根据石油库的具体情况而定。

13.2.2　石油库污水排放

石油库内的生活污水，除厕所排出的污水经化粪池沉降后直接排出库外，其他生活污水和未被油污染的生产污水，均污染不大，可不进行处理直接排至库外水体，但应控制水温不得超过 35℃。

石油库的含油污水和不含油污水的排放，必须符合国家标准《石油库设计规范》GB 50074—2014 的下述规定：

（1）石油库的含油与不含油污水，应采用分流制排放。含油污水应采用管道排放。未被易燃和可燃液体污染的地面雨水和生产废水可采用明沟排放，并宜在石油库围墙处集中设置排放口。

（2）储罐区防火堤内的含油污水管道引出防火堤时，应在堤外采取防止泄漏的易燃和可燃液体流出罐区的切断措施。

（3）含油污水管道应在储罐组防火堤处、其他建（构）筑物的排水管出口处、支管与干管连接处、干管每隔 300m 处设置水封井。

（4）石油库通向库外的排水管道和明沟，应在石油库围墙里侧设置水封井和截断装置。水封井与围墙之间的排水通道应采用暗沟或暗管。

（5）水封井的水封高度不应小于 0.25m。水封井应设沉泥段，沉泥段自最低的管底算起，其深度不应小于 0.25m。

13.2.3　含油污水处理

含油污水处理最主要的是除去含油污水中的油分。其处理方法取决于含油污水数量和质量，以及排入水体的条件。

油库含油污水处理的方法一般有：物理方法、化学方法及生物方法。采用较多的是物理方法和物理—化学联合方法。

含油污水中的油品通常以三种状态存于水中，即：

浮油：油品以较大颗粒存于水中，它处于不稳定状态，由于密度差的关系，它易于从水中分离出来，上浮到水面可被撇除。此种油品约占水中总油量的 60%～80%。

乳化油：在清洗油罐或油桶时，将会产生一些乳化油，它以较小的颗粒存于水中。这些油粒的直径一般为 6μm～7μm，最大的为 15μm，最小的为 0.5μm，它们较稳定地分散悬浮在水中，用一般简易隔油方法很难把它们分离出来。乳化油的稳定性取决于污水的性

434　质及油粒在水中的分散度，分散度越大越稳定。

溶解油：石油在水中的溶解度很小，一般为 5mg/L～15mg/L。

对于浮油、乳化油和溶解油几种状态的含油污水的处理方法亦有所不同，一般处理方法可参照表 4 - 13 - 5。

表 4 - 13 - 5　不同状态的含油污水处理方法

颗粒直径（m）	$>10^{-4}$	$10^{-5}\sim10^{-9}$	$<10^{-9}$
存在状态/处理方法	浮油/机械隔油	乳化油/絮凝，浮选，过滤	溶解油/吸附，化学氧化

经过处理达到排放标准的污水，便可排入库外的水体。

石油库的含油污水处理，一般常采用以下几道工序：

1. 隔油

隔油主要是利用物理方法将含油污水中的浮油分离出来。隔离浮油的设备称为隔油池。它的基本原理是利用油的密度小于水的密度，在水中的油颗粒会因浮力从水中慢慢升到水面，悬浮在水面上，然后将水面上的浮油收集起来送至污油罐中。收集的污油在污油罐内经加热、沉降、脱水后，达到含水量小于 1%（重量比）时，可将此油送至相应性质的油罐中。

油品颗粒在水中上升的速度取决于粒度的大小、油品的密度、水温、污水中油品以及其他悬浮物的含量等，还和含油污水在隔油池中的流速有关。油品颗粒实际上是在它受水的浮力作用产生上浮的速度和污水在隔油池中的流速的合成速度作用下，上浮到污水表面的。

含油污水在隔油池中停留时间（亦为通过隔油池的时间）和污水流量、隔油池几何尺寸有关。而隔油池的隔油效率亦和含油污水在隔油池中停留时间成正比，停留时间长则隔油效率就高。而停留时间又和隔油池的几何尺寸有关，所以隔油效率不但和含油污水流量有关，而且和隔油池的几何尺寸有关。参见图 4 - 13 - 1 的（a）、（b）。

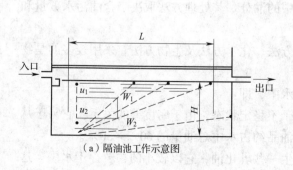

（a）隔油池工作示意图　　　　（b）污水流速及隔油池长度对隔油效率的影响

图 4 - 13 - 1　隔油效率影响因素

u—油粒上浮速度；W—合成速度；Ⅰ—池长 21.4m；Ⅱ—池长 16.4m；Ⅲ—池长 11.4m

隔油池的结构一般有以下三种：

（1）平流式隔油池（API隔油池）。

平流式隔油池的结构如图4-13-2所示。

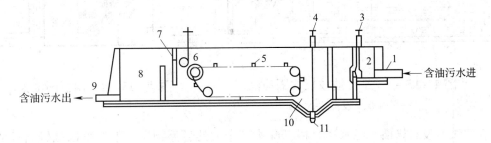

图4-13-2 平流式隔油池

1—进水管；2—配水槽；3—进水闸；4—排泥阀；5—链带刮泥机；6—集油管；
7—截油板；8—出水槽；9—出水管；10—污泥斗；11—排泥管

在含油污水经过隔油池的过程中，油品颗粒慢慢飘浮至水面，固体杂质沉降于池底。水面浮油由集油管收集起来并输送到污油罐。

链带刮泥机的用途是利用链带上每隔3m~4m一个的刮板，将水面浮油刮至集油管，又将池底淤泥和沉渣刮至排泥骨，经排泥管排出池外，除去浮油后的污水经截油板进入水槽，由出水管排出。

集油管常用DN300的钢管加工而成。集油管顶部开有与圆心夹角为60°的槽口。集油管安装要水平，并使管子能绕轴转动，要排油时，可把集油管转一角度，使槽口浸入油层面以下，浮油就自动流入集油管内排出池外。

含油污水一般在池内停留时间（通过时间）为1.5h~2.0h。

在寒冷地区，为了防止隔油池内的浮油凝结，应设加热设备。

平流式隔油池的缺点是生产能力低，占地面积大。

（2）平行波纹板式隔油池（PPI隔油池）。

平行波纹板式隔油池的结构如图4-13-3所示。它的特点是在隔油池中设置了十多片像百叶窗一样的平行波纹板，板的间距为10cm左右，倾斜角与水平面成45°。含油污水通过时，油粒上浮碰到平行板，细小的油粒就在板下凝聚成比较大的油膜而汇集到池面，然后污油从这里导向污油罐。该种隔油池由于设置了平行波纹板，油粒上升距离与平流式隔油池相比较是非常短的，因此能在比较短的时间内将油滴浮升到板的下表面，污泥沉降至板的上表面。它们分别沿着板面移动，经过波纹板的小沟分别浮上和沉降。优点是由于波纹板与水面接触的湿周较一般平行板大，从而使层流范围内处理的水量增加、效率较高。

（3）斜板隔油池（TPI隔油池）。

斜板隔油池的结构如图4-13-4所示，它是由进水槽、除油区、沉泥区和出水槽等部分组成。

进水槽主要起缓冲、调节水流的作用，以保证溢流堰布水均匀。

除油区设有安装成45°的倾斜波纹板，波纹板用塑料或玻璃钢制作，板的间距为2cm~4cm，污水在波纹板中通过，使污水中的油粒和泥渣进行分离。

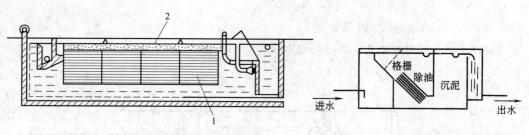

图 4 – 13 – 3 平行波纹板式隔油池   图 4 – 13 – 4 斜板隔油池

1—平行波纹板；2—浮油

在波纹前设有格栅，污水通过格栅除去其中大的悬浮物质，不但可以减轻斜板的负荷，提高布水均匀性，还能防止波纹板被堵塞。

斜板隔油池可除去 $50\mu m$ 的油粒。其占地面积为平流式隔油池的 $1/3 \sim 1/6$。

2. 浮选

浮选就是向含油污水中通入空气，使污水中的浮化油黏附在空气泡上，随气泡一起浮升至水面。为提高浮选效果，还可以向污水中投入少量破乳剂，以降低水中污油的乳化程度。当油粒黏附到气泡上以后，油粒的上浮速度就会大大增加。

浮选是靠气泡使污水中的乳化油从水中分出。因此，浮选的效果与气泡的分散度有密切的关系。在一定条件下，气泡的分散度越大，则单位体积总表面积也越大，气体与油粒碰撞和黏附的机会就越多，浮选效果就越好。

目前采用的浮选方法有溶气浮选和微孔管浮选。

溶气浮选如图 4 – 13 – 5 所示。

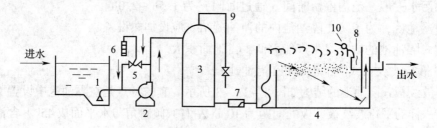

图 4 – 13 – 5 溶气浮选示图

1—污水池；2—水泵；3—溶气罐；4—浮选池；5—射水器；6—浮子流量计；
7—减压阀；8—泡沫收集槽；9—放气管；10—刮沫板

溶气浮选是用水泵将污水送入溶气罐，同时注入空气，在 $3kg/cm^2 \sim 4kg/cm^2$ 压力下停留几分钟，使空气溶解于污水中，成过饱和状态，然后通过减压阀将污水送入浮选池。由于突然减至常压；水中溶解的过饱和空气就形成许多细小气泡，油粒就黏附于气泡上面逸出水面，在水面形成泡沫，用刮板将其连续地刮排入泡沫收集槽。

微孔管浮选是将空气通入孔径约为 $5\mu m \sim 10\mu m$ 陶瓷管或塑料管内，借助管上的细孔，将空气分散成细小的气泡，均匀地进入浮选池中。气泡由池底向水面上升过程中与油粒相接触，构成气泡—油粒—悬浮物的综合体面浮至水面，形成泡沫。

　　目前，石油库污水处理设施常用的方法还有成套的油水分离器。根据石油库的生产特点，其含油污水是定期地大量产生。连续排放出的含油污水量很少，这样可先将含油污水集中收集到污水池内，再连续进行处理。常用的污水处理设备有成套高效油水分离器，含油污水用水泵打入此类分离器中处理，可使污水含油量达到国家规定的排放标准。这种设备的特点是体积小，连续运转，效率高，因是密闭操作，所以污染小。它还分为预处理（粗处理）和精处理两段，可串联使用；若含油污水中含油量小、杂质不多时，也可不用预处理段，直接用精处理段。当发现处理过的含油污水其含油量尚未达到国家规定的排放标准时，亦可循环处理直至合格后排放。还可根据石油库的含油污水量、含油污水储存池容量大小及石油库发展规划来选用设备规格。

　　综上所述，石油库排出含油污水及其他污水，是不可避免的。它在石油库中虽然是辅助生产设施，但它是石油库对库区周围的自然环境和居民的主要污染源之一，且存在火灾、爆炸的危险性，必须引起足够的重视。处理不当，会直接影响到石油库正常业务的进行，甚至导致石油库重大损失，乃至停产。

14 安全和消防

石油库储存的是易燃和可燃液体，属爆炸和火灾危险场所。安全问题应是石油库设计重点考虑的问题，设计时应严格遵守国家标准《石油库设计规范》GB 50074 有关安全和消防方面的规定，切实做到"安全可靠"。有关安全和消防方面的问题在本教材第 2 篇和第 3 篇已有详细论述，本章不再赘述。

15 石油库设计常用标准规范

下列标准为截止于 2016 年 6 月的现行标准，请注意使用其最新版本。

15.1 设计标准

《砌体结构设计规范》GB 50003—2011

《建筑地基基础设计规范》GB 50007—2011

《建筑结构荷载规范》GB 50009—2012

《混凝土结构设计规范》GB 50010—2010

《建筑抗震设计规范》GB 50011—2010

《室外给水设计规范》GB 50013—2006（2016 年版）

《室外排水设计规范》GB 50014—2006（2014 年版）

《建筑给水排水设计规范》GB 50015—2003（2009 年版）

《建筑设计防火规范》GB 50016—2014

《建筑照明设计标准》GB 50034—2013

《供配电系统设计规范》GB 50052—2009

《20kV 及以下变配电所设计规范》GB 50053—2013

《低压配电设计规范》GB 50054—2011

《建筑物防雷设计规范》GB 50057—2010

《爆炸危险环境电力装置设计规范》GB 50058—2014

《建筑结构可靠度设计统一标准》GB 50068—2001

《石油库设计规范》GB 50074—2014

《火灾自动报警系统设计规范》GB 50116—2013

《建筑灭火器配置设计规范》GB 50140—2005

《泡沫灭火系统设计规范》GB 50151—2010

《输油管道工程设计规范》GB 50253—2014

《工业金属管道设计规范》GB 50316—2000（2008 年版）

《立式圆筒形钢制焊接油罐设计规范》GB 50341—2014

《建筑物电子信息系统防雷技术规范》GB 50343—2012

《安全防范工程技术规范》GB 50348—2004

《民用建筑设计通则》GB 50352—2005

《油气输送管道穿越工程设计规范》GB 50423—2013

《油气输送管道跨越工程设计规范》GB 50459—2009

《钢制储罐地基基础设计规范》GB 50473—2008

《石油化工可燃气体和有毒气体检测报警设计规范》GB 50493—2009

《石油储备库设计规范》GB 50737—2011

《石油化工污水处理设计规范》GB 50747—2012

《钢制储罐地基处理技术规范》GB/T 50756—2012

《油品装载系统油气回收设施设计规范》GB 50759—2012

《石油化工工程防渗技术规范》GB/T 50934—2013

《消防给水及消火栓系统技术规范》GB 50974—2014

《工业企业设计卫生标准》GBZ 1—2010

《厂矿道路设计规范》GBJ 22—1987

《职业性接触毒物危害程度分级》GBZ 230—2010

《环境空气质量卫生标准》GB 3095—2012

《生活饮用水卫生标准》GB 5749—2006

《石油储罐阻火器》GB 5908—2005

《输送流体用无缝钢管》GB/T 8163—2008

《污水综合排放标准》GB 8978—1996

《石油天然气工业　管线输送系统用钢管》GB/T 9711—2011

《石油气体管道阻火器》GB/T 13347—2010

《液体石油产品静电安全规程》GB 13348—2009

《储油库大气污染物排放标准》GB 20950—2007

《石油化工码头装卸工艺设计规范》JTS 165—8—2007

《石油化工采暖通风与空气调节设计规范》SH/T 3004—2011

《石油化工储运系统罐区设计规范》SH/T 3007—2014

《石油化工储运系统泵区设计规范》SH/T 3014—2012

《石油化工设备和管道涂料防腐蚀设计规范》SH/T 3022—2011

《石油化工管道设计器材选用通则》SH/T 3059—2012

《石油化工液体物料铁路装卸车设施设计规范》SH/T 3107—2000

15.2　施工验收标准

《现场设备、金属管道焊接工程施工规范》GB 50236—2011

《油气输送管道穿越工程施工规范》GB 50424—2015

《油气输送管道跨越工程施工规范》GB 50460—2015

《石油化工金属管道工程施工质量验收规范》GB 50517—2010

《石油化工绝热工程施工质量验收规范》GB 50645—2011

《现场设备、工业管道焊接工程施工质量验收规范》GB 50683—2011

《石油化工钢制通用阀门选用 检验及验收》SH/T 3064—2003

《石油化工管道用金属软管选用、检验及验收》SH/T 3412—1999

《石油化工石油气管道阻火器选用、检验及验收》SH/T 3413—1999

《石油化工有毒、可燃介质管道工程施工及验收规范》SH 3501—2011

《石油化工钢制储罐地基与基础施工及验收规范》SH/T 3528—2014

《石油化工立式圆筒形钢制储罐施工技术规程》SH/T 3530—2011

参 考 文 献

[1] 中国石油化工集团公司. GB 50074—2014. 石油库设计规范 [S]. 北京：中国计划出版社，2014.

[2] 中华人民共和国公安部. GB 50016—2014. 建筑设计防火规范 [S]. 北京：中国计划出版社，2014.

[3] 中国石油化工集团公司. GB 50160—2008 石油化工企业设计防火规范 [S]. 北京：中国计划出版社，2008.

[4] 中国工程建设标准化协会化工分会. GB 50058—2014. 爆炸危险环境电力装置设计规范 [S]. 北京：中国计划出版社，2014.

[5] 中华人民共和国公安部. GB 50151—2010.《泡沫灭火系统设计规范》[S]. 北京：中国计划出版社，2010.

[6] 交通部. JTJ 237—99. 装卸油品码头防火设计规范 [S]. 北京：人民交通出版社，2000.

[7] 中国石化集团公司安全与环保监督局编. 石油化工安全工程 [M]，北京：中国石化出版社. 1999.

[8] 李征西，徐思文. 油品储运设计手册 [M]. 北京：石油工业出版社，1997.

表 4 – 12 – 6　常用流量

参数 / 性能		标准节流装置		靶式流量计		容积式			流量计	
名称		孔板	喷嘴	气动式	电动式	椭圆齿轮	腰轮	刮板	圆盘	旋转活塞
可测量流体介质 干净	气体	√		√		×	√	×	×	
	液体黏度 ≤10mm²/s						√			√
	液体黏度 >10mm²/s		Δ							
比较干净	气体		Δ	√		×	√	×		
	液体黏度 ≥10mm²/s	Δ								√
	液体黏度 >10mm²/s		×			Δ	√	√		
不干净	纤维类黏性液体									
	含颗粒的黏性液体	×				×	Δ		×	
	含颗粒不大的黏性液体	×								
允许最高工作温度（℃）		200～400		200	120	60～120（80）			—	120
允许最高工作压力（kg/cm²）		100～320		64～160		16～100（64）			4～45	6，16
介质密度黏度变化有否影响		有		有		密度无影响			粘度有影响	
最大流量值	气体（Nm³/h）	16～100,000	50～25,000	管内最大流速≤60m/s		—	5～1200	—		
	液体（m³/h）	1.6～10,000	5～2500	管内最大流速≤4m/s		0.024～2500			0.24～30	0.08～1.6
流量计的基本误差		±0.5%～±1.5%		±1%～±4%		精密型：±0.2% 一般型：±0.5%			±0.5% ±1.0%	±0.1% ±2%
变送器输出与流量值关系		平方关系		平方关系		直线关系			直线关系	
流量计的再现性		±0.2%		±0.2%（±5%）		±0.05%～±0.02%			—	
量程比	不加调整	3：1		3：1		10：1				
	加调整	10：1		10：1		—				
显示方式	现场指标	波纹管差压计		压力表或电流表		机械计数器			机械计数器	
信号远传	模拟量	标准联络信号		标准联络信号		√			×	
	数字脉冲量	×		×		√				
配套显示仪表		差压计或气、电单元组合仪表		气电单元组合仪表		机械计数器或流量显示仪			×	
仪表口径（mm）		φ50～φ1000（φ50～φ500）	φ50～φ600（φ50～φ150）	φ50～φ300（φ25～φ200）		φ15～φ250（气体罗茨）φ15～φ500（液体）			25	
压力损失		大	较大	较大		大			大	
价格		较低		低		较高，特别是大口径			较高，特别是大口径	
具有耐腐蚀品种		√		—		√				
安装要求 直管段长度	仪表前	通常15D～50D		15D～40D		关系很小				
	仪表后	5D～10D		5D		无关			—	
要否装旁管路		可不装		要		要			要	
推荐使用场合		干净的黏度不大的单相气体液体蒸汽的大、中流量测量。适于流量控制		含少量杂质或黏性流体的大、中流量的测量及控制		油品及黏滞液体的测量及控制。腰轮适用于气体			洁净的有润滑性的流体的精确计量或定量控制	
主要优缺点		可不进行实流标定、按标准进行设计、制造、安装。输出非线性精度低		结构简单、安全方便、应用范围广，误差较大		测量精确度高，复现性好，仪表较笨重，成本高			但需日常维护，大口径	

注：“√”适用；“×”不适用；“Δ”不推荐

	电磁流量计	涡轮流量计		面积式流量计		冲塞式	旋涡流量计			质量流量计
		气体涡轮	液体涡轮	玻璃转子流量计	远传转子流量计		旋进式	卡门涡街型 热丝检测	卡门涡街型 超声检测	
		√	×	要求介质透明不粘附表面	√	√	√			√
		×	√		√		×			
可测导电液体		Δ	×		Δ	×	√	×	√	√
		×	Δ		√	√				
			×		×	×	×			
				×						
	0~100（80）	120~50		200（100）	60~400(100)	200	60~120			-240~426
	16~320	64~500		64（10）	16~400	12	16~64			393
	无影响	有影响		有影响		有	不显著			无影响
	—	8~3400		2L/h~40m³/h	0.4~3000	—	10~5000（3000）	1~50m/s	2~30m/s	—
	管内流速≤10m/s	0.04~10,800（8000）		0.03L/h~40m³/h	0.012~400	4~60	—		0.3~9m/s	680t/h
	±0.5%~±1%	精密型：±0.2% 一般型：±0.5%~1.0%		±1%~±5%	±1.5%~±2.5%	±3%	±0.5%~±1.5%			±0.15点 不稳定性
	直线关系	直线关系		直线关系		—	直线关系			—
	±0.2%	±0.02%~±0.05%		±0.2%~±0.5%			±0.5%~±1%			—
	10:1	商业用6:1, 一般用10:1		10:1		3:1	气体25:1，液体15:1			20:1
	100:1	15:1								
	电流表	机械或电子计数器		√	√	√	×			模拟量
	标准联络信号	√			标准联络信号	×	×			脉冲量
	×	√			×		√			计算机接口
	电动单元组合仪表	流量显示仪		×	气，电单元组合仪表	×	流量显示仪			（专用）流量显示表
	φ2~φ2400 （φ6~φ300）	φ10~φ200	φ4~φ600 （500）	φ1~φ100	φ6~φ250 （φ5~φ150）	φ25~φ100	φ25~φ150	φ150~φ1500 （φ150~φ300）		φ6~φ150
	很小	中等		较小			较大	小		大
	小口径高 大口径低	中等		大口径较高		中等	中等			高
	√			√						√
	均匀磁场20D 非均匀磁场5D	15D~40D		关系不大			15D~20D	15D~40D		无关
	5D	5D		关系很小			3D	5D		
	可不装	要		要			可不装			要
	导电率大于界限值的各种流体流量	干净气体、黏度不高的液体的精密测量控制		（对远传型）不含磁性物质的黏度不大的流体流量测量控制		—	黏度较低的气体或液体的大、中流量的测量、控制			适用范围较广
	压力损失很小，应用范围广，但变送器要良好接地	测量精度高，复现性好，不受压力影响，反应迅速。被测流体要干净，涡轮轴承易磨损		适合中、小、微量的测量。但是要实际标定，介质不能含磁性磨损性、纤维类杂质			结构简单、安装方便，量程比宽，要实流标定，直管长度长，不宜用于低速			直接测量质量，还可测温度、密度、无可动部件